U0257072

江西省哲学社会科学成果文库

JIANGXISHENG ZHEXUE SHEHUI KEXUE
CHENGGUO WENKU

公共能量场：
地方政府环境决策短视的治理之道

THE GOVERNANCE OF ENVIRONMENTAL DECISION-
MAKING OF LOCAL GOVERNMENT

韩 艺 著

社会科学文献出版社
SOCIAL SCIENCES ACADEMIC PRESS (CHINA)

总　序

作为人类探索世界和改造世界的精神成果，社会科学承载着"认识世界、传承文明、创新理论、资政育人、服务社会"的特殊使命，在中国进入全面建成小康社会的关键时期，以创新的社会科学成果引领全民共同开创中国特色社会主义事业新局面，为经济、政治、社会、文化和生态的全面协调发展提供强有力的思想保证、精神动力、理论支撑和智力支持，这是时代发展对社会科学的基本要求，也是社会科学进一步繁荣发展的内在要求。

江西素有"物华天宝，人杰地灵"之美称。千百年来，勤劳、勇敢、智慧的江西人民，在这片富饶美丽的大地上，创造了灿烂的历史文化，在中华民族文明史上书写了辉煌的篇章。在这片自古就有"文章节义之邦"盛誉的赣鄱大地上，文化昌盛，人文荟萃，名人辈出，群星璀璨，他们创造的灿若星辰的文化经典，承载着中华文明成果，汇入了中华民族的不朽史册。作为当代江西人，作为当代江西社会科学工作者，我们有责任继往开来，不断推出新的成果。今天，我们已经站在了新的历史起点上，面临许多新情况、新问题，需要我们给出科学的答案。汲取历史文明的精华，适应新形势、新变化、新任务的要求，创造出今日江西的辉煌，是每一个社会科学工作者的愿望和孜孜以求的目标。

社会科学推动历史发展的主要价值在于推动社会进步、提升文明水平、提高人的素质。然而，社会科学的自身特性又决定了它只有得到民众的认同并为其所掌握，才会变成认识和改造自然与社会的巨大物质力量。因此，社会科学的繁荣发展和其作用的发挥，离不开其成果的运用、交流与广泛传播。

为充分发挥哲学社会科学研究优秀成果和优秀人才的示范带动作用，促进江西省哲学社会科学进一步繁荣发展，我们设立了江西省哲学社会科学成果出版资助项目，全力打造《江西省哲学社会科学成果文库》。

《江西省哲学社会科学成果文库》由江西省社会科学界联合会设立，资助江西省哲学社会科学工作者的优秀著作出版。该文库每年评审一次，通过作者申报和同行专家严格评审的程序，每年资助出版 30 部左右代表江西现阶段社会科学研究前沿水平、体现江西社会科学界学术创造力的优秀著作。

《江西省哲学社会科学成果文库》涵盖整个社会科学领域，收入文库的都是具有较高价值的学术著作和具有思想性、科学性、艺术性的社会科学普及和成果转化推广著作，并按照"统一标识、统一封面、统一版式、统一标准"的总体要求组织出版。希望通过持之以恒地组织出版，持续推出江西社会科学研究的最新优秀成果，不断提升江西社会科学的影响力，逐步形成学术品牌，展示江西社会科学工作者的群体气势，为增强江西的综合实力发挥积极作用。

祝黄河

2013 年 6 月

目　　录

第一章　导论 …………………………………………………… 1

　第一节　问题的提出 …………………………………………… 1

　第二节　相关研究与评价 ……………………………………… 6

　第三节　研究假设、研究思路与主要内容 …………………… 22

　第四节　研究方法与技术路线 ………………………………… 25

第二章　地方政府环境决策短视治理：理论分析、

　　　　现实考量与路径选择 ………………………………… 28

　第一节　地方政府环境决策短视：理论分析 ………………… 28

　第二节　地方政府环境决策短视产生的原因分析 …………… 45

　第三节　地方政府环境决策短视的治理及其路径选择 ……… 59

第三章　基于公共能量场的地方政府环境决策

　　　　短视治理之理论分析 ………………………………… 77

　第一节　公共能量场：渊源、界定、类型与构成 …………… 77

　第二节　基于框架、理论与模型的公共能量场治理之研究设计 … 100

　第三节　公共能量场分析框架——SSP 分析 ……………… 104

　第四节　基于公共能量场的地方政府环境决策

　　　　　短视治理模型构建与相关条件假设 ……………… 113

第四章　地方政府环境决策短视治理之运动

　　　　外压型公共能量场分析 …………………………… 139

　第一节　环境抗争、理性环境抗争运动与公共能量场 …… 139

　　第二节　理性环境抗争运动形成的外压型公共能量场：

　　　　　　案例考察及验证分析 ………………………………… 152

　　第三节　研究发现与条件归总 ………………………………… 196

第五章　地方政府环境决策短视治理之环评

　　　　　预防型公共能量场分析 ………………………………… 221

　　第一节　环境影响评价及其新解 ……………………………… 221

　　第二节　中国环评实践——基于 SSP 分析的环评

　　　　　　预防型公共能量场案例考察 ………………………… 239

　　第三节　研究发现与条件归总 ………………………………… 271

第六章　基于公共能量场的地方政府环境

　　　　　决策短视治理之条件构建 …………………………… 294

　　第一节　基于公共能量场的地方政府环境决策短视治理条件分析

　　　　　　………………………………………………………… 294

　　第二节　基于公共能量场的地方政府环境

　　　　　　决策短视治理总体条件构建 ……………………… 304

　　第三节　基于公共能量场治理的场层面条件发挥基点

　　　　　　——构建社区反馈型能量场 ……………………… 341

结　　论 ……………………………………………………………… 352

　　第一节　研究结论 ……………………………………………… 353

　　第二节　基于公共能量场的治理前景分析 ………………… 357

参考文献 ……………………………………………………………… 361

后　　记 ……………………………………………………………… 384

第一章　导论

第一节　问题的提出

经济发展和环境保护事关人类生存之大计，如何在促进经济发展的同时合理利用资源和保护环境已成为全世界的基本共识。就中国看，改革开放以来中国保持了年均高达9%左右的GDP增长率，然而，高污染、高消耗型增长与资源可持续利用和环境保护的矛盾越来越突出，由此引发严重的自然危机（自然灾害、生态破坏等）和社会危机（环境群体性事件）。这从环保部[①]副部长潘岳提供的一组数据中可见一斑：中国COD[②]值世界第一，二氧化硫排放量世界第一，二氧化碳排放量世界第二。17%的土地已彻底荒漠化，30%的土地被酸雨污染，1/4的人口饮用不合格的水，1/3的城市人口呼吸着严重污染的空气。与此同时，各种环境纠纷与环境群体性事件以年均29%的速度递增，对抗程度明显高于其他群体性事件。[③]

[①]　1982年，国家成立环境保护局，隶属城乡建设环境保护部。1984年，更名为国家环保局。1988年，国家环保局脱离城乡建设环境保护部，成为国务院直属机构（副部级），城乡建设环境保护部改为建设部。1998年，国家环保局升格为国家环保总局（正部级），但仍属国务院直属机构。2008年，国家环保总局更名为国家环保部，从国务院直属机构升格为国务院组成部门，在制定政策、参与国家重大决策、统筹协调环境管理方面的权力和职能得到一定程度的加强。

[②]　化学需氧量（COD），又称化学耗氧量，指在规定条件下，使水样中能被氧化的物质氧化所需耗用氧化剂的量，以每升水消耗氧的毫克数表示。其值可粗略地表示水中有机物的含量，用以反映水体受有机物污染的程度。COD值越大，说明水体受有机物的污染越严重。（环境科学大辞典编委会：《环境科学大辞典》，中国环境科学出版社，2008，第274页。）

[③]　详见潘岳《和谐社会目标下的环境友好型社会》，《21世纪经济报道》2006年7月17日第34版。

　　鉴于此，中央审时度势，提出了一系列目标要求：1983 年全国环境保护会议提出"保护环境是一项基本国策"。1991 年《十年规划和"八五"计划纲要》重申环境保护的基本国策。2005 年十六届五中全会提出"要加快建设资源节约型、环境友好型社会"和"加大环境保护力度"。《十二五规划纲要》进一步提出"坚持把建设资源节约型、环境友好型社会作为加快转变经济发展方式的重要着力点。深入贯彻节约资源和保护环境基本国策……促进经济社会发展与人口资源环境相协调，走可持续发展之路"。①与此同时，国家开始着手完善环保法律，随着 1989 年《中华人民共和国环境保护法》的颁布，1998 年《建设项目环境保护管理条例》的出台，2003 年《中华人民共和国环境影响评价法》的实施，目前已初步形成以《环境保护法》为主体、相关法规为配套的环保法律体系。

　　上述一系列指导思想、战略、政策和立法的出台表明了中央以科学发展观为统领，治理环境污染，全面建设"两型社会"和部署未来可持续发展的决心。从地方看，作为具体落实国家各项环保政策，承担公众环境权益代言人的地方政府是环境保护的首要责任主体（实际上，民意调查也证实了这种结论，见图 1－1）。然而，很多时候，"政府本身是环境恶化的根源"②、"政府决策不当或失误是环境污染严重发生的最为直接和最具作用力的因素之一"③。现实中，中央与地方之间信息不对称、经济发展压力、观念认识的缺位、压力型体制④与 GDP 导向的官员政绩考评机制、环境决策的复杂性等主、客观原因使得地方政府往往以追求经济发展为首要目标，在决策中忽视甚至无视环境价值，在实践中各种环境决策短视行为屡见不鲜，如"污染保护主义"式决策、"先上车后补票"式违规审批、决策助推水电集团"跑马圈水"⑤、决策不纳入公众意见、漠视污

---

　　①　《中华人民共和国国民经济和社会发展第十二个五年规划纲要》，《人民日报》2011 年 3 月 17 日第 001 版。

　　②　赵黎青：《非政府组织与可持续发展》，经济科学出版社，1998，第 248 页。

　　③　蔡守秋、莫神星：《我国环境与发展综合决策探讨》，《北京行政学院学报》2003 年第 6 期，第 31 页。

　　④　详见荣敬本、崔之元等《从压力型体制向民主合作体制的转变——县乡两级政治体制改革》，中央编译出版社，1998。

　　⑤　指地方政府大力招商引资，参与水电开发，造成大小水电公司竞相圈占水资源，无序开发，破坏生态环境的现象。

染治理提议和正当利益诉求的"不决策"、"决定不作为"和"决定不作出决策"等。可以说，目前一些地方政府以各种形式出现的环境决策短视，是造成大量环境问题的根源。为此，如何有效规制地方政府环境决策短视行为，已成为当前亟待解决的重大现实课题。

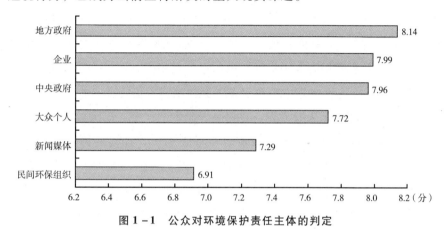

图 1 - 1 公众对环境保护责任主体的判定

　　* 由原环境保护总局和联合国开发计划署发起的"中国环境意识项目"以及中国社科院社会学所联合承办的《2007 年全国公众环境意识调查》是距目前时间最近的一次全国公众环境意识调查，也最具权威和代表性，此以其为例说明。
　　资料来源：中国环境意识项目、中国社科院社会学研究所：《2007 年全国公众环境意识调查报告（简本）》*，第 8 页。

　　针对地方环境决策短视，近年来国家出台一系列治理对策，如观念上的科学发展观教育、政绩标准上的绿色 GDP 考核①、行动上由国家环保部推行的"环评风暴"②、各类政策文件中关于决策民主与科学的要求等。

————————————

① 关于绿色 GDP 核算存在的难以推行、流于形式等问题详见贺军《绿色 GDP 核算体系遭遇地方阻力》，《中国改革报》2007 年 7 月 18 日；吴学安《"绿色 GDP"核算难》，《中国经济导报》2005 年 4 月 9 日；李红军《"绿色 GDP"何以"百姓追捧官场遇冷"?》，《中国审计报》2007 年 8 月 31 日；常丽君、范建《绿色 GDP 核算何时能回归》，《科技日报》2008 年 12 月 2 日。关于环保考核中存在的认识不够、程序不规范、指标体系不完善、流于形式、考核结果不能实质运用等问题，详见夏光、冯东方《党政领导干部环保绩效考核调研报告》，《环境保护》2005 年第 2 期；李胜《莫让环保考核受"污染"》，《中国纪检监察报》2006 年 4 月 27 日。

② 环保部副部长潘岳坦承，"环评风暴"的运动式执法不能根本解决问题，他指出，中国污染现状及环境问题的最终解决，不在于几次执法和几项新政策，而在于体制与法律的真正改革和公众监督力量的真正形成。详见《潘岳：每次"环评风暴"都是一场博弈》，《人民日报》2007 年 2 月 6 日。相关评论如张刃《"环评风暴"能撼动地方保护吗》，《工人日报》2007 年 1 月 16 日。

应该说，这些措施起到了一定的规制作用，但效果难以根本彰显。实际上，对于高速增长背后的环境代价问题，中央政府可能更多地扮演着"平衡轮"的角色。这其中的关键问题在于，在面临既实质性依靠地方政府推动国家经济发展，又要致力于实现国家可持续发展战略目标的两难矛盾时，中央政府对于地方环境决策短视可能仅是"板子高高地举起但轻轻地落下"。况且，中央与地方之间的委托代理关系中存在的信息不对称，以及地方政府拥有着中央所难以约束的在经济、政治方面较大的决策"自主性"①，决定了依靠中央政府单方面的制约力仍难以从根本上遏制地方环境决策短视。而从地方看，在面临着激烈的竞争、巨大的经济发展和上级考核压力的情况下，地方政府更有可能基于"理性经济人"和"政府自利性"作出短视性决策。鉴于此，可以得出的结论是，只要过度依赖经济增长的发展方式不转变，只要 GDP 导向的政绩考核机制仍实质性推行（而这两项条件在短期内不可能有实质性转变），依靠科层治理仅能对地方政府决策短视起微弱的约束作用。

从公民社会层面上看，随着环境污染的加剧，近年来各类环境群体性事件和环境纠纷层出不穷。在大量的环境群体性事件中，存在着一类以环保 NGO 或发达地区城市社区的中产者为发起主体、理性程度高、具有相对持久性、能够通过广泛动员并最终形成影响地方政府决策的理性环境抗争运动（详见第四章分析），运动中形成由媒体、专家、民众、环保 NGO 等多元主体构成的外压型能量场，通过场能的激发起到了治理（预防、纠正、中止）地方政府环境决策短视的功效。这从近年来所发生的一系列理性环境抗争运动（自然保育运动——保卫怒江运动、都江堰保卫战等；地方反公害运动——厦门反 PX 运动、广州番禺反垃圾焚烧电厂运动等）中可见一斑。另外，一些城市社区的居民借助于现行环境影响评价制度，经由理性抗争形成了由社区居民、专家、媒体、地方政府等参与的博弈能量场，通过场能的激发（对地方政府拟议项目的环境影响的鉴别评价、公民民主权利的伸张、政府责任的谴责、对话协商沟通基础上的方案优化选择）一定程度上预防或减轻了决策中的短视。

---

① 何显明：《市场化进程中的地方政府行为逻辑》，人民出版社，2008，第 46 页。

这以北京六里屯反建垃圾电厂案、上海磁悬浮案、深港西部通道侧接线案最为典型。纵观这些理性环境抗争运动和环境影响评价中的对话协商，其背后反映了普通民众、环保NGO、专家旨在维护环境权利和参与环境决策的诉求，更彰显出由来自社会（公民、环保NGO、媒体、专家）、国家（中央环保部门、地方政府）甚至国际的力量①（国际NGO、其他国家）形成的公共能量场激发出的公共能量能够成为地方政府环境决策短视治理的可行选择。

综上所述，在政府体制内部的双重压力中，旨在规制地方政府环境决策短视行为的压力（如观念教育、环评风暴、绿色GDP考核）难以有效遏制潜在助推地方政府环境决策短视行为的压力（如对GDP的追求、官员对政绩的内在冲动等），表明仅仅依靠科层体制的压力不足以从根本上治理地方政府的环境决策短视行为。反观各类理性环境抗争运动和环评对话，其已显现出治理地方政府环境决策短视的公共能量，因此，地方政府环境决策短视的治理可以从已具备现实基础的公共能量场中寻求解决之道。实际上，即便地方政府能够克服"理性经济人"与"政府自利性"而循规以行，基于公共能量场的治理也是必不可少的。原因在于，环境决策的多利益主体性、环境价值认知的内在冲突性、决策过程的民主性要求、决策结果的利益平衡性等特性决定了需要基于公共能量场这一治理平台进行协商博弈，以达成优化方案与利益平衡。为此，本书以为，借助于"公共能量场"这一分析工具，剖析当前各类旨在治理地方政府环境决策短视的公共能量场成功的原因、存在的不足并构建公共能量场绩效发挥的总体条件，以促进环境决策领域由环保部门、公民、环保NGO、专家、地方政府等各方形成的公共能量场进行充分的论争、协商、对话和沟通，对于治理地方政府环境决策短视，促进环境决策的民主与科学，实现经济发展与保护环境并举具有重要意义，而这也将是一项十分必要和兼具挑战性的研究领域。

---

① 在保卫怒江运动中的外压型能量场中出现国际NGO、泰国、韩国等国际力量，详见第四章的案例分析。

第二节　相关研究与评价

一　国内外相关研究

（一）关于环境决策研究

1. 环境决策、评价标准与决策过程

关于环境决策相关概念的表述：一是更多在国家政策文件中使用的"环境与发展综合决策"。蔡守秋、莫神星[1]认为，"环境与发展综合决策"是在决策中全面考量、合理安排与平衡经济、社会和环境价值，实现经济效益、社会效应和环境保护的最佳结合。二是侧重行政机关环境决策的"环境行政决策"。汪劲认为，是行政机关对拟议中的环境利用行为的成本及可能造成的环境妨害、损害、风险综合考量基础上作出决定的行为。[2] 三是"环境决策"，指可能产生显著环境影响的决策，这是最通常、最广义上的表述。艾文和休等人（Ewing and Hough et al.）认为环境决策（Envrionmental Decision Making）是可能产生的显著的环境影响被加以考量的任何决策过程（any process of decision – making where consequent significant environmental impacts are a possibility），包括立法、政策制定、土地利用计划、战略规划、资源规划、环境影响评价、空间规划、预算决定等。[3]

另有相关研究涉及环境决策的评价标准、环境决策过程等内容。著名学者迪茨（Thomas Dietz）研究了评价环境决策的六个标准：是否有利于人类与环境的和谐生存、是否兼顾考量事实与价值、过程结果是否公平、决策是否建立在充分发挥人类优势而非劣势之上、能否提供决策及参与者的学习机会、效率如何。[4] 托恩等人（Tonn et al.）研究了包括环境与社

---

[1] 蔡守秋、莫神星：《我国环境与发展综合决策探讨》，《北京行政学院学报》2003 年第 6 期，第 28 页。

[2] 汪劲：《环境法学》，北京大学出版社，2006，第 283 页。

[3] Michael Ewing, Alison Hough, Magnus Amajirionwu. "Assessing Access to Information, Participation, and Justice in Environmental Decision – Making in Ireland." http://www.environmentaldemocracy.ie/pdf/finalreport.pdf. p. 89.

[4] Thomas Dietz. "What is a Good Decision? Criteria for Environmental Decision Making." *Human Ecology Review*, Vol. 10, 2003, pp. 33 – 39.

会内容、计划与评估、决策制定模式、决策行为在内的环境决策过程系统框架①，为透析环境决策过程提供了实用的整合性的分析工具。萨斯坎德和卡尔（Susskind and Karl）研究了国外环境决策多主体博弈过程中旨在管理专家、官员、公民和利害关系人之间的互动，促进信息分享、监督结果、政策调适、有效合作达成的"科学影响协商者"（Science Impact Coordinators，SIC）的角色与作用。两位作者总结了 SIC 的五大能力要求，并介绍了美国麻省理工学院的 SIC 培训课程 The MIT – USGS Science Impact Collaborative（MUSIC）的内容。②

2. 环境决策中的公民参与和治理

决策中的公民参与方面的人研究文献可谓汗牛充栋，在此不一一列举，而主要对环境决策公民参与研究作述评，但值得提及的是托马斯（John C. Thomas）的贡献。其在《公共决策中的公民参与》一书中分析了关键公众接触、公民大会、咨询委员会、由公民发起的接触、公民调查、协商和斡旋这六种公民参与决策形式。其认为决策者可依公民参与程度之需采取五种不同的决策途径：自主式管理决策、改良式自主管理决策、分散式公众协商、整体式公众协商、公共决策。③

孔斯基与贝尔利（Konisky and Beierle）研究了环境决策制定中的公民陪审团（citizens juries）、学习小组（study circles）、圆桌会议（round – table conference），以及合作型流域管理（collaborative watershed management）等参与途径机制。④ 国内有学者分析公众参与环境决策的作用（决策修正、环境公正、增强决策公信力、规制违法行为、提升环境

---

① Bruce Tonn, Mary English, Cheryl Travis. "A Framework for Understanding and Improving Environmental Decision Making." *Journal of Environmental Planning and Management*, Vol. 43, 2000, pp. 163 – 183.

② L. E. Susskind and H. A. Karl. "Balancing Science and Politics in Environmental Decision – Making: A New Role for Science Impact Coordinators." http://web. mit. edu/dusp/epp/music/pdf/SIC_ Paper_ FINAL. pdf, pp. 5 – 6.

③ 〔美〕约翰·克莱顿·托马斯：《公共决策中的公民参与》，孙柏瑛译，中国人民大学出版社，2005，第 47 ~ 48 页。

④ David M. Konisky, Thomas C. Beierle. "Innovations in Public Participation and Environmental Decision Making: Examples from the Great Lakes Region." *Society and Natural Resource*, Vol. 14, 2001, pp. 815 – 826.

意识）、理论基础①（协商民主、环境权、可持续发展），参与决策的运行机制（公开机制、监督机制、参与机制、救济机制）② 以及参与机制③，并重点针对当前环境决策中公民参与存在的问题，从完善参与法律基础、信息公开制度、民间组织作用发挥、公民环境意识提高等方面提出对策。郑毅④以美国、韩国、芬兰三国为个案，分析了国外公民参与环境决策的经验，归纳出公民参与环境决策的六种模式，并从健全制度和参与渠道、提升公民参与水平等方面提出了完善中国公民参与环境决策的对策。

萨布鲁等人（Thabrew et al.）基于环境决策中的多利益相关者，提倡利益相关者为基础的全周期性评价（Stakeholder – based Life Cycle Assessment），认为其能够评价利益相关者之间的关系，增强彼此间的包容性、理解、共识与合作，促进环境决策过程的透明和参与式对话与协商。⑤ 约塞与赫伯斯特（Yosie and Herbst）⑥ 从环境决策利益相关者角度，认为环境决策中汇集的多个利益相关者包括直接受决策影响的群体、对决策内容感兴趣并希望参与决策过程的群体、对决策过程感兴趣的群体、受决策结果影响但尚未感知或参与决策过程的群体。他们指出，未来的环境决策必须学会正视利益相关者过程（Stakeholder Process），为此他们研究了利益相关过程的管理、关键点、挑战、专家角色、绩效等主要问题。全钟燮（Jong S. Jun）等人⑦

① 张卫华：《论我国公众参与环境决策的法律保障机制》，硕士学位论文，郑州大学，2010。

② 赵泽洪、瞿国然、何世春：《我国公众参与环境决策的运行机制及优化》，《中国环保产业》2007 年第 9 期，第 31 ~ 34 页。

③ 任丙强：《西方环境决策中的公众参与：机制、特点及其评价》，《行政论坛》2011 年第 1 期，第 48 ~ 51 页。

④ 郑毅：《环境决策中的公民参与研究——以美、韩、芬三国为例》，硕士学位论文，上海师范大学，2010。作者在总结公民参与环境决策的六种模式中的利益相关者决策模式指环境决策中由公共部门、私营部门、环境 NGO、公民、专家共同决定环境决策、制定替代方案、落实责任、提供评价反馈和改进政策。

⑤ Lanka Thabrewa, Arnim Wiek, Robert Ries. "Environmental Decision Making in Multi – stakeholder Contexts: Applicability of Life Cycle Thinking in Development Planning and Implementation." *Journal of Cleaner Production*, Vol. 17, 2009, pp. 67 – 76.

⑥ Terry F. Yosie, Timothy D. Herbst. "Using Stakeholder Processes in Environmental Decision – making." http://www.gdrc.org/decision/nr98ab01.pdf, pp. 1 – 77.

⑦ Jeong Hoi – Seong, Cheong Hoe – Seog. "Evolution and Structure of Environmental Governance in Korea." International Symposium in Asia, Mar. 9, 2000, IGES/Sophia University Institute for Global Environmental Studies, University of Sophia in Tokyo. Institute of Global Environmental Strategies (2000), http://www.iges.or.jp.

认为，环境决策中由利益相关者组成的公共部门（如中央政府、省级政府以及地方政府）和私营部门（如本地企业、环境 NGO、当地居民、专家和机构）共同决定环境计划，制定替代方案，落实责任，评估结果，并提供评价反馈以改进决策。

3. 关于地方政府环境决策短视

现有研究并没有明确提出"环境决策短视"，但都关注到包括无序竞争、忽视长远利益、重发展轻环保等多种表现形式的"地方政府短期行为"①。其中，学者薛刚②将研究聚焦地方政府短期行为的决策层面。何显明③指出地方政府存在以"重商"形式表现出的向强势群体（地方资本力量）倾斜而忽视甚至牺牲弱势利益群体（普通民众）的短视行为。胡力士④指出，以决策中轻视甚至忽视环保、阻碍建设项目的环保管理和污染治理等为表现形式的地方政府短期行为是导致地方环境问题的根源之一，其分析短期行为背后的思想认识、政绩考核、经济管理体制、社会监督、环保部门管理体制等原因，并从提高认识、推行环保实绩考核、加强监督、加大环保行业管理等方面提出治理对策。另有学者指出，当前中国政府的环境决策角色，应从严格集权到适当分权，从封闭决策到民众参与式决策，从被动补救到积极预防，从纯粹干预向主动引导转变。⑤

（二）关于场研究

1. 社会科学中的场研究

学者们使用"场"、"场域"概念来研究那些有边界的系统（如市场、公共政策领域等）、各种社会组织间互动形成的非正式结构性领域，以及心理过程、舆论共意等，并取得丰硕的成果。迪尔凯姆（Emile

---

① 地方政府短期行为相关研究详见姜淑芝、赵连章《论地方政府的短期行为及整治对策》，《科学社会主义》1997 年第 3 期，第 61～65 页；孟华《政府短期行为成因的决策要素分析》，《地方政府管理》1998 年第 1 期，第 31～32 页。

② 薛刚：《地方政府公共决策中的短期行为及其危害分析》，《兰州学刊》2009 年第 4 期，第 10～110 页。

③ 何显明：《市场化进程中的地方政府行为逻辑》，人民出版社，2008，第 118 页。

④ 胡力士：《地方政府短期行为对环境管理的制约及其对策》，《中国环境管理干部学院学报》2000 年第 3、4 期，第 29～33 页。

⑤ 何晋勇、吴仁海：《生态现代化理论与中国当前的环境决策》，《中国人口·资源与环境》2001 年第 4 期，第 19 页。

Durkheim）是社会科学中最先使用"场"概念的大师，他将社会场等同于有形的人和事物构成的社会环境。场理论研究方面，最具影响力的首推法国社会学大师布迪厄（Pierre Bourdieu），他提出了"社会或文化再生产领域中相互争斗竞争的各种行动者、组织的总和以及相互间的动态关系"的"场域"概念，在他看来，场域是透视在一个相互冲突的社会领域中的行动者及行动者之间关系的有效分析工具，"根据场域概念进行思考就是从关系的角度进行思考"①。

在哲学层面，场指的是事物之间的环境、势力范围或作用力、影响力，事物具有"场性"，没有独立于场之外的事物。因此，场无处不在，世界就是一个场。正如"场有"哲学代表人物唐力权所指出，从"场有"哲学的观点来看，一切存在都是依场而有，"宇宙"乃是无限场有的名称。②"场有"哲学强调物的"场"性，实则是对世界存在、物质间的相关性、普遍联系性的描述。

在心理学领域，勒温（Kurt Lewin）提出关于个体周围的各种要素与力量相互依赖的"心理场"概念③，将之作为评估"个人以及对个人而言所存在的心理环境"的工具和个人认识社会环境的图式。考夫卡（Kurt Koffka）在此之上进一步提出了"行为场"、"环境场"理论。④

在传媒领域，德国学者马莱茨克（Gerhard Maletzke）提出了大众传播过程中诸种社会关系的群集和总和——无论是传播者还是接受者的行为——都是在一定的"社会磁场"中进行的"大众传播场"理论。⑤ 清华大学刘建明教授在《舆论传播》一书中提出"包括若干相互刺激因素，从而使许多人形成共同意见的时空环境"的"舆论场"概念，并分析了舆论场的构成。⑥

---

① 〔法〕布迪厄、〔美〕华康德：《实践与反思：反思社会学导引》，李猛、李康译，中央编译出版社，1998，第133页。
② 唐力权：《周易与怀德海之间》，辽宁大学出版社，1997，第7页。
③ 详见〔德〕库尔特·勒温《拓扑心理学》，高觉敏译，商务印书馆，2003。
④ 详见〔德〕库尔特·考夫卡《格式塔心理学原理》，黎炜译，浙江教育出版社，1997。
⑤ 详见 Gerhard Maletzke. *Psychology of Mass Communication*. Hamburg：Verlag-Hans Bredow – Institut，1978.
⑥ 刘建明：《舆论传播》，清华大学出版社，2001，第65页。

在组织研究领域，学者们提出由运行于某个部门或领域中的多种组织构成的组织集合的"组织场域"，认为组织场域可以作为联系组织层次与社会层次的重要分析单位。代表人物有著名学者斯科特（W. James Scott）①、迪马吉奥和鲍威尔（DiMaggio and Powell）等②。霍夫曼（Andrew W. Hoffman）则具体分析了美国环保领域里的组织间（企业、政府、NGO、保险机构）关系场，认为，场由因特定的议题而形成的组织间关联，场层面分析（Field‒level analyses）能够揭露组织对某一议题（比如环境管理）影响的文化性和制度性根源。③ 马可·奥鲁等人则通过对韩国、日本和中国台湾地区的研究，得出东亚的组织场域有着不同于西方的制度运行模式，组织场域应考虑和遵守其所嵌入的制度环境，即组织赖以存在的政治与社会环境条件的结论。④

在社会学研究方面，社会运动理论家认为社会运动形成组织间相互竞争、合作与学习的社会运动场域。贝尔特·克兰德尔曼斯（Bert Klandermans）主张从"多组织场域"（multi‒organization field）视角来研究社会运动，他强调，社会运动组织，是嵌入在某个多组织场域（由支持或敌性的群体、组织、个体构成）中的。社会运动历程（发展、变化或衰落）是由多组织场域内的动力机制所决定的。⑤

在政治学领域，浙江大学崔浩教授在《政府权能场域论》一书中系统研究了政府权能运作的基础与"场有"状态，认为"场"是政府权能存在的空间结构和发挥作用的前提，"有"是政府权能在"场"内的运动

---

① 〔美〕W. 理查德·斯科特：《制度与组织——思想观念与物质利益》，姚伟、王黎芳译，中国人民大学出版社，2010，第217页。

② Paul J. Dimaggio, Walter W. Powell. "The Iron Cage Revisited: Institutional Isomorphism and Collective Rationality in Organizational Fields." *American Sociological Review*. Vol. 48. 1983, p. 148.

③ Andrew W. Hoffman. "Institutional Evolution and Change: Environmentalism and the U. S. Chemical Industry." *Academy of Management Journal*. Vol. 42, 1999, pp. 351 ‒ 371.

④ 马可·奥鲁等：《东亚的组织同形》，载〔美〕沃尔特·W. 鲍威尔、保罗·J. 迪马吉奥《组织分析的新制度主义》，姚伟译，上海人民出版社，2008，第385～416页。

⑤ 贝尔特·克兰德尔曼斯：《抗议的社会建构和多组织场域》，载〔美〕艾尔东·莫里斯、卡洛尔·麦克拉吉·缪勒《社会运动理论的前沿领域》，刘能译，北京大学出版社，2002，第118页。

变化规律。①

由上，尽管社会科学关于场的理解不尽相同，但基本上可以将场视为某个领域由组织、个体形成的关系性结构，其虽不具有类似组织的正式结构，但却是对主体间关系及情境的描述，也是一种分析多主体间关系的工具与方法。学者潘德冰更是从整个社会的角度提出"社会场"的概念——事物在社会场力线作用的支配下能量运作的客观存在，一切社会事物统一于社会场。同时，他指出社会结构分析法实际上是一种社会场分析方法（即把社会事物与社会场相联系的一种研究方法），并以此分析中国改革中存在的问题。②

2. 公共能量场研究

福克斯和米勒（Fox and Miller）在《后现代公共行政——话语指向》一书中，在对以官僚制为基础的传统公共行政及其替代模式批判的基础上，明确提出"公共能量场"，视其为打破官僚制的独白式话语，促进政策过程多元对话协商的基础，提倡"公共行政领域的模式从官僚制转换到公共能量场"③。他们指出，不同于传统精英式决策强迫或引诱人们服从，公共能量场呈现源头多元化的公共氛围，社会话语在此得以表演，公共政策基于此得以制定和修订，公共事务本身就是一个能量场。针对官僚的独白式话语，两位作者基于"真诚、切合情境的意向性、自主参与、实质性的贡献"这四项话语标准比较了公共能量场中"少数人的对话"、"多数人的对话"和"一些人的对话"这三种对话形式，认为"一些人的对话"是应提倡的理想对话形式。

环境治理及环境政策领域里的著名学者海拉与其研究团队（Yrjö Haila et al.）研究了自然保护领域里的公共能量场实践，认为"自然保护能够被视为典型的公共关注过程，能够形成政治争论与斗争的平台——福克斯和米勒所言的'公共能量场'"，"自然保护过程的多主体、利益相关

---

① 详见崔浩《政府权能场域论》，浙江大学出版社，2008。
② 潘德冰：《社会场论导论——中国：困惑、问题及出路》，华中师范大学出版社，1992，第227~229页。
③ 〔美〕查尔斯·J. 福克斯、休·T. 米勒：《后现代公共行政——话语指向》，楚艳红等译，中国人民大学出版社，2002，第99页。

以及备受关注的属性，决定了以政府职责和政府行为合法性来保护自然的做法应让位于将之视为公共能量场以发挥多主体参与并贡献能量的做法"。① 海拉在 2012 年的一篇新作中借助"公共能量场"分析工具，详细分析了自然资源保护政策制定中已经能量化（energized）的因素（factors）和行动者（actors），认为基于公共能量场的对话式治理（conversation governance）代表了公共政策制定的新领域。②

洛波等人（Loeber et al. ）认为，"公共能量场"是对现实中通过论辩、合作、判断与共同行动的治理实践的有效分析单元，其具有包括（encompass）并超越（beyond）正式政治组织的延展性。为此，他们以公共能量场为视角专门分析欧盟 Paganini Project 项目及其参与式治理实践。③

汉森（Kenneth N. Hansen）在其博士论文中指出，福克斯和米勒提出的"公共能量场"为治理指明了基本方向，实际可以将其看作一种指向，但需要进一步深入研究，尤其是在实证上有待加强，他认为，作为学者和实践者的任务是促进这些治理指向转换成操作性的实践，基于此能够通过包容性的争论和改变目前的行政实践，促进真正意义上的对话的实现。为此，他在论文中专门基于德州军事基地的对话能量场案例研究了对话式公共能量场的实践，并在此基础上对公共能量场进行了一定程度的理论拓展。④

刘伟、黄健荣在《当代中国政策议程创建模式嬗变分析》一文中指出："随着善治理念的导入、协商民主的勃兴、政策过程开放度的提高，

① Yrjö Haila, Maria Kousis, Ari Jokinen, Nina Nygren, Katerina Psarikidou. Building Trust through Public Participation: Learning from Conflicts over the Implementation of the Habitat Directive. http://www. univie. ac. at/LSG/paganini/pdfs/WP4% 20HABITAT% 20Final. pdf. pp. 10 – 23.

② Yrjö Haila. "Genealogy of Nature Conservation: A Political Perspective. " *Nature Conservation*, Vol. 1, 2012, pp. 27 – 52.

③ Anne Loeber, Maarten Hajer, Jan van Tatenhove. Investigating New Participatory Practices of the "Politics of Life" in a European Context. 6th EU Framework Programme for Research and Technology. www. univie. ac. at/LSG/paganini/finals_ pdf/WP8_ FinalReport. pdf.

④ Kenneth N. Hansen. "Discourse and Complex Implementation: Military Base Conversions in Texas. " http://thinktech. lib. ttu. edu/ttu-ir/bitstream/handle/2346/12565/31295011156204. pdf? sequence = 1.

体制内外行为者的互动合作成为常态，政策议程越来越是一个多元行为主体在'公共能量场'中自由协商和博弈的过程。"作者认为，内外融合的政策议程设置类型及基于公共能量场的治理，契合当前治理模式中政府与社会合作共治的要求。①

尚虎平撰文指出，从共时性看，中国公共行政呈现明显的现代与后现代性并行的特征。其通过对18个外压型"公共事件"对政府决策影响的分析，认为话语理论在中国具有契合性，认为与美国情境中"公共能量场"发挥主导作用不尽相同，中国转型期的"拐点行政"话语遵循着"零星对话—公共能量场—公共能量束—进入公共行政议程—产生结果"的规律，是"公共能量场"中形成的"公共能量束"起到了解决拐点时期的公共行政焦点问题的作用。②

樊清在《公共能量场对公共政策的推动及影响》一文中指出，中国的现代化需要政府主导的行政体制，但政府不应包揽，而应采取有效措施，例如通过完善制度建设、加大资金投入和引入大众传媒来搭建公共对话平台，形成一个有效的公共能量场，以此保证全体公众有权平等参与公共对话。③

曹堂哲、张再林指出，以话语理论看来，当前中国政策制定和决策过程中存在"三拍决策"、"暗箱操作"、没有政策对话、"上有政策、下有对策"等问题，无不根源于话语正当性的丧失。只有基于公共能量场的多元主体，通过主体间的紧张性对抗关系和动态能量，在公共能量场中实现行政权力和公民权利之间的动态平衡，确保多主体的充分参与和对话正当性，才能提升当代中国公共政策的质量。④

---

① 刘伟、黄健荣：《当代中国政策议程创建模式嬗变分析》，《公共管理学报》2008年第3期，第34~36页。

② 尚虎平：《是"公共能量束"而非"公共能量场"在解决着我国"焦点事件"——〈后现代公共行政〉评述兼议我国"拐点行政"走向》，《社会科学》2008年第8期，第32~43页。

③ 樊清：《公共能量场对公共政策的推动及影响》，《环境经济》2010年第11期，第42~45页。

④ 曹堂哲、张再林：《话语理论视角中的公共政策质量问题——提升公共政策质量的第三条道路及其对当代中国的借鉴》，《武汉大学学报》（哲学社会科学版）2005年第6期，第857~861页。

有学者则将研究视角转向现实中公共能量场的"原型"与应用，例如，赵晖等人认为，"一事一议"为构建农村"公共能量场"提供了制度基础，村级干部、广大村民在"公共能量场"中表达自己的话语，进行平等交流。农村公共政策就是在"一事一议"制度这个"公共能量场"中，通过不同意图、目标的主体间的相互影响、激发与碰撞中形成的。①王勇则针对流域管理实际，认为可以设计一种以流域水资源保护及加强跨界合作为中心议题的流域"公共能量场"来解决流域管理问题。②杨志军等人在《政府规制网络舆论的缘由、策略及限度研究》中提出"网络公共能量场"一说，认为网络公共能量场是网民表达社会话语、影响公共政策制定与修订的场所——网民通过带有情感、目的和动机的评议所产生的影响力，渗透进国家政治生活领域。在肯定网络公共能量场作用的同时还针对其缺陷，重点分析了政府在其中的策略选择与作用限度。③

另有学者研究公共能量场的治理条件及改进。张康之教授针对公共能量场与行政民主化的关系，指出"公共能量场"这个概念还仅仅属于一个话语创新的范畴，并不能完全确保行政民主化，关键的问题在于，公共能量场的结构如何，因此，公共能量场的民主功效发挥尚需社会治理结构的变革，即用网络结构取代现有的线性结构，用合作的社会治理取代形式民主的社会治理。④

（三）关于决策与场的关联研究

这方面的研究文献相对较少。布森梅尔和汤森德（Busemeyer and Townsend）1993 年提出决策场理论，主要研究如何准确预测方案选择的概率及选择状态与时间的系统变化关系。⑤但决策场理论运用或然、动态

① 赵晖、朱刚、董明牛：《基于话语理论下的农村"一事一议"制度的完善对策》，《领导科学》2010 年第 3 期，第 23～26 页。
② 王勇：《论流域水环境保护的府际治理协调机制》，《社会科学》2009 年第 2 期，第 26～36 页。
③ 杨志军、冯朝睿、谢金林：《政府规制网络舆论的缘由、策略及限度研究》，《学习与实践》2011 年第 8 期，第 98～109 页。
④ 张康之：《探索公共行政的民主化——读〈后现代公共行政：话语指向〉》，《国家行政学院学报》2007 年第 2 期，第 33～36 页。
⑤ Jerome R. Busemeyer, James T. Townsend. "Decision Field Theory: A Dynamic Cognition Approach to Decision Making." *Psychological Review*, Vol. 100, 1993, pp. 432–459.

的观点来研究决策者对决策方案的偏好选择，更多属于心理学范畴，与本书所言的公共能量场的关联不大。国内学者甄朝党、陶敏阳在《群体决策优化的知识场模型》一文中为研究各行动者由于时间空间、知识储备、心理信任上的不同对群体决策的影响，引入知识场概念，建立起包括物理距离变量（各行动者的地理距离及互动联系的便利程度）、心理距离（信任程度）、知识距离变量（各行动者的知识基础量、与对方交流的知识、对对方拥有的知识及其可靠性的评价）在内的群体决策知识场过程模型。①

（四）关于体制外的压力影响决策研究

1. 体制外压力与政策议程

由于议程是决策的必经前提，外压型公共能量场的作用更多体现在议程设置方面。关于这一点，美国学者科布（Roger Cobb et al.）等人根据政策问题的提出者在议程中的作用、影响力把政策议程分为三种基本类型，即外在创始型（Outside Initiative Model）、动员型（Mobilization Model）和内在创始型（Inside Access Model）②，其中外在创始型强调体制外的压力对政策议程的影响。蒂利（Charles Tilly）在《从动员到革命》一书中提出著名的"政体模型"（Polity Model），将政治参与者分为政体内成员和政体外成员（挑战者），前者能够通过常规的、低成本的渠道接近决策，而挑战者则须设法进入政体或者选择体制外的政治方式。③

王绍光在《中国公共议程的设置模式》一文中提出的中国公共议程设置的六个模式之一就是"外压模式"，他还就此着重分析了利益相关者的施压、非政府组织的卷入、大众传媒的转型和互联网的兴起这四个因素所形成的外压对于议程设置的影响。在该文的结尾，他指出，随着专家、传媒、利益相关群体和人民大众发挥的影响力越来越大，"外压模式"将频繁出现。④

---

① 甄朝党、陶敏阳：《群体决策优化的知识场模型》，《中央民族大学学报》（哲学社会科学版）2008 年第 2 期，第 32~37 页。

② Roger Cobb, Jennie – Keith Ross, Marc Howard Ross. "Agenda Building as A Comparative Political Process." *The American Political Science Review*, Vol. 70, 1976, pp. 128 – 136.

③ Charles Tilly. *From Mobilization to Revoultion*. New York: McGraw – Hill, 1978, p. 52.

④ 王绍光：《中国公共议程的设置模式》，《中国社会科学》2006 年第 5 期，第 86~99 页。

刘伟、黄健荣在《当代中国政策议程创建模式嬗变分析》一文中，在详述推动政策议程设置的外压模式的同时，还首创性地提出了内外结合的相融模式，认为随着善治理念的导入、协商民主的勃兴、政策过程开放程度的提高，体制内与体制外行为者的互动合作（"内倡"与"外推"）成为常态，政策议程创建越来越成为内外行动者在"公共能量场"中通过互动式协商和博弈所达成。[①]

2. 环境运动对决策形成外压

日本环境哲学家岩佐茂强调以有组织的民间环境运动形式出现的公众有效参与和斗争对决策的影响作用。[②] 王芳[③]研究了西方环境运动，分析西方主要环保团体的类型、特征及行动策略（包括对政府施压和影响政治决策），认为未来的环境运动应有效联系媒体、公众、科学界、政府部门等形成多主体参与。麦文彦[④]介绍了国外环境公正运动案例，得出环境公正运动的最终胜利取决于社区领袖、律师、专家的共同作用之结论。该文还对比中国环境运动，认为中国政府、公民及非政府组织都必须提高对环境公正的认识，并将环境公正纳入决策过程和维权行动。崔凤、邵丽[⑤]通过分析中国环境运动的三种形式（政府发起、民间组织发起、知识精英发起）认为，与西方相比，中国环境运动尚处于初级阶段，但作用已开始凸显，将成为中国环境治理结构中的一种新型力量。长平[⑥]通过广州番禺市民反对垃圾焚烧发电厂事件，得出社会运动是教育公民和对权力监督的最好学校，政府应重视并将其纳入制度化的应对框架，与公民共同成长。张玉林[⑦]指出，国家环保理念与地方政府和企业的污染控制行为之间的巨大断裂、政经一体制度、压力型体制决定了中央的监督难以收到预期效果，而通过环境运动的方式向决策者施压以影响决策可能成为相当长时

① 刘伟、黄健荣：《当代中国政策议程创建模式嬗变分析》，《公共管理学报》2008 年第 3 期，第 34 ~ 36 页。
② 〔日〕岩佐茂：《环境的思想》，韩立新等译，中央编译出版社，1997，第 170 页。
③ 王芳：《西方环境运动及主要环保团体的行动策略研究》，《华东理工大学学报》（社会科学版）2003 年第 2 期，第 10 ~ 16 页。
④ 麦文彦：《环境公正：概念界定及运动历程》，《绿叶》2010 年第 8 期，第 96 ~ 105 页。
⑤ 崔凤、邵丽：《中国的环境运动：中西比较》，《绿叶》2008 年第 6 期，第 88 ~ 93 页。
⑥ 长平：《公民社会在环保运动中成长》，《社会观察》2009 年第 12 期，第 30 ~ 32 页。
⑦ 张玉林：《中国的环境运动》，《绿叶》2009 年第 11 期，第 24 ~ 29 页。

期内的一个常态。

3. 关于新闻媒体形成外压与决策

仙托·艾英戈（Shanto Iyengar）和唐纳德·R.金德（Donald R. Kinder）在《至关重要的新闻》中将传媒的报道视为政策问题的"触发机制"，即问题的严重性，加上有效的新闻曝光，就可能使该问题进入政府议程。① 曹堂发在《新闻媒体与微观政治》一书中，系统梳理了新闻传媒在议程设置和影响决策方面的功效，认为如果决策者没有主动发现社会问题，而且，事实上决策者也不可能靠体制内渠道来解决该问题的时候，需要更多地依赖大众传媒将它们扩散到公众知悉，形成外压推动问题进入政策议程。同时，作为一种"公共设施"所具有的"设场功能"，新闻媒体提供了政策参与主体（特别是缺少政治资源的弱势者）进行政策论辩、协商对话的"场域"和"公共论坛"，基于此能够实现各方间"虚拟在场"的交流，利于完善决策机制和促进决策的民主与科学。②

（五）关于环境影响评价与决策的研究

1. 环境影响评价与决策改进

传统观点认为环境影响评价是对拟议活动将可能产生的环境影响的识别、预测和分析的技术过程，随着实践的开展，人们认识到其本质上是社会多元主体（如各种利益相关者）对影响的评价、建构和博弈过程，是改进决策的政策性工具、决策过程与社会制度。例如，世界银行认为："环境评价的目的是改进决策，确保各种项目选择在环境方面是健全的和可持续的"。③ 派茨和伊杜里（Petts and Eduljee）指出："从根本上说，环境影响评价是一个反复的评价项目环境影响与决策过程，使有兴趣各方有机会决定这些影响是否可以接受。"④ 其他代表性的观点认为环境影响评

---

① 详见〔美〕仙托·艾英戈、唐纳德·R.金德《至关重要的新闻：电视与美国民意》，刘海龙译，新华出版社，2004。

② 详见曹堂发《新闻媒体与微观政治——传媒在政府政策过程中的作用研究》，复旦大学出版社，2008。

③ *Environmental Impact Assessment Guide*（od 4.01）. New York：the World Bank，October，1991：1 – 5.

④ Judith Petts，Gev Eduljee. *Environmental Impact Assessment for Waste Treatment and Disposal Facilities.* Chichester：John Wiley& Sons. 1994. p. xv.

价是"环境政策工具"（Environmental Policy Instruments）[①]、"公共参与论坛，进行公共评论"[②]、"就有关影响的信息在社会和决策者之间进行说明和交流"[③]。

2. 对环境影响评价社会科学研究导向的强调

随着认识的深入，人们发现，环境影响评价不仅是一项涉及自然科学研究的技术（比如环境工程、环境科学等），更是应引起社会科学学者研究和重视的制度与过程。学者田良指出，环境影响评价的方法学、管理学传统都是一种技术指向性的研究导向，对"环境影响"比较关注，而对"评价"重视不够，忽略了环境影响评价中的复杂社会因素和价值判断，他呼吁和提倡从更广泛的社会科学和人文科学（比如政治学、社会学、组织行为学）的视野对环境影响评价进行研究。[④]

3. 对环境影响评价中公众参与及协商的重视

伦纳德·奥托兰诺（Leonard Ortolano）指出，环境决策模式的趋势是逐渐注重公众与政府、公众与企业、利益集团及公众内部之间的互动、参与和协商。[⑤] 朱谦[⑥]对比厦门 PX 项目论证和审批过程的信息隐匿、规避公众参与和受到公众抵制之后被迫实施规划环评和公众参与，强调环境公共决策中信息公开和公众参与的重要性。陈仪[⑦]详细分析了环评中存在的启动时间不明确、环评机构地位尴尬难以作出公正评价、环评报告书的内容规定不全面、公众参与机制存在缺陷和透明度公正性不够等问题，并从实

---

① Kees Bastmeijer, Timo Koivurova. *Theory and Practice of Transboundary Environmental Impact Assessment.* Leiden: Martinus Nijhoff Publishers, 2008, p. 1.

② N. T. Yap. "Round the Peg or Square the Hole? Populists, Technology and Environmental Assessment in Third World Countries." *Impact Assessment Bulletin*, Vol. 8, 1989, p. 71.

③ Robert E. Munn. *Environmental Impact Assessment: Principles and Procedures.* New York: Wiley, 1979, p. 1.

④ 田良：《环境影响评价研究：从技术方法、管理制度到社会过程》，兰州大学出版社，2004，第 106 页。

⑤ 〔美〕伦纳德·奥托兰诺：《环境管理与影响评价》，郭怀成、梅凤乔译，化学工业出版社，2004，第 308 页。

⑥ 朱谦：《抗争中的环境信息应该及时公开——评厦门 PX 项目与城市总体规划环评》，《法学》2008 年第 1 期，第 9～15 页。

⑦ 陈仪：《对完善我国环境影响评价法律制度的思考》，《云南大学学报》（法学版）2008 年第 2 期，第 83～87 页。

施战略环评、明确环评启动时间、提高环评机构的独立性、扩大公众参与等方面提出了若干完善对策。

二 研究评价

上述文献综述表明，一方面，场是社会科学领域里关注和研究的对象，在社会学、哲学、心理学、传播学等学科里已渐趋成熟，在政治学领域里，公共能量场研究尚处于起步阶段，亟待进行拓展研究；另一方面，环境决策、地方政府环境决策短视问题已经引起学界的关注。应该说，现有从环境决策、短期行为、环境影响评价、环境运动、公共能量场等视角的相关研究，其重要研究意义和价值不言而喻，但由于在研究视角、研究方法、关注焦点的不同而在地方政府环境决策短视及公共能量场的运用方面的重视度上有待增强，学科间也有待串联与整合。

（一）对地方政府环境决策短视问题有所关注，但重视度还不够

梳理现有文献，不难发现，"环境决策"、"地方政府短期行为"研究虽已涉及地方政府决策中的短视问题，但总的来看，对于地方政府环境决策短视这一现实问题还缺乏足够的重视：一方面，尚没有明确提出"地方政府环境决策短视"一说，无论是"环境决策"还是"地方政府短期行为"，均不足以解析当前地方政府管理中出现的环境决策短视问题；另一方面，现有文献对于地方政府环境决策短视的界定、表现形式、类型、特征几乎没有涉及，有关的因应对策聚焦科层治理、体制内的公众参与、体制外的外压方面，对于从决策影响过程的多主体关系及由此形成的"结构性"① 角度进行的系统性和综合性考量尚相对缺乏。

（二）对于公共能量场的作用形成共识，但尚需拓展性研究

在政治学领域，学者们在公共能量场作为一种多方参与博弈机制发挥打破官僚垄断决策、增进决策民主、优化政策选择的功效上取得共识，也

---

① 本书将公共能量场视为一种多主体参与博弈并通过能量的激发以治理公共事务所形成的"结构"，这种结构既可能是主体间偶合性、松散性但相对持久的聚合，也可能是相对稳定的互动关联，其结构性介于正式组织（高度组织化的结构关联）与群集（偶合松散的临时性聚集）之间。详见第二、第三章分析。

有学者研究了公共能量场在具体领域（自然资源保护、乡村基层民主、网络话语、军事基地的存续、流域管理）的应用，但何为公共能量场，在不同学者的语义中有所不同，公共能量场究竟是合作平台、是诸如会议之类的物理空间还是网络对话空间？是偶然的聚合还是相对稳定的政策网络？即便是提出者——福克斯和米勒也未明确解答。最关键的问题还在于，对于公共能量场的形成、结构、过程、绩效等问题并未予以深究，这就使得公共能量场仍带有晦涩性和模糊性，影响了对其的拓展和运用。就环境决策看，无论是决策的多主体性、决策过程的民主性、决策结果的利益平衡性都与公共能量场有着天然的契合性，公共能量场能够提供环境决策中多元力量施展能量的平台，也提供了洞悉环境决策过程的透镜，但现有文献对于其在环境决策领域里的运用、存在的不足及功效发挥所需的条件未有更多涉猎。

（三）不同学科研究取向各异，有待串联和整合

不同学科研究既相互分立，如政策学研究决策过程及外压，环境决策侧重多主体互动、社会运动理论探索运动的形成及外压，法学重视环境影响评价制度，又存在着共性——环境决策中的多主体取向、外压对决策的影响，以及环境影响评价研究对于参与及协商过程的强调，实际上都潜在地"内隐"着多元主体的互动博弈结构（场）对增进决策民主科学的功效。学科间研究的分立取向与实质内容的共同指向，提出了科际整合的必要。实际上，环境运动特别是理性环境运动、环境影响评价制度往往能形塑起一个围绕环境议题的公共能量场，通过场能的激发发挥治理地方环境决策短视的功效。而借助于公共能量场这一视角，能将政策学中的决策理论、社会学中的社会运动理论、政治学中的治理理论、法学中的环境影响评价研究串联起来，为解决地方政府环境决策短视提供整合性的分析视角。

鉴于此，本书拟从公共能量场视角研究地方政府环境决策短视治理，分析公共能量场对于治理地方政府环境决策短视的必要性及可行性，剖析基于公共能量场的地方政府环境决策短视治理所需的条件及条件构建，促成政府、公民、环保 NGO、专家等多元主体形成公共能量场以发挥其有效治理地方政府环境决策短视、促进环境决策民主与科学之功效。

第三节 研究假设、研究思路与主要内容

一 研究假设

本书研究的基点和假设如下。

第一，当代中国地方政府同时扮演着行政体制内的"行政人"、公共利益受托者与维护者的"公共人"，以及有着自利性的理性"经济人"三重角色，当其在环境决策中同时面临着来自科层体制内中央政府、辖区内民众的发展导向（经济增长、就业、公共服务等）与环保要求（节能减排、污染治理、自然资源保护等）的双重压力，与此同时又有着追逐自身利益（地方政府利益、部门利益和官员个人利益）的内在冲动时，会倾向于作为理性"经济人"进行成本收益衡量，基于自利性并凭借其所能够"敷衍"中央和"摆平"地方民众的权能自主性，作出有利于政府自身而背离公共利益或忽视弱小利益的决策，造成决策短视。

第二，环境决策具有涉及多学科、多领域的高度复杂性特点，决策过程中需要充足的信息和专业性知识，同时环境决策结果带有潜伏性与后显性（即可能需要历经一段时间之后才会显现出来），其有效应对需要多主体间的互动博弈机制以集思广益。与之相比，地方政府难以拥有环境决策所需的充足的信息和智能，特别是在地方政府实质性地垄断决策权，压制多元话语和漠视环境诉求的决策模式下，单靠地方政府的权能实行一元主导决策，只会导致决策短视。

二 研究思路

借助于公共能量场之视角，在对公共能量场进行理论分析的基础上提出基于公共能量场治理的若干条件假设，并通过案例验证分析最终得出基于公共能量场的地方政府环境决策短视的治理条件，以有针对性地提出条件构建完善的对策，是本书的主要研究进路。

具体看来，本书的研究思路遵循理论分析与现实考量（环境决策相关理论分析、地方政府环境决策短视的原因分析）→逻辑关系、路径选

择与研究视角（公共能量场对于地方政府环境决策短视治理之路径选择及研究分析的必要性及可行性）→研究设计（公共能量场理论分析、SSP分析框架、模型构建和相关条件假设）→案例验证分析（基于现实案例对经由研究设计得出的条件假设的验证及结论）→条件归总与因应对策（条件归总、条件构建完善的路径选择与因应对策）→前瞻思考（公共能量场治理的前瞻分析）。

三　主要内容

本书的中心论点是：在现有治理模式适用性不足、特别是科层治理失灵或低效的情况下，地方政府环境决策短视的有效治理有赖于公共能量场中激发的公共能量。同时，环境决策的特殊性（多利益主体性、价值认知的内在冲突性、决策过程的民主性要求、决策结果的利益平衡性等）也要求决策的作出需借助于多主体间博弈的场机制。因此，通过完善相关条件，推动环境决策领域的政府环保部门、环保 NGO、公民、专家、媒体等多元主体形成公共能量场，基于此促进主体间的协商、对话、沟通达成优化方案和利益平衡是有效治理地方政府环境决策短视的现实可行之策。

围绕上述中心论点与研究思路，本书各主要章节的内容要点如下。

第一章导论部分，涉及选题缘起、相关研究与评价、基本假设、核心观点与主要内容、研究方法与技术路线、可能的创新等内容。

第二章主要包括理论分析、现实考量与路径选择三大内容。首先从理论上对决策、环境决策、短期行为、环境决策短视等相关概念进行梳理与界定，分析地方政府环境决策短视的类型与表现形式。接着，重点从制度、体制、认知等多个维度剖析当前地方政府环境决策短视的诱因。在此基础上，比较和检验现有各种治理模式（科层治理、市场治理、自主治理和网络治理），分析其在治理地方政府环境决策短视这一问题上的不足，得出基于公共能量场治理的必要性与可行性。

第三章是本书承上启下的衔接点，即"分析框架—理论（法律）循证—模型构建"的研究设计：首先对公共能量场进行理论分析，涉及公共能量场的渊源、界定、构成、作用等。接着，基于公共能量场的本质，提出了一个包括"情境—结构—过程"的公共能量场 SSP 分析框架。同时，针对现实中的运动外压型和环评预防型这两大能量场，构建相应的治理模型，并结合 SSP 分析，分别基于现有理论和环境影响评价法律制度推导出这两大类型能量场治理的相关条件假设，为第四、第五章对这些假设的验证分析和第六章有针对性地提出条件完善对策创造前提。

第四章涉及运动外压型能量场研究与案例验证分析。在对社会运动、环境运动理论研究的基础上，从中剥离出"理性环境运动"这种类型，认为其能形成一个由运动发起者、媒体、专家、环保部门、环保 NGO 参与的运动外压型公共能量场，通过公共能量的外压作用迫使地方政府预防、修正或中止决策短视。接着，基于 SSP 分析对所选取的自然保育运动（保卫怒江运动、都江堰保卫战）和地方反公害运动（厦门反 PX 运动、番禺反垃圾焚烧）四个案例进行分析，验证第三章所提出的模型和条件假设，得出运动外压型能量场成功所需的若干条件。

第五章涉及环评预防型能量场研究与案例验证分析，与第四章一起构成案例分析的主体章。该章开篇从理论上分析环境影响评价制度，指出现行环境影响评价制度存在的过于重评价科学性但忽略评价过程民主性的内在缺陷，分析其与公共能量场的内在关联，得出以公共能量场视角进行制度设计是改革和完善环境影响评价制度的关键这一结论。同时，将研究焦点转向现实中的环评，基于 SSP 分析框架对所选取的三个案例（深港西部通道侧接线环评、上海磁悬浮环评、北京六里屯反垃圾焚烧电厂环评）进行剖析，验证第三章所提出的模型和条件假设，得出环评预防型能量场成功所需的若干条件。

第六章对第四、第五章推导出的条件进行归总，分析基于公共能量场的地方政府环境决策短视治理的实施路径与条件构建策略。开篇对经由案例验证得出的十一项条件进行归总，得出基于 IAF（即制度层面—行动者层面—场层面）条件层面之路径—对策分析，剖析三个条件层面的内在逻辑关联、相互间的作用机理，由此分析基于公共能量场治理的实施路径是需要同时发挥制度层面与行动者层面对于提供公共能量场的前提保障作用，以及场层面对制度与行动者层面的形塑与反馈作用，并由此分别从三个层面提出了构建与完善所需条件的若干现实性对策。

结论与展望对本书的内容、观点和结论进行总结，分析公共能量场的治理对于公共决策的"路径依赖"作用及形塑将来环境治理乃至公共治理的"实验田"、"践习场"和"突破口"作用，对此进行展望和前瞻。

第四节 研究方法与技术路线

一 研究方法

作为一项兼具理论分析与应用对策相结合的综合研究，尤其是一项跨越政治学、公共管理学、法学、社会学、环境学等多学科的交叉研究，本书拟综合运用文献分析、案例分析、归纳与演绎分析、功能分析等多项研究方法。

（一）文献分析法

文献研究是一种通过收集和分析现存的文献资料，来探讨和分析研究对象的行为、关系和特征等的研究方式。[①] 任何一项研究都不可能脱离现有的理论基础，文献理论分析自然必不可少。本书研究将基于有关场、决策、环境决策、政策过程、社会运动、环境影响评价等理论内容的分析，同时环境决策公共能量场的多主体构成又不可避免地涉及环境意识、环保部门、环保 NGO 等现状的数据和相关统计资料，因此，本书将广泛搜集与选题相关的各类文献：政府及相关机构的文件，如白皮书、年度报告、调查报告、统计资料、国家发展规划、环境政策法规等；学术刊物如研究报告、论文、专著等。在使用文献过程中，尽可能多渠道、广搜集，避免和减少遗漏，为本书研究提供翔实的文献基础。

（二）案例分析法

理论的魅力在于解释和指导现实，而现实的作用在于检验和完善理论，二者相辅相成。个案研究的主要目的可能是描述性的，对特定个案的深入研究也可以提供解释性的洞见，还可能具有发现现有理论的缺陷并对其修改、发展的功效。[②] 本书将理论分析工具与个案相结合，通过选取保卫怒江运动、都江堰保卫战、番禺反垃圾焚烧运动、厦门反 PX 运动、深

---

① 风笑天：《社会学研究方法》，中国人民大学出版社，2001，第 224 页。

② 参见〔美〕艾伦·巴比《社会研究方法》，邱泽奇译，华夏出版社，2009，第 297 页。

港西部通道侧接线环评、北京六里屯反垃圾焚烧电厂环评、上海磁悬浮环评这七个案例，一方面基于理论分析框架对现实案例进行微观剖析；另一方面，以案例验证理论的适用性，同时重在得出当前运动外压型和环评预防型公共能量场存在的问题及成功条件，为后文构建地方政府环境决策短视治理的条件创造前提。

（三）归纳与演绎结合分析法

本研究通过梳理现有各学科关于场的理论，综合各家观点，在此基础上提炼、归纳和构建公共能量场的基本理论，并尝试性地将之作为分析现实中多主体集合式治理的分析工具和方法，构建出一个包括"情境—结构—过程"的 SSP 分析框架，然后将之演绎到相关个案，剖析现实案例，进而得出基于公共能量场的地方政府环境决策短视治理需要完善的若干条件，最后对这些条件进行归总分析。

（四）功能分析法

自然科学和社会科学用来分析事物或现象的结构和功能的方法，可称为功能分析方法。事物和现象内部的因素之间形成的联系为结构，各组成部分之间的相互作用所产生的影响和功效即为功能。公共能量场可以看作一种多主体形成的结构，其必要性在于通过多主体形成场（结构）产生单个主体所无法达到的治理效果（功能）。为此，本书通过功能分析法，一方面分析公共能量场中的各主体（地方政府、民众、专家、媒体、环保 NGO 等）构成，涉及场内各行动者的联结点（场结）、行动者在场中的地位（场势）、共同在场（场体）、博弈规则（场用）等内容；另一方面，研究场的功效（场能）发挥的条件，包括场内行动者（能量）及其相互间的关系、场外的政治机会结构与国家制度的形塑等。

二　技术路线

立基于地方政府环境决策短视治理之研究宗旨，本书将首先从地方政府环境决策短视这一问题出发，分析现有治理模式的不足，得出公共能量场作为分析视角和可行选择的必要性（第二章），接着从理论上全面剖析公共能量场，进行"分析框架—理论（法律）依据—模型构建"的研究设计，搭建基于公共能量场的 SSP 分析框架，并以此框架构建治理模型和条件假设（第三章），然后，通过选取现实中运动外压型能量场（第四章）和环评预防型能量场（第五章）的典型案例进行 SSP 分析，对所提出的模型和条件假设验证分析，分别得出这两种类型的公共能量场成功所需要的若干条件，在此基础上，对公共能量场所需的条件进行归总并提出条件构建的路径选择与相关对策（第六章），最后在结语部分对本书进行总结。

总的看来，本书遵循了这样的研究思路，即理论分析与现实考量→研究设计（分析框架—模型构建—研究假设）→案例验证分析→条件归总→条件构建的路径与对策→研究展望。本书框架与研究技术路线详见图 1-2。

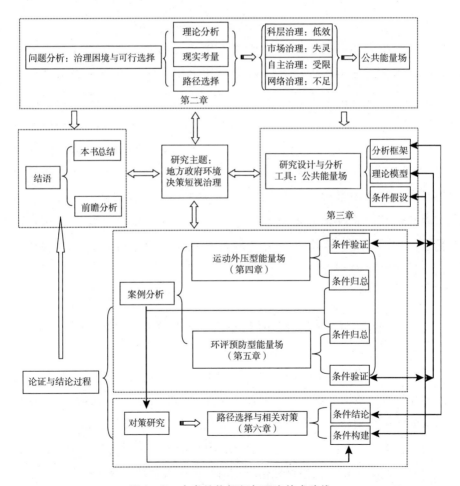

图 1-2　本书结构框架与研究技术路线

第二章　地方政府环境决策短视治理：理论分析、现实考量与路径选择

地方政府环境决策短视是造成大量环境问题的根源，如何寻求有效的治理之道成为当前生态文明建设的突出主题。本章首先从理论上对地方政府环境决策短视进行分析，涉及环境决策短视的界定、类型、特征、表现形式等内容。接着，将研究视线转入现实，重点剖析助推或造成当前地方政府环境决策短视的若干因素，并对这些因素的特性（定性、惯性、韧性、弹性）进行分析，得出地方政府环境决策短视治理必须从现实因素中的"韧性"和"弹性"中寻找突破点。最后，在对现有治理模式校验的基础上分析其对治理地方政府环境决策短视问题适用性的不足，得出基于公共能量场视角及治理的可行性，并从理论分析与现实考量方面进行论证。

第一节　地方政府环境决策短视：理论分析

与自然科学的精确性和一致认同的定理或公理不同，社会科学的有关内容往往具有较大模糊性，这突出表现在概念的界定上。鉴于此，为避免语义混淆可能发生的歧义与理解上的分歧，在一项研究的早期，最常见的做法是先对核心概念进行界定。故此，概念的界定可以看作一项研究展开的前提。此章伊始，仍遵循社会科学研究的一般套路，对本书所涉及的几个核心概念进行界定。

一　地方政府

《布莱克维尔政治学百科全书》指出："政府是国家权威性表现形式，其正式功能包括制订法律、执行和贯彻法律，以及解释和应用法律，这些功能在广义上相当于立法、行政和司法功能。"[①] 这是对政府一词最一般、广义的理解，现实中当人们谈到政府时通常取其"狭义"概念，特指行政机关，即权力机关的执行机关。鉴于党领导政府的国情，很多学者认为理解中国语境中的政府这一概念时应包括执政党在内，有的认为还应涵盖人大、政协以及人民团体、民主党派[②]，还有的将事业单位及国家经济组织[③]也纳入研究。关于地方政府，学者何显明在《市场化进程中的地方政府行为逻辑》一书中指出："确切地说，地方政府概念，一般指的是地方党委与政府机构。"[④]

综合各家观点可知，在中国语境中，对政府一词的界定一般包括"大"、"小"即广义和狭义的理解：狭义的"小政府"概念侧重行政本身，广义的"大政府"表述则更多是对中国一元化领导体制[⑤]、党政双轨制[⑥]特点的概括。应该说，这些不同的界定本身并不存在孰是孰非的问题，而完全取决于特定研究的需要。为此，基于本书关于决策研究的选题，出于正视地方党委实质性地主导地方政府决策之现实，本书赞同上述何显明关于地方政府的界定，即认为地方政府包括地方党委与政府机构。

二　决策

（一）决策的界定

管理大师西蒙（Hebert A. Simon）指出，"管理就是决策"，强调决

---

① 〔英〕戴维·米勒、韦农·波格丹诺：《布莱克维尔政治学百科全书》，邓正来主编，中国问题研究所、南亚发展研究中心、中国农村发展信托投资公司组织翻译，中国政法大学出版社，1992，第295页。

② 详见胡伟《政府过程》，浙江人民出版社，1998。

③ 详见朱光磊《当代中国政府过程》，天津人民出版社，1997。

④ 何显明：《市场化进程中的地方政府行为逻辑》，人民出版社，2008，第112页。

⑤ 胡伟：《政府过程》，浙江人民出版社，1998，第38页。

⑥ 同上，第292页。

策的重要性。在他看来，决策包括四项内容：情报、设计、抉择、审查。① 哈里森（E. Frank Harrison）提出："决策是一个动态的、通用性的选择过程，是一个科际整合的过程。"② 帕兹和罗（Patz and Rowe）认为决策不仅是信息、技术过程，其更强调决策的管理和社会层面，认为是"一种社会技术系统"、"一种社会过程"。③ 经济学家于光远曾提出"决策就是作决定"。因此，基本上可认为决策是在众多的备选方案择优并作出决定的过程。与决策相近的一个概念是政策，关于二者的关系，政策学家安德森（James E. Anderson）指出，决策的实质是在众多备选方案中作出选择的行为，而政策却带有明显的活动流程、模式等过程特征，通常包括了很多决策。政策很少只是一项单独的决策。④ 由此，决策是指决策主体就面临要解决的问题制定与选择行动方案，作出决定的活动。

20 世纪 80 年代以来，随着民主治理理念的勃兴和公民参与运动的高涨，传统上由政府作出计划、决议、指示、工程方案审批等决策已越来越多地被纳入公共决策的范畴。就公共决策来看，公共性与分配性的特点要求其是一个参与和民主的政治过程。学者托马斯（John C. Thomas）指出应基于政策质量要求和政策可接受性要求这两个限定条件来考量和决定公共决策中公众参与的程度。⑤ 因此，可以将决策理解为各利益相关者通过各种方式试图影响和左右官方决策者的过程。进而，出于研究需要，本书中将决策过程视为场，与决策议题相关的各利益主体携带着各自的能量进入场内，场中存在着各种能量的组合、凝聚、斗争和较量并试图接近场核（决策中心）以影响决策结果的过程。

---

① 〔美〕赫伯特·A. 西蒙：《管理决策新科学》，李梳流、汤俊澄等译，中国社会科学出版社，1982，第 34 页。

② E. Frank Harrison. *The Managerial Decision-making Process*. Boston：Houghton Mifflin，1981，p. 51.

③ Alan L. Patz，Alan J. Rowe. *Management Control and Decision Systems：Texts，Cases，and Readings*. New York：John & Sons. Inc.，1977，pp. 3 - 4.

④ 〔美〕詹姆斯·E. 安德森：《公共政策制定》，谢明等译，中国人民大学出版社，2009，第 18 页。

⑤ 〔美〕约翰·克莱顿·托马斯：《公共决策中的公民参与》，孙柏瑛译，中国人民大学出版社，2005，第 32 页。

（二）决策类型与模型

一般来说，关于决策制定的研究可以大致分为两个学派：关注权力与决策的学派、考察理性与决策的学派。[①] 由于主体是对谁拥有决策权的一个界定，可以按照决策主体的多少、权限的大小划分不同的决策类型；而作为"给定条件和约束的限度内适于达到给定目标的行为方式"[②]，理性是对行为方式选择过程的描述，根据理性的程度、范围的不同，研究者已归纳出多元的决策模型。

1. 决策类型：基于决策主体的划分

决策主体包括作出决定的主体和参与主体。前者拥有决策法定权威，通常，民主社会的选择机制将这一权威授予政府，而后者虽不能作出决定，但能通过有效的活动影响决策。政策学家安德森指出："非官方的参与者……通常并没有作政策决策的法定权威。……作决定是官方政策制定者的特权。"[③] 这样，根据决策主体的不同，可将决策划分为精英决策、参与决策、政策网络决策、全民公决、自主决策几种类型（见表 2－1）。一般来说，在一个小的社群中，可以实施基于全体成员的自主决策机制，但在国家范围内，各种决策类型都有可能适用，在这一过程中，官方的决策主体虽然占据主导地位，但越来越多地受到社会多元力量的影响。

表 2－1　基于主体特性划分的决策类型

维度＼模式	精英式决策	参与式决策	政策网络决策	全民公决	自主决策
决策主体	单一：政治精英	多元：政府、公民、NGO、利益集团等	相对多元：政府、特定的 NGO 与利益集团等	全元：全体国民	单一：相对较小的社区的居民
决策权分享	垄断	一定程度的分享	分享	完全分享	完全分享

---

① Christopher Ham, Michael Hill. *The Policy Process in the Modern Capitalist State.* New York：Harvestter Wheatsheaf, 1993, p. 80.

② 〔美〕赫伯特·西蒙：《现代决策理论的基石》，杨砾、徐立译，北京经济学院出版社，1989，第 45 页。

③ 〔美〕詹姆斯·E. 安德森：《公共政策制定》，谢明等译，中国人民大学出版社，2009，第 66~67 页。

续表

维度\模式	精英式决策	参与式决策	政策网络决策	全民公决	自主决策
开放度	低	较高	中度	极高	高
决策过程	精英博弈：易达成一致	多元博弈：难以取得一致，政府拥有最终决策权	网络内博弈：相对较易达成一致	投票：无须与他人博弈	内部博弈：信任与合作易达成
公众影响程度/决策结果	低：决策可能主要体现精英利益	较高：决策能一定程度体现公众利益，取决于制度安排	中度：决策能一定程度地体现公众利益，取决于网络的性质和元治理	极高：决策是大多数意见的结果	高：决策是社群成员意志的反映
适用范围	国家	国家、社群	政策网络	国家	小的社群

资料来源：笔者自制。

2. 决策模型：基于决策中理性程度的划分

关于理性，基本上认为是给定条件中的行动策略。根据理性的范围、人类拥有理性的程度、决策者面临的理性情境的不同，理论家提出了不同的决策模型。

一是完全理性决策模型（Rational – Comprehensive Model）。假定的条件是：存在着充足完备的信息；所有备选方案的结果都明晰已知；决策者能根据自身的偏好对所有备选方案进行取舍，从中挑选出最优的方案。完全理性模型建立在理想的"假设"之上，很少真正在政府中成为现实。在西蒙看来，完全理性模型面临着目标冲突（组织目标还是个人目标）、目标错位（个人目标替代组织目标）、完全理性的不可能、割裂事实和价值、手段与目的之间的非次序连贯性和内在冲突性等方面的困境。林德布洛姆（Charles E. Lindbloom）也指出："完全理性模型没有留有人们太多重要的东西。……人类智能和信息获取的有限性决定了人类全面理性的限度。因此，实际上，没有任何一个人能用完全理性方法解决真正复杂的问题，并且对每一个面临着足够复杂问题的行政官员来说，其都必须寻找便于将之简化的显著方法。"[1]

---

[1] Charles E. Lindblom. "The Science of 'Mudding Through'." *Public Administration Review*, Vol. 19, 1959, p. 84.

二是有限理性决策模型（Bounded Rationality Model）。在对完全理性模型批判的基础上，西蒙提出了"有限理性"以描述决策的实际状况。西蒙认为，信息不充分、人类知识和能力的有限性、备选方案的受限性决定了完全理性并不符合现实①，决策不可能达到最优，只能达成满意标准②。根据有限理性决策模型，决策者并不试图寻求能够实现其价值最大化的决策方案，也不去寻找所有可能的备选方案，而只是在现行的备选方案中选择一个能符合要求的或令人满意的方案。

三是渐进决策模型（Incrementalist Model）。在对完全理性和有限理性决策模型质疑的基础上，林德布洛姆提出了渐进决策模型。该模型视决策制定为基于"连续性的有限比较"和"渐进调适"对以往政策行为的不断修正过程。它是在以往的政策、惯例的基础上制定新政策，只是对过去的政策方案作局部的调整和修改，因而在很大程度上是过去政策的延伸和发展。

四是综合扫描决策模型（Mixed - Scanning Model）。埃兹奥尼（Amitai Etzioni）指出，综合扫描运用两种摄像机（camera）对问题进行观察：第一种是广角摄像机，以此观察全部空间而非细节；第二种摄像机对空间作深入、细微的观察，但不观察已经被广角摄像机所观察的地区。综合扫描模型要求决策者将理性和渐进两种方法结合使用：在某些情况下使用前者，另外一些情况下则使用后者，扫描的范围应尽量广泛和深入。③

五是垃圾桶模型（the Garbage Can Model）。科恩（M. D. Cohen）、马奇（J. G. March）及奥尔森（J. P. Olsen）④指出，组织的行为选择并非像理性模型提示的那样有条不紊地进行，相反，组织中存在"组织化的无秩序"（organized anarchies），即不确定的问题偏好（problematic perferences）、

① 〔美〕赫伯特·西蒙：《管理行为》，杨砾、韩春立、徐立译，北京经济学院出版社，1988，第 79～82 页。
② 〔美〕赫伯特·西蒙：《现代决策理论的基石》，杨砾、徐立译，北京经济学院出版社，1989，第 30 页。
③ Amitai Etzioni. "Mixed - Scanning：A 'Third' Approach to Decision - Making. *Public Administration Review.*" Vol. 27，1967，pp. 385 - 392.
④ Michael D. Cohen, James G. March, Johan P. Olsen. "A Garbage Can Model of Organizational Choice." *Administrative Science Quarterly*, Vol. 17, 1972, pp. 1 - 25.

不明确的技术（unclear technology）及流动的参与（fluid participation），各种问题和解决方案混杂在一起就像杂乱地投入垃圾桶中的东西一样供人们选择。从这样的决策垃圾桶中产生的结果与垃圾桶中的垃圾（可供选择流、问题流、解决方案流、参与者的能量流）的混合状态及垃圾如何被处理紧密相关。

上述各类理性模型的依次演进表明了人们对决策者理性研究的逐步深化，除完全理性是一种"虚幻"，其他几种模型都可以看作对特定现实决策情形的描述。但这些模型限于决策者研究层面，其注意到决策情境（总体性限定条件如信息、备选方案、组织内部条件等）对决策者的影响，但对于决策者面临着多元行动者之间的互动关联、每一行动者的策略、决策环境的共时性，甚至是外围压力，这一决策情境关注不多，而这种情境显然会对决策者的理性产生影响。按照哈贝马斯（Jürgen Habermas）的"情境理性"（situated rationality）概念，一种行为选择是否符合理性，要结合具体情境来判断，即理性总是特定情境中的理性。

鉴于理性仅仅是一定情境中的理性，决策中的理性更需要一种结合特定情境的考量模式。在这方面，马奇和奥尔森强调"组织中的行为者受到社会制度的形塑"[1]，以及西蒙关于"人类理性是在制度环境中塑造出来的，也是在制度环境中发挥作用的"[2] 观点，反映了学者们对情境与理性关系的审视。但他们侧重的是外围的社会制度而不是由行动者构建的内部情境。基于决策越来越是一个由多元行动者参与构成的民主过程的现实，一个不容忽视的问题是：如何分析由多元行动者形塑的内部情境对决策者的理性影响？实际上，这种内部情境是一个多元主体博弈交流的公共能量场。可以说，场构成了决策的基本情境，其对包括决策者在内的所有行动者都产生制约和影响，同时，作为行动者关系的结果，场的结构和规则又在很大程度上来源于行动者理性的形塑。因此，不能脱离场的情境来谈理性。正是在这个意义上，有学者

---

[1]　James G. March, Johan P. Olsen. "The New Institutionalism: Organizational Factors in Political Life. *The American Political Science Review.* " Vol. 78, 1984, pp. 734 – 749.

[2]　〔美〕赫伯特·西蒙：《管理行为》，杨砾、韩春立、徐立译，北京经济学院出版社，1988，第99页。

指出："有很多行为，在它们发生的特定场景之外，我们不能判断它们是否符合理性。"[①]

三 环境决策

（一）环境决策之界定

现有关于环境决策的侧重点有所不同。

一是环境与发展综合决策。蔡守秋、莫神星[②]认为，"环境与发展综合决策"，是在决策中全面考量、合理安排与平衡经济、社会和环境价值，实现经济效益、社会效应和环境保护的最佳结合。这一概念更多在官方文件中使用，如1994年《中国21世纪议程》强调"建立有利于可持续发展的综合决策机制"。1998年国家环保总局将"建立环境与发展综合决策制度"列入《全国环境保护工作（1998～2002）纲要》。2000年国务院发布《全国生态环境保护纲要》，要求"建立经济社会发展与生态环境保护综合决策机制"。2001年《国家环境保护"十五"计划》强调，"建立综合决策机制，促进环境与经济的协调发展"。

二是环境行政决策，侧重行政机关的环境决策。环境法学家汪劲认为，环境行政决策是行政机关对拟议中的环境利用行为的成本及可能造成的环境妨害、损害、风险综合考量基础上作出决定的行为。[③] 他强调："由于环境问题的广泛性和综合性，对环境决策应作较为宽泛的理解，即它不仅包括专门性环境行政机关的决策行为（即环保部门的审批决定行为——引者注），还包括涉及环境利益的其他行政机关的决策行为。"[④]

三是环境决策，指可能产生显著环境影响的决策。这种简化、通用、笼统和宽泛的表述为大多数学者使用。例如，艾文和休等人认为环境决策是可能的显著环境影响被加以考量的任何决策过程，包括立法、政策制

---

① 汪丁丁、韦森、姚洋：《制度经济学三人谈》，北京大学出版社，2005，第213页。
② 蔡守秋、莫神星：《我国环境与发展综合决策探讨》，《北京行政学院学报》2003年第6期，第28页。
③ 汪劲：《环境法学》，北京大学出版社，2006，第283页。
④ 汪劲：《环境法律的解释：问题与方法》，人民法院出版社，2006，第369页。

定、土地利用计划、战略规划、资源管理规划、环境影响评价、空间规划、预算决定等。①

比较起来，上述概念在本质上是一致的，都强调决策中对环境价值的重视，即环境决策。所不同的是，"环境与发展综合决策"与"环境决策"的主体不限于"环境行政决策"所指的行政机关。"环境与发展综合决策"更突出强调了决策中将环境与社会、发展综合加以考量，其主体主要是国家机构，而"环境决策"主体则宽泛得多，不限于国家，也包括企业。大多数学者在前者意义上使用"环境决策"这一概念，也有学者，如拉巴特（Sonia Labatt）②、奥托等人（Autio，etal）③研究企业层面的环境决策。由于现实中很多决策都涉及显著的环境影响及附带结果，其主体并不限于政府，同时，政府日常决策中有相当多的部分会造成显著环境影响，环境决策也就成为政府决策中最常见的一部分，即政府环境决策（见图2-1）。实际上，政府环境决策并不是什么新鲜物，只是随着人类行为对环境破坏的加重、环境问题的凸显和人们环境意识的提高，其在政府决策中的比例和重要性也随之提升到前所未有的高度。从这个意义上看，政府决策很大程度上是政府环境决策。鉴于此，需要着重说明的是，本书研究的环境决策限定在政府层面，不涉及其他公共部门（比如立法机关、司法机关）和企业的环境决策，考虑到"地方环境决策短视治理"的研究主题，具体将之定位在地方政府层面，即地方政府环境决策。

在理解中国情境中的地方政府环境决策时，需要把握几个要点：一是主体上看，包括地方政府及其所属部门。这里，既有地方政府的环境决策，也有隶属于地方政府的一般性职能部门作出的决策（比如建设部门

---

① Michael Ewing, Alison Hough and Magnus Amajirionwu. Assessing Access To Information, Participation, and Justice in Environmental Decision - Making in Ireland. http://www.environmentaldemocracy.ie/pdf/finalreport.pdf. p. 89.

② Sonia Labatt. "External Influences on Environmental Decision - Making: A Case Study of Packaging Waste Reduction." *The Professional Geographer*. Vol. 49, 1997, pp. 105 - 116.

③ Jennifer Howard - Grenville, Jennifer Nash, Cary Coglianese. "Constructing the License to Operate: Internal Factors and Their Influence on Corporate Environmental Decision." *Law & Policy*, Vol. 30, 2008, pp. 1 - 24.

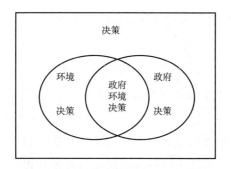

图 2 - 1　决策、环境决策、政府决策
与政府环境决策的关系

资料来源：笔者自制。

引进建设项目决策），还包括专业性环境管理部门——环保部门的审批决策。二是在类型和形式上，既主要表现为建设项目决策，也有以政策、规划、行政立法等决策的形式出现。三是从决策结果实现来看，有"自动实现"和"上级前置审批实现"两种类型。虽然地方政府及其部门享有在各自职权范围内的环境决策权，但除了有时需要①历经环保部门对其决策项目环境影响的审批决策这一程序之外，有决策结果"自动实现"（决策作出后即自动生效，如第四章番禺反垃圾焚烧电厂案、第五章沪深港西部通道侧接线环评案、杭磁悬浮上海段环评案、北京海淀六里屯反垃圾焚烧电厂环评案）和决策结果实现需"前置审批"两种类型。后一种类型，是决策作出后需要经过上级有关部门的审批，比如，根据《行政许可法》、《国务院关于投资管理体制的决定》、《外商投资项目核准暂行管理办法》等规定，很多大型建设项目在引进、建设方案、规模、类型等方面地方政府能够作出决策，但决策结果的最终实现仍需要上级政府、中央政府部门（建设部、发改委等）甚至中央政府在项目可行性研究报告、项目建议书等方面的审批（如第四章保卫怒江运动、都江堰保卫战、厦门反 PX 运动案例）。也就是说，上级审批是地方政府决策结果能否最终实现的必备前提，但在通过上级前置审批环节之后，地方政府对于项目是

---

① 这里所以为"有时需要"是因为根据《环境影响评价法》和《规划环境影响评价条例》，目前环保部门的审批决策还主要限于建设项目，规划项目仅是环保部门作出审查，由政府作出决策，详见第五章分析。

否上马仍有最后的决策权（如第四章都江堰保卫战、厦门反 PX 运动案例）。

与环境决策相关的还有"环境政策"，有必要指出二者的不同与关联。环境政策是国家或地方政府为实现环境保护目标而制定的大政方针、战略规划与指导原则，用于指导环境决策，但环境政策又要靠环境决策来实现。虽然并非所有的环境决策最终都以形成某种政策为目标，但现实的多数情况是，环境决策通常是作为应对环境问题的政策过程的一个部分，环境决策的结果也往往形成政策产出（如上述规划性、政策性决策）。

（二）环境决策属性

环境问题具有多领域相关的问题性，即"不再是我们周围的问题，而是——在它们的起源和它们的所有影响上——彻底的社会问题、人的问题：他们的历史、他们的生活条件，他们与世界和现实的关系，他们的社会、文化和政治状况"[①]。同时，环境问题的复杂性、多元性、风险性、科技关联性、利益冲突性等特点，决定了环境决策既具有一般决策的特性，又在某些特征上有所强化，表现在以下方面。

1. 多主体性

环境决策的结果不但作用于环境本身，还直接或间接对人类产生影响，因此，环境决策会涉及多方休戚相关的利益主体：从是否直接看，有当地的、非当地的（与环境间接相关的群体，如提倡美学价值的环境团体）；从类型看，有市场的、政府的、非政府的；从范围看，有个人的、区域的、国家的甚至是国际层面的；从代际看，有当代人的、后代人的（当代人作为其利益代言人）。同时，环境问题的复杂性与特殊性决定了有关环境的信息可能是分散的，为各个主体所掌握，任何一个行为者都可能只掌握着零星、局部的而不是充足、完备的信息，即便拥有信息优势的政府或是拥有专业知识的专家也不能以全能者的身份自居。换言之，在环境问题面前，不可能形成一个全知全能的行为主体。因此，环境决策本质上是一个多方利益相关者参与以贡献各自能量（信息、智能、权力、专长等）的互动过程。

---

① 〔德〕乌尔里希·贝克：《风险社会》，何博闻译，译林出版社，2003，第98页。

2. 民主性

环境决策所涉及问题的复杂性、所牵涉利益的多主体性、所要求的利益均衡性，决定了其区别于其他决策而彰显出更高的民主性。况且，环境不但关乎当代人，还会对人类后代产生影响，后代也享有对当代环境可持续性利用的权利。然而，后代的不在场决定了需要当代人充当起其利益代言人的角色与当代人展开对话，从而将由时空距离形成的"非共同在场"拉近到"共同在场"，从而体现代际公平的要求。因此，环境决策本质上是一个多方参与寻求方案解决和表达利益诉求的民主过程。从这个意义上说，环境决策与其说是多元主体寻求解决特定公共议题的过程，毋宁说是激荡民主价值、彰显民主精髓的现代民主治理过程。

3. 利益平衡性

环境决策的目标在于尽可能减少对环境的损害，最大限度地保护环境，实现环境公益，因此决策重在坚持公共利益导向。由于各利益主体均对环境享有表达、伸张、维护正当利益的权利，同时，各方利益可能并不完全一致甚至相互冲突，这就决定了环境决策应是一个多方利益的博弈（冲突、妥协、说服、对话、斡旋、达成平衡）过程。虽然这种历经公共讨论过程的决策并非一定最优，但经过博弈交流达成大体均衡、孕育了因应对策并有效反映利益诉求的决策，至少在程序上是正义的、结果上是均衡的，因而具有合法性，也更能为公众所接受。从这个意义上看，公共讨论和协商达成均衡应是环境决策的精义之所在。

4. 决策"场"性

上述多主体性涉及结构，代表的是利益相关者；民主性牵涉过程，彰显的是利益诉求；而利益平衡性关乎结果，强调的是利益共识。从利益相关到表达诉求再到最终利益共识，都是在一个相互关联的"场"中进行的。这表明，决策其实是在由多主体构成、历经博弈交流并最终达成均衡结果的决策场内发生的，即决策总是特定场境中的决策。事实上，决策场是环境决策发生的载体：场不但构成了决策的情境、提供了多元主体博弈交流的平台，同时，场内行动者之间的互动关系、博弈过程又决定了决策的结果。如果说，民主交流与达成共识是环境决策的内在要求，那么决策场则是环境决策的实现之基，决策"场"性更是环境决策的本质属性。

简言之，环境决策的过程实则是形成一个多方表达意见、博弈交流的公共能量场。

由上，本书倾向于这样一种理解，即环境决策是围绕特定环境议题的各种利益相关者基于公共能量场而共同参与、交流对话、互动博弈以形成共识的社会建构（social construction）过程，在这个过程中拥有合法决策权威的官方决策者虽然占据主导，但不应扮演垄断者与独行侠的角色，环境决策的多主体性、利益博弈性、过程民主性决定了其应与社会多元主体一起共谋民主科学的公共决策产出。从本质上看，环境决策是一个社会建构的过程，其结果是一项公共产品或者公共产出。从环境决策的主体看，其既包括环保部门的审批决策，也包括政府各部门在职责范围内就可能造成显著环境影响的议题所作出的决策。

四　环境决策短视

短视，概指竭泽而渔、寅吃卯粮、畸轻畸重、厚此薄彼等狭隘的思想观和行为观。环境决策短视是指环境决策中由于有意、无意或不可抗力造成的决策偏离正常轨道的失范行为。地方政府环境决策短视是对当前地方政府环境决策中出现的只注重局部而无视整体，或者只看重整体而忽略局部、只追求显性经济增长但无视环境保护和环境权益诉求等行为的一种概括。环境决策短视的存在造成严重环境损害和遗留显著环境风险、公共利益受损、剥夺弱小利益、利益不均衡、压抑民主和诉求表达等危害。

（一）环境决策短视的判定标准

何以判定一项环境决策是否"短视"，换句话说，如何区分短视的环境决策与非短视的环境决策？在这方面，迪茨（Thomas Dietz）提出的评价环境决策的六个标准（即是否有利于人类与环境和谐生存、是否兼顾考量事实与价值、过程结果是否公平、决策是否建立在充分发挥人类优势而非劣势之上、能否提供决策及参与者的学习机会、效率如何）有一定的参考价值。[①] 在笔者看来，至少必须把握三个基本标准。

---

① Thomas Dietz. "What is a Good Decision? Criteria for Environmental Decision – Making." *Human Ecology Review*, Vol. 10, 2003, pp. 33 – 39.

1. 显著的环境损害或风险标准

是否存在显著的环境损害或潜在的风险（可知或不可知）是衡量环境决策短视与否的首要标准。这里强调的"显著的"（significant），是划定短视与非短视的分界线。人类的行为特别是开发行为不可避免地会对环境产生影响，问题在于，有些影响是生态和环境系统可承受的，可通过自我修复达到或接近开发前的平衡态；而另一些行为则可能造成严重的环境损害或可能遗留潜在的巨大风险。导致后一种有行为产生的决策则是短视的。而事实上，由于信息不充分性、环境的不确定性、环境问题的后显性、人类智能的有限性，任何一项环境决策都存在短视的可能。这种风险的存在和可能导致的后显性环境问题，决定了要从根本上杜绝环境决策短视并不现实，有效的策略是：一方面，建立起专家、民众、NGO、决策者等多主体参与的预防机制，通过集思广益以扬长避短；二是建立环境决策的回溯性反馈补救机制，即一旦决策结果造成环境问题，能通过及时的发现反馈机制，对原有决策进行修正、改进、补救甚至予以根本扬弃。而正如后文所指出的，这两种机制都需要基于公共能量场平台来实现。

2. 利益平衡与公正标准

环境决策不可避免地面临着利益冲突，能否在当前利益与长远利益、局部利益与整体利益、经济利益与环境价值等多种利益之间进行排序衡量与适度平衡，是判断一项环境决策是否短视的标准。比如，一项有利于经济发展但可能会造成严重环境损害（损害对象具有不可修复性）的决策，权衡其经济利益与长远的环境利益可得，该项决策显然是短视的。一项有利于公共利益但有损于弱小群体的利益、且未予以适度补偿的决策也由于有违公正而是短视的。值得指出的是，这里强调的衡量标准是"利益平衡与公正"而非"公共利益"，原因在于，环境决策坚持公共利益标准绝对必要，但公共利益不能成为压制和剥夺弱小利益的借口，而应是罗尔斯（John Rawls）所言的"最少受惠者的最大利益"[1]，即公正应实现在决策的利益分配上尽可能顾及各方利益同时向不利者倾斜。环境权利的存在和各国对其实质性的认可，决定了在环境决策中没有任何人天然应成为牺牲

---

[1] 〔美〕约翰·罗尔斯：《正义论》，何怀宏等译，中国社会科学出版社，1988，第302页。

者，决策中应尽可能平衡各方利益，当出于公共利益之需有损某一方利益时，应对不利的受损方进行合理的补偿。

3. 人的尊严和价值标准

哈佛大学的斯蒂文·凯尔曼（Steven Kelman）认为，评价决策的标准之一是决策过程应该有利于人的尊严和价值。在他看来："对政策的评价只根据物质成果是远远不够的，人们希望通过政府及其政策，在尊严和价值上得到认可。政府和决策的功能之一就是对国民的尊严和价值的社会承认。"① 此外，叶海卡·德洛尔（Yehezkel Dror）的公共政策理性模型强调社会价值选择、彼得·德利翁（Peter Deleon）的民主化政策理论突出政策制定者将个人偏好转换并集中到公共政策中，这些都可以看作对政策特别是决策过程中提出的应当尊重和珍视人的尊严和价值标准的要求。从这个角度看，环境决策过程中是否尊重受影响群体的尊严和价值，即对其由于公民身份而天然享有的参与、建议、提议、质疑与反馈等权利是否予以考量，是判断决策是否短视的标准之一。

（二）地方政府环境决策短视的类型

以上述三个标准来衡量现实，不难发现，实践中地方政府环境决策短视处处可见：为了可见的经济利益在决策中不惜破坏生态或导致明显的环境风险隐患、决策过程缺乏民主、决策旨在迎合利益集团而违背民众意愿、决策只顾当前忽略长远和弱小受害者的利益等。针对这些种类多样、名目繁多的环境决策短视，可以从短视的内容、短视产生的原因方面划分不同的类型。

1. 从短视的内容看，包括观念短视、利益短视和过程短视

一是观念短视。即决策中忽视、轻视甚至无视环境价值，不对决策中的"利""害"关系进行权衡与考量，不顾决策中的明显环境隐患甚至是已经或确信将造成的显著环境损害，如过于追求 GDP 显性政绩观所致的竭泽而渔式的开发决策。

二是利益短视。即在决策带来一部分人获益但又不可避免地造成另一部分人相对受损的情况下，没有对多元利益主体的正当利益诉求予以综合

---

① 〔美〕史蒂文·凯尔曼：《制定公共政策》，高正译，商务印书馆，1990，第 173 页。

考量、回应与平衡，造成决策短视。第一，出于政府利益（官员利益、部门利益、政府自身利益）而忽视环境公共利益，比如饱受诟病的"决策部门化、部门利益化、利益官员化"现象。第二，以公共利益之大无视或损害弱小利益，表现为对于各种利益受损者的诉求或提议不作为（如"不决策"、"决定不作为"、"决定不作出决策"①）。第三，从本地利益出发的"邻避政治"，决策造成污染从本地向外地转移。第四，过于注重当代人利益，严重破坏了自然与环境的自我修复功能，损害了代际环境利益。

三是过程短视。一类为违背正常法定程序，如"先上车后补票"的违规审批。二类为官僚垄断决策或者以各种名号标榜的的专家论证决策（实质性的或仅是徒具形式的）。关于前者，短视自不必言；而后者，虽然决策应该参考专业性科学证据，但大量事实表明，科学研究的证据不可能成为决策制定过程中唯一的考虑。事实上，环境问题的复杂性决定了其决策应是一个包括专家、普通民众、环境 NGO 等在内的多主体合作交流贡献能量并平衡各方利益的过程。过程短视表现为没有遵守程序或未基于民主程序扩大决策所涉及利益相关方的参与、交流、协商和最终达成一个可接受的均衡。

2. 从产生的原因看，包括有意的短视、无意的短视和难免的短视

一是有意的短视，即明知会造成严重环境污染但偏而为之（主动所为）或无所作为（不作为）。前者表现为竭泽而渔——"掠夺式开发"（过度开发自然资源破坏自然修复功能，如近年来饱受诟病的"跑马圈水"）、钦鸩止渴——"零壁垒引资式污染"（作出引进污染大户的招商引资决策）、助纣为虐——"污染保护主义"（作出为污染企业提供特权保护的决策）；后

---

① 巴克拉克和巴拉兹（Bachrach and Baratz）认为"不决策"（nondecision‑making）是指决策者对某项提议进行压制或者阻挠的决定，以防止其进入政治过程。他们认为，"当决策者限制某项不满（挑战）发展成为要求决策所加以解决的问题时"，就是不决策。由此，他们将"不决策"与"决定不作为"和"决定不作出决策"等消极性决策加以区分。当存在"不决策"情形时，问题不能成为决策的问题，无法进入决策程序。而"决定不作为"与"决定不作出决策"都是在议题已进入决策程序的前提下所作出的决策。所不同的是，前者是作出不予采取任何应对措施（往往是维持现状）的决策，而后者是作出对于该议题不进行决策的决定。详见 Peter Bachrach and Morton S. Baratz. *Power and Poverty*. New York：Oxford University Press，1979，p. 44。又见 Peter Bachrach and Morton S. Baratz. "Desicions and Nondecisions：An Analytical Framework." *The American Political Science Review*，Vol. 57，1963，pp. 632‑642.

者则表现为置若罔闻——"污染不作为"（对污染治理倡议"不决策"、"决定不作为"或"决定不作出决策"）。有意短视的鉴别标准是短视的可预见性，其所以产生往往是由于决策者视可见的经济绩效、可预期的政绩收益、可感知的体制压力等效用目标优于环保目标的结果。在当前 GDP 等经济考核仍占主导的情况下，地方决策者有意的短视可谓屡见不鲜。

二是无意的短视。区别于有意的短视，无意的短视即由于信息不充分、决策者的智能（能力、认识、水平）、不能感知可见的环境风险等客观原因造成的短视。特别是，现行决策仍囿于传统的官僚封闭决策模式，专家的意见不受重视，民众的参与渠道不畅，决策中仍充斥着官僚的武断，信息的不足、专长的缺乏影响了决策中科学备选方案的达成，造成短视。如果说有意的短视根源于决策者的自利性与体制性压力，无意的短视则主要源于官僚垄断的决策模式、行为惯性和相关决策条件的不足。

三是难免的短视，即由于当初决策时信息不充分、决策作出后各种不确定性因素的叠加和累积影响，最初被认为科学可行的决策在历经一段时间后由于情境的改变而难免产生的短视。根本原因在于：一是信息不充分，决策者不可能获得决策所需的充足完备的信息，尤其是不能对未来各种不确定性因素进行准确预测；二是环境问题的后显性，一些环境问题往往只有在经历一段时间后才能显现或爆发，这时的情境可能已经大不同于最初决策作出时的情况。对难免的短视，只能进行事后的补救，即基于发现—反馈—回溯性处理机制，对原有决策进行修正、补充、完善甚至根本扬弃并作出新的决策。

综上所述，本书语境中的地方政府环境决策短视概指地方政府在环境决策中由于观念、政绩冲动、决策垄断模式、信息不充分等多种主客观原因造成的以观念短视、利益短视和过程短视为实质表现的破坏生态环境、遗留严重的环境风险或压制正当环境诉求的行为，其实质是对环境价值、决策民主要求和利益诉求均衡的轻视、忽视甚至无视。实际上，各种主观的与客观的、可控的与不可控的因素决定了很多时候环境短视是难以避免的，而仅靠政府不可能从根本上克服短视，只有基于多元主体的参与协商、共识交流、集思广益的民主机制才能尽可能避免或最大限度地减少短视。而正如后文所分析指出的，公共能量场提供了这种机制平台。

第二节 地方政府环境决策短视产生的原因分析

地方政府环境决策短视虽是一个现实问题，但既有理论从社会、政府、集团的角度揭示了短视发生的可能性；而从实践上看，当前地方政府环境决策短视问题既具有现有理论所概括的一般特点，又具有转型期的体制、制度、观念等方面的情境特征，是各种因素综合作用的结果。

一 既有理论的若干解释

（一）社会维度的视角

1. 委托代理理论

社会契约论表明，政府权力来自人民的契约授予，人民与政府之间形成委托代理关系。委托代理理论则指出，委托人与代理人之间的信息不对称会诱发代理人的机会主义行为。现实中，作为人民受托者的政府不但掌握着代理人所不知情的信息，而且还拥有着用以抗衡和制裁代理人的权杖——公权力，这就使得政府获得了能够超越委托人的意志而行事的自主性，其结果是政府决策可能最终背离公意。信息不对称和公权力权杖的存在，使得作为代理人的地方政府有足够能力控制信息，无论是社会层面作为委托人的公民还是国家层面基于政府间层级委托的中央政府要想有效控制地方代理人的机会主义行为，存在一定的困难。

2. 环境产权理论

环境是典型的公共物品，环境产权属于全体国民所有，然而国民的这种权利只是一种整体性的共有权利，环境产权不能像物的产权一样分割并让每一个个体享有，属典型的"模糊产权"。环境产权的不可分割性和总体共有的特性，使得社会中的个体对属于公共品的环境保护的激励和动力不足，即亚里士多德所言"凡是属于最多数人的公共事物常常是最少受人照顾的事物"[①]，其结果有可能导致哈丁（Garrett Hardin）所

---

① 〔古希腊〕亚里士多德：《政治学》，吴寿彭译，商务印书馆，1965，第48页。

言的"公地灾难"①。鉴于此，实践中一个通行的做法是由全体国民将环境产权委托给政府行使。然而，在公民缺少对环境产权关注和实质性管理权的情况下，作为环境产权的实际拥有者的政府，享有对环境产权自由处分的权利，这就为政府根据其主观意志自由作出环境决策带来了便利。

从上述分析不难发现，委托代理理论与环境产权理论有着惊人的相似性，环境产权理论可以看作委托代理理论在环境领域里的体现。两种理论实际上都指出了作为委托人的公民其利益诉求不尽一致、存在集体行动困境，而作为受托者的政府又拥有委托人所不具有的信息优势与特权，特别是在分散的委托人难以有效组织起来形成监督制约合力、作为公众代表的代议制机构又缺乏环境领域管理专业性的情况下，政府无疑获得了环境决策上的极大自主权，这就为其在决策领域中的种种偏差行为（如环境决策短视）的产生提供了各种可能与便利。

（二）政府维度的视角

1. 公共选择理论

传统观点认为，政府是公共利益的代言人和公众福祉的维护者。然而，现实中政府面对的利益通常是一个集合体，政府利益、部门利益、官员利益与公共利益存在冲突。对此，公共选择理论打破了政府天然服务于公共利益的假设。该理论认为，政府官员在一个交换的系统（无论这个系统是市场还是政治领域）中总是尽可能追求自身利益而不是公共利益。布坎南（James M. Buchanan）指出："公共选择学派的基础是一个从根本上说十分简单但却很有争议的思想——担任政府公职的有理性的、自私的人。"② 虽然公共选择理论难逃对人性自利假设过大和忽略官员的公共精神之嫌，但却一针见血地指出了背负着维护和实现公共利益责任的政府并不会自动达成公共利益、政府自身利益可能与公共利益背道而驰的事实。国内学者金太军、张劲松依此进一步归纳了当前地方政府自利性的三种表现形式：地方各级政府的自利性、政府职能部门的自利性、政府组织成员

---

① Garrett Hardin. "The Tragedy of Commons." *Science*, Vol. 162, 1968, pp. 1243 – 1248.

② 〔美〕詹姆斯·M. 布坎南：《自由、市场与国家》，北京经济学院出版社，1988，第280页。

的自利性。①

2. 自由裁量权理论

行政管理的专业性，决定了立法机关不可能对管理领域进行事无巨细的规定，行政机关因而获得了针对具体情形的决策、斟酌和选择的自由裁量权。关于自由裁量权，《布莱克维尔政治学百科全书》的释义是："决策者所拥有的机动行为的机会。"② 随着二战以来"行政国家"的兴起和权力机关的衰微，政府拥有的自由裁量权越来越多，并由此引发了大量的裁量权滥用现象。学者何显明基于自由裁量权和公共选择理论所言的官僚自主性，针对国内地方政府管理实践，提出"地方政府自主性"一说，认为地方政府自主性表现在作为代理人的地方政府在横向和纵向上扩大自身权力借以实现自身效用目标的可能性及行为逻辑③，恰当地指出了当前地方政府决策中各种短视产生的凭借和前提。

公共选择理论指出，政府的自利性与公共性相悖，认为受自身利益驱使的政府并不会惠及公共利益，政府行为具有极强的"官僚导向"，其更多是对政府利益的考虑。以公共选择理论的观点看来，政府自利性是造成环境决策中有意短视的根源。而自由裁量权理论指出自由裁量权是一把双刃剑——赋予自由裁量权乃现实需要，但自由裁量权也扩大了政府决策自由选择的空间，其既可能成为有意短视的权杖（当政府自身利益与公共利益相冲突时），也可能成为无意短视的凭借（忽略或无视社会正当诉求及可能的优化方案）。

（三）集团维度

1. 利益集团理论

利益集团理论表明，利益集团对政府决策产生影响，特别是，利益集团、国会委员会、政府部门之间会形成封闭式的"铁三角"关系，大量的政策实际上是"铁三角"作用的结果。借鉴西方利益集团理论，学者李军杰、钟君构建了中国市场化改革的"铁三角"模型——地方政府、上级政

---

① 详见金太军、张劲松《政府的自利性及其控制》，《江海学刊》2002 年第 2 期，第106～112 页。

② 〔英〕戴维·米勒、韦农·波格丹诺：《布莱克维尔政治学百科全书》，邓正来主编，中国问题研究所、南亚发展研究中心、中国农村发展信托投资公司组织翻译，中国政法大学出版社，1992，第 216 页。

③ 何显明：《市场化进程中的地方政府行为逻辑》，人民出版社，2008，第 97 页。

府（替代立法者联盟）、微观主体（替代利益集团，主要是企业）。其结论是：地方政府为求政绩而具有为其辖区内的微观主体服务的动力。由于上级政府无法掌握对地方政府行为感同身受的纳税人和公共产品受益人的准确信息，在对地方官员的考核中只能简化为类似就业率、社会稳定之类的片面性指标，地方政府因而具备实施短期行为和机会主义行为的广阔空间。①

2. 俘获理论

俘获理论可以看作范围更大的利益集团理论在政府规制领域的具体再现。俘获理论认为，由于政府的"经济人"属性及具有谋求自身利益最大化的动机，其在获得各种利益集团提供的利益的同时，也在不自觉地出台有利于利益集团的规制政策，随着时间的推移，规制机构逐渐为行业利益集团所控制，即管制者被行业利益集团所俘获。这样，规制实质上服务于特殊集团的利益而可能并非社会福利，从而出现规制失灵和政府"软政权化"② 现象。

利益集团理论强调利益集团在政治过程中特别是其对决策的影响，俘获理论则更为侧重规制过程中政府被利益集团所左右，二者在本质上具有一致性，即都打破了决策服从于公共利益的假设，认为政府自利性、强势集团的影响使得决策更有可能是特定集团利益的反映。的确，现实中各种利益集团通过游说、寻租、提供利益、施加压力、建立封闭式串谋关系或形成隐性利益共同体等方式对决策施加影响，决策可能偏离公共目标而仅仅是政府与利益集团相互作用的产物，环境决策短视也就随之产生。

二　现实原因

上述综合各种理论对环境决策短视的产生进行了分析。然则，作为对现实的抽象与一般性概括，完整的理论分析还必须综合实践考量。特别是就环境决策而言，研究分析不可能脱离当前的中国情境。为此，现将研究从理论转向实践，剖析地方政府环境决策短视的现实原因。

---

① 详见李军杰、钟君《中国地方政府经济行为分析——基于公共选择视角》，《中国工业经济》2004 年第 4 期，第 27 ~ 34 页。

② 详见萧功秦《"软政权"与分利集团化：现代化的两重陷阱》，《战略与管理》1994 年第 2 期，第 2 ~ 4 页。

（一）体制性因素

1. F1：压力型体制是最根本的体制性助推因素

关于压力型体制，荣敬本等人指出，是一级政治组织（县、乡）为实现经济赶超，完成上级下达的各项指标而采取的数量化任务分解的管理方式和物质化的评价体系。[①] 虽然荣敬本等人提出的压力型体制主要针对县乡层面，但鉴于地方政府的"职责同构性"[②]，压力型体制实际上是对当前中国地方政府体制的概括，其主要包括目标任务分解和政绩考核两方面：为了完成各项指标，各级政治组织（以党委和政府为核心）层层量化分解任务和指标，然后根据完成情况（一些主要指标采取"一票否决"制）对下级组织进行政治、经济方面的奖惩。目标任务分解中有相当一部分是招商引资项目。一些地方花大力气动员几乎所有的政府职能部门（甚至连环保部门也不例外[③]）招商引资发展产业，至于是否会造成环境污染往往不在考虑之列。从考核情况看，尽管现行考核体系名义上是全方位的，但在实际运作中，考核往往以政绩最大化为目标，只片面注重GDP、地方财政收入增长等几个主要的经济指标，环境与生态保护等民生指标则位居次席甚至忽略不计，实践中只要GDP增长就可以"一俊遮百丑"成为考核中的潜规则。这就导致各地在决策中以GDP为风向标，能否取得可见的经济绩效被奉为决策最高甚至唯一的圭臬。可以说，以目标分解和政绩考核为核心的压力型体制造成的急功近利的激励效应和短视后果，是引发环境决策短视的主要诱因。

---

① 荣敬本等：《从压力型体制向民主合作体制的转变》，中央编译出版社，1998，第28页。
② 详见朱光磊、张志红《"职责同构"批判》，《北京大学学报》2005年第1期，第101～112页。
③ 近些年来，许多地方的环保部门都背负着沉重的招商引资任务，他们不得不忽略环境监管主业，而将大量时间和精力耗费在拉资金、跑项目上。一些环保局长表示，现在有的地方对环保工作要求很低，只要别弄出饮用水源污染等严重事故即可，但完不成招商引资任务或接收不好招商项目则是万万不行的。（详见于平《环保局还是"招商局"？——关于部分地区环保部门被逼进行招商的情况调查》，《中国环境报》2009年9月8日，转引自中国环境网 http://www.cenews.com.cn/xwzx/fz/qt/200909/t20090908_622494.html）颇具讽刺意味的是，2011年发生在安徽省怀宁县高河镇新山社区的"血铅超标事件"中，造成铅污染的博瑞电源有限公司竟由当地环保局招商引资而来。（详见冯永锋《环保局招来"血铅企业"的警示》，《新京报》2011年1月8日第A02版。）

2. F2：地方环保部门管理体制导致环保部门多受掣肘

现行地方环保管理体制的总体情况是：环保部门作为地方政府职能部门，直接受地方政府领导，同时接受上级环保部门的指导。这种管理体制使得地方政府掌握着对本地环保部门的人（负责人的任命、考核和监督权）、财、物等权力，对于一项能够带来可观的政绩效益但会明显造成环境污染等短视后果的决策，环保部门往往无力干涉，只能迎合或听之任之。① 一位地方环保局工作人员坦言，他们有三个不敢查：开发区不敢查，重点保护企业不敢查，领导不点头的不敢查。② 从政府内部看，环保部门与当前地方追求经济政绩的总体趋势不符，这决定其在整个政府组成序列中是一个不受重视的弱势部门，缺乏足以同发改委、建设、税收等强势部门相抗衡的足够权力，很难制约这些部门的决策。另外，一些地方政府对环保部门的财政拨款不足，环保部门只能依靠对违法企业征收排污费和罚没收入维持日常开支，一旦企业被彻底整治，也就意味着环保部门的收入来源大为减少，这就导致环保部门对企业存在较大的依赖性，极易被本应受管制的企业所俘获③，沦为污染企业的保护伞。总的来说，现行环

---

① 一名县级环保局局长对记者说："上级领导和其他部门费尽九牛二虎之力弄来的项目，即便不符合环保准入要求，存在环境污染隐患，我们也只能降低准入门槛放行，否则就得承担干扰招商引资工作的罪名，'吃不了得兜着走'。"但也有敢顶的。某市一位负责干部管理的领导从外地引进一个建设项目并自行为项目选定建设地址。当地环保部门经过评估，认为此项目应另外选址。当市环保局局长向引进此项目的领导提出重新选址建议时，这位领导听了"逆耳"之言，极为不悦，将"你还想不想干了"这句话抛给了环保局长。最终，这位在前一年9月刚被授予全省环保系统先进工作者并享受市级劳模待遇、敢于伸张正义的环保局长，翌年元旦刚过就被调出了环保局。（详见于平《环保局还是"招商局"？——关于部分地区环保部门被逼进行招商的情况调查》，《中国环境报》2009年9月8日，转引自中国环境网 http://www.cenews.com.cn/xwzx/fz/qt/200909/t20090908_622494.html）

② 黄一锟：《环保总局的声音》，《经济观察报》2005年1月24日第33版。

③ 在这方面，清华大学社会学系的一项调研报告可以看作对现实中众多环保部门被俘获的一个缩影与写照：县里的环保局持有地方保护主义，他们要来时农药厂都能提前知道；地区的环保局会在几个月的间隔内突击检查，这要靠厂子的特殊工作予以"化解危机"：先把检查者拉到饭店，饭后，每人一个红包，连司机都有，每人各不相同，只有本人知道内中数额。"除非是刚毕业分去的学生，工作了两三年的谁也不会拒绝红包。"这是一位知情者的话，因此，"真正的排放物，他们（检测人员）拿不到"。（详见清华大学社会学系《"水资源补偿与恢复机制研究"课题报告》，2002年11月，第一章第一节第五部分）这里的例子可以看作对现实中众多环保部门被俘获与企业形成利益共同体的一个缩影与写照。

保部门管理体制使得环保部门处于一个极为尴尬的地位，既想履行环保管理职能，但又由于独立性不够、权力缺乏、相对弱势地位、拨款不足等原因而多受掣肘。

3. F3：社会管理体制限制了环保 NGO 和民间的活力

国外经验表明，环保 NGO 能够成为有效治理环境决策短视的重要力量。就中国看，目前社会管理体制仍奉行着严格控制防范的管理理念，现行《社团登记管理条例》关于社团成立门槛限制（先找到挂靠单位再到民政部门注册）及成立后的双重管理、非竞争性原则导致社团发展受限。虽然环保 NGO 是目前社团中发展最充分的一类，但总的来看，数量偏少，其中正式注册的就更少，而且主要集中于大中城市。在政府仍对社团生存和发展本持着较强的干预时，多数环保 NGO 在保持自身独立性与屈从于政府权威的夹缝中生存，往往奉行"帮忙不添乱，监督不代替，参与不干预，办事不违法"的自保策略，不敢公然就政府决策中的短视与政府叫板[①]。为了避免被地方扣上"非法结社"的帽子，一些环保 NGO 在实际活动中采取小心谨慎的态度，不太敢过多联系民众的力量，加之民众对社团的理解及参与意识还不强，环保 NGO 缺乏足够的社会认同与民间基础，也就很难形成足以制约政府决策短视的力量。而地方政府在环境决策中仍习惯于垄断决策权，视环保 NGO 为潜在的威胁，对其要求往往置之不理，有的甚至采取打压态度；另外，多数环保 NGO 开展活动仅凭满腔热情，在提供具有专业性、科学性、令人信服的决策意见方面的能力还相对欠缺，对政府决策的影响度还相当有限。

（二）认知性因素

1. F4：环境问题多维性认知的不足

环境问题的特性决定了对其准确认知存在困难：一是复杂性，某一环境问题背后可能有着各种经济的、自然的、人为的、物理的、化学的等复

---

① 正如一位民间组织负责人所说："国外的记者经常问我，你们是如何和政府斗的？我说，我们不斗。斗什么？如果斗，我们就死了。我们的策略是往上靠，使劲贴政府。我们要让政府知道我们和它们是一致的，只有这样才能得到政府的支持，也只能这样才能取得活动的成效，才能实现我们的组织目标。"（详见赵秀梅《中国 NGO 对政府的策略：一个初步考察》，《开放时代》2004 年第 6 期）

杂的、交互作用的因素。在复杂的环境问题面前，任何一个主体都不可能是全知全能的，即便是拥有信息、权力等各方面优势的政府亦是如此，这就为决策中的短视埋下隐患。二是后显性，某些环境问题往往历经相当长的"潜伏期"之后其累积性影响才能集中显现。这是造成环境决策中"无意的短视"和"难免的短视"的根源。三是争议性，即人们会在一个环境问题的认识和界定上存在分歧，在所应采取的对策上也会有争议。由于信息等不明朗且存在较大争议，政府出于避免矛盾激化的考虑更倾向于维持现状而不采取决策行动。事实上，人类的有限理性、信息的不充分、转型期环境问题的复杂性决定了对环境问题的认识可能仅是局部的、不全面的，决策中的短视往往难以避免。

2. F5：官员自利性的诱致

由于 20 世纪 80 年代行政性分权和财政包干制的推行，地方政府开始成为相对独立的利益主体，市场经济的发展，进一步推动了地方政府的自利性。学者周黎安指出，地方官员具有"经济参与人"（关注经济利益）和"政治参与人"（关注政治晋升和政治收益）的双重特征。[①] 出于经济和政治自利性的考虑，官员在决策中更多关注能否带来可观的经济收益和政治绩效，而不是生态效应。这样，官员可能对环境的重要性认识不够。2006 年山西省环保局的一项问卷调查显示，在接受调查的人群中，93.31% 的群众主张"环境保护应该与经济建设同步"，然而却有高达91.95% 的市长（厅局长）认为"加大环保力度会影响经济发展"。[②] 官员还可能对环境决策过程的民主性认识不够，决策中很少会听取民众的反馈及意见。由于官员是最后的决策者，同时官员又是有着"谋利型政权经营者"[③] 倾向的个体，决策中很难避免渗入官员个人的价值观、自身利益和政策偏好，而转型期特定的时代背景无疑使官员自身的效用目标和认知因素在决策结果中的权重得以放大到极致。

---

① 周黎安：《晋升博弈中政府官员的激励与合作——兼论我国地方保护主义和重复建设问题长期存在的原因》，《经济研究》2004 年第 6 期，第 39 页。

② 详见张晓清《市长的觉悟为啥不如群众?!》，《都市快报》2006 年 11 月 14 日第 17 版。

③ 详见杨善华、苏红《从"代理型政权经营者"到"谋利型政权经营者"》，《社会学研究》2002 年第 1 期，第 17～24 页。

（三）制度性因素

1. F6：法制的约束规制作用难以彰显

完善的法制是确保决策民主科学避免短视的关键。在环境决策领域，各国通行的做法是以法律形式强制性推行环境影响评价制度。环境影响评价从制度上形塑了一个由环评机构、专家、民众、环保 NGO 等参与决策的意见平台，被视为有效克服环境决策短视的重要屏障。中国自 1979 年确立、1998 年正式全面实施环境影响评价制度以来，一定程度上发挥了防止决策短视的作用。但现行环评法律制度设计存在着过度依赖环评机构、公众参与严重不足、环评程序不细化、规避环评的成本（违法成本）过低等缺陷，在实践中又难以有效解决环评机构中立性不够、环评过程不公开、公众不能实质性参与、环评走过场等问题。总的来说，现行环评制度将环评权赋予了环评机构，而官方决策者对是否以环评机构的结论为决策依据拥有最终取舍权，这就使得决策者和环评机构实际占据着决策的核心地位，公众对于环评的影响极为有限。本应促进多方主体交流意见从而形成决策能量场的环评制度在发挥克服决策短视方面应有的作用大打折扣。

2. F7：参与和论证机制不健全

近年来，国家虽出台了关于重大决策论证、听证、专家咨询方面的制度规定与政策要求，比如《行政许可法》、《中共中央关于加强党的执政能力建设的决定》、1999 年以来各年度《政府工作报告》中相关的要求、2005 年国务院发布的《中国民主政治建设白皮书》等，但目前这些制度仅限于事关群众利益的重大决策。《环境影响评价法》虽然规定了环境决策听证，但实践中仍是一种较少使用的方式，而且听证饱受人为操作、"被代表"、走过场等问题，多方利益相关者的利益并不能很好地体现。从实际执行看，现实中并未建立起常规性、强制性的多元参与决策制度，由于这些决策制度是"非制度化"的，政府仍单方面垄断决策，很多决策纳入公民参与，要么仅凭决策者的先见与开明，要么迫于公民施加的压力。由于参与渠道不畅，公民接近决策中心受限，其意见表达和利益诉求也难以为决策者所了解和知悉，这就导致决策往往是政府的单方主见，有的仅是决策者一时的兴致和冲动（俗称"拍脑袋式决策"），加之科学论证的缺乏，本应平衡的利益没有在决策中体现，难免产生短视结果。从环境决策的专业性看，尤其需要专家咨询制度，但在政府把持专家的选择权，特别是在其攻关、压力及导引下，专家容易背离应有的中立性而迎合政府的偏好，使得决策由"可行性论证"变成"论证可行性"，现实中一些地方的专家论证多沦为装点门面的摆设，难以起到约束决策短视的作用。

3. F8：决策文化与公民文化的影响

作为一种柔性机制，文化对行为者产生潜移默化的影响。从决策文化看，官方决策者一方面过于追求 GDP 而对环保的重要性认识不够；另一方面，在决策中仍习惯于命令控制、不愿意实质性分权的决策模式。同时，受"以往的决策是当前政策制定的关键决定因素"[①] 的惯例以及由此形成的"惯习"，对改进环境决策的各种建议与提议，决策者习惯于不采取行动（"不决策"、"决定不作出决策"或"决定不作为"）。从公民文化看，随着环境问题的加剧，公民环境意识显著增强，但环境行动能力仍极为欠缺，在环境保护方面过于依赖政府，基本上属于阿尔蒙德和维巴（Almond and Verba）[②] 所言的"教区型政治文化"和"服从型政治文化"的结合体，与"参与型政治文化"相去甚远。根据洪大用等人的一项调查，包括关注环境信息、主动减少垃圾污染、讨论环保问题等十项内容的公民的环境行动平均得分只有 29.37 分，其中"积极参加要求解决环境问题的投诉、上诉"的比例只有 17.1%[③]。纵观各类环境群体事件，往往是环境问题影响到基本生存权，民众迫不得已而自发组织起来进行抗争，平日里自觉性的主动参与、主动关心环境问题仍极为缺乏。这样，决策中一方面充斥着官方决策者独霸话语权、排斥和压抑民众参与的垄断型决策文化；另一方面公民社会中形成了参与意识不强、集体行动能力欠缺、不愿挑战决策的"政府依赖型"[④] 公民文化，难以形成有效规制决策短视的开

①　〔英〕简·埃里克·莱恩：《公共部门：概念、模型与途径》，谭功荣等译，经济科学出版社，2004，第71页。

②　详见〔美〕加布里埃尔·A. 阿尔蒙德、西德尼·维巴《公民文化——五个国家的政治态度和民主制》，徐湘林等译，东方出版社，2008。

③　详见洪大用《中国民间环保力量的成长》，中国人民大学出版社，2007，第62页。

④　杨明：《中国公众环境意识的特征》，载杨明《环境问题与环境意识》，华夏出版社，2002，第81页。

放式的民主性与参与性文化氛围。

（四）市场性因素

1. F9：地方政府间竞争的推动

从计划经济向市场经济的转型，一方面地方政府成为相对独立的利益主体和自主意志的行为主体，有着实现辖区内利益、区域利益最大化的冲动；另一方面，当生产要素的自由流动不受限制及企业迁徙面临较低的成本和可观的预期收益时（比如，迁徙到环保标准低、政策宽松的地区），企业有着类似于蒂博特（Charles M. Tiebout）所言的"用脚投票"[①] 机制，通过在不同政区间的自由迁徙对地方政府构成压力。为了吸引更多的资本、企业和人才投资创业，地方政府在营造优越的投资软环境（如在税收、土地、环保等领域的"亲商"与"重商"优惠政策）方面展开激烈的竞争，以尽可能吸引或留住企业，有的地方甚至打出了"我们的优势就是不怕污染"[②] 的引资口号。在决策上，优先考虑能带来可观经济效益的方案，甚至不惜推出以牺牲环境公共利益为代价的决策方案"讨好"企业，有的则出台相关政策为污染企业提供庇护，决策短视随之伴生。

2. F10：政企合谋

沃尔德（Walder Andrew）提出了"政府即厂商"的论点，认为市场转型过程中的中国地方政府实际像卷入到市场经济之中的厂商，政府和官员从中捞取经济回报。[③] 戴慕珍（Jean Oi）指出，中国分灶吃饭的财政体制改革极大地刺激了地方政府发展地方经济以实现财政收益最大化的冲动，政府与企业的关系演变为类似于工厂或公司内部的结构关系：政府作为所有者，相当于董事长，企业管理者类似于厂长或车间主任。[④] 而随着政府对企业的依赖越来越强，卷入市场越来越深，地方政府与企业之间极易形成合谋或庇护关系。文克（David L. Wank）提出了"共存庇护主义"

---

① Charles M. Tiebout. "A Pure Theory of Local Expenditures." *The Journal of Political Economy*, Vol. 64, 1956, pp. 416 – 424.

② 张周来、沈翀、刘海：《揭开污染下乡"庐山真容"》，《半月谈》2007 年第 15 期。

③ Andrew G. Walder. "Local Governments as Industial Firms: An Organizational Analysis of China's Transitional Economy." *American Sociological Review*. Vol. 101, 1995, pp. 263 – 301.

④ Jean Oi. "The Role of the State in China's Transitional Economy." *The China Quarterly*. Vol. 144, 1995, pp. 1332 – 1349.

的概念，认为在中国市场化过程中，政府官员依赖企业解决当地的就业问题、发展经济及从中获取贿赂受益等；企业则依赖政治权力的庇护获取各种政治资源、避免不利政策等。① 这样，地方政府与微观经济主体之间往往不谋而合形成隐性利益同盟②，使得政府决策只注重短期可见的经济利益，造成弱者利益受损，严重破坏生态或遗留巨大环境隐患等短视后果。

三　对现实原因的分析

从现实看，上述分析表明，环境决策短视产生的原因是多元的：既是科层体制固有的缺陷所致，又有社会力量孱弱、市场经济冲击的原因；既受制于环境问题本身的复杂性，又有决策者的自利性根源；既有历史长期积淀形成的文化影响，又有转型期特定的时代特征。同时，现有诱因属性又可以归为四类（见表2-2）。

表2-2　地方政府环境决策短视的原因分类

性质＼来源	科层	市场	社会
定性	F5	F10	F4
惯性	F1、F8（决策文化）	F9	—
韧性	F7	—	—
弹性	F2、F3、F6	—	F8（公民文化）

资料来源：笔者自制。

一是"定性"，即固有的属性，不可能根除，比如F4、F5、F10。环境问题的复杂性、后显性、信息不完全性、多学科交融性等多维属性，决定了人类在认知方面的不足。关于政府自利的劣根属性，前述从社会、政府与集团三个维度的六种理论已经作出了很好的证明。因此，不可能根本

① David L. Wank. "The Institutional Process of Market Clientelism: Guanxi and Private Business in a South China City." *The China Quarterly*, Vol. 147, 1996, pp. 820-838.

② 2007年，国家环保总局环境监察局副局长熊跃辉在做客央视《焦点访谈》节目时坦陈：他们暗访发现，许多超标排污的企业"三不怕"，即不怕环保部门调查、不怕媒体曝光、不怕罚款。而与之对应的是当地政府对环境问题的"三不管"，即群众不成群结队地堵到政府门口不管，主流媒体不曝光不管，高层领导不批示不管。超标排污的企业之所以敢于"三不怕"，就在于一些当地政府的"三不管"，政企合谋形成的隐性利益同盟从中可见一斑。（载人民网环保频道，http://env.people.com.cn/GB/5952294.html）

克服 F4 背后人类对环境认知的缺陷及避免 F5、F10 这两项原因背后的官员自利性，那只能是一种"愿望"。

二是"惯性"，即一旦形成会长期积淀、存续，短期内不可能消除，比如 F1、F8（决策文化）、F9。压力型体制的"惯性"源于其显著功效：首先，它是一种推动经济增长的动力机制。有学者指出，作为一种制度安排，它所产生的调动地方官员实现赶超型战略的积极性无疑是极为显著的。坦率地讲，在现行政治制度框架之内，舍此之外，事实上也很难建立起一种更加有效的动力机制。但同样不可否认的是，这是一种简单化的具有强烈的功利主义取向的考核机制，在具体实施过程中很容易形成急功近利的激励效应。[①] 其次，它是一种晋升政绩机制。周黎安指出，由于职务晋升机会是一种高度稀缺的政治资源，官员竞争表现为一种零和博弈。官员考核竞争机制对于增进下级对上级的服从和尽忠及拉动显性政绩的激励效用是很明显的。[②] 鉴于其功效，以及发展仍将是国家在相当长一段时间内的主要任务，特别是随着公共服务需求的增加，保增长和促就业的压力还将增大，GDP 仍将成为实际运行的"潜规则"和"指挥棒"[③]，压力型体制和地方政府间的竞争也将长期存在。另外，官员垄断决策权、忽视和压制参与的决策文化是历史积淀的产物，在现行激励诱因的作用下不会减弱，反而可能有所强化。改变压力型体制、促进决策文化转变及扭转地方政府恶性竞争，从目前看仍是不太现实的"奢望"。

三是"韧性"，即受到外部各种要求予以改变的压力，但有着较强的"抗压"能力，短期内不会有根本性的改变，但存在改进完善的"希望"，比如 F7。一方面，对于建立民主科学的决策机制的必要性，近年来已取得国家和社会的共识。然而，无论是 1999 年以来各年度《政府工作报告》中的反复强调，还是以法律、文件形式作的规定，实践中的

---

① 何显明：《市场化进程中的地方政府行为逻辑》，人民出版社，2008，第221页。
② 详见周黎安《转型中的地方政府：官员激励与治理》，格致出版社、上海人民出版社，2008。
③ 2013年党的十八届三中全会提出"完善发展成果考核评价体系，纠正单纯以经济增长速度评定政绩的偏向，加大资源消耗、环境损害、生态效益、产能过剩、科技创新、安全生产、新增债务等指标的权重"，有望减少和淡化GDP考核。

决策民主化与科学化进程仍举步维艰。这表明尽管对于决策机制的要求与内容规定不少，但仅停留在呼吁、提倡的层面，实际的落实仍存在较大问题，说到底还在于政府不愿实质性分享决策权力，地方政府对于种种要求仅作出形式上的遵从，但实质上仍固守权力的韧性，在短期内不会有实质性的改变。

四是"弹性"，即发生一定程度的改善，可能有着彻底改变的空间，有理由对此进行"展望"，比如 F2、F3、F6、F8（公民文化）。目前一些地方开始推行环保部门垂直管理体制改革的试点，通过环保部门垂直或双重管理，能够增强环保部门的独立性，促进其发挥在规制地方决策短视方面的作用力。另外，从《环境影响评价法》（2003）到《环境影响评价公众参与办法》（2006）再到《规划环境影响评价条例》（2009），可以看到法律制度的不断完善将是必然趋势。在公民文化方面，随着环境问题的凸显，公民环境意识和政治参与意识在显著增强，存在较大的发展空间。现行社团管理体制在登记门槛、活动范围等方面严重限制了社团发展与活力，尽管这一体制饱受诟病，各种要求给社团松绑的呼声也不绝于耳，在各种压力下，《社团登记管理条例》据悉也正在修改当中，这从 2005 年民政部针对条例修订明确"双重管理不变，登记门槛不降"到 2011 年民政部官员透露"双重登记管理体制很可能调整为中央国家机关、有关部门一起协调的综合管理体制"① 及 2011 年民政部门释放出的很多宽松的、积极的政策信号（比如降低公益慈善类、社会福利类、社会服务类这三类组织的登记门槛，由民政部门履行登记管理和业务主管一体化职能）中可见一斑。

从表 2-2 中可以看出，现有十大原因中六成是"定性"与"惯性"，这意味着地方政府决策短视治理很难从这六个方面突破。这就有赖于从具备"韧性"和"弹性"的五大原因（即 F2、F3、F6、F7、F8）中寻求可行的破解路径。这种路径的选择既能"突破"这五大原因当前的"不利制约"而发挥治理之功效，又具有在这些原因在未来逐步消解、改变后得到"有力支持"的潜力。而公共能量场满足了这

---

① 王锋：《社会组织双重管理体制谋变》，《21 世纪经济报道》2011 年 3 月 17 日第 8 版。

种治理途径的选择。理由在于：一方面，这五大原因既存的现状内（比如环保垂直管理改革试点、环保 NGO 作用初显、公民环境意识有所增强、环评制度一定程度的发挥功效、政府在外压的作用下对决策权适度分享）提供了公共能量场（比如运动外压型能量场和环评预防型能量场）得以形成的狭小空间；另一方面，从长远看，这些原因有着减弱、消解和逐渐改变的"希望"与可能预见的"展望"（比如，环保垂直管理体制改革的全面推广、社团管理体制在环保领域里的松动、环评等制度完善的趋势、公民意识的增强等），能够为公共能量场的形成提供更为坚实的基础和保障。对此，下文还将分析这种路径选择。

第三节　地方政府环境决策短视的治理及其路径选择

一　环境决策短视治理：标准与类型

（一）治理与环境决策治理

治理没有一个公认的定义，以至于可以指涉任何事物的时髦用语。全球治理委员会认为，治理是来自公共和私人部门的多主体间的参与、协调与互动的过程。[①] 区别于统治，治理的流行反映了时代已经大不同于以前，单靠政府包揽一切的传统统治模式逐渐失效，现代事务的治理需要多主体间的合作。因此，治理可以看作公共事务中多元主体互动合作的过程、结构或模式，它是所有多元主体参与、互动、合作的"共同"产出：一是治理强调主体不限于政府，而是社会的多元行动者。二是治理打破了政府垄断，是政府与其他主体共治的过程。三是治理旨在达成公共利益，实现公共产出。作为一种合作行动方式，治理适用于公共事务决策、执行与反馈等任何环节。由于多主体合作最关键的是决策权的分享，因此，治理首先应体现在决策上的治理。正如有学者指出："治理理论也提请人们注意私营和志愿机构之愈来愈多地提供服务以及战略性决策这一事实。过

---

① 详见俞可平《治理与善治》，社会科学文献出版社，2000，第5页。

去几乎全然属于政府的若干责任，有许多如今已是和他人分享。"①

从决策领域的治理看，随着近年来民主化进程的推进，公民权利意识的增长，民众对官僚决策的垄断、傲慢与短视极为不满，民主参与的要求与呼声越来越高。在这种背景下，传统的国家主导模式已经不太适应时代的要求，必须进行调适性转变。对此，全钟燮指出："社会的和行政的现象是如此的错综复杂，以至于现存僵化的官僚制实践，即高层领导者做出决策的体制已经不合时宜了，它完全无法反映现实世界社会经济、政治和人类发展环境的复杂性。"② 从西方国家治理实践看，这种变化的一个突出表现是：传统被认为是政府单方面作出决定或仅是利益集团活跃的领域，如今也已经向社会开放并融入多元主体的力量；而囿于官僚制的传统决策模式已经让位于更具民主的、多元的参与式决策模式。相对于官僚制，基于治理的公共决策促进了国家（公共或半公共机构）与社会（企业、NGO、公民等）间的互动与协作，使政策更为科学有效。

（二）环境决策短视的治理标准

在地方政府决策问题上，什么是"成功的"或者"好的"治理？在政治学意义上使用治理，描述某种治理活动时，需要涉及主体（治理多主体性）、过程（治理的合作过程）、结果（治理的公共利益导向）三个基本维度。就环境决策短视的治理看，显然也不能脱离这三个维度，即是否有多元主体参与、有没有历经互动对话的民主过程、是否实现了决策结果的多方利益考量与利益间的平衡：

一是多主体标准。环境问题的复杂性、涉及利益主体的多元性、信息的分散性等特点，决定了任何一个主体都不可能拥有充足完备的信息，环境决策应是多主体间合作博弈的产物，虽然决策最终由官方作出，但决策中需要利益相关者的参与、交流、贡献与合作。从这个意义上说，环境决策短视的治理应有助于多主体形成施展各自能量的公共能量场，激发能量场在促进多方交流博弈、提供优化方案、达成利益平衡并治理决策短视方

① 〔英〕格里·斯托克：《作为理论的治理：五个论点》，载俞可平《治理与善治》，社会科学文献出版社，2000，第36页。

② 〔美〕全钟燮：《公共行政的社会建构：解释与批判》，孙柏瑛等译，北京大学出版社，2008，第7页。

面的功效。

二是民主过程标准。由于环境决策往往涉及多方利益，各利益主体既存在共同的利益（比如对优良环境的追求），又有着立场、认知上的分歧甚至冲突（比如对决策经济价值与环境价值的认知），决策过程是否民主、能否让有关各方参与进来充分表达利益诉求至为关键。因此，决策过程中的对抗性交流、谈判、沟通、协商、对话、妥协是必不可少的。环境决策短视的治理应是一个多方参与交流、博弈、施加能量、维护合法权益和共谋问题解决的过程。

三是利益平衡标准。治理通常被看作公共利益最大化的过程，而环境问题又具有公共性，这决定了环境决策短视治理能否有利于实现环境公共利益。坚持公共利益导向，需要坚持范围标准（比如通常是某一辖区的环境公益）和影响标准（如环境问题的外溢性，可能需要考虑更为广泛的公共利益）。然而，完全坚持公共利益有时并不能完全奏效，因为现实中很多情况是——一项旨在维护公共利益决策与周边居民的环境权益发生冲突——这时就不能妄以公共利益之"大"来剥夺居民利益之"小"，而应本着公平正义原则，寻求对这些居民利益的合理补偿以达成适度的利益平衡。由此，环境决策短视的治理在很大程度上是对多元、相互冲突的利益进行权衡与平衡的过程。

（三）环境决策短视的治理类型

一项决策需要历经备选方案的选择、决策的执行及决策结果的反馈这一完整的动态过程。特别是就环境决策看，其既具有一般决策的共性，又有着决策结果的后显性，这就要求环境决策短视的全过程治理应是一个包括预防、外压、反馈的动态性互补过程：既有赖于国家范围内民主法律制度的保障以发挥预防作用，也可能是社会领域内的外压能量推动使然，还可能需要基于社区层面的常态性反馈式治理机制。在条件具备和成熟的情况下，由预防—外压—反馈三位一体能够形成全过程的无缝隙式治理（见图2-2）。

1. 预防式治理

有效的预防是避免决策短视的最好办法。因此，打破政府的决策霸权，在决策中尽可能让利害关系方参与到决策当中以表达各自的利益诉

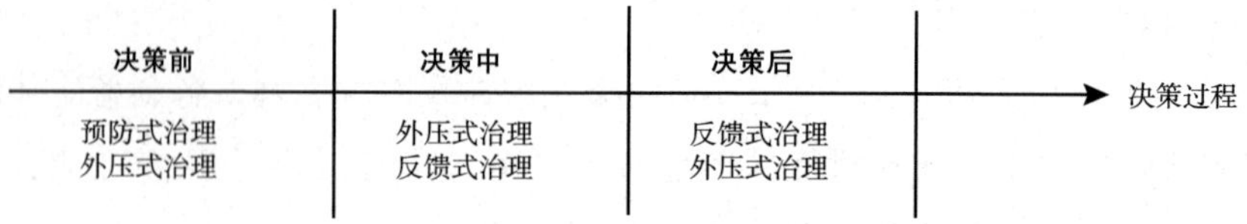

决策前	决策中	决策后	
预防式治理 外压式治理	外压式治理 反馈式治理	反馈式治理 外压式治理	➤ 决策过程

图 2-2　地方政府环境决策短视的治理过程与治理类型

资料来源：笔者自制。

求，寻求尽可能达成利益平衡的决策方案至关重要。预防式治理的理想情形是基于开明的、参与式、协商式的民主制度，实践中具体体现为环境影响评价制度（详见第五章分析）。基于这一制度平台，专业性环评机构、专家、民众、环保 NGO、相关团体等各方利益主体对于拟议的决策方案的选取、优化与利益平衡方面进行评价、互动、协商与集思广益，能够起到有效避免决策短视的功效。

2. 外压式治理

与预防式治理基于体制内的制度建构不同，外压式治理通常借助于体制外的压力迫使政府正视并解决决策短视问题。在政府垄断决策权、决策不透明、民众无法了解决策内幕、参与渠道不畅的情况下，利害关系人通过有效的组织动员采取施压的方式迫使政府修正、替代或放弃原有决策几乎是克服决策短视的唯一可行方式。相对于预防式治理的"前"、反馈式治理的"后"，外压式治理则贯穿于决策过程的全部，其可能出现在决策制定之前（决策意向初显时）、决策制定过程中（比如，议程、拟议方案选择、征求意见阶段），也可能出现在决策制定之后（如一度封闭的决策信息被披露）或者决策结果的显现时（决策短视的结果显现，但政府对于改善决策短视的诉求不作为）。在当前环评制度尚不完善，反馈式治理尚未真正成形的条件下，外压式治理的作用得以凸显。

3. 反馈式治理

环境问题具有后显性，短视效应往往出现在决策方案实施之后，这样预防式治理难免失灵，而外压式治理虽然能够位处决策的后部，但其成功取决于有效的组织动员、压力的强度、利益诉求的正当性、政府对外压的认知和纠错能力。况且，以事件、运动等方式表现出来的外压式治理并非常态性的，而是具有非确定性。而反馈式治理发生在决策实施当中及之后，能够对决策效果进行评价，发挥"决策后政策论争"[1] 的作用，并能及时发现决策的后果和寻求解决方案。反馈式治理通常是在社区构建起由社区居民、环保部门、相关企业等广泛参与的常态性治理机制，定期关注环境议题，及时发现问题，通过沟通对话协商形成处理方案，从而反馈并补救环境决策产生的短视后果。总的来看，反馈式治理是一种事后的补救措施，可能会修正、终止原有决策，也可能推动一项新的环境决策出台。

二　现有治理模式的校验

(一) 治理模式效验

治理其实是对治理工具的选择过程，不同的治理工具会产生不同的治理绩效。迄今为止，人们在对公共事务的治理的探索中，已经形成和运用的模式主要有：科层治理、市场治理、自组织治理、网络治理。然而，受制于环境决策的特殊性及当前中国治理的初始现状，这几种治理模式在应对地方政府环境决策短视这一问题上存在适用性的不足。

1. 科层治理：低效

科层治理依靠正式的科层组织，通过命令控制等级链条，有利于调动和整合资源，但也存在过于制式、僵化、缺乏回应性、效率低、压制民主等弊病。在一个新的治理时代，科层治理虽仍不可或缺，但既有实践和发展趋势表明，单纯依靠科层治理越来越难以适应多元复杂的公共事务治理需求。

由表 2 - 2 可知，在所有的十大因素中，科层体制占去六成，这足以表明，科层内体制的、自利的、激励变异等固有弊端是决策短视产生的最主要根源。而如果细究开来，还能发现，其他几项原因（比如 F8 中的公民文化、F9 的地方政府间竞争、F10 的政企合谋）也都与科层体制不无关系。对此，环保部副部长潘岳曾在 2004 年"绿色中国论坛"上一针见

---

[1] 详见严强《论决策后政策论争》，《江苏行政学院学报》2010 年第 2 期，第 96～101 页。

血地指出："要治理好环境污染，一些地方政府靠不住。"[1] 针对地方环境决策短视，近年来国家开展了一系列规制措施，如试行绿色 GDP 核算、官员环保政绩考核、"环评风暴"等。但从结果看，绿色 GDP 核算最终夭折[2]、官员环保政绩考核流于形式[3]、"环评风暴"的短期运动式执法难以治本[4]。实际上，对于高速增长背后的环境代价问题，中央政府可能更多是扮演"平衡轮"的角色。这其中的关键问题在于，在面临实质性依靠地方政府推动国家经济发展又要致力于实现国家可持续发展战略目标的两难矛盾时，中央政府对于地方的决策短视可能仅是"板子高高地举起但轻轻地落下"。况且，中央与地方委托代理关系中的信息不对称、地方政府决策"自主性"，决定了依靠中央政府单方面的制约力仍难以从根本上遏制地方环境决策短视。由此，科层体制内旨在规制地方决策短视行为的压力（如观念教育、"环评风暴"、绿色 GDP 考核）难以有效遏制潜在助推地方政府环境决策短视的压力（如对 GDP 的追求、压力型体制等）和动力（官员对政绩的内在冲动、自利性），表明仅仅依靠科层治理难以从根本上制约地方政府的环境决策短视。的确，很多时候政府不是解决问题的办法，政府恰恰是问题本身。至少从目前看，针对科层体制内产生的环境决策短视问题，再完全寄希望于科层治理，所能看到的结果不是不可行

---

① 黄一锟：《环保总局的声音》，《经济观察报》2005 年 1 月 24 日第 33 版。

② 关于绿色 GDP 核算存在的难以推行、流于形式等问题详见贺军《绿色 GDP 核算体系遭遇地方阻力》，《中国改革报》2007 年 7 月 18 日；吴学安："绿色 GDP"核算难》，《中国经济导报》2005 年 4 月 9 日；李红军："绿色 GDP"何以"百姓追捧官场遇冷"?》，《中国审计报》2007 年 8 月 31 日；张显峰：《绿色 GDP 尚需进一步完善》，《科技日报》2008 年 3 月 7 日；周子勋：《绿色 GDP 怎能议而不决?》，《中国环境报》2008 年 3 月 10 日；常丽君、范建：《绿色 GDP 核算何时能回归》，《科技日报》2008 年 12 月 2 日。

③ 关于环保考核中存在的考核认识不够、考核程序不规范、指标体系不完善、考核流于形式、考核结果不能实质运用等问题，详见夏光、冯东方《党政领导干部环保绩效考核调研报告》，《环境保护》2005 年第 2 期；李胜：《莫让环保考核受"污染"》，《中国纪检监察报》2006 年 4 月 27 日）。

④ 环保部副部长潘岳坦承，"环评风暴"的运动式执法不能根本解决问题，他指出，中国污染现状及环境问题的最终解决，不在于几次执法和几项新政策，而在于体制与法律的真正改革和公众监督力量的真正形成。详见《潘岳：每次"环评风暴"都是一场博弈》，《人民日报》2007 年 2 月 6 日。相关评论如张刃《"环评风暴"能撼动地方保护吗》，《工人日报》2007 年 1 月 16 日。

就是太低效。

2. 市场治理：失灵

市场的优势在于通过价格和竞争机制对资源优化配置。传统观点认为，市场与科层两种机制是一种相互替代关系。威廉姆森（Oliver Williamson）基于交易成本角度，从不确定性、交易频率、资产专用性三个方面论述了科层与市场两种治理机制之间的选择。① 实践证明，通过引入市场竞争和价格机制，能够克服传统科层治理中的垄断、低效率，增强政府的回应性和有利于充分的顾客导向。正是基于传统科层治理的不足以及对市场治理绩效的信奉，20 世纪 80 年代兴起的新公共管理运动旗帜鲜明地扛起了市场的大旗，将市场治理推向高潮。

由前述分析可知，市场是环境决策短视的诱因之一：一方面，市场经济大潮中地方政府的"厂商"行为、政府管制部门为利益集团所"俘获"及政企间的隐性利益同盟是造成环境决策短视的根源之一；另一方面，压力型体制及官员政绩考核机制成功地在地方政府间、地方政府官员间形成了一种类似于市场的竞争激励机制，助推了各类环境决策短视的产生。在利用市场机制治理决策短视方面，一些地方实行竞争性的环保重奖和重罚的激励机制，但在毛寿龙、周晓丽②看来，重奖和重罚这种靠行政命令单方推动的运动式治理带有不确定性和短期性。特别是在当前 GDP 导向的政绩考核大风向标下，这种奖惩措施能够持续多久是颇令人怀疑的。他们认为，有效的措施不是如何奖励或处罚官员，而是建立适当的制度安排。可见，市场治理在环境决策短视问题上难免失效。

3. 自主治理：受限

传统观点认为科层与市场之间是一种相互替代，即科层失灵时转向市场，市场失灵时又倚仗科层。从亚当·斯密（Adam Smith）的"自由市场、政府守夜"到凯恩斯（John M. Keynes）的"国家干预"，再到公

---

① Oliver E. Williamson. "Transaction Cost Economics: The Governance of Contractual Relations." *Journal of Law and Economics*, Vol. 22, 1979, pp. 233 – 261.

② 详见毛寿龙、周晓丽《环保：杜绝运动式——以山西和无锡的个案为例》，《中国改革》2007 年第 9 期，第 64 ~ 65 页。

共选择理论家的"市场选择"都有力地说明了这一点。随着实践的开展，人们逐渐认识到科层与市场不是对立的替代式关系，而是需要相互融合。然而，治理的钟摆仍然局限于在政府与市场这两个极点间徘徊，似乎舍此，便无可能有第三个摆点。而奥斯特罗姆（Elinor Ostrom）却对此提出了质疑。"我对两种主张（科层治理与市场治理——引者注）中的任何一种都不赞同。……与只存在一个单一的问题和一种单一的解决方案的看法不同，我认为存在着许多不同的问题和许多不同的解决方案。"[①] 奥氏通过研究发现，在一个小的社群范围内，一群相互依赖的委托人能够在面临集体行动的机会主义困境时，既不需要借助于国家干预，也不需要依赖市场，而是通过有效的制度安排，实现自主决策治理，从而发现了科层与市场之外的社群自主治理模式。

相对于科层治理和市场治理，自主治理局限于一个小的社群范围内。原因在于，小的社群能够建立起有效的声誉惩罚机制、存孕较高的社会资本，合作也易于达成。当人数扩大到超出社群的范围时，自主治理便不再适用。这是为何奥氏在《公共事物的治理之道》一书中一再强调"我研究的对象将限定在小范围的公共池塘资源上"[②]。鉴于此，自主治理可以在社区环境决策领域实现，但这种治理模式尚不能扩大到适用于更大范围内的地方政府环境决策层面。

4. 网络治理：不足

20世纪90年代，人们逐渐认识到，在市场和科层之外，还存在着第三种力量——网络。[③] 罗茨（R. A. W. Rhodes）指出，网络是与科层和市场并列的三种主要治理模式之一。[④] "网络是一种多组织的安排，这种安排是为了解决一些单个组织所无法完成或轻易完成的问题。"[⑤] 网络治

---

① 〔美〕埃莉诺·奥斯特罗姆：《公共事物的治理之道》，余逊达译，三联书店，2000，第30页。

② 同上，第48页。

③ Powell Walter. "Neither Market Nor Hierarchy: Network Forms of Organization." *Research in Organizational Behaviour*. Vol. 12, 1990, pp. 95 – 336.

④ R. A. W. Rhodes. *Understanding Governance: Policy Networks, Governance, Reflexivity and Accountability*. Buckingham: Open University Press, 1997, p. 47.

⑤ Robert Agranoff, Michael McGuire. "Big Questions in Public Network Management Research." *Journal of Public Administration Research and Theory*. Vol. 11, 2001, p. 296.

理的兴起基于这样一种信念，即复杂的议题能够通过多组织的协作以产生单个组织所无法达到的增效效果，从而实现公共目的。当前，公共行政对网络的依赖逐渐增强，网络的作用范围也日益广泛，各种来自于国家的、社会的、公共的、私人的行为者开始介入相对持久的治理网络中。对此，奥图勒（Laurence J. O'Toole，Jr.）指出，公共行政越来越发生在由彼此间互相依赖但不能强迫对方服从的网络行为者所组成的环境中。① 凯特尔（D. F. Kettl）认为网络理论提供了现代治理的一个新的认识架构。②

　　网络治理融合了来自政府、市场、社会的多元力量，提供了解决复杂问题的治理新途径，这些治理网络能促进议程设定、联合计划、决策制定或者政策实施。但网络作为一种相对稳定的关系模式，其形成源于网络行动者的经常性互动，而且一旦形成则往往具有一定的封闭性。这就决定了其不能解释基于环境运动和抗争事件所偶合形成、但具有相对持久性的压力聚合影响决策的治理情形。实际上，网络治理途径适合于决策中所形成的相对稳定的关系（relatively stable relationship）和经常性的互动（frequently interaction），比如西方情境中的多元政治决策，而中国地方政府决策中的潜在网络（如学者所言的以"隐性利益同盟"、"铁三角"、"谋利型政权经营者"等形式出现的政企利益共同体）主导着决策走向，却恰恰是造成决策短视的根源。严格来说，在中国环境决策这一领域里目前尚缺乏网络治理之边界开放、公民实质性参与、政府包容性合作、网络主体的成熟、经常性的互动关联等现实条件，一个可行选择是由政府、企业、民众、环境 NGO 形成常态性决策网络来规避短视，但这仅是一种未来愿景，就当前看只能在小范围的社区环境决策上得到体现，不能解决更广范围内的政府决策短视问题。

　　由上述分析可知，现有治理模式在地方政府环境决策短视的治理上均存在适用性的不足：首先，对于科层治理带来的短视问题，再寄希望于仅

---

① Laurence J. O'Toole, Jr. "Treating Networks Seriously: Practical and Research - Based Agendas in Public Administration." *Public Administration Review*. Vol. 57, 1997, p. 45.

② D. F. Kettl. "Public Administration at the Millennium: The State of the Field." *Journal of Public Administration Research and Theory*. Vol. 10, 2000, p. 24.

靠科层来解决，不但会遭遇低效，而且，即便能满足科层治理绩效发挥的条件，比如转变现有 GDP 考核机制，但此举又是否足以从根本上完全解决短视问题？实际上，环境问题的复杂性、后显性，环境决策所要求的民主性，决定了环境决策短视的治理并不是一个简单的依靠转变政绩考核机制就能解决的问题，换句话说，转变政绩考核机制只能解决或部分解决官方决策者"有意的短视"的问题，对于"无意的短视"及"难免的短视"，还需要一种多方参与的民主治理机制。其次，基于类似于市场竞争的治理（环保竞争考核）仅是短期性、运动式的机制，不能规制由市场性因素造成的决策短视之激励动力。再次，自主治理的适用对象（小的社群）及网络治理的限定条件（相对稳定的网络关系）决定了这两种治理模式从目前中国情境看仅适用于一些小的、成熟的社区决策层面。当现有治理模式在解决地方政府环境决策短视问题上都不同程度遇到适用性的不足时，就需要寻找新的出路。

（二）寻找解决问题的出路——结构取向

多元参与协商合作是环境决策的内在精髓，更是有效克服决策短视的基本要求。从根本上说，环境决策短视的治理需要打破政府一元化垄断的局面，促进各种利益相关者交流博弈，最终实现决策的民主、科学与利益平衡。围绕环境议题，各主体间的关系类型可能是多元化的：基于制度、偶然，抑或是网络所形成的正式的与非正式的、组织的与网络的、临时的与长期的关联。事实上，正是这种多元化的关联对有着特定适用对象的现有治理模式构成了挑战，使得任何一个适用于特定情境的治理模式在解释这种多元化关联时都存在不足。在笔者看来，这些多元的关系模式都可以看作一种结构（Structure）。结构是对环境决策中主体关系的一个极佳概括。从某种意义上说，环境决策短视的治理是多方主体在一个特定结构内的博弈过程，环境决策的治理是基于结构的治理。因此，结构取向为治理环境决策短视提供了新的路径选择。

关于结构，社会科学领域里有不同的理解。社会学家孔德（Auguste Comte）、斯宾塞（Herbert Spencer）曾借用生物学将结构看作类似于有机体的组成或关系模式。马克思（Karl Marx）认为结构是关系总和，结构不仅可以指客观实体之间的关系，也可以指人为实体，如制度、意识形态、生产方式等之间的逻辑关系。① 帕森斯（Talcott Parsons）认为，结构的概念体现为三个方面：结构由功能体现、结构是互动关系模式、结构是规范。

在上述结构论功能主义眼里，结构是指社会关系或社会现象的某种"模式化"，是对人的自由意志和独立活动的限制。然而，功能主义过于强调结构对主体的限制，忽视了结构与主体的交互作用。对此，吉登斯（Anthony Giddens）指出，结构概念的功能主义和还原主义导致从概念上模糊能动的主体，他强调应从结构与主体间相互作用的角度来理解结构。② 皮亚杰（Jean Piaget）也持类似观点，他指出："社会科学中两者必居其一的选择——要不承认具有结构规律的整体，要不认为是从若干成分中的一个原子论式的组织——这恐怕是错误的。"③

总结社会科学里对"结构"的阐述可知：第一，结构首先是一种关系模式，这是传统功能主义的观点，侧重于结构的显性维度。第二，结构还是资源与规则，在这方面吉登斯强调结构的隐性维度，即结构虽在实践中表现出来，但不是具体实践的外显模式，而是指规则与资源。第三，结构与主体相互作用。作为行动者间关系的结果，结构能对主体的活动起到制约作用（激励、惩罚、限制、形塑等），但行动者又是结构制约中具有反省能力的能动体，能够再生产出结构。为此，基本上可以认为，结构既是关系模式，又是规则与资源。正是在这个意义上，学者本森（J. K. Benson）认为在研究组织结构时不能仅局限于正式的组织结构框架，强调一个完整的组织间关系结构分析需要探讨组织结构的三个层面——管理结构、利益结构和结构构成的规则。④

综上所述，结构取向的作用在于既能描述治理中的复杂关系、构成和规则，又能研究受结构制约的行动者的行动。从这个意义上看，结构提供

---

① 《马克思恩格斯选集》，人民出版社，1972，第82页。
② 〔英〕安东尼·吉登斯：《社会学方法的新规则——一种对解释社会学的建设性批判》，田佑中、刘江涛译，中国社会科学出版社，2003，第26～27页。
③ 〔瑞士〕皮亚杰：《结构主义》，倪连生、王琳译，商务印书馆，2010，第4页。
④ J. K. Benson. "A Framework for Policy Analysis." in D. L. Rogers, D. Whetten (eds.). *Interorganizational Coordination: Theory, Research and Implementation.* Ames: Iowa State University Press, 1982, pp. 137 – 176.

了环境决策中基于不确定性所形成的复杂、多元关系的恰当描述，能够洞悉决策短视治理结构中的内部构成、规则及行动者的行为。然而，结构导向的意义更多在制度、构成、资源方面，并不太关注特定的时空情境。概而言之，结构导向仅涉及治理的主体关系、规则方面，对治理的发生场、治理结构的过程、治理结构的结果并未予以更多关注。这表明，结构虽为治理环境决策提供了取向与选择，但结构与治理之间仍需要有一个转化与联结载体，在笔者看来，公共能量场能够恰当地充当此载体。公共能量场是一个多主体（治理主体）在特定时空情境（治理条件）中围绕着特定议题进行交往博弈（治理过程与博弈规则）并作出决策（治理结果）的结构，基于此，能够进行对抗性交流、协商、沟通与合作从而形成决策结果产出。

三 公共能量场：地方政府环境决策短视治理的可行选择

（一）理论分析

公共能量场提供了这样一种可能性，即我们可以从多元主体共治的角度描绘、解析和改进公共决策过程。公共能量场是一个多主体（治理主体）在特定时空情境（治理条件）中围绕着特定议题进行交往博弈（治理过程与博弈规则）并作出决策（治理结果）的治理工具或治理机制。理论上看，公共能量场之所以能够成为地方政府环境决策短视治理的可行选择，体现在以下几点。

1. 能够打破政府垄断，提供多主体参与及发挥作用的平台

政治体系为大规模的、有良好组织的、富裕的、活动积极的利益集团提供了和政府官员沟通的上佳机会。同时，政治体系却很少为无组织的、贫穷的、不积极的利益集团提供和政府官员沟通的机会。[①] 由于参与渠道不畅，各种正当利益诉求和可行的备选方案往往被忽略，决策可能仅仅是政府及少数利益集团的产物，短视也就难免。在当前政府仍垄断决策权、参与渠道受阻时，基于硬性制度（如环境影响评价法的要求）、社会压力（如由利益相关方、媒体、专家推动的环境运动）形成

① 〔美〕托马斯·R. 戴伊：《理解公共政策》，彭勃等译，华夏出版社，2004，第33页。

的公共能量场，能够压制性或制衡性地打破政府决策垄断，提供了与环境议题相关的主体参与其间、表达诉求和共同寻求议题解决的互动博弈的平台。

2. 能够设定政策议程，发挥增进科学决策的功效

社会状况转化为公共问题的条件是，对社会状况进行定义、清晰表达、引起政府关注、适合由政府处理（政府有解决该问题的能力和方案）。① 基于理性环境运动形成的外压型公共能量场，能够发挥决策议程的设定功能：提出环境议题—媒体传播—公众议程—形成公共能量场—外压—迫使政府正视和重视该议题—政府议程—克服短视（修正、替代、终止原有决策）。另外，基于公共能量场的治理能够在完善备选方案、利益平衡方面协商沟通和汇集众智从而产生协同增效作用，场的共同产出能实现较之于任何一个行动者"单干"所不能具有的"增加的价值"，从而作出比政府垄断更为民主科学的决策。正如全钟燮指出："以多元主义为基础，通过对话、参与和分享利益等民主进程，可能获得比政府单干多得多的解决问题的途径。"②

3. 能够促进利益表达，增进民主治理

决策是一个政治过程，各方利害关系人在利益、价值和政策诉求问题上进行博弈。在这一过程中，公开的讨论、辩论、批评及在此基础上的合作，对于产生知情的、反映民意的、民主科学的政策选择过程，具有中心意义。然而，公开对话的作用范围和有效程度在解决社会和政治问题时常常被低估。③ 而公共能量场是一个开放的场域，各方主体围绕着决策目标，行使自身的话语权利，场内是一个能量间博弈的过程，其间，对立、竞争、沟通、协商、对话、妥协都有可能发生，其结果是意见得到表达、利益诉求得以彰显，有利于实现民主治理。

---

① 〔美〕詹姆斯·E. 安德森：《公共政策制定》，谢明等译，中国人民大学出版社，2009，第97～98页。

② 〔美〕全钟燮：《公共行政的社会建构：解释与批判》，孙柏瑛等译，北京大学出版社，2008，前言第10页。

③ 参见〔印度〕阿马蒂亚·森《以自由看待发展》，任赜、于真译，中国人民大学出版社，2002，第154页。

4. 作为一种分析工具，能够透析决策治理过程

环境决策短视的治理形成多主体关系：从性质上看，有可能是正式的或者非正式的，也有可能是常态性的或者偶然性的；从来源上看，有国家的、社会的、市场的，有个体的、组织的、群体的。因此，环境决策短视的治理体系中的主体间关系是极为复杂、多元、各异的大杂烩（hodgepodge）式关系，这种关系决定了现有治理模式存在解释力和整合性的不足，而公共能量场提供了对这种复杂关系的恰当描述，具有一定的周延性与适用中国情境的适切性。公共能量场并不限于现有治理模式所强调的相对稳定（relatively stable relationship）关系，现实中大量的基于偶合形成的以压力和对话方式影响政府决策的过程都可视为公共能量场。同时，借助于公共能量场这一总体性决策情境既能有效分析决策场的形成、结构、绩效，又能研究决策场中行动者的互动关系。从这个意义上说，借助于公共能量场这一分析工具，能够洞悉多元主体影响决策的整个治理过程。

（二）现实考量

当特定制度情境中的各种利益相关者围绕某一议题进行交流博弈形成和激发公共能量时，公共能量场就产生了。从这个角度看，公共能量场并非流行一时的时髦用语，而是对既存的公共决策实践的恰当反映。就当前现实看，随着国家对环境权的尊重、民众环境意识的提高、城市精英阶层集体行动能力的增强、环保 NGO 的成长、环评制度的初步建立，现实中由理性环境运动形成的外压型能量场（详见第三章）和基于环评制度形塑的预防型公共能量场（详见第四章）正初显治理地方政府环境决策短视的功效表明，公共能量场已初具条件。

1. 环境权为行动者参与和形成能量场提供了前提和保障

环境权，作为一项人类应当享有的基本人权，已得到国际社会的普遍认可①。一些国家的宪法对环境权进行明文规定，有的国家虽没有在宪法中规定环境权，但从其宪法的相关条文中仍然可以推导出其对环境权

---

① 1972 年，联合国人类环境会议发表的《人类环境宣言》称："人类有权在一种能够过尊严的和福利的生活环境中，享有自由、平等和充足的生活条件的基本权利，并且负有保证和改善这一代和世世代代的环境的庄严责任。"公民环境权的内容包括环境使用权、知情权、参与权和请求权。

的认可与尊重，有的国家则将之体现在环境立法中。环境权的私权（个人权利）与公权（集体权利，甚至是民族、国家和全人类的权利）融合、实体权（如享有良好环境的权利、使用环境的权利）与程序权（如知情权、参与权、救济权）的融合①性质，决定了环境权从应有权利转化为法定权利的可操作性路径是尊重并满足公民参与环境管理的权利。就国内看，《宪法》第二十六条、《环境保护法》第一条关于"国家保护和改善生活环境和生态环境，防治污染和其他公害"的规定及《环境影响评价法》、《环境影响评价公众参与条例》中关于公众参与的规定，都可以看作对公众环境权利的一种认可，这为各种行动者（民众、媒体、环保 NGO、地方政府、环保部门甚至国际力量）参与形成表达利益诉求、维护合法权益、防止环境公害的决策能量场提供了前提和保障。

2. 民众环境意识的提高为形成围绕环境议题的公共能量场提供了动力

环境意识包括环境知识、基本价值观念、环境保护态度和环境保护行为四个方面。②洪大用根据 1995 年和 2003 年的调查得出公民环境意识有了较大提高的结论。③ 2005 年，中华环保联合会启动的国家"十一五"环保规划意见征集活动，显示民众的环境意识有较大提高。④ 2007 年由中国环境意识项目和中国社会科学院联合发布的《中国公众环境意识调查报告》显示，公众对于环境保护的必要性、重要性、紧迫感有很高的认同，同时环境行动的价值取向和责任感也有所增强。⑤ 民众环境意识的提

---

① 参见李艳芳《公众参与环境影响评价制度研究》，中国人民大学出版社，2006，第 115 页。

② 洪大用：《中国民间环保力量的成长》，中国人民大学出版社，2007，第 14 页。

③ 1995 年，城乡居民环境意识平均得分为 44.13 分（N＝3662，最低 2 分，最高 87 分，标准差 12.86），2003 年，城乡居民的环境意识提高到平均得分为 61.24 分（N＝4994，最低 13.33 分，最高 100 分，标准差 12.07）。当问及发展经济与保护环境面临两难情况时的选择时，有 73% 的人选择"优先保护环境"，只有 24.5% 的人选择"优先发展经济"。（详见洪大用《中国民间环保力量的成长》，中国人民大学出版社，2007，第 14～15 页。）

④ 谢丁：《旁观者变核心力量：民间环保组织"进化论"》，《21 世纪经济报道》2005 年 12 月 26 日第 26 版。

⑤ 详见中国环境意识项目、中国社会科学院社会研究所《2007 年全国公众环境意识调查报告（简本）》。

高，为其推动形成或参与特定环境议题（涉及自身利益或环境公益）的公共能量场提供了动力。

3. 城市精英阶层环境集体行动能力的增强为形成运动外压型能量场提供了动员力量

随着环境意识的提高，居民的维权意识和行动能力也在增强，当自身的利益受到损害时，能够自发组织起来进行维权式抗争。资料显示，各类环境纠纷和环境群体性事件以每年 29% 的速度呈频发和急速增长状态[1]，虽然其中仍有大量的非理性对抗甚至暴力行为（大多发生在农村环境抗争），但是也应欣喜地看到，理性维权行动开始凸显，在番禺反垃圾焚烧、厦门反 PX 项目等理性环境运动中，城市精英阶层通过集体行动形成外压型能量场并由此释放出的巨大能量迫使政府展开对话、协商，起到了治理地方政府决策短视的功效。透析这些理性环境运动，不难发现，其实际上已经形成了由民众、环保 NGO、政府、企业等多方形成的公共能量场，各种能量在场内展开博弈，能量间既彼此较量，又进行联合、沟通、协商、对话，从而能一定程度上预防、纠正和克服地方政府的环境决策短视。

4. 环保 NGO 开始凸显为自然保育公共能量场中的重要力量

虽然现行管控型社团管理体制限制了 NGO 的发展，但国家目前在两个公益性领域较其他领域有较大放开：一是扶贫领域；二是环保领域。截止到 2008 年，中国共有各类环保民间组织 3539 家（包括港、澳、台地区）。[2] 同时，环保部也正在搭建组织间的联系平台，2005 年成立的中华环保联合会被视为民间环保力量与中国政府互动的平台。另外，环保 NGO 成员中有相当一部分为媒体记者人士，在倡导环境议题、揭露地方政府环境决策短视行为、发起民间力量等方面正显现作用。近年来，在一系列自然保育运动中（以保卫怒江运动最具代表性），环保 NGO 之间开始联合，NGO 与媒体形成联盟，通过呼吁、宣传、对话形成公共能量场并激发场能（外压）的方式影响政府决策，让人们看到了民间环保力量已经有了

---

[1] 潘岳：《和谐社会目标下的环境友好型社会》，《21 世纪经济报道》2006 年 7 月 17 日第 34 版。

[2] 中华环保联合会：《2008 中国环保民间组织发展状况报告》，http://www.caepi.org.cn/industry-report/6245.shtml。

自发联合的迹象，同时也彰显了环保 NGO 动员和组织民间等各方力量形成围绕自然保育议题的公共能量场的能力。

5. 媒体对环境议题报道和关注的增强为促成公共能量场创造前提

近年来，随着环境问题的凸显，媒体在促进环境议题建构和推动形成公共能量场方面发挥了重要作用。一是媒体对环境议题的报道逐年增加，一组数据能够说明。环保 NGO"自然之友"针对 75 种报纸在环境报道方面的研究发现，1994 年平均每份报纸每 3 天才有 1 条，而 1999 年每份报纸平均每天就有两条。① 另外，张潇对 1978～2008 年《人民日报》的环境报道通过样本研究显示，数量总体上呈大幅增长之势，其中 1978～1991 年、1992～2003 年、2003～2008 年的日均报道数量分别为 1.9 篇、3.4 篇、6 篇②。二是媒体在特定环境议题报道上出现分化，开始呈现正面的、中立的、负面的多元话语。一般是在报纸、电视等传统媒体报道之后，兼具内容海量性、传播极速性、在线交互性等特点的网络媒体迅速跟进，议题很快充斥网络，形成了围绕某一环境议题的网络公共话语空间，其间，各种意见经过分化组合往往能形成主导性的舆论共意。三是一些媒体成员兼任环保 NGO 的双重身份促成部分媒体与环保 NGO 的联盟（详见第四章），媒体对环境运动的支持性报道，无形中形成了民众、专家等联合的公共能量场，在加速环境议题传播的同时，也形成了强大的意见攻势，迫使地方政府纠正决策短视。

6. 环境影响评价制度为形塑预防型能量场提供了支持

环境影响评价是对拟议中的人为活动（包括建设项目、政策、规划、计划等）可能造成的环境影响或环境后果进行分析论证以采取防治措施和优化方案的过程。环境影响评价的重要性不仅是预防、减轻拟议行为造成的不利环境影响，还在于为决策部门提供参考以最终改进决策质量。目前中国已初步形成了以《环境保护法》为基点、以《环境影响评价法》为主体、《环境影响评价公众参与暂行办法》和《规划环境影响评价条

---

① 自然之友：《我国报纸的环境意识大为增强》，自然之友网站，http：//www.fon.org.cn/content.php？aid＝7259。

② 张潇：《〈人民日报〉环境报道三十年：变化、趋势与影响》，硕士学位论文，西北大学，2010。

例》为配套的环评法律体系。尽管当前环评法律体系尚不完善，在实践中的作用发挥不足，很难说起到足够的"保障"性作用，但毕竟以法律的形式强制性地规定了多主体参与环评的要求，一定程度上为形塑公共能量场提供了支持性作用。近年来，在"深港西部通道侧接线"、"上海磁悬浮"、"北京六里屯反建垃圾发电厂"等环评案中，经由居民的抗争并基于环评制度形成了多方参与的公共能量场，发挥了规制地方政府决策短视的功效。

综上所述，在现有治理模式适用性不足、助推地方政府环境决策短视的原因难以根本改变，特别是现实又已初具公共能量场的条件时，地方政府环境决策短视的治理应从已具备现实基础的公共能量场中寻求有效解决之道。实际上，如果环境决策的官僚制垄断难以根本改变，如果决策的民主与科学又成为一种应然要求的话，那么能够提供多元话语交流博弈平台并促进达成利益平衡和有效预防环境决策短视的公共能量场就是必需的。为此，本书认为，借助于公共能量场分析工具，剖析当前各类旨在治理地方政府决策短视的公共能量场成功的原因、存在的问题，并在此基础上完善其治理绩效进一步发挥所需的条件，以促进由环保部门、公民、环保NGO、专家等各方协力组成的公共能量场，是治理地方政府环境决策短视的现实可行选择。

第三章 基于公共能量场的地方政府环境决策短视治理之理论分析

第二章分析了公共能量场对于治理地方政府环境决策短视的可能性，然而，究竟何为公共能量场，其有哪些构成？如何借用公共能量场分析地方政府决策的短视治理？进一步讲，基于公共能量场的地方政府环境决策短视治理又需要哪些条件？本章旨在回答这些问题。全章的逻辑是，首先分析公共能量场的渊源，对其界定和分析其构成；接着，基于奥斯特罗姆、萨巴蒂尔等提倡的"分析框架—理论依据—模型构建"研究设计理念，进行"分析框架—理论（法律）循证—模型构建"研究设计，推导出相关条件假设，为后文第四、第五章基于案例对这些条件假设的验证分析创造前提。

第一节 公共能量场：渊源、界定、类型与构成

一 公共能量场的渊源

（一）公共能量场的提出

美国著名学者福克斯和米勒（Fox and Miller）在《后现代公共行政——话语指向》一书中，首次将物理学的能量场概念引入公共行政领域并赋予其独特的学科内涵——公共能量场。作为话语理论的核心概念，公共能量场的提出源于两位学者对传统官僚制的批判性反思。在他们看

来，官僚制的封闭性、自大式、垄断化的话语霸权阻滞了社会话语间的自由对话，使得公共行政沦为官僚的"独白式对话"。因此，有必要打破官僚制的话语霸权，实现各种不同意向话语间的对抗性交流。他们指出，在以民主行政、多元参与、责任伦理、去权威化为特征的后现代公共行政语境下，随着公共问题的日益复杂和民主治理理念的渐入人心，以官僚制为根基的传统公共行政模式越来越难以适应，公共事务的治理只有依托于能够尊重并包容各种不同的话语间自由交流的公共能量场才更为可行。正是在这个意义上，他们提倡公共行政领域模式从官僚制转到公共能量场[①]，认为，"公众感兴趣的话语网络——超越了层级的制度——为公共行政提供了一个可行的模式"。[②]

官僚制是天生的矛盾体。作为一种组织形态与架构，官僚制的专业化、稳定性、统一性——在韦伯（Max Weber）看来——具有"纯技术的优势超过任何其他的形式"，"在由训练有素的具体官员进行严格官僚体制的、特别是集权体制的行政管理时，比起所有合议的或者名誉职务的和兼任职务的形式来，能达到最佳的效果"。[③] 但官僚制也存在着过于制式、保守封闭、压抑民主、缺乏弹性等弊端，在公共行政史上，可以列出一大堆抨击官僚制的文献清单。然而，无论是理论界学者们对官僚制的非议、指责甚至攻讦，还是实践领域试图以市场机制取代官僚制的新公共管理改革浪潮，都没有彻底动摇官僚制的根基，官僚制的强大生命力说明了其仍是公共行政中不可或缺的构成。时至今日，公共行政对待官僚制的爱恨有加、欲罢不能的艰难抉择历程表明，问题不在于是否应对官僚制的存续作出取舍，而在于如何有效融入与整合市场和社会力量以弥补以官僚制为基础的公共行政实践之不足。

一方面，与学者对官僚制的无情批判甚至彻底扬弃不同，福克斯和米勒强调："我们希望保留官僚制这一范畴，并想把各种联合体（网络、协

---

① 〔美〕查尔斯·J. 福克斯、休·T. 米勒：《后现代公共行政——话语指向》，楚艳红等译，中国人民大学出版社，2002，第99页。

② 同上，第144页。

③ 〔德〕马克斯·韦伯：《经济与社会》（下卷），林荣远译，商务印书馆，1997，第296页。

会、特别工作组、派系）和它们的各种经验、目标或最终理念合并到官僚制中，而不是完全抛弃它。"① 另一方面，通过指出宪政主义和社群主义存在的试图将公共行政合法化但忽略政策过程的问题，即在解决"下一步该做什么"上不能令人满意的问题，福克斯和米勒又与宪政主义和社群主义划清了界限。事实上，对官僚制一味地口诛笔伐或抱残守缺都是极不理性的选择，问题的关键在于——既然公共行政是一门治理国家与社会关系的艺术科学——如何借助于各种市场的、社会的制度安排来谋求与官僚制的互补与合作才是终极所向。对此，福克斯和米勒开出的药方是基于公共能量场的话语模式。在他们看来，如何破除官僚制的话语霸权，使各种政策话语能够融入公共政策过程并增强其影响力，从而实现政府与社会之间的良性互动，才是突破公共行政困境的可行选择。

　　在福克斯和米勒看来，传统公共政策的达成，基本上是官僚们自说自话的过程，公民基本上被这种话语所支配，因而难以提出与政府政策不一致的对抗性政策建议，即使有这种建议，也没有正常表达对话的渠道以实质性地影响公共政策结果。而"能量场并没有为自上而下的官僚命令以及对政策实施的控制开辟可行的解释通道"，② 在公共能量场中，围绕着"下一步我们做什么"这一主题，多元化的、有着各种意向性的能量和力的加入，打破了传统政策过程中的官僚式话语霸权，政策过程的民主性得以显著增强，同时，能量间的交织与制约，使得政策不再受制于官僚式的精英决策，而取决于各种能量间的力量对比，政策结果的公共利益导向也得以增进。从这点上看，本持着一种不彻底否认甚至替代官僚制，而是寻求基于国家力量与社会能量的有效整合，正是福克斯和米勒的高明之处，也是其提出的公共能量场模式富有生命力和解释力之所在。

（二）公共能量场的内涵

　　基于官僚制的缺陷及其在后现代语境中的修正，在吸收西方现代哲学尤其是现象学、构成主义、结构化理论和现代物理学理论的基础上，福克斯和米勒提出了"公共能量场"。首先，其"公共"一词挪用和混合了阿伦

---

① 〔美〕查尔斯·J. 福克斯、休·T. 米勒：《后现代公共行政——话语指向》，楚艳红等译，中国人民大学出版社，2002，第98页。

② 同上，第105页。

特（Hannah Arendt）和哈贝马斯的"公共领域"概念。但从内涵上的指涉性看，"公共能量场"包含情境、语境及历史性，比"领域"一词更为生动和贴切，不具有很强的抽象性①。其次，"能量场"是对由人的意向性控制的现象学的在场或当前的描述，即在某一特定情境中谋划未来的积淀性行为（意图、情感、目的和动机）的集合②。简而言之，公共能量场指涉的是公共政策过程的特定场境，在该场境中，有着意向性的各种话语和能量围绕着政策过程进行彼此间的互动。

一是作为公共政策过程的能量场。福克斯和米勒认为："最好把公共政策的形成、实施和管理理解成能量场，它是形成围绕着'下一步我们该做什么'这一问题而松散地组织在一起的人类意向性的交叉点。"③ 显然，能量场贯穿于政策过程的始终。"公共能量场是表演社会话语的场所；公共政策在这里制定和修订"④，鉴于决策在整个政策过程中的源头作用，特别是寄希望于能量场在打破官僚制独白性话语上的效用，两位作者更为强调公共决策中的能量场作用。他们指出，传统精英式决策命令或诱导人们服从。与之相比，在公共能量场中，却呈现源头多元化的公共氛围，有利于公共政策过程中多元参与者之间的对话。

二是作为话语交流的公共能量场。"能量场的概念把人们的注意力直接引向语境，即真实的、生动的事件，也能把人引向建构理解过程的社会互动。"⑤ 由于政策过程的话语交流不可能脱离特定的时空场合——公共能量场，公共能量场也就成为后现代公共行政极力提倡的话语理论的核心。针对官僚制的"独白式对话"，两位作者提出了公共能量场的三种对话形式："少数人的对话"仅是精英们在评论，容易导致强权和公众冷漠；"多数人的对话"很难形成一致的公众意见，容易导致表达的无政府状态，不能产生实质性贡献。而介于二者之间的"一些人的对话"，虽然存在限制参与之缺点，但有着切合情境的意向性和真诚性的突出优点。基

---

① 〔美〕查尔斯·J. 福克斯、休·T. 米勒：《后现代公共行政——话语指向》，楚艳红等译，中国人民大学出版社，2002，第102页。

② 同上，第103页。

③ 同上，第106页。

④ 同上，第10页。

⑤ 同上，第104页。

于公共能量场的对话能实现话语权，促成话语间的彼此交流、协商、妥协与接纳。

（三）对公共能量场的评价

后现代公共行政理论旨在解构传统公共行政，当我们谈论解构的时候，一个必然相随的问题是，如何建构？在这方面，尽管新制度主义和社群主义都开出了各自的药方，但在后现代公共行政看来都存在明显的不足。从对传统公共行政的批判性解构到对现有理论模式的不足分析，再到公共能量场的话语规则构建，后现代公共行政理论在对传统公共行政和现有模式的批判性反思的基础上建构起自身的话语逻辑。尽管后现代公共行政也难逃晦涩难懂的语意、试图解构一切的莽撞及其理论的内在困惑，但鉴于官僚制的内在权力扩张冲动、试图主宰一切的倾向、自上而下政策制定的惯性所导致的公共能量场的阙如，通过强调基于公共能量场而非官僚制的公共政策过程，后现代公共行政理论展示了转变传统行政思维和公共行政模式的导向意义。的确，公共行政应该是能包容各种政策话语在内的公共能量场博弈过程。

在笔者看来，公共能量场这一概念的提出至少具有三个方面的价值：一是指出传统公共政策过程中存在的官僚话语独霸与社会话语缺失、精英主导的封闭式决策与决策民主透明的时代要求、官僚自私倾向与政策公共性导向等多种矛盾；二是恰当地回应了当代公共行政特别是后现代情境中"去中心化、反权威、决策民主透明、碎片化、参与"等多元价值诉求；三是精准地预言了未来民主行政、多元合作治理的发展要求与趋势。可以说，无论是解构传统公共行政的内在弊端，还是有效回应政策过程现实困境及多元民主的内在要求，抑或是精准描绘公共行政的未来发展图景，公共能量场的提出让人看到了公共行政在面临转型分叉路口可能径直迈向民主行政康庄大道的希望。也许正是在这个意义上，古德塞尔（Charles T. Goodsell）对两位作者的贡献大加赞扬："在公共行政管理领域的研究中，就目前来看，它代表了最高水平。"[①] 国内有学者认为："对于公共行

---

① 〔美〕查尔斯·J. 福克斯、休·T. 米勒：《后现代公共行政——话语指向》，楚艳红等译，中国人民大学出版社，2002，序言，第5页。

政学领域而言，公共能量场是一个哥白尼式的转折点，它为公共行政的反思提供了一个新的视角。"①

鉴于上述公共能量场的学术和实践价值，对之进行准确的界定乃至使之成为一个内容相对丰富的理论体系与架构实属必要。但公共能量场本身是一个抽象的概念，纵览《后现代公共行政——话语指向》一书，福克斯和米勒对公共能量场的着墨并不多，即便追踪其后续研究也鲜能发现相关的阐述，加之后现代理论本身的晦涩、抽象与深奥，使得对公共能量场的表述愈加显得有些让人雾里看花。尽管作者提出"要把公共政策及其行政实施重新理论化为一种公共能量场"②，但准确地说，公共能量场目前还仅是一个概念，或是一种被认为蕴藏巨大潜力的治理模式，实属一项"未竟的事业"。在笔者看来，诸多问题仍有待进一步明确。

一是公共能量场的概念指涉仍然不明朗。通过引入场的时空维，公共能量场的确比阿伦特和哈贝马斯所述的"公共领域"概念更为具体，但其内容仍存在难解的抽象。福克斯和米勒谈到公共能量场是各种政策话语对抗性交流的场所。然而，这一"场所"究竟是关于某种情境的隐喻、指涉，还是二位作者基于"一些人的对话"所极力提倡的跨机构联合体、社区特别小组、政策网络、社区等实在？公共能量场与公共领域、政策网络等有着怎样的异同？公共能量场中"各种政策话语"、"意向性"、"能量"、"力的复合"这些相互模糊的概念存在哪些不同？两位作者提倡"从官僚制向公共能量场的模式转变"乃基于后现代语境，将其视为一种"模式"是否为时过早？另外，公共能量场是否仅是后现代情景中的产物？

二是公共能量场的形成与结构没有阐明。"各种政策话语"、"意向性、目的"是如何形成公共能量场的？二位作者基于话语的有效性、重复性的交流，主张由政策网络、社区形成能量场，但没有分析由于偶然性和即时性形成的能量场，事实上，现实中基于偶然、群集的公共能量场并不少见。另外，作为非实体态，场的结构虽不可见，且的确"场的结构

---

① 胡晓芳：《政治行政分合视阈中的行政公共性》，博士学位论文，苏州大学，2009，第120页。

② 同上。

并不遵循固定的公式，而是取决于生活世界正在发生的事"，但场结构的内部组成（能量源、联结点、主导者？）仍是模糊的。

三是公共能量场的过程不清晰。较之于官僚制，公共能量场的优点在于多元政策话语间的对话，有利于发挥公共领域的能量对政策结果的影响作用。问题是，源自于公共领域里的各种政策话语在相互交流、对话的过程中是如何"燃烧"、"感染"、聚合以形成力的？来自不同域的各种能量之间、力之间是如何展开"对抗性交流"的？为增进对话有效性，能量场中是否需要促进者（Facilitator）和协调者（Coordinator）？场的博弈过程是一种无序、混乱还是混沌，其背后是否存在一定的程式？

四是公共能量场的绩效影响因素存在简单推定之嫌。两位作者通过案例比较了三种对话的绩效，认为"一些人的对话"介于"多数人的对话"的无限延续性与"少数人的对话"的独白性的操纵之间，尽管有限制参与的缺点，但切合意境的意向性和真诚性是它突出的优点。然而，这种绩效对比难逃先入为主的推测和过于简略之嫌。多数人的对话是否一定导致无政府状态？虽然两位作者强调不能"过于依赖能量场"，但问题是以何种评价标准来衡量公共能量场的绩效？场的绩效是否仅取决于"真诚、切合情境的意向性、参与意愿、实质性贡献"① 这四项规则？

总的看来，场植根于特定情境的时空性，各种政策话语主体的复杂性与多元性，造成了各种不同的场之间的差异性，这同时也增加了在对各种不同类型的公共能量场的分析基础上进行提炼归纳以系统化、理论化研究的难度。但不管如何复杂，鉴于复杂现象背后总有其自身的规律性，公共能量场作为现实治理实践的一种存在现象或"有"，有着可以探寻的内在规律性，至少能够在理论上作一个总体归纳。事实上，如果公共能量场仅停留在概念的隐晦指涉或是对特定时空场域的抽象隐喻上，恐怕呈现给人们的更多只是一种强调政策过程从官僚制转向能量场的导向意义，或者仅是对传统的批判与解构，而不能提供现实可操作性的建构路径。况且，公共能量场的作用更主要体现在决策层面，但两位作者对公共决策能量场的

---

① 〔美〕查尔斯·J. 福克斯、休·T. 米勒：《后现代公共行政——话语指向》，楚艳红等译，中国人民大学出版社，2002，第118页。

作用缺乏充分的阐述，难免留下些许遗憾。但话说回来，任何理论本身的非完美性，恰恰提供了在此基础上进一步探索的空间。

二 公共能量场：界定、类型与构成

（一）关于能量的界定

能量一词最早由 T. 杨（Thomas Young）1801 年在伦敦国王学院演讲自然哲学时引入，他提出用能量一词来表达质量与速度二次方之积，并和物体所做的功相联系。但这一概念提出后并未引起重视，直到能量守恒定律被确认后，人们才认识到能量概念的重要意义。[1] 因此，从词源看，能量是一个物理学的用词。

《不列颠百科全书》对能量（能）的界定为：在物理学中表示做功的本领。[2] 在《辞海》中，能量简称"能"，指做功本领来量度的物质及运动属性。[3] 2001 年修订的《新华词典》对能量的解释为：①简称能。用做功本领来量度物质运动的物理量。②比喻人显示出来的活动能力。[4]

综上来看，能量的本质界定为"能"，有两种理解：（1）主要是将其视为物理学中描写一个系统或一个过程的量。在物理学中，能量的概念体现在：一是描述物质运动属性的量。能量是一切运动着的物质的共同特性，而物质则是能量的载体。物质从零能量到有能量，运动起关键的催生作用。由于物质运动形式多种多样，每一个具体的运动形式就存在相应的能量形式，例如，动能、热能、化学能、电能、光能、核能等。二是物质间进行比较、量度与联系的量。物质间也可能因彼此能量间的交换与转化而发生关联，能量成为一种比较、度量和关联的量。（2）能量从最初本源的物理学概念引申为扩大到人的活动能力，如上述《新华词典》中的界定。

从物理学的"功"进而到对"人的能力"的隐喻，反映了人们对能

---

[1] 参见中国大百科全书总编委会、中国大百科全书编辑部编《中国大百科全书》，中国大百科全书出版社，2002，第 1046 页。

[2] 《不列颠百科全书（国际中文版）》，中国大百科全书出版社，1999，第 68 页。

[3] 辞海编辑委员会：《辞海》，上海辞书出版社，1999，第 2637 页。相似的表述见中国百科大辞典编撰委员会《中国百科大辞典》，中国大百科全书出版社，1999，第 3945 页。

[4] 《新华词典》，商务印书馆，2001，第 715 页。

量认识的深化，但这种界定主要限于自然科学层面。实际上，既然能量的本质是"能"，那么对其界定不必完全局限于物理学的"功"，也不完全是"人的能力"，从广义的角度看，社会科学研究的组织、群集甚至个体都具备"能"，虽然不像自然科学那样能够将这种"能"精确地"度量"出来，但"能"显然是客观存在的，比如政府享有行使公权力的"权能"、企业有着将生产要素转换为产品的"产能"、NGO 有着贴近草根和广泛动员的"动能"优势、公民社会存在着弥补政府和市场失灵及监督公权力运行的"潜能"。因此，在本书中，笔者更倾向于从广义的角度理解能量，视其为一种现有的资源禀赋、既存的活动能力或潜在的资本（有形的经济资本和无形的社会资本）存量。

能量虽然是抽象的，但并不是虚无的。作为一种存在，能量具有相对性（判断能量的大小必须有参照物）、变化性（能量是一个变化量）、流动性（转移性）的特点。其中，最主要的是其流动性，能量可以流动的前提一般是同质的能量形式，比如都是电能，或者都是热能，但各种能量在能压的作用下可以相互转化。这样，能量流动性表现为两个方面：一是交换；二是转化。在一个系统内，能量可以以各种载体和形式进行交换和转化。虽然交换与转化都是以能量流动为前提，但能量在交换中性质保持不变，而在转化中能量性质已经发生变化，比如从电能转化到热能。由此引出如下几个概念。

1. 能压、能压差、力和功

系统内的能量对系统产生的作用力叫能压，即系统某一时间的能量 E 与系统的能量容量 E0 的比值，表示为 $\rho = E/E0$。[1] 能压差反映了系统内的能量对系统作用力的大小，由于存在能压差，能量就会发生流动。

一是从系统内部看，能量间会发生流动。流动的结果是一个自组织的过程，可能出现两种情况：（1）能量间彼此力量的中和与消长。当能压差为 0 时，整个系统趋于平衡。（2）出现核凝聚。核凝聚原理是指在能压出现挤压的情况下，当一个"核"出现后，能量会产生加速凝聚的现象。[2]

---

[1]　李玉海：《能量学与哲学》，山西科学技术出版社，2005，第 11 页。
[2]　同上，第 95 页。

即某一能量的能压足够大，在能量流动过程中，加速了其他能量以此"核"为中心的不断聚集，从而形成核凝聚。因此，一个秩序的有序化除了一般意义的挤压和扩散作用，影响因素还有"核凝聚原理"等因素。这时，可能出现从无序走向有序的耗散结构。

二是从系统之间看，能量从能压高的系统流向能压低的系统，发生能量的交换或转化，从而产生力的作用，作用的结果可以用功来表示。即：力是能量的转移或转化，功是系统之间能量交换或转换的一种度量。能量转移或转化的过程是力作用的过程。因此，"力就是能压差的表现，是一个能压作用的特征量"。① 不同的力代表着不同的能量转移量或转化量。由于力来源于能量流动，而能量流动又基于能压差，因此，系统间的力作用从本质上来源于能压差。

2. 导体与能耗最小

虽然能压差是能量流动的前提，但能量交换与转化往往呈现一定的流通渠道、路径选择与运行规律：一是导体，即交换与转化发生的基础、媒介、平台和界面。能量间的流动必须基于特定的流通渠道才能实现，比如电能流动所用的导体材料。由于能量场的形成在于能量的流动，而能量的流动又基于导体，因此，导体实际上构成了能量场形成的前提条件。二是能耗最小。一个系统内能量的流向往往会选择一定的路径，演变的趋势是沿着最小能耗的路径前进，即能耗最小或路径最短原理。三是能量守恒定律，即各种形式的能量可以互相转化，但在一个封闭的系统中的总能量不变，能量总和是一个常量。

（二）关于场

上述能量的运行过程形成场。场是能量在空间分布的状态，是表示能量分布特征的一个概念。由于所有的能量流动、交换、转化都是在场的空间内发生的，同时，又都处于相对的一个时间范围内，场实际上提供了一个能量共生的时空域。从这个意义上说，通常我们所说的能量也仅是特定场域内的能量。在爱因斯坦（Albert Einstein）眼里，场"被看作相互依存的现实事实（物质、运动、时间、空间）的整体"。爱因斯坦的广义相

---

① 李玉海：《经济学的表象——价值动力学》，山西科学技术出版社，2005，第102页。

对论继电磁场概念之后又引进了引力场、统一场的概念。随后，场的用意已经超出了物理学概念而进入到不同的学科语境，对于场也可以作不同的学科解释。

在哲学层面，场指的是事物之间的环境、势力范围或作用力、影响力。以哲学视角看来，事物具有"场性"，没有独立于场域之外的事物。因此，场无处不在，世界就是一个场。正如"场有"哲学的代表人物唐力权指出："从场有哲学的观点来看，绝对的、外在的观点根本是站不住的。……既然一切存在都是依场而有，而'宇宙'乃是无限场有的名称。"①"场有"就是依场而有，一切存在都是场的存有，而场本身也是有。以场有哲学观来看，场蕴涵着"体与用"的关系。唐力权将"太极"称为场有之本体或"场体"，即构成一切事物相对相关性的无限背景；将"易"和"道"称为"太极"之体之"场用"，即内在规律。应该说，"场有"哲学强调物的"场"性，实则是对世界存在、物质间的相关性、普遍联系性的描述，正如物质构成了世界的本源，能量乃物质的基本属性，而物质又处于特定的场域中，由此，可以推论出，场无处不在。可见，场有哲学提供了场研究的方法论意义。但场有哲学是一种世界观，是对世界本原、物质间关系的"存在"的一种描述，场有哲学的"场"是一种整体意义上的界定，具有概念范围上的周延性和指涉上的抽象性，只有在特定的领域和特定的时空场合，即借助于领域维和时空维，其具体性才能得以显现。

在心理学领域，勒温（Kurt Lewin）提出"心理场"概念②，考夫卡在此之上进一步提出了"行为场"、"环境场"概念。③ 在传媒领域，德国学者马莱茨克提出了大众传播过程中诸种社会关系的群集和总和——无论是传播者还是接受者的行为——都是在一定的"社会磁场"中进行的"大众传播场"理论。④ 清华大学刘建明教授在《舆论传播》一书中提出"包括若干相互刺激因素，从而使许多人形成共同意见的时空环境"的

①　唐力权：《周易与怀德海之间》，辽宁大学出版社，1997，第7页。
②　详见〔德〕库尔特·勒温《拓扑心理学》，高觉敏译，商务印书馆，2003。
③　详见〔德〕库尔特·考夫卡《格式塔心理学原理》，黎炜译，浙江教育出版社，1997。
④　详见 Gerhard Maletzke. *Psychology of Mass Communication*. Hamburg：Verlag – Hans Bredow – Institut，1978.

"舆论场"概念，并分析了舆论场的构成。①

在组织研究领域，学者们提出由运行于某个部门或领域中的多种组织构成的"组织场域"，认为组织场域可以作为联系组织层次与社会层次的重要分析单位。斯科特（W. James Scott）指出，场域概念使组织研究与结构研究相连，认为"场域分析为评价场域之间的各种差异、历史地分析场域文化的趋同性变迁及场域结构特征的变迁轨迹，提供了一种有用的分析框架"。② 在迪马吉奥和鲍威尔眼里，组织场域是某个社会领域内的多种组织（比如生产厂商、交易伙伴、消费者和管制者等）聚合而成的生活领域。③ 霍夫曼分析美国环保领域里的组织间（企业、政府、NGO、保险机构）关系时指出，场域为因特定的议题而形成的组织间关联，场层面分析（Field-level analysis）能够揭露组织对某一议题（比如环境管理）影响的文化性和制度性根源。④

在社会运动研究方面，社会运动理论家认为社会运动形成组织间相互竞争、合作与学习的社会运动场域。贝尔特·克兰德尔曼斯主张从"多组织场域"视角来研究社会运动，他强调，社会运动组织，是嵌入在某个多组织场域（multi-organization field，由支持或敌性的群体、组织、个体构成）中的。社会运动历程（发展、变化或衰落）是由多组织场域内的动力机制所决定的。⑤

在政治学领域，奥斯特罗姆的制度分析框架在很大程度上是对行动场中的制度与行动者关系的研究：一方面，研究行动场中的制度是如何被行动者建构出来的；另一方面，研究制度对行动者的作用和预测行动者的行

① 刘建明：《舆论传播》，清华大学出版社，2001，第 65 页。

② 〔美〕W. 理查德·斯科特：《制度与组织——思想观念与物质利益》，姚伟、王黎芳译，中国人民大学出版社，2010，第 217 页。

③ Paul J. Dimaggio, Walter W. Powell. "The Iron Cage Revisited: Institutional Isomorphism and Collective Rationality in Organizational Fields." *American Sociological Review*. Vol. 48, 1983, p. 148.

④ Andrew W. Hoffman. "Institutional Evolution and Change: Environmentalism and the U. S. Chemical Industry." *Academy of Management Journal*. Vol. 42, 1999, pp. 351–371.

⑤ 贝尔特·克兰德尔曼斯：《抗议的社会建构和多组织场域》，载〔美〕艾尔东·莫里斯、卡洛尔·麦克拉吉·缪勒编《社会运动理论的前沿领域》，刘能译，北京大学出版社，2002，第 118 页。

为。在 2011 年的一篇新作中，她将行动场（Action Arena）界定为行动情境和该情境中的行动者。[1] 行动者包括个体或群体，行动情境指的是个体间相互作用、交换商品和服务、解决问题、支配或斗争的社会空间。[2] 在她看来，行动场是相互作用、沟通和斗争的社会领域，用来分析、预测和解释制度安排中的行为。在治理领域，"治理"（Governance）被作为区别于传统的"统治"（Government）而提倡的一种新型公共事务管理方式，其所倡导的政府应当与社会主体携手实现公共事务的多元共治，潜在地蕴含着"治理场"的内容。

综合各学科关于场的研究，其在具体的运用上有所不同：物理学中的场实质上是一种能量的分布状态和运行过程；哲学强调场的本体论意义，其对"体与用"的剖析，揭示了场的表现形态与场的运行规则；政治学、新闻学、组织理论、社会运动理论等则研究具体领域里的场，认为场提供了行动者相互作用的情境，分析场内行动者的关联及场的产出。但细想后不难发现，不同学科关于场的研究又存在共性：一是场的构成是能量。物质与事物（哲学）、主体（心理学）、行动者（新闻学、组织理论、社会运动、政治学），这些其实都是能量的携带者，都可以看成是能量（物理学）相通的广义的能量概念。因此，看似带有较强学科色彩的不同的"场"，实际上都可整合到能量场这一大的范畴之下，换句话说，能量场这一概念具有总体上的统摄作用。二是场基本上是一种相互依存关系，即行动者之间的共生关系。因此，作为一种结构的场，本质上可理解为主体间的关系，无论是场内能量的流动（自然科学）还是场内能量的互动（社会科学），可以说共生关系是场的精髓。三是场的过程与规则。例如，物理学的能量守恒、能耗最小，场有哲学强调的"体与用"，新闻学的舆论共振场形成、社会运动历程，组织理论的组织间的博弈，政治学中的治理制度安排，这些都表明场的互动过程总是有其特有的运行规则。

---

[1]　Elinor Ostrom. "Background on the Institutional Analysis and Development Framework." *The Policy Studies Journal*. Vol. 39, 2011, p. 9.

[2]　同上，p. 11.

（三）公共能量场

前述对发源于物理学的能量场进行了各学科的描述，已经基本透视了其内容。相对于场有哲学将场理解为事物间的联系乃至世界本原，"公共"的前缀使得能量场的范围具体到公共行政领域。公共能量场提供了公共事务治理机制的一个概括，是标明特定情境中公共事务治理主体、过程、平台甚至结果的一个范畴。正是基于此，福克斯和米勒指出："公共事务就是一个能量场。"

虽然福克斯和米勒是在后现代语境中强调公共能量场，但不必生硬地将之贴上后现代主义的标签，或者认为其乃西方后现代情景中的产物。事实上，从古希腊雅典城邦的公民大会到 20 世纪 80 年代的公民会议（citizen conference）或称共识会议（consensus conference），从古希腊柏拉图、亚里士多德到启蒙时代的霍布斯、洛克再到近当代的阿伦特、哈贝马斯等智者强调的公共对话，这些无不是公共能量场的最初原型。从这个意义上说，公共能量场的提出恰恰体现了人们对政府垄断政策过程的不满和在新的治理时代条件下那种古老的、原味的公共事务治理思想的回归。实际上，如果把目光转向现实的治理实践，不难发现，公共能量场其实一直都存于公共事务治理过程中。可以说，公共能量场是对在特定的制度环境中出现的多方主体参与形成的，通过对抗性交流、协商、对话、沟通而激发公共能量以治理公共事务的治理机制和治理工具的概括。

1. 公共能量场——概念的四个维度

一方面，由于场大多并不是一个有机系统，作为一种非实体态，场的确有些抽象；另一方面，场又是客观存在的，即公共事务真真切切地发生在公共能量场中。公共能量场的存在特性表现为一个场总有其形成的条件、运行的过程及作用表现。而从场中抽离出能反映其实在性的内质——情境、过程、结构、结果能恰当地描述场的形成、过程及效用。这样，对公共能量场的界定，就必须把握情境、过程、结构和结果四个维度。

（1）情境维：作为时空条件的公共能量场

时空是公共能量场从"潜在"到"在场"的基本条件。从场有哲学观点来看，公共能量场是行动者之间普遍联系着的"潜在"，但特定时空域的阙如，导致这种"潜在"处于未激活的状态。如果加上某一时间维——特定公共议题，将能激发公共能量场中围绕特定矢的（议题）的能量，从而使其处于"在场"之势。由于存在能压差，能量间的流动需要一个空间场域作为交流平台，以完成能量的累积、凝聚、转换、对抗乃至力的形成，即基于特定的空间维（通道），能量场才得以具体活现，成为一个"在场"的场。场的时空维，形塑了公共能量场并决定了这一时空条件中的公共能量场是特定的、在场的、当前的、唯一的。

（2）过程维：作为互动博弈的公共能量场

传统公共行政强调符合惯例与规定，重过程而轻结果，与此对应，新公共管理过于重结果轻过程又走向了另一个极端。从应然角度看，过程与结果不可偏废，民主与效率也不必对立。在寻求公共议题解决的很多场合，治理结果或许不是最优，但只要在过程中融入了多元价值，治理就能获得很高的合法性认同。因此，合法性并不仅仅是结果合法性，还体现在过程的合法性，甚至有时过程合法性更为重要。① 而公共能量场实质上是一种多主体间通过博弈寻求解决公共议题的过程，基于公共能量场，政府与公民、非政府组织进行沟通、对话、协商、学习与合作，践行公平正义、平等参与和透明决策等程序价值，有利于公共利益和利益平衡的达成。可以说，公共能量场既是一个博弈议价与合作交流的共舞场，在此，各种意向、理念、话语相互碰撞、激荡与共生；公共能量场更是一个民主理念与协作精神的训练地，借此，各种立场、观点、策略相互对抗、调适、学习、包容与合作。

（3）结构维：作为关系集合的公共能量场

公共能量场不能化约为个体的简单相加，而是一个集合、一个整体、一个簇群。因此，场的实质是一种结构：一是作为主体间的联结关系，公共能量场实际上来源于各个场域里的能量集合。能量间的这种关系既可能是长期形成的常态性关联，也可能是围绕某一公共议题的临时

---

① 这点在环境决策中表现得尤为明显。鉴于有限理性，很多时候，环境决策只能是一个满意的结果，但由于环境问题与民众的直接相关性，在决策中的程序合法性，即更多纳入公众参与、重视透明、公开、对话与交流不但有利于决策的科学性，更体现了权利、民主、参与、协商等过程价值，增进民众对决策结果的接受度，从而大大增强决策的合法性。这表明基于公共能量场的环境决策的必要，而这正是本书主张在环境决策中发挥公共能量场作用的立意之所在。

性、偶然性的组合。这种结构属性使得公共能量场区别于组织和网络。联系当前的中国情境看，决策中的公共能量场更多是以外压或环评方式形成的主体间的临时性或偶然性的关联，常态性的协商型公共能量场目前还主要限于社区层面，但促进其在更大范围内的决策领域广泛形成与适用将是未来的愿景与方向。二是作为主体间关系模式化的产物。场内的行动者都试图通过发挥自身能量使其更能趋于场的中心地位，进而影响甚至主导整个场的走向和决策资源分配。因此，场的内部往往存在特定的结构态（势），即结构可以视为中心性势（结构＝中心性势）。三是作为关系的规范。场的结构能够通过规范行动者行为的转换规律和博弈规则等方式对行动者的关系构成制约。当然，这种制约并不排斥行动者的能动性，实际上，结构构成了对行动者的制约，同时行动者的能动作用又能改变和再生产出结构。

（4）结果维：作为公益价值的公共能量场

现代公共事务之复杂性、信息和资源的分散性，以及伴随着市场经济的成熟和公民社会的成长所孕育的多主体力量的凸显，使得以官僚制为单中心的政府治理面临困境，多元共治与合作成为现实需求。相对于官僚制，公共能量场集合了多元主体的能量，被寄予了改变传统行政思维的"内部定势"和承载着实现民主价值、优化公共政策过程、改善公共治理绩效之期望。正是在这个意义上，福克斯和米勒提倡从官僚制转到公共能量场。事实上，不论哪种模式，是否时髦流行并不重要，关键在于结果。作为一种产出的公共能量场，其被大力提倡的价值也许在于更能够有利于公共利益与个人利益平衡之导向，凸显民主之根本，因此，结果和绩效乃公共能量场的重要一维。

2. 公共能量场的构成——场源（议题）、行动者（能量）、场域（能量源）、场体（共同在场）、场结（联结点）、场用（规则）、场促（能量场管理者）、场核（核凝聚）、场势（场内能量分布的态势）

公共能量场既因特定议题（Issue）吸引的行动者（Actor）携带着各自的能量（Energy）加入而形成，也因议题的成功解决或遭遇严重冲突而终结。因此，议题就像一个万有引力（场源），吸引来自各个场域（公共域、公权力域、国际域）的行动者（能量）围绕其中。奥斯特罗姆指出：

"某一情境中的行动者可以是单个的个体也可以是作为集体行动的群体。"① 其能量具体表现为观点、信息、策略、财力、专业知识、人力资源等。行动者的差异，使得各种能量呈现非对称性（比如，政府享有合法的公权力、媒体具备信息优势、非政府组织擅长志愿服务、专家拥有更多的技术和策略专长、原子化的公民在经过有效组织起来后能形成强大的抗衡力量等），其结果是：一是能量间互补的需要促成行为者的博弈互动（既相互依赖又难免竞争对抗）；二是源于公共领域（能量源）的能量更有可能完成能量间的汇集与聚合（核凝聚，Core - condensation），形成能量流以制衡和对抗源于公权力领域（能量源）的能量，从而消解单个个体在面对政府能量时的弱势地位，形成场内两大对抗性的场核，二者都试图影响场势的走向。

由前述分析可知，场的形成必须经历从"潜在"到"在场"的过程。议题的"引力"只能完成从"潜在"到"在场"的过渡，从"潜在"到"在场"之间的距离有可能是一道不可逾越的鸿沟，使得公共能量场处于潜在的未激发状态，而打破这种距离，桥接的关键在于构建能促成能量间自由交流的导体（Conductor），因此，激活公共能量场的关键就在很大程度上转化为如何构建导体，使之成为能量博弈的平台和话语交流的公共空间。可见，场内能量间的交流并非自动实现的，通常需要一定的导体和平台（场体）作为联结各种意向性能量的纽带（见图3－1）：一是形塑场体，即需要有联结各行动者的媒体，或者促进或控制能量交流的结点（场结）。场体的形成基于能提供和传递各方观点、促进自由交流的媒体（既可以是报纸、广播、电视等传统媒体，也可能是虚拟的网络空间，如网络论坛、电子公告板等），还有可能是旨在促成某一场域能量形成核凝聚并推动各方对话的 NGO 等。值得指出的是，场中存在着某一具有掌控能量交流向度和广度的行动者（场结），其既可能有利于推动形成场体，甚至其本身在一定程度上充当场体，也可能凭借所处的节点地位控制和阻碍场体的形成。二是场体凸显，即需要提

---

① Elinor Ostrom. "Background on the Institutional Analysis and Development Framework." *The Policy Studies Journal*. Vol. 39, 2011（1），p. 12.

供并促进能量在完成初步交流博弈后进一步形成小范围的面对面共同在场。一般来说，围绕某一议题的能量场范围可能是非常广泛的，不但涉及多个行动者，而且公共领域里的个体能量更是数量繁多，不可能都以自由参与的方式进行面对面的共同在场交流，这样，在前期的能量自由交流博弈后，最终需要一个能代表各方、促进能量间进一步交流、形成协商和议题解决的平台机制。场体作为这种机制，实际上是一个小型缩微版的能量场，其提供了各方行动者的代表进行面对面的共同在场的交流。平台既可以是实在的场所（如社区等），也可以是实体性联结（如对话会议、听证会、工作组、政策网络等）。可以说，正是基于平台，非实体态的公共能量场在现实中得以实体性活现——形成场体，使得各种能量在其间自由地流动，进一步地交流、对话、协商和寻求议题的解决。在议题解决后，场可能处于无（因问题解决而解体）、潜在（部分解决或虽成功解决但促进了行动者之间形成潜在的可触发的关联）、存在（形成相对稳定的关联）状态。

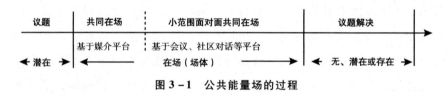

图 3-1　公共能量场的过程

资料来源：笔者自制。

场的博弈过程可能需要特定的规则（Rule）。由于身处社会的行动者深受社会制约，因此一个社会的法律、习俗、传统等制度性因素都可能会直接或间接地作用于公共能量场成为规则。同时，场内行为者在互动中有可能会主动构建起用于规范行为的规则。相对于偶发性的聚合所形成的场，经由长期互动生成的场更易于促成规则的建立。因为，在长期的互动中，自我形成的规则久而久之会例行化（Routinized）。公共能量场虽相对开放①，但旨在界定主体资格和规范话语准则的规则是必要的。更为重要

---

① 这里说"相对开放"，是因为不同的公共能量场的开放程度是不一样的，比如，政策网络作为一种公共能量场就相对封闭，而围绕某一公共事务的公开参与的决策场则相对开放。详见后文分析。

的是，当主体间发生冲突时，规则又充当评判、仲裁的标准与尺度。因此，规则有利于催生主体间的共生互动，增进合作与化解冲突。从内容上看，规则可以是惩戒性的，也可能是激励性的，或者兼而有之；从形式上看，其可以是显性的成文规定，也可以是内隐在行为者心智间的非成文的惯例（Convention）或习俗（Custom）。同时，在场的博弈过程中，为了规范场内博弈过程，促进各行动者之间的对话和能量的自由流动并利于最终促成议题解决，一般需要有一个能量场管理者（场促）履行促进、协商、斡旋、谈判等职能。

由此，能量场的构成可以概括为以下几方面。

一是场源与场有。"源"，来源，本源。场源，即场所形成的本源——议题。任何一个场都是围绕特定议题的集合，议题吸引着对其感兴趣的利益相关者加入其中进而形成场。因此，作为最终本源，议题是场形成的根本性前提。场一旦形成，实则是一种场有哲学所称的"有"，即在一定的时间和空间范围内的存在，这种存在的价值在于通过场的能量（场能）的激发，实现对公共事务的治理。

二是行动者与能量。能量场由对议题感兴趣的利益相关者（行动者）组成，场内各行动者所携带和拥有的能量，包括权威、权力、观点、信息、策略、财力、专业知识、人力资源等。由于各行动者所拥有的能量大小不同，场内会形成场压并经过分化与组合后形成场核；场核的能量大小有差异，对整个场的走向的影响不同，从而出现场势。

三是场域。场内行动者所属的领域（Domain）、边界（Boundary）和领地（Region），也指能量的来源或称为能量源，即这些行动者或其能量是来自公共领域[①]，还是公权力领域，抑或是第三方域？显然，这里的场域是指能量来源的领域，不同于布迪厄所言的在某一领域中基于长期竞争形成的小范围的"场域"，关于二者的不同详见下文分析。

四是场体。"体"通常是本体、实体、存在，与"用"相连。场体表现在：一为场内提供行动者能量间交流、论辩、协商的平台，通常媒介承

---

① 关于公共领域的研究详见〔美〕汉娜·阿伦特《人的条件》，竺乾威等译，上海人民出版社，1999；〔德〕哈贝马斯：《公共领域的结构转型》，曹卫东译，学林出版社，1999。

担了形塑场体的功能；二为面对面的共同在场——场体凸显。议题的成功解决通常需要进一步形成由各方行动者代表参与的小范围的面对面共同在场。场体的凸显需要有会议（共识会议、听证、圆桌对话、对话会等）、社区、论坛、政策网络等平台和相对制度化、半制度化的磋商机制的保障。

五是场结。"结"，纽带、联结、结点。场体虽提供了场内行动者能量间交流的平台，但行动者对议题的感知、采取行动特别是行动者能量间的充分交流（对抗、分化与组合）通常需要有旨在推动、串联、联结甚至控制能量间交流及行动者行为的中介或桥梁，即场结，其是场内联结各行动者，促进或控制各行动者交流、行动者能量流动方向、范围甚至结果的结点。

六是场核与场势。由于场内行动者能量的大小、经由能量间交流分化组合完成核凝聚后所形成的"核"（能量流）的强度不同，场内可能呈现单核（只有一个主导核）、双核（势均力敌的两大核）、多核（多个核同时存在）结构，其中，某一核可能占据场内能足以影响决策中心的场势地位。

七是场用。在场有哲学看来，"用"是"体"的功用，与"体"紧密相连，说体，必是用之体；说用，必是体之用。行动者基于场体进行交流，然则场体功用的实现——对抗性交流基础上的博弈合作——通常需要有旨在规范话语交流的博弈规则。这样，"用"在很大程度上就转化为场体功效发挥所需的规则。从这个意义上看，场用即场内的博弈规则，其既可能是强制性的规范（如各种成文的法规、规则等），也可能仅是非强制性的约束（如内隐的习俗、惯例等）。场用的作用在于规范行动者的行为、提供场内的话语及博弈规则，确保场运转有序。

八是场促。当来自不同领域，有着不同能量、目标不尽相同、行事规则各异的行动者组成公共能量场时，隔阂、不协调、紧张甚至冲突在所难免。为了减少分歧、增进合作和激发场能，场内通常需要有旨在履行促进各行动者之间协商、斡旋、谈判等职能的能够对复杂多元关系进行有效管理的能量场管理者——场促。

3. 公共能量场与相关概念——结构、组织、政策网络、场域

虽然社会科学领域对结构（Structure）一词的理解不尽相同[①]，但基本上认为结构是关系模式。从结构性看，由于组织（Organization）具有正式的结构，政策网络（Policy Network）表现为"相对稳定的关系"（Relatively Stable Relationships）[②] 或"多少稳固的关系模式"（More or Less Stable Patterns）[③]，而公共能量场则更有可能是偶合性的松散联合，因此，可以将三者排列在结构正式性（松散组合还是正式结构）和关系稳定性（偶合临时还是常态存续）两个维度的坐标谱系中（如图3-2（a）和图3-2（b）所示）。从包含关系上看，政策网络内往往有组织活跃其间，而实践中，组织和政策网络又通常是更大范围内的公共能量场中的行动者（如图3-2（c））。作为多主体关系的集合，公共能量场与政策网络有着区别于组织的相似性。事实上，除了偶合性、临时性[④]的联合这种情境特性及开放程度不同外，在很多场合的确很难在公共能量场与政策网络之间划出清晰的界限。也许正是基于此，福克斯和米勒才将公共能量场中对话的理想形式——一些人的对话，视为政策网络，即"一些人的对话的话语在许多方面类似于政策文献中描述的政策网络"[⑤]。由于组织和政策网络的正式性与稳定性程度相对

[①]　社会学家孔德、斯宾塞和涂尔干借用生物学视角将结构看作类似于有机体的组成或关系模式。帕森斯认为，结构的概念体现为三个方面：结构由功能体现、结构是互动关系模式、结构是规范。马克思认为结构是关系总和，结构不仅可以指客观实体之间的关系，也可以指人为实体，如制度、意识形态、生产方式等之间的逻辑关系。也有学者将结构的理解扩展到心智层面。列维-斯特劳斯认为，所谓结构是那种决定历史、社会与文化中的事件和行为的基本的规则整体。

[②]　Eva Sørensen, Jacob Torfing (eds.). *Theories of Democratic Network Governance.* New York: Palgrave Macmillan, 2007, p. 9.

[③]　Walter. J. M. Kickert, Erik-H. Klijn and Joop. F. M. Koppenjan. "Introduction: A Management Perspective on Policy Networks." in Walter. J. M. Kickert, Erik-H. Klijn and Joop. F. M. Koppenjan (eds.) *Managing Complex Networks: Strategies for the Public Sector.* London: Sage Publications Ltd, 1997, p. 6.

[④]　需要说明的是，这种偶合与临时性，表现为场内主体间的互动（对抗性交流、协商、对话、沟通与合作），虽是偶然形成，但具有一定程度的阶段上的持续性和相对持久性，区别于围绕某个议题偶然形成但很快解散的"群集"。

[⑤]　〔美〕查尔斯·J. 福克斯、休·T. 米勒：《后现代公共行政——话语指向》，楚艳红等译，中国人民大学出版社，2002，第143页。

较强，因而组织倾向于封闭，政策网络也具有较强的封闭性[①]，而公共
能量场则不强调边界的概念，是更为开放的系统。

a   三者的结构化特征

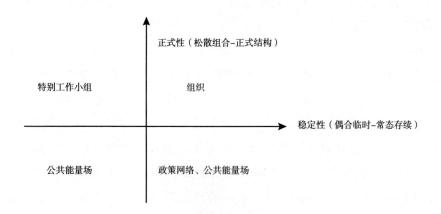

b   按正式性与稳定性特征划分的关系模式

c   三者的包含关系

图3-2   组织、政策网络与公共能量场的异同

资料来源：笔者自制。

---

① Linze Schaap. "Closure and Governance." in Eva Sørensen, Jacob Torfing (eds.). *Theories of Democratic Network Governance.* New York：Palgrave Macmillan, 2007, p. 112.

本书中的场域，指的是构成公共能量场的能量源。这里的场域不完全等同于布迪厄眼中的"场域"（Field）。因为在他看来："一个场域可以被定义为在各种位置（关乎权力或资本、利润的分配）之间存在的客观关系（支配关系、屈从关系、结构上的同源关系等）的一个网络，或一个构架。"① 显然，布迪厄是从社会学的关系网络，即通过长期竞争甚至斗争形成的相对稳定的位置、权力、社会关系（社会资本与持续性的互动关联）的角度来理解场域。而在公共能量场中的场域指的是界限域（公共领域、公权力领域、国际域等），是一个表明能量来源的范畴，况且就公共领域里的能量形成看，其并非必然是长期互动形成的结果，实际上，围绕特定议题的各种能量间的"偶遇"（Encounting）式组合也极为常见。

4. 公共能量场的类型——决策、执行与反馈能量场

自拉斯韦尔（Harold D. Lasswell）提出情报、提议、决策、合法化、应用、终止和评估的政策过程七阶段论②以来，阶段论开始成为政策科学的基础，将公共政策过程大致划分为决策、执行、终止和评估等阶段也俨然成为多数政策教材的编撰体系选择。尽管阶段论在 20 世纪 80 年代末受到了纳卡鲁马（Robert Nakaruma）、萨巴蒂尔（Paul A. Sabatier）和简金斯—史密斯（Jenkins - Smith）等学者关于"一个个独立阶段而割裂完整的政策过程"的指责，但宣告这种"传统智慧"③的寿终正寝尚为时过早，阶段论的最大功效在于其不失为理解复杂政策过程的选择，其仍将继续在政策研究中"作为有价值的启发式方法而发挥作用"④。

如果同意阶段论在对理解政策过程上的作用，那么，可以按阶段对政策过程中的公共能量场作一个分类：决策能量场、执行能量场、反馈能量场。在福克斯和米勒看来，公共事务治理过程就是能量场，即"最好把

---

① 〔法〕布迪厄、〔美〕华康德：《实践与反思：反思社会学导引》，李猛、李康译，中央编译出版社，1998，第 133～134 页。

② 详见 Harold D. Lasswell. *The Decision Process.* College Park：University of Maryland Press，1956.

③ Robert Nakaruma. "The Textbook Policy Process and Implementation Research." *Policy Studies Review*，Vol. 7. 1987，pp. 142 - 154.

④ 〔美〕保罗·A. 萨巴蒂尔：《政策过程理论》，彭宗超、钟开斌等译，三联书店，2004，第 34 页。

公共政策的形成、实施和管理理解成能量场"。① 按照这种观点，贯穿于政策过程中的公共能量场显然具有典型的阶段式特征。实际上，既然公共政策可以看作一个连贯的过程，那么，相应的，公共能量场的类型也应分布在这一连贯过程之中。而一个政策子过程，比如决策过程的能量场又可细分为议程设定过程中的能量场、方案抉择阶段的能量场等。

由于决策位居整个政策过程的前端，同时鉴于公共决策在利于增进民主性和决策科学性上的不可替代的作用，特别是就打破官僚话语霸权、促进多元社会主体能够更显著地影响甚至左右公共政策过程的绩效看，决策能量场无疑更具根本性，在政策能量场中居于前摄性的首要地位。如何在决策源头更有效地构建起公共能量场是增进政策过程民主的关键和根本。正是鉴于能量场在决策层面上的意义，结合所要研究的主题，本书所论述的公共能量场将定位于环境决策层面。

第二节　基于框架、理论与模型的公共能量场
治理之研究设计

一　政策科学的框架、理论与模型

萨巴蒂尔在《政策过程理论》中总结了阶段启发、制度理性选择、多源流分析、间断—平衡、支持联盟、政策传播、大规模比较研究等七种代表性的政策过程框架，认为这七种框架相互间有所融合与冲突，都能代表政策过程的前景。萨巴蒂尔提倡尽可能多地运用多元理论（框架），因为"不同的理论有适用不同情境的相对优势"。应该说，由于每种分析框架侧重点不同，并各有特色，任何一种框架都不能完全取代或否认其他框架的存在，框架之间也并非完全不可通约。他指出，一种政策分析框架的成立需满足：（1）框架的概念和假设必须相对清晰，并保持内部的一致性，必须界定清楚因果因素，必须能产生经得起检验的假设，保持相当广

---

① 〔美〕查尔斯·J. 福克斯、休·T. 米勒：《后现代公共行政——话语指向》，楚艳红等译，中国人民大学出版社，2002，第 106 页。

泛的适用范围。（2）以近期一定数量的概念发展和/或实践检验为条件。（3）旨在解释大部分的政策过程的实际理论。（4）表述广泛的诸如冲突性价值和利益、信息流向、制度安排和社会经济条件等系列影响因素。①

在谈到框架时，有必要指出与之相关的两个内容——理论与模型。对于三者的关系，奥斯特罗姆用了"confused"②（混淆）一词，她指出，"对于许多学者来说，在区分框架、理论和模型三者方面存在着持续的困惑"③。的确，三者之间存在一定的交叉，难以作出明确的区分，但实际上三者又往往难以相互替代。为此，奥斯特罗姆强调制度研究应同时基于框架、理论和模型三个层次，每一个层次上的分析提供了与某一特定问题相关的不同程度的特征。在她看来：（1）框架确定了人们进行制度分析时需要考虑的要素、要素间的整体关系并能组织起诊断和规范性调查。框架提供了能用于理论间比较的元理论术语，能确认任何与同类现象有关的理论所包含的普遍性要素。框架中的这些要素有助于研究者在进行分析时提出所需要处理的问题。（2）理论有助于分析者明确地说明框架中的哪些要素与某一类问题尤其相关，并作出与这些要素的形成与影响力相关的一般研究假设。这样，理论聚集于在某一框架下作出分析者去诊断现象、解释过程、预测结果所需的假设。在某一框架中通常有几种理论兼容并立。（3）模型的开发与运用在于通过对一套有限的参数和变量的准确假设，以作出关于使用某一特定理论的变量组合结果的精确预测。④ 基于理论与模型，奥氏建立起制度分析与发展框架（the Institutional Analysis and Development Framework，IAD）。

如果说奥斯特罗姆强调研究分析中框架、理论与模型的结合，萨巴蒂尔则对三者作了进一步的区分。他指出："大量的理论可能和总体性的概念分析框架是一致的，而模型则是对一个特定情景的描述。与相关的概念性分析框架和理论相比，模型常常在范围上过于狭窄，并且包含着关于关

---

① 〔美〕保罗·A. 萨巴蒂尔：《政策过程理论》，彭宗超、钟开斌等译，三联书店，2004，第11页。

② Elinor Ostrom. "Background on the Institutional Analysis and Development Framework." *The Policy Studies Journal.* Vol. 39，2011，p. 8.

③ 同上，p. 7。

④ 同上，p. 8。

键性变量的价值和特定关系的本质的十分具体的假定。……分析框架、理论和模型能够被概念化为连续统一的分析体，其中，价值和关系的逻辑相关性和特异性依序逐步增大，而其范围则逐渐变小。"① 从根本上说框架提供了研究的分析面，作为对框架在特定情境中的缩微和应用，模型及相关假设不能脱离框架的规定性范围。由于"一个框架中包含多种理论"，而"大部分的研究模型中都会有多种理论并存"②，因此，理论实际上贯穿于框架和模型之中，充当了串联框架与模型的联结作用。

二　基于公共能量场的地方政府环境决策短视治理研究设计：分析框架——理论（法律）循证——模型构建

分析框架提供了研究所需的整合性架构，其界定了在综合相关理论共性基础上用以聚焦研究分析的点和面（奥斯特罗姆的"普遍要素"、萨巴蒂尔的"因果因素"）；理论能对框架的内容起支持印证（萨巴蒂尔的"一致"）和推论（奥斯特罗姆的"研究假设"）作用，能够在框架范围内对因果关系变量进行诊断、解释和预测；而模型则提供了具体情境中变量组合的描述、假设（奥斯特罗姆的"精准假设"、萨巴蒂尔的"假定"）与验证（奥斯特罗姆的"预测"）。可以说，分析框架、理论与模型三位一体，其通过研究方法、理论分析与支持、模型构建与假设的运用，为全面透析研究问题及相关变量提供了极佳的研究设计选择。

上述研究设计为基于公共能量场的治理条件研究提供了可行的设计思路：一方面，构建基于公共能量场的分析框架以确定所需研究变量（条件）的分析基面；另一方面，综合运用理论分析与模型构建用以预测和推导出基于公共能量场的地方政府环境决策短视治理所需的相关条件假设，为最后经由案例对这些条件假设验证创造前提。其可行性在于以下几点。

一是分析框架。对不同类型的公共能量场研究需要借助于一个能提炼并概括出公共能量场共性特征的一般性的、整合性的研究方法。正如布迪

---

① 〔美〕保罗·A. 萨巴蒂尔：《政策过程理论》，彭宗超、钟开斌等译，三联书店，2004，第358页。

② Elinor Ostrom. "Background on the Institutional Analysis and Development Framework." *The Policy Studies Journal.* Vol. 39, 2011, p. 8.

厄与马丁（Bourdieu and Martin）所指出，尽管（某个）研究的对象很重要，但并没有比应用该对象的研究方法重要，因为后者可以适用于无限多的不同对象。① 为此，后文将从前述公共能量场的构成、本质属性中提取情境、结构和过程三个维度发展出公共能量场分析框架——SSP 分析，以此确定公共能量场研究的"普遍要素"（基本维度）和"因果因素"（维度之下所包含的分析点）。二是模型构建与条件推导。基于对现实中的运动外压型和环评预防型能量场的形成过程考量，构建这两类公共能量场模型。同时，结合 SSP 分析，推导出这两类能量场治理所需的相关条件假设。三是条件假设循证，即借助理论分析去"解释"、"印证"、"循证"和"细化"条件假设。对于运动外压型能量场借助于现有理论（社会运动理论、政策过程理论）予以循证，而对于环评预防型能量场只能借助于现行环境影响评价法律制度而非环评理论来完成循证，原因在于，环评预防型能量场的形成从根本上有赖于环评法律制度的形塑，条件假设的循证与细化不可能脱离中国环评法律制度这一情境，况且，环评法律制度循证的作用在于其能为后文案例验证得出环评法律制度的内在缺陷并有针对性地提出对策创造前提（详见第五章分析）。

这样，形成了基于分析框架—理论（法律）—模型的研究设计逻辑，如图 3 - 3。三者的逻辑关系为：一是分析框架"确定公共能量场分析面"（普遍要素和分析范围）：情境、结构及过程，即 SSP 分析，由此框定了模型构建与理论循证的内容，即模型构建与理论循证都必须围绕情境、结构及过程三个维度展开。二是模型是对分析框架在运动外压能量场与环评预防能量场这两种具体情境中的运用，也是理论和环评法律在现实中的应用与简化，其作用在于结合 SSP 分析框架"推导出条件假设的分析点"，为理论循证对条件假设的进一步推导和印证提供前提。三是基于现有理论与环评法律的理论循证的重要作用在于对条件假设进一步"推导、解释与印证"，证实条件假设的合理性并进一步细化其内容，最终得出条件假设的构成，同时，能对分析框架起印证与支持作用，为其服务。

---

① P. Bourdieu, M. de Saint Martin. La sainte famille. L'episcopat francais dans le champ du pouvoir. Actes de la recherché en sciences socials 44/45. p. 50. 转引自〔法〕皮埃尔·布迪厄、〔美〕华康德《实践与反思》，李猛、李康译，中国翻译出版社，1998，第5页。

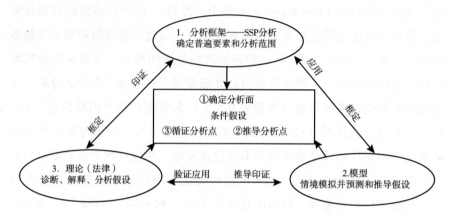

图 3 - 3 基于分析框架—理论（法律）—模型的研究设计逻辑

资料来源：笔者自制。

第三节 公共能量场分析框架——SSP 分析

斯科特（W. Richard Scott）从组织场域的角度，认为鉴于各种组织场域的差异及同一组织场域在不同时间的不同，应建构场域分析框架。[1] 尽管斯科特针对的是组织场域，但场的确是一种有效的分析工具，从这个角度看，寻求一种整合性的公共能量场分析框架的努力事实上是基于这样一种预设：虽然特定的时空情景决定了某一公共能量场的存在是当前的、唯一的、即时的，有着区别于其他能量场的内在特性，但人们能够基于对各种不同的公共能量场的分析提炼和归纳出公共能量场具有的综合性、普遍性、一般性的共同特征。正是这些特征刻画了公共能量场作为一个共同体的本质属性，也标明了公共能量场作为一种分析框架的研究点和分析面。在笔者看来，公共能量场分析框架的内容至少应包括场的形成（Situation）和场的结构（Structure）和场的过程（Process），即 SSP 分析。

（一）公共能量场的形成情境

在自然科学领域，爱因斯坦的狭义相对论证实了物质、运动、时间

---

① 〔美〕W. 理查德·斯科特：《制度与组织——思想观念与物质利益》，姚伟、王黎芳译，中国人民大学出版社，2010，第 217 页。

和空间的相对性与内在相关性，论证了这些属性对特定参照系的依赖性，证明了它们是一个不可分离的统一整体。在吉登斯（Anthony Giddens）看来，时间和空间对于社会科学是最为基本的问题。时间是社会活动的构成形式。空间是一种互动环境（settings of interaction）和时间相互交织。①　作为一种存在的公共能量场是在特定时空情境中，围绕某一议题的多元行为者施展各自能量而进行竞争、争斗、协商、合作的场。因此，公共能量场是一个不能脱离时空情境的存在。特定的时空条件——时空（场境）、行动者（能量）、议题（场核），促成了公共能量场的形成。

1. 时间——场源、场有

时间不仅表现为钟表上的一个时刻，还是万物存在的基本方式。实践中，无论出于偶然还是必然，议题的出现都与时间相关。因此，与时间相关的议题和机遇成为能量场分析的首要焦点。

在政策领域，时间具有记录特定议题的显现、形成到关注（议程）的过程和代表时机的意义。从政策学者金登（John W. Kington）对"'议程'，就是对政府官员以及与其密切相关的政府外人员在任何给定时间认真关注的问题进行的编目"②　的界定，以及对"非常关键的问题是什么时间、谁在关注什么样的问题"③　的强调，可以看出，其突出时间作为议程的限定条件，即议程总是在特定时间内的议程；他对"政策之窗"的阐述则强调提出某一项议程时需要把握最佳的"时机"。的确，议题的形成过程与时间内涵的"存在"、"机遇"相关联。某一议题可能因为一次事件而进入政策视野（偶然性，比如一次环境突发危机），也可能需要历经长期的积淀才在特定时间得到关注（必然性，比如环保议题在当今被提到国家战略的高度）。因此，以政策科学视野看，时间是标明议题过程和时机的一个范畴。如果说公共能量场的场有过程——从"潜在"到"在

①　〔英〕安东尼·吉登斯：《社会理论与现代社会学》，文军、赵勇译，社会科学出版社，2003，第157~158页。

②　〔美〕约翰·W. 金登：《议程、备选方案与公共政策》，丁煌译，中国人民大学出版社，2004，第4页。

③　〔美〕保罗·A. 萨巴蒂尔：《政策过程理论》，彭宗超、钟开斌等译，三联书店，2004，第96页。

场"再到"面对面共同在场"，议题（场源）发挥了关键性的催生与聚合作用的话，那么，时间则又是议题形成的关键条件。

由此，S1：时间（议题与机遇）。其中，S1－1（场源）：议题是如何提出与传播的？ S1－2（场有）：场的形成是围绕议题的行动者即时的、偶然的（时机）、松散的集合，还是长期形成的互动网络、国家制度体制等条件对特定议题的推动？

2. 空间——场体

特定时间范围内的议题虽然是公共能量场形成的前提，但如果缺少能量间流动的平台与媒介——空间的不存在或不足，公共能量场的共同在场舞台（场体）和结果（场效）将受到制约和影响。由于场内能压差的存在，能量会产生流动，这就需要一个旨在提供各主体交流的导体空间——不管是基于实体的平台还是虚拟的介质。实际上，随着现代信息和通信技术的发展，空间逐渐超出了会议、工作坊等传统的场所而扩展到像网络论坛、网络社区、博客等虚拟领域而成为人们日常交往和公共话语表达的平台。作为物的存在方式，空间可以是标明物的地理位置、坐标、场所的一个概念；作为交流的媒介，空间还可以是关于话语平台、互动领域、交往情境的一个隐喻（metaphor）。

空间不但提供了行动者交流的导体与通道，而且提供了行动者共同在场、反馈感知、交往互动的总体情境。在吉登斯看来，可用借助于场所有效考察社会互动的情境特征。"所谓场所，不是简单意义上的地点（place），而是活动的场景（setting）。"① 空间包括三个方面：互动环境中他者的客观存在，即"共同在场"、区域化（相互交织在一起的共同在场之间的相互关系）和形体（在场的感官媒介）。② 值得指出的是，仅有导体平台尚不足够，主体的感知也是决定公共能量场能否形成的关键。按照现象学理论，空间包括处于其中的身体，身体正是行动与它的周围世界的中介。处于情景之中的身体—主体需要有感知性、意向性与反思性，使它

---

① 〔英〕安东尼·吉登斯：《社会的构成：结构化理论大纲》，李康、李猛译，三联书店，1998，第45页。

② 〔英〕安东尼·吉登斯：《社会理论与现代社会学》，文军、赵勇译，社会科学文献出版社，2003，第159～160页。

们的能量及能量间的竞争、融合、妥协在空间里得以实现。因此，空间对公共能量场的形成起纽带与联结作用，甚至发挥着完成能量场从"潜在"到"实在"的关键性激活作用。

由此，S2：空间（平台与感知）——场体。S2-1：场形成的导体平台是什么？S2-2：是否形成面对面的共同在场？有哪些共同在场平台，性质与作用如何？场内行动者对空间的感知如何？

（二）公共能量场的结构

"场是一个有能压大小'刻度'的空间。"[①] 不同能量由于能压差异（在场内所处的位置，拥有的资源、名望、权力等不同）会形成既定的排序组合——特定的结构。这里的结构并不是可见的结构形态或组织架构，而是指由于能压差所呈现的结构态或结构势，它反映了场内能量间的力量对比，是一种实有的存在。实际上，场的结构既是能量间的力量对比、排列与组合的结果，同时结构一旦形成又对行动者起限制（惩罚、规训、约束）或促进（激励、形塑、提升）作用。这就决定了公共能量场的分析必然涉及结构问题。

1. 结构构成——场域

行动者怀着各种动机、携带各自的能量进入场内，试图影响并决定场的结果。个体行动者基于理性而各显神通、集体的行动者（企业、政府机构、社团、有组织的群体等）能够作出决策和配置资源并实施集体行为。场的这些构成要素是以"实体"（entities）和"界面"（aspects）这两种性能存在于场中：它们"实体性地"存在于其"相对性瞬间"（moment of relativity）中，相互分离，彼此独立；它们"界面性地"存在于其"绝对性瞬时"（moment of absoluteness）中，在此，它们是有机地牵涉和依存的。[②] 这样，在能量场中就充斥着各种个体的、集体的及相互间的能量对比与组合关系——结构。

虽然行动者多元且各异——各种公共与私人、个体与群体、国家与社会的行动者都可能竞相登"场"，但从终极归属看，这些行动者无非源于

---

① 李玉海：《能量学与哲学》，山西科学技术出版社，2005，第70页。

② 宋继杰：《评〈蕴微论——场有经验的本质〉》，载罗嘉昌、宋继杰《场与有——中外哲学的比较与融通（六）》，中国社会科学出版社，2002，第390~391页。

国家（公权力领域）、市民社会（私人领域）及介于二者之间的公共领域（Public Sphere）。在阿伦特看来，私人领域主要涉及私有财产和私人生活空间；公共领域则是个人展现自己的地方，而"展现"即"构成了存在"①。一般来说，市民社会包括私人生活、市场、社团和公共领域，其中，作为行动者的公民集体、社团、媒体又是哈贝马斯所称的公共领域。因此，场的结构可以看作围绕某一公共议题主要由公共领域、公权力领域的行动者在能量场"舞台"中"表演"的结果。从这个角度看，结构不仅是对能量间关系的一个反映量，结构还是一个能揭露隐藏在行动者能量背后的场域关系的量。

综上所述，结构构成分析点在于：

S'1：场的构成状况。S'1－1（场域）：场内的能量（行动者）的来源（能量源）如何？S'1－2（行动者）：场的初始结构，即行动者的构成、在场中的初始位置、中心性、行动者之间的联结关系情况等如何？

2. 结构中枢与联结点——场结

结构内行动者之间的关系可能并非直接或存在断裂，即社会网络理论所言的结构洞（Structure Hole）② 现象，这样各节点之间需要基于一个联结中心（场结）作为汇聚点，各种能量在此汇流、聚合、衔接。场结凭借其在场中的优势地位，不但能主导、控制并导引场内的能量流向与互动频率，影响能量间的聚合，而且能促进行动者之间的协调并使之达成统一行动。一般来说，主导者的这种位置是基于其在能量场中的能量势（Energy Influence），如资源、权力、权威、信息等。这种能量势既可能是现有制度先行赋予和决定的，也有可能是通过场内的博弈竞争而来。对此混沌理论作了很好的解释：各种参量的涨落此起彼伏，为了争夺对全局的支配权，它们之间展开激烈的竞争与对抗，时而"又联合又斗争，最后才选拔出作为主导模式的序参量"。③ 因此，在一个互动相对频繁的场域

① 〔美〕汉娜·阿伦特：《人的条件》，竺乾威等译，上海人民出版社，1999，第 38 页。

② 见〔美〕罗纳德·伯特《结构洞：竞争的社会结构》，任敏、李璐、林虹译，格致出版社，2008。

③ 桂起权：《当代自然哲学问题求解》，载吴根有、邓晓芒、郭齐勇《场与有——中外哲学的比较与融通》，武汉大学出版社，1997，第 277 页。

中，主导者的产生有可能是场内经过耗散、混沌到有序中逐渐凸显出来的序参量。

这样，引申出结构分析的另一个点：

S'2：场结。场中是否存在联结各方行动者并主导能量交流的联结点，如果存在，该场结的由来、性质、地位、角色、中介性、承担的职能等如何。

3. 结构中能量分布状态——场势

奥斯特罗姆指出，在努力理解行动场的初始结构后，制度分析在于深入地挖掘和探究影响行动场结构的因素。从这个优势出发，行动场被看成一组依赖于其他因素的变量。[①] 这表明，结构乃衡量场内关系的一个量。关于关系，社会网络理论（Social Network Theory）的"互动频率"、"中介性"、"亲密性"、"互惠关系"提供了剖析具有持续互动关系的公共能量场结构的有益启示。而格兰诺维特（Mark Granovetter）提出的弱联结（Weak Ties）则又能解释基于偶然性松散结合的公共能量场结构。进一步地看，场的结构体现了向心（决策中心）的趋势——场内的行动者事实上都通过发挥自己的能量以尽可能地趋于角逐场的决策权力中心，从而试图主导或影响整个场的走向，实现有利于自身的目的。因此，场的结构又可以看作中心性势（Centrality）的一个量，即结构＝中心性势。

由于结构由能量关系构成并从根本上取决于能量间的力量对比，因此，结构是一个反映能量关系的变量。在一定时期内，由各种关系模式构成的场的初始结构具有相对稳定性。但各种内外因素，如场内博弈力量对比、场的情境条件、场内博弈规则的修正、能量场管理者的作用都有可能影响场内能量间的关系格局，从而打破既有的结构关系模式，使结构发生变化。作为关系的晴雨表，结构反映了场中能量的力量对比变化情况。结构的这种变化对于场的产出会产生影响。因此，结构有助于洞悉行动者的互动关系并能追踪公共能量场的演化轨迹。

① Elinor Ostrom. "Background on the Institutional Analysis and Development Framework." *The Policy Studies Journal*. Vol. 39, 2011, p. 11.

由此，S'3：结构状态及演化趋势。S'3－1（场势）：场内结构状态——能量间的对比关系及均衡结果（交往频率、联结状况、中心性势），即场势如何？S'3－2（场境）：结构的影响因素，如场外条件、场内过程等。

（三）公共能量场的过程

公共能量场是行动者历经对抗性交流、协商、对话、沟通的自组织过程。一方面，行动者特别是某一场域内的行动者之间可能会因利益而相互组合，形成核凝聚；另一方面，在缺乏类似于组织的单一的垄断式权威的条件下，要在这些利益分化、目标模糊的行动者之间达成集体行动促成场的产出又往往是比较困难的。而各种玩把戏、搞破坏、捞好处的机会主义行为都有可能充斥其间。这样，为维持场的有序最大限度地发挥场能就需要：一是博弈规则；二是能量场管理者。

1. 自组织过程——核凝聚（场核①）、场用与场促

根据自组织理论，当系统处于不稳定点时，场处于一种混沌未开的状态，各种能量都异常活跃，能压差使得场内的能量涨落此起彼伏，通过减少熵和噪音，从非平衡状态走向稳定。从发挥公共能量场对于打破官僚制垄断、实现多元共治的功能看，理想的公共能量场过程，应是场内各种形式的能量在其中能动地流动着：频繁互动、互相斗争、结成联盟、施加影响、谈判妥协、达成共识……概而言之，博弈是公共能量场的过程的最好概括。

从过程内容看，多元话语竞争、对抗式交流而不是和谐的异口同声是公共能量场的应然要求。福克斯和米勒通过引入阿伦特"对抗性紧张"的概念指出，"我们不像哈贝马斯那样坚持认为有效性诉求的话语实现必须达到和谐，必须是没有争议的、非主导的普遍同意"② 其强调话语过程中的多元观点间的差异与自主。从过程的表现形式看，能量互动中，基于

---

① 严格来说，场核是场的结构中的构成，即 S'，但场核往往是动态的，特别是其形成需要一个过程，因此，从形成源来看场核又是场的一个过程，即 P。因此，场核是经由场的过程所形成的场的结构构成，同时具有连接二者的属性。在本书后面的内容中，为便于分析，还是更多将场核看成结构中的组成。

② 〔美〕查尔斯·J. 福克斯、休·T. 米勒：《后现代公共行政——话语指向》，楚艳红等译，中国人民大学出版社，2002，第116页。

共同利益可能会发生局部的集合效应，即来自于某一场域（比如公共领域）的分散的行动者（如利益相关者、社会大众与媒体）之间的聚合与汇集即核凝聚过程，用以抗衡场内其他行动者与能量流（比如政府）的力量，这样，形成单核（主导）、双核（对立）或者多核（势均力敌）结果。

P1：场的自组织。场内过程（对抗交流、背叛信任、讨价还价、协商沟通）的情况，特别是场内是否存在能量间聚合与汇集（核凝聚）过程，结果如何。

2. 博弈规则——场用

场内既有着相同议题、共同目标，但同时行动者也存在利益分歧甚至严重的矛盾冲突，这样，有必要形成旨在规范行动者行为以达成一致行动的博弈规则。规则的建立是对公共能量场内缺乏统一性的主导权威及有赖于统一协作的要求的反应。场有哲学提出的场用即场内规则。吉登斯强调结构包括规则和资源，皮亚杰结构主义理论也指出，一个结构中若干个成分服从于能说明体系特点的一些规律。[①] 福克斯和米勒则强调真诚、切合情境的意向性、自主参与和实质性贡献四项话语规则[②]。综合各理论家的观点，规则是结构中的约束、准则和资源。规则提供了稳定性、制约规范和激励机制，规则也能影响行动者的参与意识、反思能力和行动取向并最终影响行动者的能量产出。

一般来说，公共能量场中博弈规则的作用主要表现在：界定参与资格、规范权利义务、提供话语表达准则、规定行动准则或者用以协调、管理和仲裁场内活动。因此，规则提供了场的稳定性、规范性与有序性，有利于增强话语交流的有效性并最终在一定程度上影响场的绩效，从这个意义上说，是否存在规则是判断某一公共能量场是否成熟的标志。从规则的产生看，既可能是对于其内嵌于更大的社会系统规范（如社会制度、法制、价值观）的反映和细化，也可能是公共能量场历经时间的进化结果。但无论如何，规则是通过互动建构而来。的确，嵌入其中的行动者并不是被动的受约束体，相反，作为具有反思、理解和创造能力的能动体，行动

---

① 〔瑞士〕皮亚杰：《结构主义》，倪连生、王琳译，商务印书馆，2010，第4页。

② 〔美〕查尔斯·J. 福克斯、休·T. 米勒：《后现代公共行政——话语指向》，楚艳红等译，中国人民大学出版社，2002，第118页。

者能适应、利用现有规则并通过互动博弈而再生产出规则来。需要指出的是，并不是所有的公共能量场都存在规则。一般来说，在一个小的社群中长期互动的行动者之间更容易形成规则，而在由临时性、偶然性的"相遇"组成的公共能量场中规则有可能是相对缺失的。

由此：P2：规则的形成、变迁及演化。涉及规则的产生、规则的内容、规则对行动者的效用、行动者对规则的认知建构与生产和规则的动态演化情况等。

3. 公共能量场管理者——场促

当来自不同领域、有着不同能量、目标不尽相同、行事规则各异的行动者联结或融合为公共能量场时，隔阂、不协调和紧张甚至冲突在所难免，合作成为必需。为了减少分歧、增进合作和达成共识，场内需要对复杂多元关系的管理。前述的场结（点）由于其在场内的优势地位而能够履行场管理者的职能，但有时国家可能担当了此职能。因为，场虽是自组织的，保持相对于国家的自主性，但国家有责任和能力对场施加影响。在这方面，无论是治理理论的元治理（Meta-governance）还是政策网络理论的网络管理（Network Management）都基本上认可国家的管理者角色。因此，在公共能量场的治理过程中，国家实际上能够承担制度安排、管理仲裁、协调纷争和促进推动的职能。

在管理方式上，协商民主理论提倡通过协商与共识达成目标过程，治理理论强调谈判成功的关键在于减少噪声干扰和进行负面协调，这些都说明在一个多元主体集合的结构内，不同的行为者之间需要通过增进理解、减少交流中的隔阂与冲突以达成目标。场区别于组织的特性，决定了充当管理者的国家机构必须放下统治权威的高高姿态，不是扮演"同辈中的长者"角色，以调停者身份行事，通过谈判进行决策，促进各方不只求各自的私利，而是本着公共利益原则寻求共识点、促进场的最大产出。总的看来，公共能量场管理者承担着战略（找到共识点、愿景共识）、制度（制度安排）与促进（协调、斡旋、说服、中介、调停、推动、宽容）等作用。

P3：公共能量场管理者。是否存在公共能量场管理者（场促），谁充当此角色（内部的行动者还是外部的国家）？其职能如何（谈判、促进、协调、沟通、制度构建与安排等）？

第四节 基于公共能量场的地方政府环境决策
短视治理模型构建与相关条件假设

虽然政府垄断仍是当前地方环境决策的主要特点，但近年来地方环境决策领域中出现的环境运动和借助环境影响评价制度所形成的公共能量场发挥了治理地方政府环境决策短视的功效，这表明地方环境决策公共能量场的治理实践已初见端倪。对此，如何运用前述公共能量场分析框架对之进行解析？理论分析与现实考察之比较验证能得出哪些治理条件之结论，以利于有针对性地提出对策？解决的关键在于，先行将分析框架应用于具体情境——研究构建基于公共能量场导向的治理模型并提出相关研究假设，为基于公共能量场的现实实践对模型进行验证（证明、证伪或发现）提供前提。

一 当前地方政府环境决策短视治理的两类公共能量场

长期以来，封闭式的决策文化、公民参与渠道的不畅及参与能力的孱弱，导致地方环境决策中以政府为绝对主导，社会参与严重不足。然而，随着近年来环境问题的加剧，媒体对各类环境违法和执法缺失行为的披露，环保 NGO 不遗余力的环保行动，公民环境意识的增强及各类环境维权事件的此起彼伏……这一切使得固守决策权力的地方政府开始受到来自媒体、公民、环保 NGO 和国际舆论等的压力、挑战与拷问；同时，政府的环境理念与责任逐渐增强、环境法治的逐步推进和环保治理中公民参与的逐步纳入，使得围绕特定环境议题决策中的公与私、国家与社会、国内与国际等多元力量的汇流成为可能，地方政府环境决策领域里的公共能量场正趋形成。

（一）运动外压型公共能量场

当政府垄断决策权力，参与渠道受阻，其他有着强烈参与欲望的多元力量难以接近决策中心、特别是现实的公共问题又缺乏能提上议程的畅通渠道时，社会多元主体经由凝聚形成的外压能量几乎成为打破政府决策垄断、迫使政府重视多元利益诉求的仅有可行方式。由于议程是决策的必经前提，外压型能量场的作用更多体现在议程设置方面。学者王绍光在《中国公共议程的设置模式》一文中提出中国公共议程设置的六个模式，其中之一就是"外压模式"，他还就此着重分析了利益相关者的施压、非政府组织的卷入、大众传媒的转型和互联网的兴起这四个因素所形成的外压对于议程设置的影响。在该文的结尾他指出，在议程设置过程中，随着专家、传媒、利益相关群体和人民大众发挥的影响力越来越大，"关门模式"和"动员模式"逐渐式微，"内参模式"成为常态，"上书模式"和"借力模式"时有所闻，"外压模式"频繁出现。① 学者刘伟、黄健荣在《当代中国政策议程创建模式嬗变分析》一文中在详述外压模式的同时，还首创性地提出了内外结合的相融模式，认为政策议程设置过程中，体制内与体制外行为者的互动合作（"内倡"与"外推"）成为常态，其越来越成为多元行为主体在"公共能量场"中进行协商和博弈的过程。②

的确，社会的分化、大众传媒的转型特别是新媒体的兴起、公民环境意识的增强，这些因素为外压型公共能量场的形成提供了基本条件。近年来，在自然资源保育和环境维权方面的"运动"（如保卫怒江、都江堰反坝、厦门反 PX、广东番禺反垃圾焚烧）中形成的外压型能量场已经彰显出其在治理环境决策短视中的强大能量（详见第四章）。实际上，只要具备一定的条件，在议程设置（从问题界定到公众议程再到进入政府议程乃至最后进入决策议程）、决策过程（参与决策）和决策推行（抵制决策推行并使之返回修正之前的决策）中，外压型公共能量场都有可能大显身手，发挥影响决策的关键作用。

（二）环评预防型公共能量场

历史经验表明，决策失误是最大的失误。因此，如何有效预防成为公共管理的首要环节。如果说决策民主化与科学化被视为避免决策失误的疗方，那么，当前在环境决策领域里的最具现实可行性也最能体现决策民主与科学精义之价值的应首推环境影响评价制度了。作为决策前的环节，环境影响评价制度建立的初衷在于通过制度化的方式构建起多元利益、诉求和意见表达机制，界定环境问题和寻求优化方案，从而为决策提供辅助参

---

① 王绍光：《中国公共议程的设置模式》，《中国社会科学》2006 年第 5 期，第 86 ~ 99 页。
② 刘伟、黄健荣：《当代中国政策议程创建模式嬗变分析》，《公共管理学报》2008 年第 3 期，第 34 ~ 36 页。

考。可以说，环评制度能为各种相关利益主体参与决策提供一个有效的制度平台，换言之，为形塑公共能量场提供了制度化的保障机制。

国内从1979年建立环评制度以来，环评在艰难中前行，总的来看环评中暴露出诸多问题，在形塑参与平台方面的功效还很薄弱，但《环境影响评价法》毕竟在一定程度上为公共能量场的形成和决策前的预防及改进提供了初步的制度框架。正是基于此，环评一定程度上已被公民、环境 NGO、利益相关者视为保障自身权益、影响和改变政府决策的可恃的权杖（如深港西部通道侧接线环评、上海磁悬浮环评，详见第五章），环评过程实际上已经成为多元主体参与的公共能量场。

二　模型构建与条件假设

前述 SSP 分析框架界定了公共能量场研究分析的"普遍要素"，其是从公共能量场的一般共性层面提取的基本变量，在将之运用于具体情景进行相关变量分析时还需要有针对现实特定公共能量场类型的模型及借助于理论的预测、推断与循证：一方面，针对特定情境中的公共能量场分析，设计出相对简化模型是必要的。作为研究中常见的可行选择，模型设计与构建的作用在于能准确、生动地简化研究内容，用于研究需要并能用于验证。另一方面，经由分析框架和模型推导出的条件变量（假设）需要寻求进一步的循证和细化，这可以通过借助于现有理论和现有法律①得到实现。为此，此处综合"分析框架——模型构建——理论（法律）循证"推导出基于公共能量场的地方政府环境决策短视治理的条件假设。

（一）运动外压型公共能量场模型与条件假设

运动外压型能量场主要表现为来自公共领域的各类行动者通过组织动员和凝聚力量，以"压"的方式迫使政府重视拟议中或业已实施的决策短视行为，从而将旨在纠正决策短视的诉求（改变、规避、替代、中止原有决策等）纳入决策议程。问题的关键在于，外压能量场是如何产生

---

①　由于环评是一个依法实施的过程，在分析环评预防型能量场的条件变量时借助于现行环评法律体系而非环评相关理论进行分析，既有利于更贴切地透析环评预防型能量场中的条件变量，也能为后文对现行环评法律体系的案例验证和有针对性地提出完善对策创造前提。

的？对答案的搜寻把学者们带向了几个不同的学科方向。一方面，外压型能量场的形成其实是抗争运动的结果①，而社会学的"社会运动理论"对于抗争运动提供了深邃的剖析；另一方面，从"议题的提出"到"进入公众议程"和"形成外压"再到"进入政府议程"，外压型能量场本质上是一个议程设置的过程，公共政策学的"议程理论"对此提供了可行的分析透镜。因此，可以基于社会学的"社会运动"理论和公共政策学的"议程理论"分析外压型公共能量场的过程，提出基于上述理论的相关模型和条件假设。

不同于政府内部议程提出所享有的在权威、合法、制度渠道方面的便利，源于外部的议题不可能自动进入政府议程，当代中国现实中的外压型能量场一般需要经过"议题的提出—传播—公众感知—共识—公众议程—形成公共能量场—外压—政府议程"的过程。场的过程为四个阶段：议题提出与传播（阶段1）、扩大与核凝聚（阶段2）、外压能量流Ⅰ的形成与各能量流之间的博弈（阶段3）、决策过程及结果（阶段4，可能形成小型共同在场）。外压型能量场的过程见图3-4。

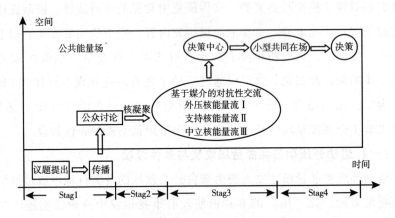

图3-4 运动外压型公共能量场模型

资料来源：笔者自制

---

① 但并非所有抗争行为都能形成外压型能量场，只有大量抗争中带有"运动"相对持久性且在抗争运动中具有"理性"特点的"理性环境抗争运动"才具备形塑起外压型能量场所需的从"外压"到"对话"再到"寻求对策"的条件。（详见第四章）

1. 外压型公共能量场的形成

（1）由 SSP 分析推导出的"S1-1（场源）：议题是如何提出与传播的？"，以及模型中的"议题提出→媒体→公众讨论形成能量场"，可以推导出：

条件假设一（SH1）："议题建构者+媒体"建构并传播议题，提供外压能量场形成的场源

在公共政策学的视界里，议题绝不会"从天而降"。创造问题，把这个问题表现出来，引起人们的注意并且对政府施压以使其有所作为是重要的政治策略。[①] 议题的提出实际上是一个建构的过程，这就需要有议题的建构者，其希望把问题揭露出来以改变现有的政策。这些建构者包括公共官员、媒体、利益团体和官僚机构，其既可以单独运转，也可联合起来，推动问题进入公共议程。[②] 在这方面，安德森将大众传媒的注意列入社会问题进入政府议程的途径之一。[③] 格斯顿将之称为"触发机制"[④]。一般来说，议题的触发要通过外压的方式成功进入政府议程，须先进入大众视野完成公众议程，而科恩的经典名言"媒介在告诉人们怎么想（what to think）上可能并不成功，但在告诉人们想什么（what to think about）方面却异常成功"[⑤]，指出了公众议程中传媒的前置性议程设置功能。在此基础上，麦库姆斯和肖（McComas and Shaw）于 1972 年明确提出了"媒介的议程设置功能"[⑥]。戴伊（Thomas R. Dye）特别强调大众传媒为决策者设定议程的功能。[⑦] 不仅如此，媒介还可能呈现斯卡特斯奈德

---

① 〔美〕托马斯·R. 戴伊：《理解公共政策》，彭勃等译，华夏出版社，2004，第 33 页。

② 〔美〕拉雷·N. 格斯顿：《公共政策的制定——程序和原理》，朱子文译，重庆出版社，2001，第 55 页。

③ 〔美〕詹姆斯·E. 安德森：《公共决策》，唐亮译，华夏出版社，1990，第 79 页。

④ 〔美〕拉雷·N. 格斯顿：《公共政策的制定——程序和原理》，朱子文译，重庆出版社，2001，第 65 页。

⑤ Bernard C. Cohen. *The Press and Foreign Policy*. Princeton：Princeton University Press. 1963, p. 13.

⑥ Maxwell McCombs, Donald Shaw. "The Agenda - Setting Function of Mass Media." *Public Opinion Quarterly*. Vol. 36, 1972, pp. 176 - 187. 实际上这个词最早于 1968 年出现在由麦库姆斯和肖主持的一项名为"查普希尔"的研究报告中。详见〔美〕马克斯维尔·麦库姆斯《议程设置：大众媒体与舆论》，郭镇之译，北京大学出版社，2008，第 4 页。

⑦ 〔美〕托马斯·R. 戴伊：《理解公共政策》，彭渤等译，华夏出版社，2004，第 36 页。

(E. E. Schattschneider) 所称的"冲突扩大"的催化作用①。柯布和艾尔德 (Cobb and Elder) 将媒体的这种角色称为"唤醒"："拜传媒之赐，（问题）得以传播并扩散到更广大的公众之中……当传媒对某问题感兴趣时，越来越多的重视和关注将会产生。"②

社会运动理论主要关注形成运动的原因，如早期社会运动理论通常关注运动形成的心理因素，强调"怨恨与不满"和"相对剥夺感"，随后的理论家对此提出反思，认为不满情绪并不足以引发集体行动，要达成集体行动，还需要"有人"能够利用政治机遇③，发展出某种类型的组织，或对不满情绪作出解释并动员出共意。在社会运动理论看来，一个社会问题只有在它获得进入公共话语论坛的渠道时，才能激发抗议活动，而媒体话语成为关键因素。资源动员理论（Resource Mobilization Theory）流派更强调社会运动组织（Social Movements Organizations，SMOs）的一项重要职能在于架构问题，界定不满情绪，发起吸引大众媒体注意力的集体行动。在社会运动理论家中，甘姆森（William A. Gamson）强调，除非人们考察媒体话语，否则便无法理解社会运动的动员潜力的形成及激活。④

综上所述，公共政策学强调议题的倡导者通过各种方式（如议题的合法性和权威性支持、修辞性与夸张性的渲染等）"点燃"议题。而社会运动研究者强调运动的社会建构性。正如克兰德尔曼斯（Bert Klandermans）指出的，"是人们对现实的解释，而非现实本身，引发了社会行动"。⑤ 的确，不论是政策理论强调政策问题发现者作为消息传递人建构议程来源，还是社会运动理论认为社会运动组织应发挥识别问题和扩大传播作用，其所获得的"信源"要顺利地传达到"信宿"——广大公众，

---

① E. E. Schattschneider. *The Semi - Sovereign People.* New York：Holt, Rinehart and Winston, 1960，pp. 7 - 8.

② Roger W. Cobb, Charles D. Elder. *Participation in American Politics：The Dynamics of Agenda-Building.* Baltimore：Johns Hopkings Press, 1972，p. 142.

③ Peter K. Eisinger. "The Conditions of Protest Behavior in American Cities." *American Political Science Review.* Vol. 67, 1973，pp. 11 - 28.

④ William A. Gamson. "Media Discourse and Public Opinion on Nuclear Power." *American Journal of Sociology.* Vol. 95, 1989，pp. 1 - 38.

⑤ Bert Klandermans. "Grievance Interpretation and Success Expectations：The Social Construction of Protest." *Social Behavior.* Vol. 4. 1989，pp. 121 - 122.

都必须借助于一定的"信道"。其中，现代传播渠道，如传统媒体（报纸、电视、电台）和新媒体（手机、互联网）能起到关键性的中介、传播、发散和放大作用。

从国内看，市场经济的发展进一步加速了利益的分化，各利益主体通过各种方式（体制内渠道、体制外压力）影响政府决策以维护自身利益的要求也越来越高，同时，人们教育水平的提高与民主政治意识的增强，对社会问题的感知与维权意识也在逐渐跃升，其中，不乏对社会问题保持较高敏感度与善于建构问题的社会精英。另外，随着近年来国家对新闻从以前的严格管控到相对宽松的政策转向及媒体面临市场竞争的压力，加之互联网等新媒体的兴起，为报道、传播社会焦点事件和社会问题形成公众广泛参与并影响决策的公共能量场提供了基础和条件。近年来在环境领域里的一系列由社会精英或环保 NGO 发起、由媒体推波助澜的理性环境运动（如保卫怒江运动、厦门反 PX 运动等）都是很好的说明。

（2）由分析框架中"S1 – 2（场有）：场是围绕议题的行动者即时的、偶然的、松散的集合历经时间而渐趋而成，还是长期形成的互动网络、时机、国家制度体制等有利条件的形塑？"，以及模型的时间维度及其中"媒体报道→引发公众讨论→形成能量流之间的对抗性交流"实质上依赖于有利于媒介自由和公众诉求表达的政治机会结构，可以推导出：

条件假设二（SH2）：需要时间上的持续性并取决于政治机会结构

学者王绍光指出，外压产生作用的过程中，少数人提出的议题变为多数人关切的公众议程需要时间，而从公众议程到最终进入政策议程，同样也需要时间。[①] 他还强调利益相关者的施压、非政府组织的卷入、大众传媒的转型和互联网的兴起这四个因素对于形成外压的作用[②]。格斯顿指出，在公众被充分唤起形成对议题的感知之前，需要长时间的引导。[③] 唐斯（Anthony Downs）认为，环境议题的叙述需要历经时间的五个阶段：前问题阶段、被惊醒的发现期、公众强烈感知实现期、公共兴致的衰微期

---

① 王绍光：《中国公共议程的设置模式》，《中国社会科学》2006 年第 5 期，第 94 页。

② 同上，第 86~99 页。

③ 〔美〕拉雷·N. 格斯顿：《公共政策的制定——程序和原理》，朱子文译，重庆出版社，2001，第 27~28 页。

及后问题阶段。① 有研究表明，议题显要性从媒介议程到公众议程的转移通常在四到八周的时间之内。② 时间还包括时机和机遇内容，在政府垄断决策权而社会缺乏常态性的决策外压网络时，能量场的形成很多时候靠的是时机和运气，如议题的形成（议题提出者的"发现"）、多主体的偶遇、某个事件的推动、政策之窗的打开等。正如金登（John W. Kingdon）指出："一旦政策之窗打开，它保持敞开的时间并不太久。理想的时间到来了，而窗口却已关闭……如果窗口关闭了，那么可能很久都不会再打开。"③ 另外，政策科学认为，社会问题的建构不仅依赖于社会大众的发动，还需要政府系统的努力与支持，涉及组织结构、工作程序、代表制度、选举制度等多种因素的政府体制对政策议程的建立有很大影响，很多时候，政策议程能否建立，取决于政府体制的开放程度。④

社会运动理论肯定运动是一个历经时间的过程，但对时间的强调更多体现在时机和机会、特别是对社会运动直接产生影响的政治机会结构上。艾辛格（Peter K. Eisinger）最早提出"政治机会结构"，将之定义为"政治环境的开放或封闭程度"，其比较的是美国不同城市"政治机会结构"的差异，而非国家层面。⑤ 在蒂利（Charles Tilly）和塔罗（Sidney Tarrow）看来，政治机会结构是各种促进或阻止某一政治行动者集体行动的政权和制度的特征以及这些特征的变化。⑥ 塔罗界定了"政治机会结构"的概念：第一，变化的政治机会，包括了原先封闭政体的开放、政治联盟的稳定或者不稳定、联盟者和支持群体的存在或者缺失、政治精英之间的分裂或者对于抗议的容忍程度和政府的政策执行能力五个方面。第

---

① Anthony Downs. "Up and Down with Ecology: The 'Issue – Attention Cycle.'" *Public Interest*. Vol. 28, 1978, pp. 39 – 41.

② 〔美〕马克斯维尔·麦库姆斯：《议程设置：大众媒体与舆论》，郭镇之译，北京大学出版社，2008，第50页。

③ John W. Kingdon. *Agendas, Alternatives, and Public Policies*. Boston: Little Brown. 1994, pp. 177 – 178.

④ 张金马：《公共政策分析》，人民出版社，2004，第327页。

⑤ Peter K. Eisinger. "The Conditions of Protest Behavior in American Cities. *American Political Science Review*." Vol. 67. 1973, pp. 11 – 28.

⑥ 〔美〕查尔斯·蒂利、西德尼·塔罗：《抗争政治》，李义中译，译林出版社，2010，第62页。

二，更稳定的机会—限制，包括强大或弱小的国家渗透能力、吸纳或排斥的国家战略和包容或镇压的国家策略三个方面。①

综上所述，政策过程理论和社会运动理论都将焦点放在公众能量流形成的时间条件上：一是过程维方面——外压的持续性。的确，议题建构及能量场行动者对问题的感知并非一蹴而就。时间也不完全体现在外压能量流的形成过程中，在能量流影响决策（决策者对议题的界定、各方之间的对话谈判寻求对策）的全部过程中都需要时间。二是时机维方面——政治机会结构。政策议程理论关注是否对公众的引导、时机和政策之窗等内容；社会运动理论强调政治系统是否开放、对运动的态度等政治机会结构，两种理论本质上都强调运动形成的外部情境。

在当代中国议题建构者及其能力仍然有限，特别是民众的感知能力仍不高的情境下，外压能量场的形成——议题的传播、信息的获取、鉴别、感知需要时间，在此基础上进一步的交流、对话、达成共识、形成能量集（核凝聚）则可能要历经一个长期的过程。另外，在当前政治系统开放度有限、对于民众正当权利诉求的认识不够，特别是外压本身对政府形成冲击与压力甚至触动政府利益的时候，后者对待外压更有可能采取抵制甚至敌视的态度，因此，外压能量场的形成在很大程度上取决于政治系统是否开放、对待外压的态度等政治机会结构条件。

（3）由分析框架"S2 - 1（场体）：场形成的导体平台是什么？S2 - 2：是否形成面对面共同在场？哪些共同在场平台，性质与作用如何？场内行动者对空间的感知如何？"及模型中的"公众讨论"和"形成小型共同在场"可以推导出：

条件假设三（SH3）：需要媒介等作为意见平台和形成小范围面对面共同在场以凸显场体

在政策科学学者看来，媒介作为外压过程中公共话语空间和参与平台的作用几乎是个无须证明的定律。在这方面，可以列举一连串大量的文献清单。总的来看，政策学认为，外压能量场中，媒介承担了促进行动者形

① 〔美〕西德尼·塔罗：《运动中的力量》，吴庆宏译，译林出版社，2005，第 102～121 页。

成问题意识（"是什么，有哪些危害"或当前政策的不足）、表达各自利益诉求（"如何看待"）和制定对策方案（"应该怎样"）的平台作用。媒介的这种作用过程是多数人的对话交流过程。而在福克斯和米勒看来，多数人充斥其间的能量场是低效的，因为多数人对话没有共识标准和意愿的谋划来引导话语，只是随机用词和闲聊，不可能有实质性的贡献。① 鉴于此，他们主张"少部分人的对话"，认为理想的对话形式是政策网络和社区，即认为需要进一步凸显能量场的场体，形成面对面的小范围共同在场。

社会运动理论认为，社会运动在于建构公众关心的公共事务，形成集体认同感。而在集体认同感的建构中大众媒介的影响独特而重要。② 媒介能提供联系与运动议题相关的行动者的话语平台，形成运动所需的共意与认同，甘姆森和莫迪里亚尼（Gamson and Modigliani）更是将之称为针对运动议题赋予特定共意的一套解释性的装置，即"媒介装置"（media packages）。③ 由于媒体话语并不完全与运动主旨一致，在某一社会运动中，各种支持的、反对的、中立的报道和框架都可能充斥其间，这样，媒介成为运动各方交流、论辩、对抗的话语平台。鉴于媒体的表现，吉特林（Todd Gitlin）甚至指出："所有运动的一个决定性因素是对大众媒介的依赖。"④ 但社会运动理论过于强调运动中的动员和外压的形成，鲜有涉及外压之后各方面对面共同在场的协商交流机制，只是提及微观动员中的面对面的互动，认为其是意义在其中被创造、解释和转化的社会背景。

从中国特定的情境看，由于政府对待外压天然的戒备与抵触心态，外压的成功在极大程度上依赖于公共舆论的形成，其中媒体的平台作用最为关键。然而，由于外压能量场的前期往往是基于媒体特别是网络媒体的自

---

① 〔美〕查尔斯·J. 福克斯、休·T. 米勒：《后现代公共行政——话语指向》，楚艳红等译，中国人民大学出版社，2002，第135页。

② 〔美〕威廉·甘姆森：《集体行动的社会心理学》，载艾尔东·莫里斯、卡洛尔·麦克拉吉·缪勒《社会运动理论前沿》，北京大学出版社，2002，第84页。

③ William A. Gamson, Andre Modigliani. "Media Discourse and Public Opinion on Nuclear Power: A Constructionist Approach." *American Journal of Sociology.* Vol. 95, 1989, p. 3.

④ 〔美〕托德·吉特林：《新左派运动的媒介镜像》，胡正荣、张锐译，华夏出版社，2007，第6页。

由发言与对话，加之对环境价值的理解难免存在分歧，各种支持的、反对的、中立的甚至从中起哄的观点都会参与其中而导致无序与混乱，这样，这一阶段对于充分表达各种利益诉求、观点与态度有利，但真正解决问题还有赖于能量间交流的空间平台，以发挥界定问题、表达诉求和在此基础上进一步平衡利益和寻求对策的功效，即通过"多数人的对话"到形成"小范围的面对面共同在场"，促进各方的会谈与磋商。这种共同在场机制，有助于决策者将外压能量流中相关利益方的利益诉求集中、归纳和提炼为综合、全面的利益均衡方案，进而避免和克服决策短视。

2. 外压型能量场的结构

（1）由分析框架中"S'1－1（场域）：场内能量（行动者）的来源（能量源）如何？S'1－2（行动者）：场的初始结构，即行动者构成、在场中的初始位置、中心性、行动者之间的联结关系情况等如何？"，以及模型中"形成外压核能量流Ⅰ和决策短视支持能量流Ⅱ及中立的第三方能量流Ⅲ之间的对抗性交流"可以推导出：

条件假设四（S'H1）：在源于多个场域的多主体构成的外压能量场结构中，公共领域能量流应成为其中的一个场核

金登强调政策议程中的"问题流"、"政策流"与"政治流"[1] 涉及传媒、民众、专家和政府等行动者，表明议程是一个多主体间的能量博弈过程。有学者指出，面对决策者对问题的漠视或"冷处理"，体制外的行为主体的压力只有达到一定程度，体制内的权威主体才会迫于压力将之纳入政府议程从而开启问题解决机制。[2] 这里的"压力达到一定程度"实则强调公众能量流应大到足以成为整个场内影响政府议程的一核。这表现为图 3－4 中的 Stag 2，场的刺激、烘托使带有爆破力的能量（意见）迅速传播，形成扩散效应。其间，呈现多种能量（意见纷呈）的无序状态。随后，出现主导性意见（序参量）并逐渐广为接受，接着无序被打破，权威意见成为舆论盘旋的向心点，环绕主导能量出现循序集中内旋

---

① 详见〔美〕约翰·W. 金登：《议程、备选方案与公共政策》，丁煌译，中国人民大学出版社，2004。

② 参见刘伟《政策议程创建的基本类型：内涵、过程与效度的一般分析》，《理论与现代化》2011 年第 1 期，第 47 页。

之势。这个过程即是完成核凝聚的过程，形成外压能量流和社会舆论冲击波。

克兰德尔曼斯主张从"多组织场域"（即社会运动中形成的对社会运动组织支持、敌对或中立的组织的总和）的视角来研究社会运动，整个过程形成了"社会运动劝说战役"。[①] 在相互竞争、冲突、对立、联合与合作的多组织场域形成支持、反对、不感兴趣的多个部类。[②] 从克兰德尔曼斯的观点中，不难看出，他认为社会运动是多组织场域中的竞争、联合、对抗和背叛的过程，围绕着社会运动组织所开展的动员活动会形成支持、反对和中立（不感兴趣）的三个部类，即场中可能会形成三大核结构。正是基于此，社会运动理论中的资源动员理论强调运动发起者和参与者可资利用的资源是运动成功的关键。

综上所述，可推测在围绕地方环境议题形成的外压型能量场中，各能量间发生不同的分化与组合，形成不同领域的能量流（公共领域里的反对能量流、公权力领域里的支持性能量流和中立的第三方能量流）彼此交融和张力的状态，整个场的走势取决于这些能量流之间的能量大小的对比，这样，整个场内可能出现单核、双核或多核结构。能量流域存在着一定的临界点，当临界点被突破时，公共领域能量流就能占据影响甚至左右决策中心的地位。

联系中国情境看，面对地方政府的强势与对外压的天然排斥，外压的成功取决于来自公共领域里的能量应完成核凝聚，形成能量流Ⅰ，并成为影响决策中心的一核。由于环境决策短视的支持性能量流Ⅱ（例如，地方政府与地方环保部门）很有可能会极力控制决策权并阻止能量流Ⅰ对自身场势的冲击，这样两大能量流之间因对抗性紧张可能出现力量对比悬殊（单核）或势均力敌（双核）。除此，可能还存在"不感兴趣"或"中立"的第三方域的能量Ⅲ（例如，互联网中参与讨论但与环境决策没有直接利益相关的网民），潜在地影响着决策过程。

---

① 贝尔特·克兰德尔曼斯：《抗议的社会建构和多组织场域》，载〔美〕艾尔东·莫里斯、卡洛尔·麦克拉吉·缪勒《社会运动理论的前沿领域》，刘能译，北京大学出版社，2002，第106~107页。

② 同上，第119页。

（2）由分析框架"S'2：场中是否存在联结各方行动者并主导能量交流的联结点，如果存在，该场结的情况如何？"，以及模型"公共讨论所需的讨论空间和意见表达平台"及"能量流Ⅰ、Ⅱ、Ⅲ之间基于媒介的对抗性交流"，可以推导出：

条件假设五（S'H2）：媒体或运动组织者成为场结

如果说能量间的交流是公共能量场的内在要求，那么，媒体则在其中扮演串联和连接的重要角色。在哈贝马斯眼里，具备平等性、公共性、开放性和批判性等特点的大众传媒是公共领域机制化的重要平台和公共舆论形成的重要载体，对于公共领域功能的发挥起关键性作用。① 政策学者豪利特和拉米什（Howlett and Ramesh）认为，大众传媒充当着国家和社会之间的关键连接，并影响其解决方案方面的偏好，这是不容置疑的。② 国内政策学者胡宁生也指出，媒体能够在决策者与公众之间建立起互动的公共平台，促进公众参与决策并表达利益诉求。③

虽然媒体在报道社会运动时难免有所"倾向"和对事实进行"过滤"，但媒体在为各方提供意见表达平台的同时，发挥了促进联结各方的场结角色。由于媒体话语在导引公众架构问题时显得如此的重要，以至于它变成了社会运动中各种能量竞争的一个平台，即古尔维奇和列维（Gurevitch and Levy）所言的"不同的社会群体、制度和意识形态围绕社会现实的建构及界定而竞相斗争的场所"。④ 另外，社会运动理论尤其是资源动员流派强调正式的社会运动组织充当宏观层次的社会政治环境与微观层次的资源动员之间的中间人的角色，极为重视社会运动组织的动员和联结各方能量的作用，关注其成功动员所需的资金、技术、关系网络与策略等资源，这其中也包括如何有效吸引媒体的关注和动员公共舆论的力量。

综上所述，在政策理论看来，媒体不但具有议程设置功能，还具有联

① 详见〔德〕哈贝马斯《公共领域的结构转型》，曹卫东译，学林出版社，1999。
② 〔美〕迈克尔·豪利特、M. 拉米什：《公共政策研究：政策循环与政策子系统》，庞诗等译，三联书店，2006，第102页。
③ 胡宁生：《现代公共政策研究》，中国社会科学出版社，2000，第158页。
④ Michael Gurevitch and Mark R. Levy. *Mass Communication Review Yearbook*. No. 5. Beverly Hills, California：Sage. 1985，p. 19.

结公众之间、公众与决策者之间的纽带作用，而在社会运动理论视野里，更为重视社会运动组织（SMOs）的动员、联结和纽带作用，包括尽可能成功吸引媒体的关注。

联系中国情境看，随着近年来国家对传媒政策的适度放松，特别是市场竞争中媒体的自谋生路，媒体作为原有铁板一块的整体发生了分化：代表政府喉舌的媒体、贴近群众敢于代言底层民众的媒体和保持中立的媒体。实际上，追踪近年来针对地方环境决策短视的报道，不难发现，外压型公共能量场中，各类不同媒体的报道通常发生分化，这样，媒体从中充当了表达各方观点和联结各行动者的场结角色。而随着环保 NGO 的壮大与兴起，在近年来一系列以环保 NGO 为主体的环境运动中，其承担了社会运动组织应有的促进能量场的形成，动员和争取各种反对地方权威当局的力量完成核凝聚、促进能量流 I 形成的次场结角色。

（3）由分析框架 "S'3 - 1（场势）：场内结构状态——能量间的对比关系以及均衡结果（交往频率、联结状况、中心性势），即场势如何？S'3 - 2（场境）：结构的影响因素，如场外条件、场内过程等" 及模型中 "能量流 I、II、III 之间基于媒介的对抗性交流以影响决策的过程" 可以推导出：

条件假设六（S'H3）：场势的地位取决于场核间的竞争，如何成功影响媒介成为关键

柯布和艾尔德（Cobb and Elder）指出，注意力是一种稀缺资源，需要竞争才能获得。这种竞争很大程度上在于赢得媒体和舆论的主导地位，形成场内的优势地位。他们认为，媒体在提升议题进入系统议程及增进其在制度议程中的被接纳度方面发挥了重要作用。[1] 戴伊将大众传媒对决策的影响综合概括为三个方面："第一、为决策者发现问题并设定议程；第二、围绕政策问题，影响别人的态度和价值观；第三、改变投票者和决策者的行为。"[2] 这三个方面分别是媒体的议程设置功能、传达引导功能和决策影响功能。的确，在公共能量场中，媒体不仅具有传播和建构议题

---

[1] Roger W. Cobb, Charles D. Elder. "The Politics of Agenda - Building: An Alternative Perspective for Modern Democratic Theory." *The Journal of Politics*. Vol. 33, 1971, p. 909.

[2] 〔美〕托马斯·R. 戴伊：《理解公共政策》，彭渤等译，华夏出版社，2004，第 36 页。

（议程设置）、承担各方交流的平台（场结）功能，还可能具有实质性地引导舆论走向、控制能量交流和最终影响决策的场势地位。"一人之辩，重于九鼎之宝；三寸之舌，强于百万之师。"基于媒体形成的意见共振，能够加大同一种意见的影响力，形成广泛的舆论合力和意见强势。

　　社会运动家热衷于运动成功的条件研究。在多组织的场域中，运动的成功取决于对场势的争夺。社会运动的建构理论指出，社会问题的建构中媒体的角色至关重要①。社会运动理论也强调运动成功的关键在于资源动员，而媒体是最为重要的资源。社会运动组织从大众话语汲取能量，试图通过界定问题、定义不满情绪和发起集体行动来吸引媒体的注意力。各种支持、反对方在媒体上进行讨论、论辩和竞争。除了吸引媒体，社会运动的成功还有赖于其他能力资源。蒂利指出，一个成功的集体行动的因素包括：运动参与者的利益驱动、运动参与者的组织能力、社会运动的动员能力、社会运动发展的阻碍或推动力量、政治机会或威胁和社会运动群体所具有的力量。②

　　从现实看，在针对地方政府决策短视的外压场中，作为场内行动者之一的地方权威当局既可能是享有对议题最终拍板权的决策者，也可能仅是拟议项目的倡议者。在前一种情况下，地方政府拥有合法的场势地位，外压的成功取决于如何通过营造公共舆论占据情理、道义和科学上的优势形成强大的能量流以撼动其场势地位。后一种情况中，地方政府虽不享有决策权，但仍能拥有对上级决策者的较强影响力。概括看来，地方政府虽然在场中或享有决策权或至少具有对上级决策部门较强的决策影响力，但在外压能量流作用、特别是外压中的诉求具备道德、情理和正义的情况下，决策权实际上已经发生了分享，场中形成了对决策影响权的争夺，即场势地位取决于竞争，对于外压能量流来说，当缺少有利的支持性条件时，竞争成功的关键很大程度上取决于如何有效地影响媒介。

---

① 〔美〕西德尼·塔罗：《运动中的力量：社会运动与斗争政治》，吴庆宏译，译林出版社，2005，第147页。

② Charles Tilly. *From Mobilization to Revolution.* MA：Addison - Wesley Pub. Co. ，1978，pp. 54 - 56.

3. 外压型能量场的过程

由分析框架"P1：场的自组织。场内过程（对抗交流、讨价还价、协商沟通）情况，特别是场内是否存在能量间聚合与汇集（核凝聚）过程，结果如何"以及模型中的 Stag2 到 Stag4 的三个阶段过程，可以推导出：

条件假设七（PH1）：历经"核凝聚—外压—对抗性交流—决策"的过程，需要场用（博弈规则）

政策理论并不太关注外压能量是如何最终影响政策议程的，只是认为需要对决策者"施加足够的压力"，即从核凝聚到形成外压。"政策问题进入正式议程，并不意味其就是政府最后作出的决策，亦不能说明最终实施的政策就是当初提出者的要求，常见的情形是，提出者的要求或被完全否定或者被修改得面目全非。"① 尼尔森（Barbara Nielsen）认为政策议程包括四个阶段：议题确认、议题采纳、议题主要程度排序和议题去留的决定。② 然而，现有政策理论并没有对外压过程中各方所应遵循的博弈规则作出相关阐述，从外压能量场主要是行动者即时的、偶然的、松散的结合但有赖于发挥场能看，这里先假设需要"博弈规则"这一条件。

社会运动理论中，麦克亚当（Doug McAdam）、塔罗和蒂利三位社会运动大师提出的"斗争政治"，旨在提出要求者（makers of claims）和他们的要求对象（objects）间的相互作用。③ 这种相互作用"可能"是一个伴随着冲突、分歧到协商沟通的过程。之所以用"可能"一词，是因为社会运动理论的焦点放在运动本身，关注运动的成功因素，比如，对于运动中诉求者和诉求对象的冲突分歧，但对运动中与反对方的对话、沟通和协商关注不够，也没有对外压中的规则过多着墨，因此，这里先假设需要"博弈规则"这一条件。

现实中外压能量场的形成，基本上遵循着"核凝聚—外压—对抗性

---

① Roger Cobb, Jennie – Keith Ross, Marc Howard Ross. "Agenda Building as a Comparative Political Process." *The American Political Science Review*. Vol. 70, 1976, p. 132.

② 转引自宁骚《公共政策学》，高等教育出版社，2003，第 320 ~ 321 页。

③ 〔美〕道格·麦克亚当、西德尼·塔罗、查尔斯·蒂利：《斗争的动力》，译林出版社，2006，第 5 页。

交流—影响决策"的过程，特别是其中的核凝聚应是一个首要的前提条件。然而，由于主体对于场的认识、感知与理性的不足，加之合作治理实践的欠缺，在整个外压能量场中博弈规则还是相对缺乏的。但在一些城市社区的维权运动中，社区精英与政府展开理性对话、协商甚至合作（如番禺反垃圾焚烧运动），从中还是能看到理性充当了潜在博弈规则的影子。然而不论是总体上的不足还是一定范围内的出现，从维护和促进场的治理绩效的应然角度看，博弈规则应成为一个条件。

（2）由分析框架"P3：公共能量场管理者。是否存在场促，谁充当此角色？其职能如何？"及模型中"对抗性交流"中的矛盾分歧化解及达成协商沟通，能够推导出：

条件假设八（PH2）：场虽是自组织，但需要国家担当管理能量场的场促角色

公共政策本质上是对全社会价值的权威性分配，在其制定过程中，涉及多方利益群体及不同群体的利益分配。政府决策既是决策者选择决策方案的过程，也是各种社会政治力量运用其所拥有的政治资源、政治影响力对决策施加影响，进行谈判、协商、交易和妥协，以及决策者对各种社会主体的利益要求、意愿与愿望作出反应和综合平衡的过程。[①] 因此，政策学强调当各方利益主体通过形成外压能量场向决策者施压时，为了避免外压行为走向极端化、引发各方间严重的分歧与冲突，同时也为了不至于使当权者和外压能量的较量成为零和博弈，需要国家从中充当调停人（conciliator / facilitator）、调解人（mediator）或仲裁人（arbitrator）的角色。国家的这种角色不但有利于化解冲突，确保场的博弈充分，而且能够有利于达成协商、沟通和在此基础上的决策优化方案。

在社会运动研究领域，"国家"经常被等同于"政治机会结构"。麦克亚当等人强调斗争政治的发生具有公众性，包括提出要求者与其他人的相互影响和作用，政府可能在其中充当调解人。[②] 斗争政治研究不仅仅分析诸如社会网络和动员结构等抗争行动的社会根源，而且还进一步分析国

---

① 参见赵成根《民主与公共决策研究》，黑龙江人民出版社，2000，第47页。
② 〔美〕道格·麦克亚当、西德尼·塔罗、查尔斯·蒂利：《斗争的动力》，译林出版社，2006，第6页。

家作为制度结构或者作为行动者如何规导和塑造社会抗争，影响其发生、发展、形式及结果等，从而揭示社会抗争的政治面向。

从实践看，外压的作用本质上是通过压力迫使政府综合与平衡不同阶级、阶层和集团的利益，并通过政策制定予以确认的过程。当前中国外压型公共能量场的形成基于偶发性而非相对稳定的制度化关联，因此，难以形成旨在规范场内博弈过程的规则。在图 3 - 4 的 Stag2 至 Stag4 三个阶段过程中，当场内规制缺乏、支持与反对两派能量非理性对抗时，可能需要国家充当能量场管理者角色，促进双方理性对话、表达观点以便综合各方意见进行决策。需要指出的是，这里的"国家"是关于政府体系的一个整体概念，并非限定于中央政府。

（二）预防型公共能量场模型

为防止环境决策短视，各国强制性地将环境影响评价①作为决策前的辅助工具和先行程序。环境影响评价制度是由包括专业评价机构在内的社会多元主体对拟议行为可能造成的环境影响进行分析、评判和衡量，以预防减轻可能的环境损害的制度。从环境影响评价制度的本质看，其实际上能够形塑起由受拟议行为影响的居民、环评专家、环评机构、其他利益相关者和决策者组成的公共能量场（详见第五章）。完善的环评法律制度能够提供预防型能量场生成的刚性保障。

目前，中国已初具形成以《环境影响评价法》（2003 年颁布，以下简称《环评法》）为主体，以《环境影响评价公众参与暂行办法》（2006 年颁布，以下简称《暂行办法》）和《规划环境影响评价条例》（2009 年颁布，以下简称《条例》）为配套的环评法律体系。一方面，环评法律体系作为能形塑起预防型公共能量场的制度性规定，其法条规定应能反映和体现预防型公共能量场所需的成功条件；另一方面，现实中大量环境决策短

---

① 环境影响评价按依次前摄性、涉及面由大到小，具体性、数量上由小到大的谱系可以划分为战略—规划—项目三个层面。项目环评实际中出现最多，规划次之，但由于战略评价位于最高地位并制约规划环评和项目环评，其越来越受重视。就我国实际看，建设项目环评成为环评的主体与核心，但随着区域内建设项目的累积性影响日益暴露出的规划不科学问题，近年来国家开始认识到战略环评的重要性，就目前看，战略环评还不具备条件，仅以规划环评的形式表现出来，因此，我国实际上形成了建设项目环评和规划环评两个主体内容的环境影响评价实践，其中建设项目环评仍是环评的重点。

视问题又说明现行环评法律体系存在明显的缺陷——如果不是法律本身的不完善，那至少也存在着不能有效适应环评实践需要等问题。问题在于，现行环评法律体系的缺陷在哪？是否仅是法学研究所言的公众参与的条款与相关规定不足？由此，这里先基于环评过程构建预防公共能量场的模型（见图 3－5），并根据现行环评法律体系提出其成功的若干条件假设，为在第五章通过环评案例对这些基于法条的条件假设进行验证，在证明某些法条合理性的同时，重在证伪以得出法条和现行制度设计存在的缺陷，从而为有针对性地从公共能量场视角提出完善现行环评制度的对策以满足环评能量场的治理条件提供前提。

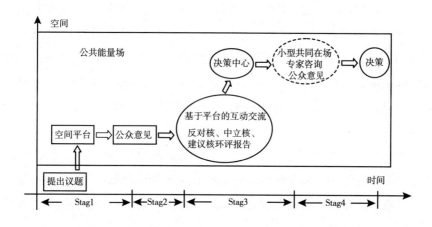

图 3－5　环评预防型公共能量场模型

资料来源：笔者自制。

1. 环评预防能量场的形成

（1）由分析框架"S1－1（场源）：议题是如何提出的？"及模型中"提出议题"可以推导出：

条件假设一（SH1）：拟议者①提出并公开拟议议题形成场源

从建设项目环评看，《暂行办法》第八条、第十条规定，建设单位或环评机构应当基于"建设项目所在地的公共媒体、印刷品、其他便

---

① 拟议者是环境影响评价领域的专业术语，指拟提出可能对环境产生影响的建设项目或规划的部门，一般指建设单位（拟开发建设项目）或规划编制单位（拟提出某项规划）。

利公众知情的信息公告方式"向公众公告包括建设项目概述（项目名称及概要、建设单位名称和联系方式）、环评工作（环评机构名称和联系方式、环评工作程序及内容）和公众意见（公众提出意见的主要方式）等信息。因此，是由建设单位提出议题（拟议建设项目），同时，由建设单位委托相关有环评资质的环评机构开展环评，接着，建设单位或环评机构将建设项目有关信息公开告知利益相关方，如受影响的居民、相关单位等，以便其能知悉拟议议题以形成或加入能量场。从规划环评看，《条例》规定由政府规划编制部门提出规划决策议题，但对规划环评过程是否告知、公开未作明确规定，另对于其环评报告书的制定，《条例》第七条用了"组织"一词，没有规定一定要委托有相关资质的机构开展（外评），现实中更多是由编制部门自己组织环评（内评）。可以看出，现行环评法律强调由拟议者提出拟议议题，实则是将拟议议题公开并传播给相关受众，以便于知悉，从而为公共能量场的形成提供"场源"。由此可见，拟议者的提出和公开行为是促成能量场形成的前提。

（2）由分析框架"S1－2（场有）：场是围绕议题的行动者即时的、偶然的、松散的集合历经时间而渐趋形成，还是长期形成的互动网络、时机、国家制度体制等有利条件的形塑"及模型的"时间维度"和整个阶段过程，可以推导出：

条件假设二（SH2）：需要制度规定充足的时间以促成行动者感知与交流

能量场的形成绝非一朝一夕，需要时间。从环评过程看，公众对于议题的感知需要时间，环评单位对环境影响的技术鉴定和了解公众的意见需要时间，行动者之间的交流及能量间的流动组合也需要时间。在征求公众意见上，《暂行办法》第十二条规定，建设单位或环评机构应当采取调查公众意见、咨询专家、论证会和座谈会、听证会等形式，公开征求公众意见，征求公众意见期不得少于 10 日。也就是说，按现行环评法的规定，环评能量场内各行动者交流时间应不少于十日。

（3）由分析框架"S2－1：场形成的导体平台是什么？S2－2：是否形成面对面的共同在场？场内行动者对空间的感知如何？"及模型的"空

间平台"和"由专家咨询、公众意见形成小范围的面对面共同在场"，可以推导出：

条件假设三（SH3）：拟议者或环评机构应通过各种方式构筑能量互动平台和凸显场体

一是 Stag2 和 Stag3 的场体。《环评法》第二十一条、特别是《暂行办法》第十二条规定，建设单位或者环评机构"应当在发布信息公告、公开环境影响报告书的简本后，采取调查公众意见、咨询专家意见、座谈会、论证会、听证会等形式，公开征求公众意见"。规划环评方面，《环评法》第十一条、特别是《条例》第十三条规定，规划编制机关"应当在规划草案报送审批前，采取调查问卷、座谈会、论证会、听证会等形式，公开征求有关单位、专家和公众对环境影响报告书的意见"。据此，可认为场的形成需要拟议者或环评机构通过调查问卷、座谈会、论证会和听证会等形式构筑能量交流互动平台，形成共同在场。

二是 Stag4 的场体凸显。《暂行办法》第十三条"环境保护行政主管部门对公众意见较大的建设项目，可以采取调查公众意见、咨询专家意见、座谈会、论证会、听证会等形式再次公开征求公众意见"，第十七条"环境保护行政主管部门可以组织专家咨询委员会，由其对环境影响报告书中有关公众意见采纳情况的说明进行审议，判断其合理性并提出处理建议"，以及在规划环评方面《条例》第十七条"设区的市级以上人民政府审批的专项规划，在审批前由其环境保护主管部门召集有关部门代表和专家组成审查小组，对环境影响报告书进行审查"规定了当征求公众意见出现争议时需要进一步凸显场体，以进行审查。在建设项目方面，条文中的"可以"带有非强制性，因此，模型中小范围的共同在场图用虚线标示。

2. 环评预防型能量场的结构

（1）由分析框架"S'1-1（场域）：场内的能量（行动者）的来源（能量源）如何？S'1-2（行动者）：场的初始结构，即行动者的构成、在场中的初始位置、中心性、行动者之间的联结关系情况等如何？"及模型的"公众意见→围绕环评报告的反对核、中立核与建议核之间的交流互动→决策"，可以推导出：

条件假设四（S'H1）：在源于多个场域的多主体构成的场结构中，公众能量应当能够成为其中的一核

从《环评法》对环境影响评价的规定看，环评公共能量场的组成包括拟议者（包括拟提出某项规划的规划编制单位和拟从事某项建设项目的建设单位）、环评机构（第十九条、第二十条、第三十三条）、公众与专家（第十一条、第十三条）、负责规划审批的市级以上人民政府（第十三条）、建设项目的预审或审批部门（第二十二条、第三十四条）和负责建设项目环评审批的环保部门（第十三条、第二十二条、第三十五条）。这些行动者形成了多主体结构：拟议者作为拟推行的环境项目的业主，其委托相关有资质的环评单位开展环评并编制环境影响报告书，在此过程中，拟议者和环评单位必须将拟议项目的有关信息及环评报告向社会公开，接受居民、专家等利益相关者的评判，最后将综合包含专业环评机构的评判意见和社会意见的环评报告报送决策者审批。环评是一个多主体参与的评判、鉴定和协商过程，为了促进公众意见更多地在环评中得到体现，公众能量应成为场结构中的一核。由于拟议者与环评机构之间的委托代理关系，二者极易成为场中主张拟议项目的支持核，加之地方政府可能出于经济发展考虑而成为支持核的组成，公众对于拟议项目的态度无非支持（在环评中，项目得以开展的前提不一定非得取得公众明确支持而是只要公众对拟议项目保持中立或无疑义即可，视为支持）或反对，这样场就可能形成单核（公众同意项目这样公众核与支持核相融合，或者公众核形成强大反对能量流）、双核（支持核与反对核双方）的结构。

（2）由分析框架"S'2（场结）：场中是否存在联结各方行动者并主导能量交流的联结点，如果存在，该场结情况如何"及模型的"Stag3 围绕环评报告的共同在场交流互动"及"Stag4 环评争议形成小型面对面共同在场"，可以推导出：

条件假设五（S'H2）：需要拟议者或环评机构承担主场结，环保部门为次场结

在 Stag3，建设单位或环评单位成为联结各方甚至控制能量交流的结点。因为《环评法》第二十一条，特别是《暂行办法》第十二条规定了建设单位和环评机构征求公众意见的权责。并且第十七条"建设单位或者其委托的环境影响评价机构，应当认真考虑公众意见，并在环境影响报告书中附具对公众意见采纳或者不采纳的说明"，赋予了建设单位或环评机构的场结地位及其对公众意见的取舍权。在规划环评中，《环评法》第十一条，特别是《条例》第十三条关于规划编制机关可以采取各种方式征求公众意见，也赋予了其类似的场结地位。由于拟议者或环评机构实际承担场结角色，加上所选取的征求公众意见的方式不同，场的结构可能呈现"海星型"（调查问卷方式，场结控制能量的流向，各能量间缺乏交流）和"五边形内嵌星"（座谈会、听证会、论证会等会议共同在场方式，能量间进行充分的交流）的结构态（见图3-6）。在Stag4，《暂行办法》第十三条关于环保部门对公众意见较大的建设项目采取各种方式再次公开征求公众意见"及《规划环境影响评价条例》第十七条规定规划编制机关指定环保部门召集有关部门代表和专家组成审查小组审查环评报告书，赋予了环保部门的次场结地位。

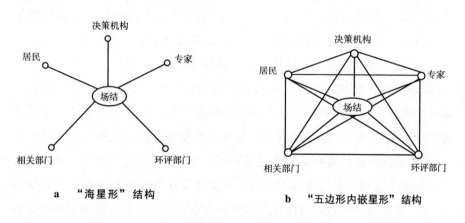

a　"海星形"结构　　　　　　　　**b　"五边形内嵌星形"结构**

图3-6　环评预防型能量场的结构

资料来源：笔者自制。

（3）由分析框架"S'3-1（场势）：场内结构状态——能量间的对比关系以及均衡结果，即场势如何？S'3-2（场境）：结构的影响因素，如场外条件、场内过程等"及模型的"Stag3围绕环评报告的共同在场交流"所决定的场势地位不取决于竞争，而是现行环评制度的强制规定，可以推导出：

条件假设六（S'H3）：拟议者和环评机构在结构中占据中心性的场势地位

《环评法》第二十二条"建设项目的环境影响评价文件，由建设单位按照国务院的规定报有审批权的环境保护行政主管部门审批；建设项目有行业主管部门的，其环境影响报告书或者环境影响报告表应当经行业主管部门预审后，报有审批权的环境保护行政主管部门审批"，明确了环保部门对于建设项目环评的审批权。从规划环评看，现实中政府依法享有对规划的最终审批决策权，即"规划审批机关在审批专项规划草案时，应当将环境影响报告书结论以及审查意见作为决策的重要依据。规划审批机关对环境影响报告书结论以及审查意见不予采纳的，应当逐项就不予采纳的理由作出书面说明，并存档备查"（《条例》第二十二条）。

然而，通过 S'H1 和 S'H2 可以发现，现行制度实际上将能量场的形成交由拟议者和环评机构承担，由其来传播议题和组织能量间的交流，法律所赋予的拟议者和环评机构的这种场结地位（见图 3-6）使得其能控制和左右公共领域能量间的交流。加之，法律还赋予了拟议者或环评机构对于公众意见的取舍权，使得其实际占据场势地位（S'H3），能极大地左右能量场的最终绩效：在建设项目环评方面，《暂行办法》第十七条关于"应当认真考虑公众意见，并在环境影响报告书中附具对公众意见采纳或者不采纳的说明"，使得建设单位和环评机构对公众意见能够作出最终取舍并能借此屏蔽公众意见；在规划环评方面，《环评法》第十一条规定的"编制机关应当认真考虑有关单位、专家和公众对环境影响报告书草案的意见，并应当在报送审查的环境影响报告书中附具对意见采纳或者不采纳的说明"也授予了编制机关对公众意见的选择取舍权。虽然现行法律对于拟议者和环评机构的这种取舍权也考虑了预防和补救措施，比如《环评法》第十三条关于组成审查小组对规划审查和《暂行办法》第十七条组织专家咨询委员会对建设项目环评做审查，但这种审查主要是依据环评报告的审查，没有明确规定公众是否参与，这就使得拟议者和环评机构仍可能实际占据着极大影响甚至决定决策结果的场势地位。

3. 环评预防能量场的过程

（1）由分析框架"P1：场的自组织。场内过程（对抗交流、背叛信任、讨价还价、协商沟通）情况，特别是场内是否存在能量间聚合与汇集（核凝聚）过程，结果如何"及模型的"Stag1－4 的四个阶段过程"，可以推导出：

条件假设七（PH1）：多元双向博弈过程

由 S'H1 和 S'H2 可知，场是一个多方意见的交流过程。另外，现行环评法律制度还要求这种交流博弈是双向的：一是在征求公众意见上，环评法规定了调查问卷、论证会、听证会、座谈会等形式，除调查问卷不利于双向交流外，会议的面对面共同在场方式能够起到多方间的双向交流作用；二是规定了拟议者或环评机构对公众意见的反馈。例如，《暂行办法》第十二条要求："环境影响报告书报送环境保护行政主管部门审批或者重新审核前，建设单位或者其委托的环境影响评价机构可以通过适当方式，向提出意见的公众反馈意见处理情况。"第十八条也指出："当公众认为建设单位或者环评机构对公众意见未采纳且未附具说明的，或者对公众意见未采纳的理由说明不成立时，可以向负责审批或者重新审核的环境保护行政主管部门反映，环保部门认为必要时，可以对公众意见进行核实。"但这两条中的"可以通过适当方式"、"可以对公众意见进行核实"并非强制性的要求，从增进和提升能量场的绩效及应然要求看，多元双向博弈应成为一个重要条件。

（2）由分析框架"P2：规则的形成、变迁及演化。涉及规则的产生、规则的内容、规则对行动者的效用、行动者对规则的认知建构与生产、规则的动态演化情况等"及模型的"整个过程的推进"，可以推导出：

条件假设八（PH2）：有赖于法定博弈规则

《环评法》以总法的形式概括性地规定了环评能量场中各方的权利与职责：一是拟议者方面，比如，规划环评的组织（第七条、第八条）、范围（第九条）、环评报告的内容（第十条）、征求公众意见（第十一条）、报批环评报告（第十二条）和跟踪评价（第十五条）。建设环评中，建设单位组织公众参与（第二十一条）、报批环评报告（第二十二条第一款、第三十一条）和后评价（第二十七条）。二是审批部门方面，比如，规划审批部门职责（第十三条、第十四条）、建设项目审批部门的职责（第二十二条第二款、第二十三条、第三十二条、第三十四条、第三十五条）。三是环评机构的职责与独立性要求（第十九条、第二十条、第三十三条）。

《暂行办法》更为具体地明确了环评过程中各方的权利与职责：一是拟议者和环评机构职责。在建设项目方面，包括公开项目信息和环评报告（第七条、第八条、第九条、第十条、第十一条）、征求公众意见（第十二条、第十五条）、对公众意见的处理（第六条、第十六条、第十七条第一款）。在规划编制方面，包括公众意见的征集（第三十三条）、公众意见处理（第三十四条）；二是在公众参与权利方面（第四条、第十四条、第十八条第一款）；三是环保部门审批时的公开、征求公众意见职责（第十三条）、审查（第三十五条、第三十六条）和对公众意见的处理职责（第十七条第二款、第三款）；四是各方间交流的平台方面（第十九条至第三十二条）。

应该说，上述环评法律制度规定了拟议者、环评机构、环保部门、规划决策部门、公众等主体的权利与职责，为场内能量间的博弈提供了基本的规则。

（3）由分析框架"P3：公共能量场管理者。是否存在场促，谁充当此角色？其职能如何？"及整个博弈过程中可能出现的矛盾冲突，可以推导出：

条件假设九（PH3）：环保部门履行管理能量场的场促角色

对环境议题理解、环境价值的分歧决定了环评中的冲突难免，环评应是一个多方交流、协商以达成优化方案和利益均衡的博弈过程，因此，在整个环评场中需要一个旨在维系场内正常自由交流并妥善处理分歧的管理者。现行环评法律没有明确规定这一促进者角色。但《暂行办法》第十三条关于环保部门对公众意见较大的建设项目，可以采取各种方式再次公开征求公众意见；第十七条关于环保部门可以组织专家咨询委员会，对环评报告书中有关公众意见采纳情况的说明审议并提出处理建议；以及《条例》第十七条关于规划环评审批机关在审批前指定环保部门召集有关部门代表和专家组成审查小组审查环评报告书的规定，可以推定为一定程度上"模糊地"提出了环保部门在征求公众意见、审查和提出仲裁意见方面的角色要求。撇开现实中这些规定是否能真正践行不谈，至少从规范性角度和应然要求看，无论是建设项目环评的"再次征求公众意见"、"提出处理建议"还是规划环评的"审查"，都要求环保部门发挥好促进能量交流、协商以尽可能形成优化方案方面的作用。

第四章 地方政府环境决策短视治理之运动外压型公共能量场分析

当面临政府环境决策短视但公众有效参与渠道缺失、体制内救济又实质性受阻的情况，一些个体和组织采取了体制外的集体抗争行动。实践证明，基于抗争运动形成的外压型公共能量场是治理地方政府决策短视的可恃选择。本章首先从集体抗争中剥离出"理性环境抗争运动"这种抗争类型，分析其与公共能量场的内在逻辑关联，得出当前以自然保育运动和城市反公害运动两种形式出现的理性环境抗争运动能够形塑起旨在影响政府决策的外压型公共能量场这一结论。接着，基于SSP分析框架及条件假设对理性环境抗争运动的四个案例进行分析验证，在此基础上，总结基于案例分析的若干研究发现，剖析运动外压型能量场成功所需的条件。

第一节 环境抗争、理性环境抗争运动与公共能量场

一 环境抗争的类型

环境抗争的类型多样，既表现为个体层面的抗争行为，也有以组织化的集体行动形式出现的群体抗争。在群体性环境抗争中，还存在着一类组织起来（有意识地组织或无意识地自发组织）的带有运动性的理性抗争，即理性环境抗争运动。这类抗争行动具有组织性、运动性和相对理性，往往形成一个围绕抗争议题的外压型公共能量场，具有解决议题、预防和纠

正政府环境决策短视的功效。

在笔者看来，环境抗争的各种类型可以基于三个维度进行划分。

（一）组织性

组织性将分散的、原子化的个体能量予以聚合，是标明群体行为的一个概念，其将个体性抗争与群体性抗争划分开来。作为向当权者发起的集体挑战，群体抗争可能是专业组织（如环保 NGO，或社会运动中的"社会运动组织"即 SMOs）"组织动员"的结果，也可能是在缺少统一领导的情况下民众"自发组织"而成。不论是组织者有意识地动员还是民众自发性地集结，有效的"组织"（organize）都是群体抗争的重要特征。组织性因而成为个体抗争与超越任何个别活动层面的群体抗争的重要分水岭，也是衡量不同的群体抗争行为的组织程度的标志。

（二）运动性

运动性首先意味着抗争的集体行动性，从这点看，运动性承继组织性，但运动性超越组织性之处，在于运动中行动者之间有着相对持久的互动（时间上的持续性或阶段上的连续性，但不一定是相对稳定的关联），区别于一次性偶然集结（例如某次请愿、宣言或群众大会）而在目标达成或受阻之后即刻解散的群集行为。蒂利强调社会运动的三个属性：不间断和有组织地向目标当局提出群体性的诉求伸张、常备剧目（专项协会、联盟、公开会议、依法游行、守夜活动、集会、示威、请愿、声明和小册子）、参与者协同一致表现出的价值、统一、规模及参与者和支持者所作的奉献。① 依此属性，抗争行动可以划分为"即时性抗争事件"和"抗争运动"两种类型。区别于即时性抗争事件，抗争运动虽然往往也通过"事件"的形式表现出来，但其是有着共同目标或价值、组织程度较高、具有时间上的持续性和阶段上的不间断连续性的公共事件。

（三）理性

理性是标明问题意识、建构能力和行为克制的范畴。上述运动性，比如蒂利所言的"价值"、"统一"、"奉献"通常包括一定的理性内容。另

---

① 〔美〕查尔斯·蒂利：《社会运动：1768～2004》，胡位钧译，上海世纪出版集团，2009，第4～5页。

外，组织性在分担个体行动成本、分享集体行动收益的同时，也通过临时建构的规则或内嵌于个体的制约机制，规范和协调个体行为，将之控制在理性的范围内，避免聚众引起的暴力式破坏。理性可能贯穿外压的整个过程中：通过合法管道而非暴力方式进行理性抗争；基于公共舆论、正义表达迫使当局陷于"理屈词穷"或遭遇合法性、信任危机的境地；在影响决策中，通过谈判、对话、协商等方式维护合法权益。

组织性将群体抗争与分散的个体抗争划清了界限，运动性使集体抗争运动（比如，环境运动）有别于短暂偶合群集的抗争事件，而理性则进一步将理性运动（比如，理性环境抗争运动）与虽经组织起来但非理性的运动区别开来。由是观之，理性环境抗争运动是从大量环境抗争中抽离出组织性较高、带有运动特点的部分，同时又从环境运动中划分出理性程度较高、具有抗争属性的一类。从环境抗争到环境运动再到理性环境抗争运动，概念的范围逐步缩小，但理性程度在依次提高。由于组织性与理性都是变量，而运动性相对是个常量，即要么是环境运动，要么是短暂偶合式抗争行为。这样，基于组织性、运动性与理性三维坐标，可以将环境抗争划分为位于立方体八个顶点除原点外的七种类型，见图 4 - 1。

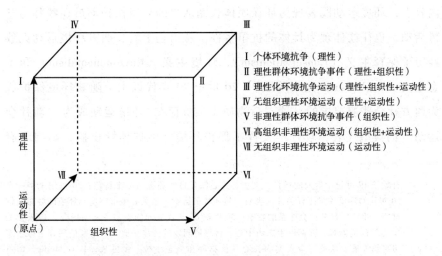

Ⅰ 个体环境抗争（理性）
Ⅱ 理性群体环境抗争事件（理性+组织性）
Ⅲ 理性化环境抗争运动（理性+组织性+运动性）
Ⅳ 无组织理性环境运动（理性+运动性）
Ⅴ 非理性群体环境抗争事件（组织性）
Ⅵ 高组织非理性环境运动（组织性+运动性）
Ⅶ 无组织非理性环境运动（运动性）

图 4 - 1 环境抗争立方体类型

资料来源：笔者自制。

图 4－1 的立方体内 Ⅲ、Ⅳ、Ⅶ、Ⅵ 构成的面为理性环境抗争运动，在该面内各个点的区别在于理性和组织性程度有所不同，其中 Ⅲ 为最理想的形式。理性环境抗争运动虽是本书提出的一个新名词，但却是对现实中以集体行动形式出现的在抗争策略、行动、目标等方面更为理性的、过程具有相对持久性的抗争形式的概括。之所以特别强调理性环境抗争运动的意涵，在于其通过过滤和协调个体利益诉求，形成更加集中理性的利益表达，通常能形成一个外压型公共能量场，基于理性的协商对话有利于避免政府决策的短视，促进议题的解决。从现实看，不论是旨在促进环境正义的环境运动（价值驱导型环境运动），还是围绕某次环境议题所引发的反公害运动（污染驱动型环境运动），都是理性环境抗争运动的表现。所不同的是，价值驱导型环境运动相对侧重"争"的一面，而反公害运动则可能带有更多"抗"的性质，当然，这种划分并非绝对，视具体情形而有所不同。

二 环境运动之理性环境抗争运动

（一） 环境运动

19 世纪中后期以来，随着人们环境意识的增强，环境运动蔚然兴起。内容上，环境运动既表现为环保团体长期从事的环境保护动员、呼吁与宣传活动，也往往体现为具体的抗争事件。从历程上看，西方环境运动大致经历了保育主义（Conservationism）、环境主义（Environmentalism）和生态主义（Ecologism）三个阶段。[①] 20 世纪 70 年代以来，随着环境保护成为西方社会普遍追求的一种"后物质主义价值"，环境运动成为"新社会运动"的典型代表，较好地发挥了保护环境、维护环境权益、影响政府

[①] 开始于 19 世纪中后期的保育主义主要关心保存自然环境的原本特色；20 世纪上半叶至 60 年代的环境主义不仅关注人类对自然环境的影响，还关心城市环境及环境问题对人体健康、生活质量和社会体系的影响；20 世纪 60 年代兴起的生态主义则扬弃"以人类为中心"的世界观，强调以生态为中心，将环境问题的关注从地方、国家扩展到全球生态可持续发展，从关心全人类到关心其他物种和生态系统。参见 Angela G. Mertig, Riley E. Dunlap, Denton E. Morrison. "The Environmental Movement in the United States." in Riley E. Dunlap and William Michelson (eds.). *Handbook of Environmental Sociology*. Westport, CT: GreenWood Press, 2002, pp. 449－481。

决策甚至促进社会民主转型的功效。

1. 环境运动：偶合性抗争还是运动式行为？

卢兹（Christopher A. Rootes）指出，环境运动是由没有组织隶属关系的个人和组织、正式程度不同的组织，甚至是政党（特别是绿党）组成的（松散的）非制度化网络，旨在从事由共同的环境关心所激发的集体行动。环境运动中的集体行动与对环境关注的形式和集中度可能因地点和时间的不同而不同。[①] 在卢兹看来，所有与环境议题相关的非官方组织及其开展的各种集体活动都属于环境运动范畴。鲁赫特（Dieter Rucht）则从更具体的层面上理解，即一个非国家角色实施的、与环境议题相关而明确表达批评或不满目的及社会与政治要求的集体的与公众的行动。[②] 在此基础上，国内学者郇庆治认为，环境运动既不包括已经可以视为政党政治一部分的绿党，也不仅仅限于具体的环境抗议事件。他将环境运动界定为所有围绕环境议题联合起来的、以各种行动方式表达自身的政治不满与要求的非制度化组织、网络或群体及其环境抗议活动。[③] 这里，三位学者的界定是相对宽泛的，按此界定，除了组织良好、持续时间长的组织性抗争外，一些偶合性的群集抗议事件似可归为环境运动的范畴。

学者黛安妮（Diani Mario）指出，环境运动是在对环境议题的共同认同和关注的驱动下参与集体行动的、无组织隶属关系的个人、群体及正式化程度不同的组织，通过非正式的互动而形成的非体制性的、松散的网络。在她看来：（1）环境运动是一个松散的集体行动网络，而非高度组织化、结构化的组织或机构。换言之，环境运动不是正式的组织，但正式的组织和机构可以作为环境运动的一部分而存在。（2）环境运动虽是一个松散的网络，但是与临时形成的集体行动不同的是，环境运动因有着对

---

① Christopher A. Rootes. "Environmental Movements and Green Parties in Western and Eastern Europe." in M. Redclift and G. Woodgate（eds.）. *International Handbook of Environmental Sociology*. Cheltenham & Northampton M. A.：Edward Elgar, 1997, p. 326.

② Dieter Rucht. TEA Environmental Protests：Code - Book and Practical Guide, 1998. 转引自郇庆治《80 年代末以来的西欧环境运动：一种定量分析》，《欧洲》2002 年第 6 期，第 76 页。

③ 郇庆治：《80 年代末以来的西欧环境运动：一种定量分析》，《欧洲》2002 年第 6 期，第 76 页。

环境议题的共同的价值理念（共同关注和认同）而在时间上具有一定的持续性，在活动上具有一定的连续性。（3）运动通常的行动方式是采用非正式的、非体制化的体制外抗争。① 不难看出，黛安妮更强调环境运动的"运动"属性，即具有区别于临时群集并很快解散事件的时间上的持续性和活动上的连续性，这与前述蒂利对社会运动界定时突出其"运动"属性的观点不谋而合，同时她指出了环境运动的结构（松散网络结构）和方式（体制外抗争）。

上述学者界定存在共同点：一是运动的形成源于环境议题，表达利益诉求（最常见是表达批评或不满），因而运动既可以是重在预防与环保的常规行动，也可能通过具体的抗争行为（事件）表现出来。二是从结构看，是一个由个体、组织、群集所集结起来的松散网络，不同于正式组织结构。三是从过程看，是将分散的个体、组织有效集结起来向当局提出诉求的外压式集体挑战，即组织动员——聚合团结——表达诉求。所不同的是，黛安妮所强调的"运动"属性角度，即行动者基于相对持久的互动形成不同于偶然结合的临时性集体抗争行为，更利于把握环境运动的内涵。事实上，不但已成为政党政治的绿党活动不能称作环境运动，临时聚集并很快解散、不具有持续性的抗争事件也不宜纳入环境运动范畴。从这个角度看，环境运动至少具备了环境抗争的组织性和运动性，是一种相对持久的环境集体行动，根据运动性质的不同分为抗争运动和常规运动两种类型②。

2. 环境运动：理性抗争还是非理性对抗？

德拉波塔与黛安妮（Della Porta and Diani）指出，环境运动可采取院外游说、法律诉讼、听证等温和常规的政治性策略，也表现为各类繁多的激进非常规斗争，其主要有三种逻辑：数量逻辑（政治压力）、实质损害逻辑（利益压力）和见证逻辑（道德压力）。③ 总的来看，环境运动的方

① Diani Mario. *Green Networks：A Structural Analysis of the Italian Environment Movement.* Edinburgh：Edinburgh University Press，1995，p. 5.

② 这种划分的标准是基于运动的总体特征，并不绝对。事实上，以呼吁、宣传和教育为主并致力于长期预防与保护的常规运动中可能带有一些抗争成分，而在一些以维权、表达不满为主的抗争运动中也时常带有常规运动的因素。

③ Donatella Della – Porta，Mario Diani. *Social Movements：An Introduction.* Massachusetts：Blackwell，1999，p. 173.

式有两种：一种是听证、院外活动、法律诉讼等民主制认可的常规政治手段；另一种是示威、罢工、抵制等体制外的非常规政治。二战后，西方环境运动在激烈度与破坏性对抗方面有所下降，呈现低动员化、形式常规化和策略化的特点，对环境决策的影响也开始从主要依靠体制外对抗转向体制内运作，环境运动组织也渐趋制度化①。而从亚洲看，香港学者李煜绍和苏耀昌在《亚洲的环境运动：比较的视角》中谈到民众主义路径（The Populist Path），即草根组织和群体行动采取对抗战术，运动中的非理性色彩较为浓厚。② 由此，根据运动策略和方式的不同，环境运动又分为理性与非理性两大类。

（二）理性环境抗争运动

由上，从环境运动中剥离出抗争运动，又进一步从中划分出理性类，即理性环境抗争运动。相对于暴力式对抗中浓重的非理性色彩，理性环境运动在抗争形式上、策略上都呈现更为冷静、平和的特点，更加注重运动的方式，更懂得运用压力、对抗性交流、沟通等适当的策略。当然，这里的"理性"是指运动总体方面的理性，局部可能呈现一些非理性的特点，理性程度视具体情况而有所不同。

1. 意识上，一般有着更高层次的价值追求

通常，环境抗争运动的直接目标为防止公害（阻止某项污染项目）或利益补偿（经济或福利补偿）。前者往往表现为"邻避政治"，即阻止污染项目在本地的落户，但至于污染迁往何处，不在考虑之列。而后者则获得补偿即可，对于污染源有着较高的容忍度。这两种情况在某种程度上是一种"短视"，不利于从根本上克服政府当局的环境决策短视。而理性环境抗争并不完全局限于直接目标，很多时候重在追求议题背后的环境公益、环境正义、代际公平、生态主义等更高层次的价值。同时，运动中自觉性大于自发性，行动者对于运动的策略、目标有着较清晰的认识，存在

---

① 例如环境运动院外集团对欧盟环境政策的影响，通过谈判、协商、督促等方式推动欧盟相关政策的制定朝着有利于运动议题的方向发展。详见郇庆治《80 年代末以来的欧洲新社会运动》，《欧洲》2001 年第 6 期；于海青：《当代西方参与民主研究》，中国社会科学出版社，2009，第 133 ~ 134 页。

② Yok – shiu F. Lee, *Alvin Y. So. Asia's Environmental Movements: Comparative Perspectives.* New York: M. E. Sharpe, 1999, p. 294.

比较高的自为、自律与自省。

2. 形式上，坚持理性的合法抗争

环境抗争运动既可能采取非法暴力式抵抗，也可能借用合法管道进行温和式抗争。暴力对抗往往表现为群体性冲动与莽撞，随着冲突的持续升级，容易演化为打、砸、抢等破坏和扰乱公共秩序的行为。其虽能增加运动对媒体的吸引力，利于扩大事件的知悉度，但往往降低了谈判、协商与合作的可能，结果要么迫使当局作出让步，要么运动被镇压。这种非理性对抗对国家权威、合法性及秩序造成破坏，对行动者而言付出的代价和风险又太大，并非解决问题的有效途径和正确方式。相反，理性环境抗争运动采用体制内渠道或采取呼吁、宣传、游行集会等体制外合法抗争方式，既能够减少当局的心理排斥力，也有利于各方在对话协商的基础上进行博弈，避免激烈对抗而导致暴力斗争。

3. 策略上，基于理性成功影响决策的可能性增大

理性环境抗争运动在尊重政府决策合法性的同时，懂得如何通过外压有效影响政府决策以更理性地维护环境权益。一是通过广泛动员、吸引媒体关注等方式，推动议题成功进入政府议程；二是不诉诸暴力式对抗，而是通过标明抗争的合法性、正义性，争取议题相关行动者甚至更广范围的社会支持，使政府陷于饱受道德、信任困境或面临合法性危机的社会压力，迫使政府改变、修正原有决策或作出新的决策；三是向政府决策施压的过程中，一般能形成集体认同和集体共识较强的解决方案；四是能够利于与政府等各方对话、协商、说服与谈判。

理性环境抗争运动过程中，问题被置于公开讨论，形成了一个围绕议题的意见场，各种能量在场中自由博弈，克制与理性超越莽撞和冲动，合法相争取代了暴力对抗，基于合法和自由表达利益诉求，能够形成旨在影响政府决策的可行方案，最终促进议题的解决和达成利益均衡，有利于克服政府一元化决策造成的短视，维护和促进公共利益。从西方实践看，在环境运动特别是理性环境运动"压力阀"和"改良剂"的作用下，传统的一元化、封闭型、精英式和单向性的环境决策模式已经有所动摇，多元化、开放型、民主式、双向性的决策模式正在形成。

三　理性环境抗争运动与公共能量场的内在逻辑关联

之所以强调理性环境运动并将其从环境运动中剥离出来，是因为通过运动能够集结各种组织性力量，在借助新闻媒体扩大影响力的同时，理性地运用正义感、道德、价值对当局施加压力，理性环境运动的整个过程（议题—动员—抗争—施压—影响决策）形成了一个旨在解决环境决策议题的外压型公共能量场。

（一）从生成看，理性环境抗争运动形成了建构特定环境议题的压力场

理性环境抗争运动其实是直接利益相关者、媒体和社会成员共同阐释、定义行动以建构特定环境议题的过程：一是议题表达，即发现者揭露或提出议题，将议题背后的利益诉求建构和凸显出来（有时需要刻意进行夸张式渲染和修饰）；二是议题传播，使利益相关者感知；三是集体行动，动员和组织利益相关者，凝聚形成压力流，迫使当局将议题纳入决策议程。不难看出，从议题建构到组织动员再到核凝聚以至于最终形成决策压力，实际上是一个场的形成过程，其生成逻辑是：议题建构（场源）促进了各类相关者（行动者）的感知，进而推动了集体行动（核凝聚）并向决策中心施压。这样，组织化环境抗争的结果在很大程度上就取决于压力场中的能量间及场核（施压方、受压方、反对方和中立方等）的力量对比。

（二）从主体看，理性环境抗争运动是多元行动者施展能量的利益角逐场

约翰·汉尼根（John Hannigan）认为，环境议题建构的条件为：科学权威的支持和证实、环境问题与知识的科学普及者、受到媒体的注意、以符号和词汇修饰和包装议题、有可见的经济刺激，以及制度化的支持者。[①] 这些条件也标明了环境运动中的多元参与者。一般来说，理性环境运动能够成功建构起多元行动者参与特定环境议题的能量场：充当科学权

---

① 〔加拿大〕约翰·汉尼根：《环境社会学》，洪大用等译，中国人民大学出版社，2009，第 81 ~ 82 页。

威的专家与环保部门、作为传播者与放大器的媒体、建构议题的组织者和支持者。随着议题被构建出来，抗争还出现柯布（Roger Cobb et al.）等人所言的从"关切的民众"（attentive public）扩展到社会的"一般的大众"（general public）[1]和拥有最终决定权的决策者。这些行动主体都在抗争运动中施展能量，本着各自的利益开展活动以影响决策，整个过程中形成了利益角逐场。

（三）从过程看，理性环境抗争运动是充斥着组织动员、斗争和妥协等内容的博弈场

理性环境抗争运动从集体行动到冲突对抗、调解斡旋再到最终决策，其间是一个多元行动者竞相博弈各显神通的博弈场过程：从组织动员看，理性环境抗争运动有赖于成功有效地动员力量，是一个传播议题、达成集体行动并完成场内公共域能量的核凝聚过程；从博弈看，公共域能量、公权力域能量甚至国际域能量，相互间展开互动，时而斗争、背离，时而妥协、合作，形成综合域的角斗场；从影响决策的过程看，经过核凝聚的公共域能量流、反对派能量流和第三方能量流都试图对决策中心产生影响，形成对话、协商、斡旋、妥协和平衡的博弈场。

（四）从结构看，理性环境抗争运动形成基于松散网状结构的联结场

贝尔特·克兰德尔曼斯主张从"多组织场域"（multi – organization field）的视角来研究社会运动，他强调，社会运动历程是在多组织的张力场中发展、变化或衰落的。[2] 理性环境抗争运动中，行动者因特定环境议题的建构发生相对持久的关联，又因议题的结束（时间的冲淡、目标的达成等）而终结。这种关联性使得行动者之间组成了既非制度化的组织，也有别于原子化个体的松散的网络结构，各种能量（抗争者、媒体、专家、社会大众和政府决策部门等）基于网络结构发生关联，形成场。视场内有无组织者、组织者在结构中的作用强度的不同，大体上形成行动者

---

① Roger Cobb, Jennie – Keith Ross, Marc Howard Ross. "Agenda Building as a Comparative Political Process." *The American Political Science Review*. Vol. 70, 1976, p. 129.

② 贝尔特·克兰德尔曼斯：《抗议的社会建构和多组织场域》，载〔美〕艾尔东·莫里斯、卡洛尔·麦克拉吉·缪勒《社会运动理论的前沿领域》，刘能译，北京大学出版社，2002，第118页。

相互独立的网状结构和某一行动者作为关联中心的伞状结构。因此，从结构的角度看，理性环境抗争运动其实是一个能量间的结网过程，其结果取决于组织者的结网能力、网络节点间的关系和结网的效果。

（五）从结果看，理性环境抗争运动是决策短视的纠错场

决策本质上是对利益和价值的权威性分配，环境抗争实质是围绕决策的利益角逐场。场的集体行动减少了个体风险与成本，场的渲染、烘托提供了组织化力量，同时场内抗争者、专家、社会大众、污染企业和决策部门展开多元交流，基于场能够取得个体所不能获得的决策影响效果。在经由有效组织和管理的情况下，场能够重拾起行政封闭决策条件下被一度"阉割"的民主决策机制，克服和减少原有决策的短视。当然，也应看到，地方反公害运动中邻避意识的存在，可能过于关注当前利益，忽略了更大范围内的环境公益，抗争本身出现短视。相对来说，自然保育环境运动则更能关注环境公益和代际公平，可有效预防和纠正决策短视。

四　转型期中国的环境抗争

随着城市化、工业化的推进，转型期各类环境抗争集中爆发，除了制度内渠道的个体抗争外，近年来各类环境群体性事件呈增长趋势。"群体性事件"是中国特定语境中对以群体形式出现的各类抗争的概括性用语。由于临时非持续性的群集抗争行为及经由组织起来的社会运动都可称为群体性事件，而当前中国环境运动也大多以"事件"形式表现出来[①]，因此，就当前看，环境群体性事件与严格意义上的环境运动既存在区别，又有着一定的交叉，基本上可以将环境运动看作环境群体事件中一类有着运动属性的构成。总的来看，转型期中国的环境抗争呈现一个内聚环的特点，环境抗争这一更大范畴内的环境群体性事件中有相当一部分以环境运动的形式出现，其中又有一小部分是理性环境抗争运动，见图4-2。

[①] 从国外看，还有一部分环境运动以致力于长期的环境保护的宣传、动员和参与表现出来，往往形成在组织结构、运动策略、参与模式上的高度制度化的现象，但在当前，中国的这种形式的环境运动比较少见，其往往通过事件的形式表现出来。比如，近年来环保 NGO 开展一系列事件，从木格措、仁宗海到怒江，再到金沙江虎跳峡等反坝事件以及圆明园防渗事件，都是其自然保育运动的表现。

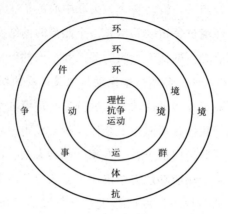

图4-2 环境抗争概念群

资料来源：笔者自制。

（一）环境抗争现状

1. 抗争现状

当前，个体环境抗争主要借助制度内管道，如向街道和居委会反映、直接向制造污染的单位或个人提出抗议、向地方政府投诉、向工作单位反映、向媒体投诉和通过民间环保团体反映等①。群体环境抗争主要有三类：一是农村环境抗争。农民抗争使用的"弱者的武器"既有学者李连江、欧博文所言的"依法抗争"或"合法反抗"②，也包括学者于建嵘强调的"以法抗争"或"有组织抗争"③，这类抗争一般持续时间短，自发性强，多以情绪宣泄为主，往往伴随着暴力反抗，非理性色彩较重。二是城市社区的维权行动。主要是社区居民经由精英动员或自发组织起来进行反公害抗争。这类抗争带有强烈的邻避意识，在一些成熟的社区，抗争则呈现较强的理性。三是环保NGO组织的环境公益抗争，旨在维护环境公益，以自然保育为主，理性与组织性程度都较高。

---

① 冯仕政：《沉默的大多数：差序格局与环境抗争》，《中国人民大学学报》2007年第1期，第123页。

② 李连江、欧博文：《当代中国农民的依法抗争》，载吴国光《九七效应：香港、中国与太平洋》，太平洋世纪研究所，1997，第70~141页。

③ 于建嵘：《当前农民维权活动的一个解释框架》，《社会学研究》2004年第2期，第49~55页。

2. 总体特点

一是数量上，个体抗争和以环境群体性事件表现出来的群体抗争都呈集中爆发与增长之势。二是条件上，在中国现行政治体制下，大规模的环境运动缺少有利的"政治机会结构"①，民众意识和集体行动能力不强，难以有效组织起来，这就决定了环境抗争的成功很大程度上取决于如何有效引起媒体的关注，通过媒体报道以动员社会力量，形成压力。三是性质上，基本上是自力救济行动，不具有政治对抗性。个体抗争的自力救济性质自不必言，群体抗争也以防止或反对公害的自力救济和自我维权为主。目前基于环境公益的抗争基本由环保 NGO 发起和组织。四是理性上，各类抗争理性程度不一，但总体呈现从非理性向相对理性转型的特点。相比较而言，农村环境抗争大体呈现非理性，城市社区的反公害运动和环保NGO 开展的环境运动则相对理性。后两者基本上属于童燕齐所言的"污染驱动型环境运动"和"世界观主导型环境运动"②。

（二）理性环境抗争运动

日本学者饭岛伸子概括出环境运动的四种类型：反公害—受害者运动、反开发运动、反"公害输出"运动和环境保护运动。③ 就当前中国看，这四类环境运动除反"公害输出"运动外，其他均已出现。相对来看，环境保护运动最为理性，但目前大规模环境保护运动比较少见，而一些反公害运动和反开发运动已呈现较强的理性色彩。

1. 自然保育运动（价值导向型环境运动）

自然保育运动本持以自然为中心的价值观，主张保护自然资源的目的是为了自然本身及其美学和娱乐价值，运动出于环境公益导向。这类运动目前由环保 NGO 发起，但由于缺乏类似于西方环保团体从制度外社会抗

---

① 〔美〕查尔斯·蒂利、西德尼·塔罗：《抗争政治》，李义中译，译林出版社，2010，第62 页。

② 童燕齐：《转型社会中的环境保护运动》，自然之友网站，http：//www.fon.org.cn/content.php? aid =7563。

③ 前三种运动都是基于抗议和反对公害来维持现存环境，第四种则有意识地创造对地域社会的生活者、对地球上生息的所有生物及对将来诞生的新生命更为理想的环境作为运动的最终目标，带有更多预防和保护的性质。（〔日〕饭岛伸子：《环境社会学》，包智明译，社会科学文献出版社，1999，第 98 ~ 111 页。）

议团体转为制度内决策压力团体的社会政治条件，在主要致力于长期生态和自然保护目标的同时，国内环保 NGO 也卷入到具体抗争中，通过联合媒体呼吁与宣传，发动公众参与自然保育，以外压的运动形式影响政府决策。2003 年以来，从木格措、仁宗海到怒江，再到金沙江虎跳峡、圆明园防渗，环保 NGO 组织了一系列自然保育运动。通过运动促进了广泛的社会参与，形成了围绕自然保育议题的外压型公共能量场，较成功地影响了政府决策，一定程度上避免或纠正了开发决策中的短视。

2. 反公害运动（污染驱动型环境运动）

在体制内管道缺乏或实质性受阻的情况下，一些发达地区的社区居民组织起反公害运动，通过外压的方式迫使政府放弃、修正或替代原有决策。这类运动的特点是组织化和理性程度较高，通常是精英动员或居民自发组织，通过媒体曝光最终形成外压公共能量场以影响政府决策。近年来，厦门反 PX 事件、上海沪杭磁悬浮事件、北京六里屯居民反垃圾发电厂事件和广州番禺反垃圾焚烧事件都是反公害运动的典型。在这些运动式抗争中，抗争者更懂得理性运用策略，不仅在宪法赋权与实际剥夺之间的灰色地带发明了"集体散步"这种温和的抗争形式，而且开始通过与政府展开理性对话、协商进行决策上的博弈。

第二节 理性环境抗争运动形成的外压型公共能量场：案例考察及验证分析

一 自然保育运动能量场

（一）保卫怒江运动

1. 事件全程回放

（1）前期工作

1999 年，原国家计委根据云南省有关人大代表的呼吁，拟对怒江进行开发，2003 年 6 月，《怒江中下游水电规划报告》提出怒江中下游两库十三级梯级开发方案。据规划测算，全部梯级电站建成后，每年地方财政收入将增加 27 亿元，仅怒江州每年地方财政将增加 10 亿元。

巨大的经济效益，令地方兴奋不已，国家尚未批准立项，怒江开发的前期准备工作就已紧锣密鼓地进行：2003 年 3 月 14 日，云南省政府与华电集团签署了《关于促进云南电力发展的合作意向书》，云南省政府表态支持华电集团开发云南电力资源；6 月 14 日，云南华电怒江水电开发有限公司组建；7 月 18 日，云南华电怒江六库电站正式挂牌成立。①

（2）反对意见的缘起

2003 年 8 月 12 至 14 日，国家发改委在北京主持召开由怒江州政府上报的《怒江中下游水电规划报告》审查会。会上，环保总局②官员牟广丰坚决反对，并拒绝在评审书上签字。由于势单力薄且如不加以阻止怒江开发将成定局，他拨通了环保 NGO——"绿家园"负责人汪永晨的电话，希望寻求政府外的反对力量。

据汪永晨事后回忆："我的朋友说，他在国家发改委开会，孤军奋战，'环保总局一定要守住'，并且非常急需我帮忙找一些熟悉怒江的专家学者，他要反击!"③ 为了帮助牟广丰输送"援军"，汪永晨一面将云南大学教授何大明④推荐给他，一面开始组织环保 NGO 并动员社会力量保卫怒江。

（3）争论的开始

2003 年 9 月 3 日，国家环保总局在北京主持召开"怒江水电开发生态环境保护问题专家座谈会"。会上，除国家发改委和水利电力系统的代表主张建坝之外，来自生态、农林和地质等领域的 30 余位专家一致持反对意见。⑤ 此

---

① 张惠娥：《怒江也要建大坝?》，《中国水运报》2003 年 12 月 15 日第 T00 版。

② 2008 年环保总局升格为国家环保部，成为中央政府的组成部门。出于尊重当时历史的考虑，此处案例及案例分析中仍采用"国家环保总局"称谓。

③ 邓瑾：《环保新力量场的台前幕后》，《南方周末》2005 年 1 月 27 日第 C18 版。

④ 何大明——云南大学亚洲国际河流中心主任，著名河流专家。随后的事实证明，何大明成为最先反对开发怒江的专家，也是反对怒江建坝的唯一的云南当地专家。

⑤ 此次会议上专家们针对保留原生态（生物多样性、文化多样性、自然美学价值）、引发地质灾害和造成环境污染、开发不是解决贫困的唯一出路和维护子孙后代环境权益等方面提出反对意见，认为不能片面强调水资源的能源价值，而忽视或掩盖水资源的生态价值、社会人文与经济可持续发展的综合价值。详见赵永新《为子孙保留一条生态江》，《人民日报》2003 年 9 月 11 日；陈昌云：《怒江水电开发在争论中启动》，《工人日报》2003 年 11 月 15 日。

次会议上，云南大学教授何大明提出的六点质疑①成为此后国家环保总局及北京有关专家反对怒江开发的立论基础。

地方层面，云南省环保局分别于 2003 年 9 月 29 日和 10 月 10 日召开两次研讨会，会上以政府官员和云南专家为代表的赞成派占据主流。

2003 年 10 月 20～21 日，国家环保总局在昆明召开第四次专家座谈会，以云南本地专家为主的支持派和以北京专家为主的反对派针锋相对，互不相让。会上，北京的一位专家指着昆明动物研究所研究员陈瑞银的鼻子尖锐地说："你是不是被当地政府收买了？"据云南大学生态与动植物研究所所长党承林教授事后回忆说，座谈会上两派专家争得面红耳赤，到最后几乎变成了"谩骂"。② 随后，两派专家在各大媒体上激烈交锋。

（4）各种力量博弈

①地方政府方面

在众多专家的反对声中，2003 年 10 月，云南方面对规划拿出一个折衷的调整方案。同时，为争取中央支持，云南省、怒江州政府组织了至少三四次的队伍到北京进行"游说"。2003 年 10 月 22 日，怒江州委书记解毅、州长欧志明亲自率队进京，"就怒江水电开发与环境保护问题再次向国家发改委、环保总局、水利部、水规总院、交通部和国家民委作了汇报，并与国电北京院、华电集团全面交换了意见"。③ 这次进京的一个直接效果是：11 月 12 日，国家环保总局组织 5 人工作组（据事后媒体报道，此次环保总局一个专家都没带）深入怒江调研，听取云南省及地方政府的想法，对规划中的一些细节提出修改意见。随即，国家环保总局之

---

① 这六点质疑为：包括怒江在内的"三江并流"已于当年被联合国列入世界自然遗产名录；怒江天然大峡谷具有重大价值；在高山峡谷区修建干流大型电站，必须关注水土流失、滑坡、泥石流和可能的地震灾害；怒江大峡谷干流电站将产生大量生态移民；怒江州的贫困是多种原因造成的，不可能依靠修建大型水电站脱贫等。（详见《怒江大坝"出生"有点痛》，http：//news. sina. com. cn/c/2003 – 11 – 26/03001187537s. shtml）此次会议被环保 NGO 人士、环保总局官员称为"打响怒江保卫战的第一枪"，挑起了全国关于怒江开发的争论。

② 简光洲：《怒江水电项目"复活"再调查》，东方早报网，http：//topic. dfdaily. com/010/8850/9706/9772. html。

③ 《怒江将上马 13 级水坝遭环保专家强烈反对》，新浪网，http：//news. sina. com. cn/c/2003 – 11 –25/07492203486. shtml。

前的强烈反对态度开始明显减弱，总局内一些早先反对建坝的官员也开始保持沉默。①

②环保 NGO 方面

眼看怒江水电开发即将上马，从 2003 年 10 月起，"绿家园"、"云南大众流域"、"自然之友"等环保 NGO 自发联合起来，通过呼吁、讲座、论坛、签名、向政协和人大代表提议等形式反对怒江建坝。

2003 年 10 月 1 日，"云南大众流域"通过组织怒江边的村民考察、宣讲等方式帮助村民提高关注维护自身权益的认识，同时向沿途各县传达水坝建成后在移民、泥石流和生态等方面的危害。

10 月 25 日，在中国环境文化促进会第二届会员代表大会上，"绿家园"组织起由 62 位来自科学、文化艺术、新闻和民间环保机构的人士联合反对怒江建坝的签名活动。

11 月，"自然之友"、"绿家园"、"绿岛"、"地球村"等国内环保NGO 参加"第三届中美环境论坛"，成功地将会议议题转向保护怒江。11月底，"绿家园"、"自然之友"、"绿岛"、"云南大众流域"等环保 NGO在泰国举行的世界河流与人民反坝会议上为保护怒江而奔走游说，最终促进了 60 多个国家的 NGO 以大会的名义为保护怒江联合签名并递交给联合国教科文组织，后者为此专门回信，称其"关注怒江"。随后，泰国的 80多个民间 NGO 也就怒江建坝问题联合写信，并递交给中国驻泰国大使馆。②

2004 年 3 月 14 日，环保 NGO 创办的"情系怒江"中英文网站开始运行。3 月 26～29 日，"自然之友"、"绿家园"、"北京地球村"在韩国济州岛召开的第五届联合国公民社会论坛上作"情系怒江"专题讲演并呼吁保护怒江。会议期间，各国代表纷纷签名表示支持保留怒江。

---

① 11 月 12 日，国家环保总局一位曾竭力反对怒江建坝的官员在电话里颇为无奈地说："这个事情该做的我都做了，现在我已经不管了。"（张惠娥：《怒江也要建大坝?》，《中国水运报》2003 年 12 月 15 日第 T00 版）

② 《谁是大坝背后的利益方》，新浪网，http://finance.sina.com.cn/g/20050711/12081782979.shtml。

在国内多个民间环保 NGO 的积极奔走呼吁之下，越来越多的学者、媒体、社会大众开始参与到反对怒江建坝的运动中来。2005 年 8 月 25 日，98 名民间环保人士和 61 家环保组织签名的《民间呼吁依法公示怒江水电环评报告的公开信》，呈送给国务院、国家发改委和国家环保局等有关部委，并在"自然之友"等环保 NGO 的网站上发布，接受网络签名。公开信掀起轩然大波，间接促成"中国水电开发与环境保护高层论坛"的召开。①

③舆论及社会方面

汪永晨组织起十几家媒体记者，将 2003 年 9 月 3 日由国家环保总局召开的怒江水电开发生态环境保护问题专家座谈会上专家们反坝的声音通过《中国青年报》、《21 世纪经济报道》等各大主流媒体传向社会，全国多家媒体开始报道。随后，对怒江的关注从学术层面、专家层面和政府层面开始拓展到社会层面。在搜狐、新浪、网易等知名网站的电子公告栏和天涯等大型网络社区上，众多网民自发就此展开激烈广泛的大讨论。与此同时，2003 年 12 月，重庆十所大学的环保社团举行了怒江生态图文资料展示、学生大签名和呼吁书发放等活动。②

（5）开发暂被搁置

由于专家的强烈反对，加上多个环保 NGO 成功的呼吁，国内外各种反对怒江建坝的声音日渐高涨。2004 年 2 月 18 日，温家宝总理对国家发改委上报的《怒江中下游水电规划报告》作出批示："对这类引起社会高度关注，且有环保方面不同意见的大型水电工程，应慎重研究、科学决策。"至此，一度如箭在弦的怒江水电开发暂被搁置。

（6）开发再次启动

2004 年 11 月 13 日，国家发改委会同国家环保总局联合审查了《怒江中下游水电规划环境影响报告书》，提出优先开发马吉、亚碧罗、六库和赛格水电站的"一库四级"方案，总装机容量 7180 兆瓦。环评报告通

---

① 《怒江开发环评案案情简介》，环保律师网，http://www.eplawyer.com/fsxm/hjyxpg/20060412/20060622103323.htm。

② 王晓军：《我市 10 所大学环保社团呼吁不要开发怒江》，《重庆日报》2003 年 12 月 9 日第 3 版。

过后，国家环保总局的反对声音逐渐减弱。

2005 年春节期间，在北京展开"人类是否应该敬畏自然"的大辩论，以何祚庥院士、著名学者方舟子和清华大学赵南元教授为主力的"非敬畏派"和以环保人士汪永晨、廖晓义和梁从诫等为代表的"敬畏派"展开激烈争论，一时间引发众多媒体的广泛参与。

2005 年 4 月，院士何祚庥、陆佑楣，著名学者司马南、方舟子，中国水力发电工程学会副秘书长张博庭等考察团一行 12 人应云南方面之邀前往云南考察怒江，之后，考察团向国务院上书要求加快怒江开发。

2005 年 7 月，温家宝总理赴云南考察期间，地方官员反映怒江水电建设停工已久，地方不知如何进退，希望中央能尽快定夺。温总理回京后，即指示国家发改委、环保总局和水利部等有关部门"加紧论证研究，尽快拿出自己的意见"。

2007 年 8 月，经国务院审议并由国家发改委印发的《可再生能源中长期发展规划》明确，"今后水电建设的重点是金沙江、雅砻江、怒江等重点流域"，并将怒江列为我国 2020 年前重点建设的水电基地。

（7）后续

2009 年 12 月，《云南省能源产业发展规划（2009～2015）》要求："积极推进怒江水电基地开发建设……将水电开发……作为重大民生工程，促进人民群众就业和脱贫致富、地方经济全面协调快速发展。"

2011 年年初，国家能源局有关负责人公开表示，关于怒江开发建设的前期论证，特别是设计、研究一直在做，到底怎么推进目前虽没有准确、成形的说法，但怒江一定会开发。[①]

2. 怒江水电开发：地方决策导引和推动下的国家决策

追根溯源，怒江开发源于地方决策行为，正是这种行为导引了整个项目。因此，怒江水电开发决策涉及国家和地方两个层面：地方决策是引发国家决策（审批）的起因，国家决策则是地方决策能否最终实现的前提

---

① 《开发还是保护？怒江水电开发再讨论》，能源网，http://www.cnenergy.org/_d271232110.htm。

条件。由于地方决策存在短视倾向，对其的有效遏制也就转化为如何成功地影响中央决策。

（1）从项目审批看，怒江水电开发的最终决策是国家行为

怒江水电开发的大型水利工程属性决定其最终审批决策权在中央政府①。按现行大型水电开发决策审批程序，作为项目主管部门的国家发改委负责项目规划，国家环保部门负责项目环保审批。从整个决策议程的设立（1999 年原国家计委启动项目）到项目被"封冻"搁置（2004 年温家宝总理的批示），再到"解冻"重启（随着地方政府加紧对中央"游说"和以何祚麻院士为首的云南考察团向国务院提议"建议立即开发"，2005 年温家宝总理要求各部门加快提出处理意见），中央政府对源于地方动议的项目能否最终上马拥有拍板定夺权。事实上，公共能量场中的各主体（地方政府、专家学者、环保 NGO 和有识之士等）都在极力施加各自的能量以说服和影响中央决策者，支持派与反对派双方在如何成功地影响国家决策权的争夺上异常激烈。

（2）从项目过程看，怒江水电开发的全程涉及地方政府决策

一是项目启动源于地方政府的决策和倡议。"怒江水电开发的动议，则首先来自云南省人大少数民族代表的多批次多人次议案和全国人大第七第八届代表议案。"② 正是地方政府组织人大代表提出议案、呼吁和倡议，1999 年原国家计委开始启动怒江项目，怒江开发从地方决策（地方决定开发怒江并积极争取国家立项批准）开始进入国家决策议程。二是项目规划过程中，地方政府决策支持开发③。三是在项目待审中，地方决策大

---

① 按现行规定，装机容量 2.5 万千瓦以下的水电开发项目由当地市（州）发改委核准，25 万千瓦以下由省发改委核准，25 万千瓦至 100 万千瓦的交由国家发改委核准，100 万千瓦以上则由国家发改委报国务院审批核准。怒江水电全级总装机容量 2132 万千瓦，需由国家发改委报请国务院审批核准。

② 张建新：《论我国大型水电建设项目民主化决策》，《中国三峡建设》2005 年第 6 期，第 85 页。

③ 2003 年，针对由国电昆明勘测设计研究院、国电华东勘测设计研究院设计完成的《怒江中下游水电规划报告》，云南省发展计划委员会以云计基础［2003］1337 号、云南省环境保护局以云环监验［2003］722 号文，分别向云南省人民政府提交了《对怒江中下游水电规划报告的审查意见》和《怒江中下游水电开发与环境保护问题的请示和报告》，并对怒江中下游水电规划能够做到开发与保护相协调发展表示了认同和支持。

力推动项目上马。① 四是按照宪法规定的自然资源分级管理原则，项目所在地的云南省政府拥有代表国家对自然资源分配和管理的权力，这就决定了水电开发项目获批后，投资主体的确定、库区移民和后续管理等具体任务要落实到地方执行，地方政府需要在如何组织开发上进行决策。而实际上，地方决策关乎开发的终极结果已成为当前水电开发中的潜规则。②

（3）地方层面决策存在环境短视

怒江水电开发能为地方政府带来显著的收益，在巨大的经济利益面前，地方力主开发怒江的决策存在短视：一是观念短视。只看到开发带来的经济效益，忽视项目对环境可能造成的巨大破坏和影响。③ 二是利益短视。决策的背后更多是地方谋求 GDP、水电利益集团追逐利润，并未妥善顾及项目实施将造成搬迁的当地居民的利益④，也一定程度上忽视了生态维持和环境可持续发展的长远利益。三是过程短视。决策的前期条件不

---

① 2004 年东方早报记者在怒江采访期间，适逢当地正在开两会，州政府办公室的工作人员介绍，水电开发是这次会议最重要的议题之一。"我们要倾全州人民之力，争取项目尽快上马。"（简光洲：《怒江水电项目"复活"再调查》，东方早报网，http：//topic. dfdaily. com/010/8850/9706/9772. html）

② 一位从事水电开发的大型电力央企地方分公司总经理对《财经》记者道出，水电工程建设的最大制约来自地方政府，"地方让你干，没有核准，你也可以干。地方不想让你干，你核准了，也不让你干"。"如果它能给你提供好环境，建设就能顺利开展。反之，企业寸步难行。"（详见李纬娜、王绮华《水电提速困局》，《财经》2011 年第 10 期）

③ 说起怒江开发对地方带来 10 亿元的收益，怒江州计委办公室主任赵振中显得很兴奋："至于害处，可能就是骚扰几条小鱼、淹没几个景点，但跟整体的发展相比孰重孰轻？一目了然。"（详见张惠娥《怒江也要建大坝?》，《中国水运报》2003 年 12 月 15 日）一位强烈支持建设大坝的当地政府官员反问记者："当地经济要发展，百姓要富起来，难道让我们守着摇钱树讨饭吃!?"（详见余戈《怒江建坝已成定局?》，《北京科技报》2004 年 2 月 4 日第 A14 版。）

④ 地方政府和水电集团并未让与项目决策直接相关的弱势利益者——当地居民参与到决策中来。根据 2006 年"绿家园"负责人汪永晨对怒江当地居民的访谈，很多人对建坝毫不知情，对建坝之后的影响几乎一无所知。"怒江要建水电站的事，国内外媒体报道已近三年。而怒江沿江的老百姓，除了六库边上的小沙坝村四年前在村头贴了一纸告示，不准再修新房子，否则不予赔偿，镇里给开了一次会通知他们要修水电站会淹掉他们的房子和地以外，其他所有沿江的人对于修电站和搬迁、赔偿的事情都不太清楚。松塔电站潜在移民、西藏察隅县察瓦龙乡龙普村村支部书记阿格居然说，他是从一位在当地写博士论文的美国人那里知道水电站的事情的"，汪永晨说。"地质勘探早在三年前就已经开始，可是对移民问题的调研、论证和解决方案始终没有跟上，当地百姓和社会公众一直得不到必要的信息，这能算是在'解决人的问题'吗"，汪永晨问。（详见陈宏伟《怒江水电开发"大调整"方案为何如此神秘》，《中国经济时报》2006 年 6 月 21 日第 001 版）

充分，专家意见不受重视。① 同时，"未批先建"，2003 年怒江水电开发规划尚未获批立项，云南省政府就与华能集团签约组建开发公司，同时开始前期施工。2004 年，怒江开发规划环境影响评估尚未通过，云南省便急于上马修建第一梯级电站——六库水坝。

由于中央审批决策关乎项目最终能否上马，反对派旨在遏制地方决策短视的努力也就转化为如何有效成功地影响中央决策。而对于中央政府而言，怒江水电开发的国家性质，决定了其在决策中必须慎重，尽可能克服先行地方政府决策中的短视和平衡开发与保护、当前与长远和地方与国家等各方面的利益。

3. 基于公共能量场 SSP 分析

（1）场的形成

从 1999 年原国家计委开始启动到怒江开发规划至媒体曝光之前，整个开发进程在悄然中进行，公共能量场缺乏形成的基本条件。2003 年是一个转折点，通过环保总局官员牟广丰（议题发现者）—环保 NGO（信息传递者）—媒体（信息放大者），能量场得以形成。其间反映了：一是官员责任感和环保总局的弱势地位。2003 年由国家发改委主持的怒江规划论证会上，环保总局官员牟广丰的坚决反对反映了作为环保总局官员的责任感和环保总局在政府序列中的弱势地位。由于项目完全由国家发改委主导，在座谈会之前发改委对环保总局的隐情和视其为"橡皮图章"的做法，"激怒"了环保总局官员。但由于代表环保总局态度的牟广丰几乎成为会上唯一的反对者，势单力薄，为克服这种弱势，环保总局需要寻求体制外的环保 NGO 及舆论力量的支持。二是环保 NGO—环保总局同盟关系。牟广丰通过私人关系将怒江开发消息透露给"绿家园"负责人汪永晨，汪永晨将其熟悉的反对派专家代表何大明推荐给牟广丰，于是有了 2003 年环保总局召开的两次以"反对声"为主导的专家座谈会，"绿家园"、"自然之友"等环保 NGO 及其组织的媒体参会并在会后将反对建坝的声音传递给公众。事实上，

① 参加论证的清华大学李楯教授在接受采访时指出："怒江是在没有考察清楚的情况下就决定上马的，作为当地领导的态度是：你们可以论证，可以想办法，但是必须上。我觉得这是非常没有道理的，我们只有在搞清楚问题的时候才能决定上是不上。"（原载 TOM 网访谈，2004 年 1 月 15 日，转引自情系怒江网站，http：//www. nujiang. ngo. cn/Files/Cat05/006. doc/view。）

共同致力于环保的目标、环保总局官员与 NGO 成员的私人关系、合作的需要促成了环保 NGO 与环保总局一定程度上的同盟关系。① 三是环保 NGO—媒体联盟②关系 + 环保 NGO 联盟关系。汪永晨基于"记者沙龙"将消息传达给记者，同时环保 NGO 之间加强合作，通过"记者论坛"、讲座等方式广为宣传，促成很多媒体追踪报道怒江事件。

怒江开发议题在经由环保总局和环保 NGO、媒体倡导和传播后，各行动者基于媒体表达见解、自由交流和释放能量，各类媒体发挥了承载场内空间平台的作用：报纸、电视主要传达正反两派观点；互联网 BBS 作为网民意见交流的公共话语空间。各类会议（座谈会与论证会、国际会议）形成了场内行动者代表（座谈会与论证会中的专家、环保总局和环保 NGO；国际会议中的国际 NGO、有识之士和国内环保 NGO）参加的小范围的"面对面共同在场"，作为能量交锋的平台起到了面对面参与、讨论交流和互动的作用。然而，这些共同在场的代表性不够（前期环保总局和发改委主持的论证会分别代表反对派与支持派、NGO 组织的国际会议代表反对派），代表各方行动者交流、协商和对策的面对面共同在场在长达七年的时间里始终未形成。虽然举行了环评专家座谈会，但专家"被挑选"且"来不及看报告内容，会后材料全部收走，论证匆匆走过场"③，最大的问题还在于虽然环保 NGO、社会各界要求公开环评报告，

① 三个事实可以佐证：一是国家环保总局副局长潘岳多次热情地把民间环保组织称为"同盟军"。二是近年来，在保卫怒江、倡导 26 度空调节能行动、反对金光集团污染和绿色社区建设等一系列活动中，环保 NGO 与环保总局的合作深度与广度日益加大。三是 2005 年由国家环保总局主管的中华环保联合会成立，在长达 200 多人的理事名单中，除了 113 位部局级领导，还有汪永晨、梁从诫和廖晓义等 30 多位民间环保组织负责人的名字，梁从诫更是与国家环保总局局长解振华一起并列为副主席。

② 一些环保 NGO 本身由媒体人士发起成立，这些环保 NGO 中有大量的媒体人士会员，与媒体之间关系密切，通过绿色记者沙龙、绿色记者论坛、记者茶社等形成了制度化的联盟方式。（详见童志锋《动员结构与自然保育运动的发展——以怒江反坝运动为例》，《开放时代》2009 年第 9 期，第 121 页）

③ 2004 年 11 月，由国家发改委和环保总局主持的怒江规划环境影响评价专家座谈会召开，专家在开会的前两天才收到通知，几乎没有充足的时间对会上才发放的环评报告进行审查。对此，云南大学党承林教授事后谈到他是在会议召开前突然得到通知赶来北京的，在会上发放了环评报告和一些相关资料，但会议结束之后材料统统都被收走，以至于他甚至不能回忆起这次会议的全称。（详见邓瑾《环保新力量登场的台前幕后》，《南方周末》2005 年 1 月 27 日第 C18 版。）

但这份"敏感"的环评报告最终并未公开。

　　围绕怒江开发与否的公共能量场在 2003～2005 年达到高潮，2005 年之后，随着时间推移，议题渐渐淡出关注新闻时效性的媒体视野，新闻报道显著减少，民众热情也逐渐减退。虽然环保 NGO 和部分专家[①]仍在不遗余力，但能量场的活跃度已经大为减弱。其间，政治机会结构极大地影响甚至决定能量场的绩效：环保总局受制于政府内的压力，前后态度发生转变，地方 NGO[②] 和专家迫于地方政府的压力被迫减少反对声音，专家论证存在"御用"之嫌[③]。同时，地方政府加强对中央的建议攻势，上下级领导关系使得中央政府难免更倾向于地方，中央对业已形成的公共能量场博弈的淡漠、对议案长时间的"搁置"态度和潜在倾向于支持派的态度也打压了反对派的信心。

　　场的形成验证结论见表 4 – 1。

　　（2）场的结构

　　从结构构成看，来自公共领域（环保 NGO、专家、公共舆论、新闻媒体）、公权力领域（地方政府、环保总局、国家发改委）和国际领域（国际 NGO、联合国教科文组织）的各方能量组成场的结构，形成了支持

---

① 环保 NGO 通过宣传、组织学者考察、召开座谈会与媒体合作等方式继续为阻止怒江建坝做努力。2005～2009 年活动记录详见《NGO 关注江河时间表》，自然之友网站，http：//www.fon.org.cn。

② 由于"云南大众流域"（云南方面环保 NGO）对怒江建坝的强烈反对，其领导人于晓刚受到了组织合法性、人身自由等多方面力量的"威胁"：怒江事件发生后，在"大众流域"年审十天前于晓刚接到通知，年审报告不合格，需要重新提交。于晓刚在 2005 年初去缅甸开会，但到机场被工作人员以经济问题为由扣下所有证件和手提电脑，限定其两年内不能出国。另外，云南方面专家何大明，一开始在怒江问题上激烈反对，后来听说被云南省政府找去谈了几次话之后，反对声音小了很多。详见艾洁对"绿家园"工作人员赵昂的访谈。（艾洁：《社会事件中环境非政府组织的社会资本研究——以怒江事件中绿家园为个案》，硕士学位论文，中国人民大学，2005，第 45 页）

③ 随意挑选专家在整个怒江决策过程中屡见不鲜，如 2003 年在怒江水电规划审查会上国家发改委请来的专家几乎全都支持建坝，只有环保总局牟广丰一个人反对。随后，环保总局不甘示弱，其主持的两次专家座谈会几乎全是反对派专家。2004 年 11 月，在由国家发改委和环保总局共同支持的怒江规划环境影响评价专家座谈会上，与会者又大多是支持派专家，对此，《国际先驱导报》将怒江决策称为"一场挑选专家的游戏"。（详见高桐《怒江都江堰三门峡中国水利工程 50 年的 3 次决策》，《国际先驱导报》2004 年 4 月 19 日）

表 4 - 1　保卫怒江运动中公共能量场的形成验证

研究假设	验证发现	检验结果
SH1："议题建构者＋媒体"建构并传播议题，以提供场源	F1：议题发现者—官员及其责任感；议题倡导者—环保总局、专家和环保 NGO F2：环保总局在中央政府中的弱势地位 F3：论题传播者—媒体 F4：环保 NGO—媒体联盟、环保 NGO—环保总局同盟、环保 NGO 之间的联盟	证明正功效
SH2：需要有时间上的持续性并取决于政治机会结构	F1：随着时间的推移，场的活跃度下降 F2：中央对外压能量场的"冷处理"和对地方的潜在支持；环保总局在中央政府序列中多受掣肘 F3：地方政府对环保 NGO 和专家的限制 F4：有赖于打破过于依赖专家论证会的决策模式，专家论证会中专家有被"御用"之嫌	证明正功效
SH3：需要媒介作为意见平台和形成小范围面对面共同在场以凸显场体	F1：报纸、互联网、电视提供多方互动的平台 F2：各种会议形成小范围的面对面共同在场，但场的代表性不够，最终代表各方的小型的面对面共同在场并未形成	部分证明正功效

（地方政府、地方环保部门①、支持派专家、国家发改委）与反对（环保NGO、环保总局②、反对派专家、国际力量）两大场核，彼此都试图扩大自身能量流以战胜对方进而影响决策中心。从结构演化看，在反对派场核中，环保 NGO 发挥了组织动员作用，而前期媒体一边倒的报道所营造的反坝舆论加快反对派能量完成核凝聚的速度，形成了强大压力，一度影响了中央决策（温家宝总理作出暂缓怒江开发的批示）。2005 年，一些水电水利专家（如张博庭等人）一反往常沉默，开始在媒体上对水电开发宣传并对反对派观点进行反击。随着院士何祚庥、陆佑楣及著名学者方舟子的加入，支持派的阵营逐渐扩大，2005 年初围绕"人类是否应该敬畏自然"之争，支持派所拥有的"科学"头衔及"实用精神"使得其在对

---

① 云南省环境保护局以云环监发［2003］722 号文，向云南省人民政府提交了《怒江中下游水电开发与环境保护问题的请示和报告》，对怒江中下游水电规划能够做到开发与保护相协调发展表示了认同和支持。

② 环保总局前后态度和立场有所变化。见前文案例内容。

反对派的"人文"和"理想主义"论战中占据了有利地位。同时，地方政府也在通过各种方式加紧对中央的"建议攻势"，云南学术考察团随后向中央上书主张开发，支持派又逐渐取得了影响场内决策中心的支配地位。随着环保总局受制于政府内的压力逐渐淡出反对派网络，特别是2005年之后种种迹象表明项目将最终上马，反对派阵营的信心及反对核心的凝聚度有所下降，之前松散的网络结构开始瓦解，虽然环保NGO仍在不懈努力，但反对核能量流的力量已大为减弱，影响了向决策者的持续施压。

支持与反对双方在媒体上争锋论战，同时民众基于互联网展开激烈讨论，媒体成为联结各行动者、促成各能量间交流和能量流争锋的纽带、平台和场结角色。2005年之后，新闻记者开始从各自兴趣点对怒江事件进行报道①，公共舆论由之前以反坝为主转为百家争鸣。值得一提的是，在反对派能量核中，环保NGO通过广泛动员、宣传、组织与凝聚，成功地组建起保卫怒江的运动网络，环保NGO联盟实际成为整个外压能量场中的子场结。此外，在整个场的结构中，作为与水电开发最直接相关的当地居民由于极度贫穷落后难以表达利益诉求，经由环保NGO的帮助在能量场内发出了极其微弱的声音，环保NGO发挥了公众利益代言人的作用。

场的结构验证结论见表4-2。

表4-2　保卫怒江运动中公共能量场的结构验证

研究假设	验证发现	检验结果
S'H1：在源于多个场域的多主体构成的外压型能量场结构中，公共领域能量流应成为其中的一个场核	F1：来自公共域、公权力域、国际域的能量形成支持与反对双核结构，环保NGO和媒体在反对核的核凝聚中起关键作用 F2：当地居民缺乏作为能量场行动者的能力 F3：环保NGO承担公众权益代言人的角色 F4：专家有被"御用之嫌" F5：地方环保部门成为支持核的一员	证明正功效

---

① 2008年12月8~12日连续播出的5集系列节目《怒江故事》则明显地站在支持派的一方，试图向观众说明怒江开发的必要性。

续表

研究假设	验证发现	检验结果
S'H2：媒体或运动组织者成为场结	媒体作为主场结，环保 NGO 作为反对核的组织者承担子场结作用	证明正功效
S'H3：场势的地位取决于场核间的竞争，如何成功影响媒介成为关键	F1：结构前后发生变化，反对核由占主导到能量强度下降 F2：媒介的观点在整个事件前后发生分化 F3：环保总局的立场与态度很关键；其态度前后变化反映了其在中央政府中的弱势与受掣肘	证明正功效

（3）场的过程

借助于各类会议与新闻媒体，各种能量博弈过程呈现总体上自由、开放、多元与自组织，但局部子场非理性和无序的特点：一是来源于公共域、公权力域和国际域这三大领域的能量自发形成开放多元的外压能量场，能量间经过自由组合完成了核凝聚过程，场内最终形成支持派与反对派两大场核，各自通过媒体论战、运用资源等方式，形成指向决策压力的能量流。二是从局部子场看，争论双方分歧远远超出共识，以至于不可协商甚至完全对立，场内博弈表现为争论、对抗、谩骂甚至人身攻击，整个过程中几乎看不到双方的相互倾听、学习、共识与合作，显露出激情有余而理性相对不足的特点。① 三是能量间的交流对抗至 2005 年尤其激烈，之后反对声音减弱，出现零星的反对力量②，争论虽还在继续，但能量场的博弈逐渐由激烈对抗转为潜在消解状

---

① 几个现象可以对之佐证：一是 2003 年 10 月 20～21 日举行的专家座谈会上，反对派的北京专家与支持派的云南专家争论激烈，会议一度变成了双方的相互谩骂。二是 2005 年围绕着"人类是否应该敬畏自然"的大讨论，支持派与反对派双方利用《新京报》和网络为平台，展开了一场激烈的论战。双方争议甚至上升到人格和人身攻击。三是网上有多篇署名为"水博"的对环保人士作刻薄的言语攻击的文章，也可看到环保人士反击的言论。可见 http：//bbs. chinacourt. org/index. php？showtopic＝91913＆st＝705。

② 2008 年"两会"期间，全国人大常委会委员、全国人大环资委副主任委员汪纪戎提交了《关于先叫停怒江六库水电站，切实保护世界自然遗产的建议》，2010 年"两会"期间又提交了《关于重视怒江地区特殊复杂的地质地震背景审慎决策怒江水电开发的建议》，汪纪戎建议：在怒江上开发水电务必慎之又慎。2011 年 2 月下旬，四位地质学家以联名信方式，上书国务院领导，表示怒江在地震、地质上有特殊的高风险，不应建设大型水电站。（详见章轲《怒江水电开发扩大化老地质专家高声反对》，《第一财经日报》2011 年 2 月 24 日第 A06 版）

态。四是从局部的共同在场（各种官方举办的会议）看，开放程度不够，参与者特别是专家的挑选受人为控制，缺少公开、充分交流和对话协商的博弈规则。

总的来看，外压能量场的过程虽开放自由但其作用并未得到应有的激发。究其原因：一是场内博弈规则的缺乏。按理说，在长达七年的争论中，博弈各方应能形成旨在促进交流对话的话语规则，然而支持派与反对派双方都不能理性、包容地看待对方，积极寻求共识点，而视对方为洪水猛兽，是攻击排斥的对象，导致双方如何在实现合理开发与保护的最终优化方案上始终未找到平衡点。二是公共能量场管理者的缺乏。在两派观点激烈对抗以至于完全不可协商的情况下，理想的公共能量场管理者应是国家。然而，国家有关部门并未充分利用业已形成的公共能量场，本着公开、公平和公正原则，以一个居间调停者的身份扮演好让各方尽可能基于外压能量场充分理性地交流和施展能量，进而通过形成小范围的面对面共同在场以协商、平衡和寻找问题最终解决的角色（至少可以根据环境影响评价制度形成一个各方代表参与的民主公开的环评能量场），相反，对公共能量场采取"冷处理"，仍囿于传统封闭式而非全面充分的论证模式，其结果是科学的方案难以出台，决策历经七年的"难产"。从这点看，通过外压公共能量场一定程度上克服了地方政府原有决策的短视[①]，但场的功效未得到最大程度的激发和显现。

场的过程验证结论见表4-3。

（二）保卫都江堰运动

1. 运动全程回放

（1）都江堰建坝溯源

1997年，四川省水利厅提出让都江堰"更新换代"，即开建紫评铺—

---

① 设想如果在怒江项目中未形成公共能量场，可以预计，该项目将在2003年通过评审后上马，环境破坏和移民利益受损等短视难以避免。至少借助于公共能量场，怒江当地居民的利益诉求通过环保NGO得到一定程度的表达，项目方案也根据环保要求得以调整。虽然项目将最终上马，但2010年6月24~26日，《怒江流域综合规划报告》出台，报告将促进移民脱贫致富和地方经济发展、促进生态环境保护和民族文化保护列为怒江水电开发任务，环保等综合价值较之于之前更受重视。应该说，围绕怒江开发所形成的公共能量场通过影响中央决策而对地方政府环境决策的短视起到了一定的制约作用，环境公益也得到进一步的珍视与维护。

表 4 – 3　保卫怒江运动中公共能量场的过程验证

研究假设	验证发现	检验结果
PH1:历经"核凝聚—外压—协商"的过程,需要场用(博弈规则)	F1:场内博弈历经核凝聚形成外压,但几乎全是对抗,未见协商合作 F2:场内缺乏规范各方的博弈规则	部分证明正功效
PH2:场虽是理性自组织过程,但需要国家发挥管理者(场促)作用	F1:场是一个自组织过程,总体理性,局部非理性 F2:在议题性质复杂、争议较大、难以定论且需平衡多方利益的情况下,场内尤其需要管理者,然而,国家并未履行该角色	部分证明正功效

鱼嘴"姐妹工程"的构想。"姐妹工程"中的"姐姐"是选址距都江堰核心"鱼嘴"6 公里的紫评铺水电站工程,作为"姐姐"配套反调节工程的"妹妹",为距"鱼嘴"仅 350 米的鱼嘴水库工程。这一构想得到了四川省委、省政府的支持。

2000 年,在国家环保总局举行的都江堰建坝环境影响分析报告论证会上,多数专家针对建坝对都江堰功能及生态的破坏提出反对意见。由于此次论证会未通过,四川省水利厅又委托中国水利科学院某研究所召开第二次环境评估论证会,这次会议没有邀请上次会议的专家,另外找了一些水利系统的内部人士。会议虽有争议,但与会人员最终达成妥协:"紫评铺工程可以动工,只要不上鱼嘴工程即可。"①

2000 年,由于即将开工的紫评铺工程对生态环境的负面影响,都江堰没有被批准为"世界自然遗产",只被联合国教科文组织列为"世界文化遗产"。

2001 年 3 月,紫坪铺水利枢纽工程上马兴建。2003 年 8 月,工程进度过半,当时预计 2005 年建成发电。

（2）拟建杨柳湖大坝

"姐姐"进展顺利,作为"姐姐"钓鱼工程②的"妹妹"也被提上议程。由于之前国家有关部门及专家对"妹妹"的反对,四川省都江堰管

---

① 万静波、曹勇:《大坝,离都江堰 1310 米》,原载《南方周末》,转引自新浪网, http://news.sina.com.cn/c/2003 – 08 – 01/09321456226.shtml。

② 即先上马"姐姐",然后以需要反调节水库为由再上马"妹妹"。

理局①决定将"妹妹"的选址向北迁移近 1 公里，即在距离都江堰核心上游 1.3 公里处修建杨柳湖大坝。

2003 年 4 月 28 日，都江堰管理局召开杨柳湖大坝工程选址论证会，会上，多数来自环保、规划、历史和文物等领域的专家提出强烈反对意见。

然而，都江堰管理局仍坚持上马，称工程建设"刻不容缓"。紧接着，6 月 5 日，都江堰管理局召开第二次论证会，避开上次提反对意见的专家。与会的 10 位四川省文物专家对该工程的建设"表示理解"。②

（3）保卫都江堰呼声的兴起

通过私人关系③得知杨柳湖工程通过论证并即将上马的都江堰世界文化遗产办公室负责人邓崇祝很着急，为保卫千年都江堰不至于因修建杨柳湖大坝遭受破坏，他开始着手两件事：一是将情况上报四川省世界遗产办和四川省文物局，同时向当时尚不知情的都江堰市委市政府汇报。二是要求环保 NGO "绿家园"负责人汪永晨（她的另一身份是中央人民广播电台记者）采访，希望通过媒体阻止上马杨柳湖工程。

从都江堰采访回到北京后，汪永晨即与《中国青年报》记者张可佳一起商议如何以最有效的方式将都江堰建坝的消息传达给公众和对政府施加影响力。张可佳通过一位朋友将都江堰建坝消息传递给联合国教科文组织驻北京办事处。6 月 18 日，联合国教科文组织驻北京办事处官员埃德蒙·木卡拉就都江堰建坝一事向中国联合国教科文组织全国委员会和国家建设部提出"询问"。汪永晨则借助于"记者沙龙"这种环境记者交流信息的平台，把稿子发给沙龙分布在各地的众多记者。

7 月 9 日，《中国青年报》上刊登了记者张可佳发表的名为《世界遗产都江堰将建新坝原貌遭破坏联合国关注》的专题报道，杨柳湖工程开

---

① 四川省都江堰管理局设在都江堰市区，隶属于四川省水利厅，是四川省直属单位，其职能是负责都江堰下游灌区的调水、沿岸河道的整治与维修及日常管理。

② 张惠娥：《保卫都江堰：公众力量影响工程决策》，《南方都市报》2003 年 9 月 22 日。

③ 都江堰世界文化遗产办公室调研员邓崇祝谈到他得知将兴建杨柳湖大坝的缘由，"都管局的朋友告诉我，考古专家们表示理解，这样就算是通过了。通过以后，他们马上就要组织进行环评然后就要动工了"。（张惠娥：《保卫都江堰：公众力量影响工程决策》，《南方都市报》2003 年 9 月 22 日）

始进入公众视野。接着到 8 月底,《南方周末》、中央电视台、新华网和《北京晚报》等全国 180 多家媒体对此展开深度报道,引发了广泛的公众讨论,其中,民众的普遍反对和各领域众多专家的批评占绝对主流。[①]

(4)各种能量博弈

①支持派与反对派[②]

支持派:四川省水电厅高级工程师王炳清、四川大学水利学院资深教授赵文谦、都江堰管理局。该派主要认为,杨柳湖工程是解决灌区水资源紧缺、调度水资源和减少紫坪铺电站的调峰运行对鱼嘴的冲刷影响的需要,不会对都江堰功能造成实质性的破坏,且如不尽快建设起反调节功能的杨柳湖水库,紫坪铺工程综合效益无法有效发挥且每年将亏损近 5000 万元人民币。[③]

反对派:四川省建设厅、文物管理局、成都市政府、都江堰市政府、多数媒体、社会舆论。该派观点为,建坝是一种目光短浅的行为,损害鱼嘴、飞沙堰等主体工程,对"天人合一"亲自然方式、"无坝引水"的世界遗产造成毁灭性的破坏;损坏都江堰周围的自然、生态和人文景观;破坏都江堰千年文物。

②都江堰市方面

7 月 7 日,都江堰市人大常委会向四川省人大递交《关于都管局拟建杨柳湖水库存在严重问题的报告》,提出不能以牺牲都江堰千年文物和自然景观、生态为代价进行大坝建设。7 月 15 日,都江堰市组织了文物、建设、环保、水利等机构的负责人,联合接受记者采访,表示杨柳湖工程违背国家有关法规,坚决反对。7 月底,都江堰召开市委常委会,达成要求暂停上马杨柳湖工程的共识。

---

① 据邓崇祝统计,全国 180 多家媒体报道中"至少有 99.9% 是反对杨柳湖的,而网上的评论就更多了"。(张惠娥:《保卫都江堰:公众力量影响工程决策》,《南方都市报》2003 年 9 月 22 日)

② 关于两派之间的争论详见风行、晓川、紫风《世界遗产是否成为世界遗憾?》,《中国水运报》2003 年 8 月 11 日;薛秀春:《都江堰保全有望》,《中国建设报》2003 年 8 月 12 日。

③ 朱会伦、傅雪军:《都江堰建坝折射出决策科学化问题》,《科技日报》2003 年 8 月 7 日。

③国家方面

针对杨柳湖工程，环保总局官员牟广丰表态国家环保局不会同意建设。水利部的意见是"不可能不建"。8月4日，由建设部、国家文物局和中国联合国教科文组织全国委员会联合组成的调查组经过调研认为："杨柳湖工程将破坏都江堰景观，可能对都江堰功能造成极大影响，建议进一步开展深入、慎重的科学论证，在没有绝对把握之前，不许建任何工程。"

（5）决策结果与风生水起

8月7日，都江堰管理局表示：杨柳湖大坝建设工作和有关工程论证工作已全部暂停，工程是否上马，最终待上级政府决策。

8月29日，四川省政府第16次常务会议上，经省长表态，杨柳湖工程被一致否决。

然而，在4年之后的2007年，建坝之声又风生水起，建坝之争不绝于耳。2007年10月水利部部长陈雷《在中国水利学会2007年年会上的报告》中提到，要"加强控制性水利枢纽工程建设，完成嫩江尼尔基、右江百色、四川紫坪铺……等骨干工程建设"。2007年12月，《中华遗产》杂志的《都江堰谁来决定你的命运》一文刊载了四川大学历史文化学院一位教授关于《修建水库是为了更好的保护》的专稿，提出都江堰建坝问题。[1]

2. 地方政府决策短视

一是观念短视。决策无视环境价值，不顾专家反对，采取各种方式妄图"霸王硬上弓"：决策中不重视专家意见，一旦专家有不同意见，便重新举行论证，将有意见的专家排除在外。如果将最初决策者的短视姑且视为无意的话，那么在第一次论证会专家提出强烈反对意见后，都江堰管理局仍坚持上马并举行第二次论证，其有意短视暴露无遗。为达到目的，对国家主管部门和专家进行攻关。[2]

二是过程短视。决策论证不公开、不透明。杨柳湖工程论证会，是在

---

① 若水：《都江堰建坝风波的回顾与思考》，http：//www. fjms. net/Hydt/Details. aspx？ID＝44111。

② 在紫坪铺环评报告会上，有关专家提出强烈反对，但最终通过。对此，有人认为，紫坪铺工程的上马其实是工程方、专家与国家环保总局之间的妥协。（详见张惠娥《保卫都江堰：公众力量影响工程决策》，《南方都市报》2003年9月22日）

秘密悄然中进行，作为直接利益相关者的文物部门、遗产部门和都江堰市政府的有关人员和专家代表未受邀参加①。况且工程决策作为重大决策事项，并未举行听证多方听取意见。

三是利益短视。注重部门利益，忽视全局利益，决策方案未经优选。都江堰管理局既是项目管理者又是项目投资者②，都江堰工程带来的利益和效益是其力主上马的原因，无视整体工程特别是杨柳湖工程建成后对自然景观、历史古迹及依靠旅游为支柱产业的都江堰市的影响。同时，紫坪铺决策时 76 万千瓦装机容量是否科学、是否存在为"钓鱼工程"做铺垫，杨柳湖大坝是否非得修建、680 万立方米的库容是否有必要③这些都饱受质疑。

3. 基于公共能量场的分析

（1）场的形成

场的形成源于发现者、议题倡导者和媒体的合力：一是官员责任感及其与环保 NGO 成员的私人关系。邓崇祝通过私人关系从内部渠道得知项目通过论证即将上马的消息后，出于保护历史活文物和生态环境的责任感，一面向都江堰市政府及省文物局等有关部门汇报，一面通过"绿家

---

① 2003 年 4 月 28 日中午，四川省都江堰市文物局副局长卞再斌得到朋友告知都江堰管理局在当天下午举行大坝选址论证会，出于文物保护的目的，他主动参加会议，成为会上未被正式邀请的第 19 位与会者。（万静波、曹勇：《大坝，离都江堰 1310 米》，原载《南方周末》，转引自新浪网，http://news.sina.com.cn/c/2003 - 08 - 01/09321456226.shtml）2003 年 6 月 5 日第二次论证会通过后，都江堰市委和市政府还不知道杨柳湖水库论证的事情。邓崇祝向都江堰市市委书记汇报之后，引起市委领导的重视，第二天即召开常委会，邓被要求在常委会上作汇报。（详见张惠娥《保卫都江堰：公众力量影响工程决策》，《南方都市报》2003 年 9 月 22 日）不但如此，连四川省的遗产管理、文物部门也被蒙在鼓里，这些部门得到消息还是基于邓崇祝的上报。

② 紫坪铺工程由四川省投资公司、成都市投资公司及都江堰管理局的产业集团三方共同参股投资。

③ 有专家算过，如果紫坪铺电站装机容量是 24 万千瓦而非当初决策的 76 万千瓦，就能同时满足发电、灌溉的综合用水需求，那样的话，根本无再建杨柳湖大坝的必要，也就没有后续的争论。关于杨柳湖大坝，有专家认为，杨柳湖大坝远非非建不可，即使为了缓解若干年后成都有可能出现的水荒，也可以用有效的灌区节水工程取代杨柳湖大坝，只要 300 万立方米就可以，而拟建的杨柳湖水库的库容却高达 680 万立方米。水利部门的一位专家对记者说，水利厅和都管局之所以要争这个"烫手的山竽"，就是打了自己的小算盘：把库容量加大，再装上两台发电机组，然后就可以坐收渔利了。（详见侯大伟、张伟《都江堰建坝骑虎难下》，《瞭望新闻周刊》2003 年 8 月 15 日）

园"负责人同时也是中央人民广播电台记者的汪永晨寻求环保 NGO 和媒体的帮助。这两个渠道分别促成了政府内部行动者（都江堰市政府、四川省遗产办、文物局等）和社会行动者（广大民众）对议题的感知，形成保卫都江堰的公共能量场。二是环保 NGO—媒体联盟。汪永晨基于"记者沙龙"将都江堰建坝消息传达给记者，随后各类媒体在传播、扩大消息和报道正反两派争论的同时，也着重渲染了"保护活文物"的呼声，促成了公共空间里反对声音的高涨。不难看出，环保 NGO—媒体联盟在促进议题传播方面与保卫怒江运动中的能量场形成有着极高的相似性，但都江堰案中能量场未出现环保 NGO 之间的联盟及其组织活动，场的形成完全是通过媒体的报道实现的。

环境议题带有时效性，人们对议题的关注度会随着时间而冲淡，公共能量场内的能量会逐渐减退。也许正是看到这一点，水利部四川水利水电勘探设计研究院总工程师张仁忠认为尽管支持和反对意见当时正处于针锋相对阶段，但是他坚信，"风头过后，杨柳湖工程一定会重新上马，只是时间问题"。[①] 所幸的是，在此期间四川省政府顺应民意果断作出决策。然而，这种暂停杨柳湖大坝的决策，并未借助业已形成的外压能量场，纳入各方代表形成小范围的共同在场，基于此进一步商讨对于紫坪铺"骑虎难下"的解决方案，遗留问题的存在直接导致了事隔四年后建坝的再次风生水起。这反证了形成小范围共同在场的重要性（正功效）。

另外，场的形成取决于政治机会结构：一是社会的进步和环境意识的提高。针对紫坪铺与杨柳湖这两个工程最终不同的结局，《中国青年报》记者张可佳深有感触："现在和两年前不一样了。紫坪铺工程那时候几乎就不让媒体碰，基本上是封锁的。开会的时候记者也不让进，老牟子[②]就把我们挡在门外了。这跟社会的发展和进步有关系。现在谈环境保护的事情大家想说随时都可以说，整个舆论环境宽松多了，话语权相对轻松多

---

① 《风头过后都江堰仍建坝？》，新浪网，http://news.sina.com.cn/c/2003 - 08 - 09/0929533916s. shtml。

② "老牟子"指环保总局官员牟广丰。

了。"① 二是环保总局的态度和打破过于依赖专家论证会的决策模式。紫坪铺工程的上马，源于没有媒体报道，公众并不知情，整个过程仅是封闭的专家论证。"有人认为，紫坪铺工程其实是专家、国家环保局的一种妥协，因为紫坪铺是我国西部开发第一大工程。"② 而作为反调节作用的杨柳湖工程并非非建不可，完全可以寻求替代措施，环保总局在这项不涉及其他强势部门利益的问题上相对具有表态的独立权。环保总局在两个工程上的不同态度，反映为其在中央政府序列中缺乏履行职能的独立性。此外，紫坪铺第三次论证，都江堰管理局排除了前两次持反对意见的专家，专家论证存在被"操纵"和"御用"之嫌。

场的形成验证结论见表 4 - 4。

表 4 - 4：保卫都江堰运动中公共能量场的形成验证

研究假设	验证发现	检验结果
SH1："议题建构者 + 媒体"建构并传播议题，以提供场源	F1：议题发现者 - 官员及其责任感 F2：媒体倡导议题 F3：官员与环保 NGO 成员的私人关系 F4：环保 NGO—媒体联盟	证明正功效
SH2：需要有时间上的持续性并取决于政治机会结构	F1：随着时间的推移，场的活跃度下降 F2：环保总局在两个工程上的不同态度，反映其在中央政府序列中缺乏履行职能的独立性 F3：舆论环境更为宽松，社会进步和环境意识在逐步提高 F4：有赖于打破过于依赖专家论证会的决策模式，专家论证会中专家有被"操纵"和"御用"之嫌	证明正功效
SH3：需要媒介作为意见平台和形成小范围面对面共同在场以凸显场体	F1：报纸、互联网提供能量互动的平台 F2：没有形成小范围的共同在场	部分证明正功效

（2）场的结构

来自公权力领域、公共领域和国际领域的能量自发形成了支持（都江堰管理局、部分水利专家）与反对（国家环保总局、四川省建设厅、

---

① 张惠娥：《保卫都江堰：公众力量影响工程决策》，《南方都市报》2003 年 9 月 22 日。

② 张惠娥：《保卫都江堰：公众力量影响工程决策》，《南方都市报》2003 年 9 月 22 日。

四川文物管理局、都江堰市政府、媒体、多数专家、网络公共空间、联合国教科文组织）两个场核，在媒体上进行论战。[①] 公共空间能量的激发则以7月张可佳报道为起点，在媒体的引导下完成核凝聚。显而易见，媒体在发挥联结场内各方的场结角色作用的同时，还促进了反对核的形成，对此都江堰市世界遗产管理办公室副主任王甫坦言："如果没有全国一百八十多家媒体的关注，我们保护世界遗产的进展不会这么顺利。"而根据该办公室主任邓崇祝的统计，全国180多家媒体报道中"至少有99.9%是反对杨柳湖的，网上的评论就更多了"[②]。与怒江案不同的是，都江堰案公共能量场中两个场核的能压差（力量对比）较为悬殊，出现准双核结构：反对派在媒体倾向性反坝的导向下形成了强大的能量流，一开始便在对支持派的论战中占据了绝对优势，赢得了影响决策的绝对主导地位，这种力量对比关系前后并未出现变化。同时，从反对派场核看，各种能量在建坝被曝光之后是自发的，而非基于环保NGO组织起来，场中并不存在联结各行动者的子场结。

场的结构验证结论见表4-5。

表4-5 保卫都江堰运动中公共能量场的结构验证

研究假设	验证发现	检验结果
S'H1：在源于多个场域的多主体构成的外压型能量场结构中，公共领域能量流应成为其中的一个场核	F1：来自公共域、公权力域、国际域的能量形成支持与反对力量对比悬殊的准双核结构，媒体在反对核的核凝聚中起关键作用 F2：没有地方环保NGO的作用表现 F3：地方环保部门作用不明显	证明正功效
S'H2：媒体或运动组织者成为场结	F1：媒体作为场结 F2：没有组织者	证明正功效
S'H3：场势的地位取决于场核间的竞争，如何成功影响媒介成为关键	F1：各种媒介的反对声音比较整齐，但也有少量持支持态度 F2：环保总局的态度很关键	证明正功效

① "7月9日中国青年报道出来后，我主要就是通过央视、新华社、《南方周末》等媒体和他们论战"，邓崇祝说。（张惠娥：《保卫都江堰：公众力量影响工程决策》，《南方都市报》2003年9月22日）

② 张惠娥：《保卫都江堰：公众力量影响工程决策》，《南方都市报》2003年9月22日。

（3）场的过程

怒江案中环保 NGO 作为子场结组织起反对核，都江堰事件能量场中各种能量博弈则完全是自发的，从这点看都江堰能量场过程自组织性更强。场的过程特征为：一是场的持续时间短，但呈现自由交流的特点。从 2003 年 5 月建坝被曝光到 8 月四川省政府宣布停止项目，持续时间仅为三个月。各种能量基于报纸、电视、网络展开互动，整个博弈过程呈现自由的特点。行动者或者出于对保护历史文物的情感（社会大众）和职责（文物部门、联合国教科文组织、建设部门），或者看到事件背后的利益冲突（都江堰市）而自发地加入到能量场中施展各自的能量。二是理性充当博弈规则。在如此短的时间内和缺乏博弈规则的情况下，场内的博弈呈现总体理性的特点，不但有关于建坝的争论，各领域的专家还提出解决紫坪铺"骑虎难下"的种种方案①，不少读者在看过报道后也提出了新颖的建议，报纸上的论争能做到据理力争，场的绩效是显而易见的，但网络空间中部分网民的讨论仍缺乏理性，一味地谩骂与指责并不少见。三是由于能量场中两大核的能压差悬殊，从政府部门到舆论界，反对建坝保护自然遗产和历史文物的呼声占据科学、道义和情理上的绝对主导，在这点上几乎没有协商与妥协的余地，减少了对旨在规范、管理和引导各种能量的场促角色的需要。

场的结构验证结论见表 4-6。

表 4-6 保卫都江堰运动中公共能量场的过程验证

研究假设	验证发现	检验结果
PH1：历经"核凝聚—外压—协商"的过程，需要场用（博弈规则）	F1：没有协商 F2：总体上理性充当博弈规则，但网络讨论出现非理性现象	部分证明正功效
PH2：场虽是理性自组织过程，但需要国家发挥管理者（场促）作用	F1：场是一个自组织过程 F2：在议题利弊清晰，一方占据科学、道义、舆论等方面的主导性，能量间不需要协商的情况下，场内减少对能量场管理者的需要	部分证明正功效

---

① 如有专家指出：紧急改建紫评铺工程，减少装机容量，从而减少紫坪铺工程对杨柳湖工程的依赖性；在灌区推广高技术节水灌溉系统，用灌区节水工程取代大坝建设等。

二　反公害运动能量场

（一）厦门反 PX 运动

1. 全程回顾

（1）PX① 项目溯源

2001 年初，翔鹭化纤②向厦门市政府提出在海沧区建设年产 80 万吨 PX 项目。2001 年 5 月，厦门市决定引进 PX 项目并开始向国家有关部门上报 PX 项目建议书。2005 年 7 月，国家环保总局批准了项目的环评报告。2006 年 7 月，国家发改委批准③翔鹭集团旗下腾龙芳烃公司年产 80 万吨的 PX 项目落户厦门海沧。2006 年 11 月工程开始动工，当时预计 2008 年 12 月完工投产，投产后每年将为厦门市带来 800 亿元的 GDP。然而，如此重大项目的决策、论证和工程选址，都由政府一手包办，当地民众并不知晓。

毗邻 PX 项目选址所在地的小区——"未来海岸"的业主们不堪忍受翔鹭公司前期 PTA 项目发出的酸臭味及与此紧密相关的 PX 项目带来的风险，从 2006 年起，他们通过在房地产网站上发帖、向区、市、国家有关部门信访等方式进行抗争，但几乎没有收到任何成效。④

（2）反对声及其扩散

2006 年 11 月，厦门本地媒体上一则关于 PX 项目开工的报道引起了全国政协委员、中国科学院院士、厦门大学教授赵玉芬的关注，专业敏感性让她随即感到 PX 项目潜在的危害。2006 年 11 月~2007 年 1 月，赵玉芬通过联合 6 名院士联名给厦门市领导写信、向福建省委书记卢展工和省

---

① PX 是英文 Para – Xylene 的缩写，全称"对二甲苯"，是一种重要的有机化工原料，属危险化学品。

② 1995 年，台资企业翔鹭腾龙集团在厦门海沧台商投资区投产建立起初具规模的石化产业链，其中包括旗下的翔鹭化纤、翔鹭石化、腾龙特种树脂及正准备审批待建的腾龙芳烃公司 PX 工程。

③ 《国务院关于投资体制改革的决定》规定，新建 PX 项目或 PX 改造能力超过年产 10 万吨的项目由国务院投资主管部门核准。厦门 PX 年产 80 万吨，必须上报国家发改委并由其核准。

④ 关于小区业主的抗争详见曾繁絮、蒋志高《厦门市民与 PX 的 PK 战》，《南方人物周刊》2008 年第 1 期，第 21 页。

长黄小晶去信、与厦门市领导面对面交流等方式，提议将 PX 项目迁出厦门重新选址。[①]

在上述提议活动均未果的情况下，2007 年两会期间，赵玉芬发起由106 名全国政协委员联合签名提交的当年政协头号重点提案——"关于厦门海沧 PX 项目迁址建议的提案"。提案指出，PX 项目离最近的居民区仅1.5 公里，存在泄漏或爆炸隐患，厦门百万人口将面临危险，必须紧急叫停并迁址。但国家相关部门和厦门市政府没有采纳提案建议，PX 项目的建设速度反而加快。

2007 年 3 月 12 日《中国化工报》以《百名委员建议厦门海沧 PX 项目迁址》为题进行报道。3 月 15 日，《中国青年报》刊发题为《106 位全国政协委员签名提案——建议厦门一重化工项目迁址》的文章，各大媒体纷纷转载。3 月 19 日，《中国经营报》发表针对赵玉芬专访的题为《厦门百亿化工项目安危争议百名委员紧急提案要求海沧 PX 项目迁址》的文章，对 PX 的危险性进行了报道。

政协提案及媒体的报道使一度悄然进行的 PX 项目开始进入厦门公众视野，成为网友和厦门市民热议的话题，"救救厦门"的呼声在网络中得到传播与呼应，不少网友呼吁全国媒体给予关注，有的提倡用百万厦门市民签名的方式敦促政府停建 PX 项目。[②]

（3）各种能量的博弈

①公共空间里的集中讨论与随之而起的"集体散步"

在厦门当地媒体对 PX"默契"地集体沉默时，5 月 24 日，《瞭望东方周刊》刊发文章《百名政协委员难阻厦门百亿化工项目》，详细披露了政协委员提案无法改变 PX 项目的一些细节。5 月 25 日，香港《凤凰周刊》256 期发表一篇题为《厦门：一座岛城的化工阴影》的深度报道。与此同时，厦门知名专栏作家连岳利用博客和专栏，开始转载媒体关于 PX 的报道和撰写相关呼吁厦门市民理性维权的评论，引发大量关注与呼应。

---

① 庞皎明：《PX 局：一座城市与一个化工项目的周旋》，《中国经济时报》2007 年 6 月 6 日第 1 版。

② 陈晓彬、秦淮川：《百位政协委员叫停厦门 PX 化工项目》，《中国商报》2007 年 6 月 5 日第 5 版。

至此，PX 项目背后的各种问题集中浮出水面，引发民众广泛讨论。在厦门"小鱼论坛"、厦门大学 BBS 上，有关 PX 项目的帖子，吸引数以万计的点击率，"保卫厦门"、"还我蓝天"的字眼屡现网文标题。

5 月 23 日，一条手机短信开始在厦门市民中疯传："台湾第一通缉犯陈由豪与翔鹭集团合资已在海沧区动工投资 PX 项目，这种剧毒化工品一旦生产，厦门全岛意味着放了一颗原子弹，厦门人民以后的生活将在白血病、畸形儿中度过。我们要生活、我们要健康！国际组织规定这类项目要在距离城市 100 公里以外开发，我们厦门距此项目才 16 公里啊！为了我们的子孙后代，行动吧！参加万人游行，时间 6 月 1 日上午 8 点起，由所在地向市政府进发！手绑黄色丝带！见短信群发给厦门所有朋友！"

5 月 28 日，网民"夏门浪 22"在奥一网报料频道（http://baoliao.oeeee.com）发布了一条题为《反污染！厦门百万市民疯传同一短信》的爆料称，为抵制 PX 项目，数百万厦门市民互相转发一条相同的短信。据后台统计，半小时内 13 万网友点击了该帖，留言 600 多条。[①] 该帖子引起奥一网与南都网的关注，5 月 29 日，《南方都市报》封底整版以《厦门百万市民同传一条短信？》为题报道 PX 事件，网易等新闻网站头条转载了这一报道，当天中午，各网站跟帖过万。至此，厦门市民反对 PX 从区域性的民意表达发展成为 2007 年备受全国瞩目的焦点事件。

6 月 1~2 日，约两万以上厦门市民如期自发连续两天上街以"集体散步"的形式表达对 PX 项目的不满。《南方都市报》对"散步"率先报道，《南方周末》等多家媒体相继跟进，引发舆论热潮。

②厦门市政府方面

5 月 28 日，讨论 PX 比较集中的"小鱼论坛"迫于政府压力被迫关闭。而几乎与此同时，市面上报道 PX 事件的第 256 期《凤凰周刊》也被政府全部收缴。

同日，《厦门晚报》上刊登了以厦门市环保局局长答记者问的形式解答 PX 项目环保问题的文章——《海沧 PX 项目已按国家法定程序批准在建》。次日，该报又刊登了负责 PX 项目的腾龙芳烃（厦门）有限公司总

---

① 《2007：中国新闻业回望（四）》，《中华新闻报》2008 年 1 月 9 日第 D02 版。

经理林英宗博士以答记者问形式旨在解释 PX 科学问题的长文。显然，政府试图通过此举回应坊间质疑。

③厦门环保 NGO 方面

厦门最大的环保 NGO "厦门绿十字" 的负责人马天南曾多次向厦门市环保局索要 PX 项目的环评报告未果。

许多厦门市民要求 "厦门绿十字" 出面组织 6 月 1 日的市民 "散步"，被马天南拒绝。"我一直希望民间环保组织同政府合作，这样才能了解真相，因此我对上街游行的做法采取了 '三不' 的政策，就是不支持，不反对，不组织。"①

④国家环保总局方面

3 月 14 日，国家环保总局官员会见 PX 提案代表，表示莫大认同和理解的同时，也坦诚无能为力，"项目投产是国家发改委批的，国家环保总局在项目迁址问题上根本没有权力"。② 在反 PX 运动的影响下，6 月 7 日，国家环保总局开始强势表态，要求厦门市组织各方专家对 PX 项目进行全区域规划环评。

（4）项目停建与启动规划环评

5 月 30 日，厦门市政府召开新闻发布会，宣布缓建海沧 PX 项目，并启动环评、电话、短信、传真、电子邮件等公众参与程序，倾听民意。

6 月 7 日，厦门市政府宣布，PX 项目的建设与否，将基于厦门市全区域规划环评的结论进行决策。

12 月 8 日，在厦门市委主办的厦门网上，开通了 "PX 项目环评报告网络公众参与活动" 投票平台；10 日官方称投票平台 "因技术原因" 被中止。投票结束时约 6 万次投票记录中，反对 PX 的票数是 55376，支持票约有 3000 张，反对票比例超过 94%。③

12 月 13 ~ 14 日，厦门市政府主持召开 PX 项目环评公众参与座谈会。

①　袁越：《厦门 PX 事件》，《三联生活周刊》2007 年第 37 期。

②　屈丽丽：《厦门百亿化工项目引安危争议百名委员紧急提案要求海沧 PX 项目迁址》，《中国经营报》2007 年 3 月 19 日第 A01 版。

③　曾繁絮、蒋志高：《厦门市民与 PX 的 PK 战》，《南方人物周刊》2008 年第 1 期，第 22 页。

为期两天的座谈会上，106 名与会的市民代表中，近九成反对 PX 项目落户厦门。近百名人大代表和政协委员中，举手发言的有 15 人，其中 14 人持反对意见。[①]

（5）最终迁址决策

12 月 15 日，福建省政府召开省委常委会议作出决策：迁建 PX 项目，预选地为漳州市漳浦县的古雷半岛。[②]

2. 地方政府环境决策中的短视

虽然 PX 项目的审批核准在中央部门，但 PX 的引进、选址、投产规模、申报都是地方决策行为。整个事件中暴露出厦门市政府的决策短视：一是观念与利益短视。作出规划决策未顾及"石化工业区"与"城市次中心区"的矛盾。20 世纪 90 年代厦门市政府规划海沧化工区项目，2000 年前后因房地产市场看好，政府又在海沧区牵头开发，规划居民 50 万人，但之前的"石化重镇"规划仍同时进行，结果造成化工区和居民区相互毗邻，工业发展与居民环境权益严重冲突。无论是作为石化工业重头戏年产 GDP 800 亿元的 PX 项目还是之前规划的房地产开发，其重 GDP 导向但轻 PX 项目带来的危害都暴露无遗。二是过程短视。作为一项重大工程，PX 项目的引入、选址、论证决策不透明，公众参与严重不足。不但未履行重大决策透明、听证的要求，就连最起码的程序——环评报告中的公众参与环节也存在诸多疑点——为何在项目曝光之前厦门市民甚至是直接受影响的海沧区居民对于 PX 的开工浑然不知，对于什么是 PX、项目可能造成的风险几乎完全不知情？为何赵玉芬院士向有关部门、[③] 环保人士马天南多次向厦门市环保局查看环评报告均遭到拒绝？三是有错不

---

① 朱红军：《"我誓死捍卫你说话的权利"厦门 PX 项目区域环评公众座谈会全记录》，《南方周末》2007 年 12 月 20 日第 A02 版。

② 苏永通：《厦门 PX 后传 "隐姓埋名"进漳州》，《南方周末》2009 年 2 月 5 日第 A05 版。

③ 据赵玉芬了解的情况，PX 项目有三份环评报告，分别在国家环保总局、项目环评负责单位——北京化工学院某下属环评公司及厦门市环保局保存。赵玉芬三次向厦门市环保局提出查阅环评报告，均碰壁。2007 年"两会"期间，赵玉芬向国家环保总局有关官员索要环评报告，又多次致电国家环保总局，均未果。最后，赵玉芬直接找到北京化工学院下属的环评公司，但对方以"保护业主"为由未提供环评报告。（详见邵芳卿《厦门 PX 项目正在稳步推进》，《第一财经日报》2007 年 5 月 29 日第 A4 版）

改，维护短视。无视民众反馈及建议，执意推行原决策。在 PX 成为政协提案并经媒体曝光之后，厦门市政府没有授受提案建议，而是不顾反对加快项目推进速度。2007 年 3 月 13 日赵玉芬接受媒体采访之后，厦门市委书记何立峰于 18 日召开小型会议，要求"统一思想认识，委员提他们的，我们不理睬，要抓紧速度干"。3 月 20 日，海沧区委召开常委扩大会议，要求统一思想认识，全力以赴抓紧 PX 项目施工。[①]

3. 基于公共能量场的分析

（1）场的形成

在 PX 项目曝光之前，毗邻 PX 所在地的业主 2006 年初就已经开始维权活动，但没有实质成效。显然，在缺少媒体关注的情况下，基于体制内救济（信访）和体制外呼吁（房地产网站发帖）都难以获得外部能量的支持。能量场最终形成源于：一是发现者及其关系资源。赵玉芬联合 105 位政协委员成功提交当年的政协一号提案，基于全国政协委员之间的熟人关系网络，这种联合提案的过程既是动用私人关系资源（熟人网络）也是运用政治资源（政协提案）的过程。二是政协委员的倡导和媒体的传播。试图通过体制内渠道阻止 PX 的政协提案的目的虽未达到，但却产生了另一个间接效果——引起媒体的关注，PX 议题从之前的封锁状态公之于众。从报道政协提案曝光 PX 项目到持续揭露 PX 背后的各种问题，再到渲染厦门市民反 PX 运动，媒体在整个外压能量场的形成中发挥了触发、扩散、引导和凝聚作用。以手机短信、互联网（小鱼论坛、厦门大学 BBS、专栏作家连岳及其他网民的博客、"还我厦门的碧水蓝天"QQ群、MSN 等）为代表的新媒体提供了场的空间平台，在加速议题传播、促进能量交流、形成公共舆论乃至组织动员促成集体行动方面功不可没。三是网络"意见领袖"的倡导。专栏作家连岳基于其个人博客成功地担当起议题倡导者和场中反对派能量流的促进者角色，发挥了对厦门当地网民的意识启蒙、宣传、鼓励和凝聚的"意见领袖"作用，一定程度上促成了公共能量场。四是厦门市民的集体行动能力。最开始能量场中的行动

---

① 黄瀚：《百名政协委员难阻厦门百亿化工项目》，http://news.163.com/07/0526/00/3FCJU17S00011SM9.html。

者主要限于厦门市民，但网友"厦门浪22"在奥一网对厦门市民疯传短信的爆料、《南方都市报》随后的报道和各大网站的转载，以及6月1~2日市民的"散步"及随后的媒体跟进，都直接促成间接相关者如全国网友、国家环保总局加入能量场。

从整个场的过程看，基于外压能量场推动了小型共同在场——环评预防能量场①的形成，从随后举行的环评座谈会的代表性看，基本可视为缩微版的外压能量场，场内行动者进行面对面交流。外压能量场的形成受政治机会结构的影响：一是环保总局在中央政府序列中受到国家发改委等强势部门的掣肘，缺乏应有的权力，其职能的履行很大程度上需要通过民众抗争来借力。针对 PX 提案代表的诉求，国家环保总局官员作出"项目投产是国家发改委审批的，国家环保总局在项目迁址问题上根本没有权力"的无能为力表态。在反 PX 运动的影响下，6月7日，国家环保总局开始强硬表示，"将组织各方专家进行厦门市全区域规划环评"。二是厦门市民较强的环境和维权意识，以及自发性的集体行动能力，构成了对厦门市政府的直接压力并引起媒体的跟进报道，推动能量场的形成与扩大。三是政府的及时纠错。在 PX 运动中，厦门市政府从最初的强势（如强行推行、收缴期刊和关闭网络论坛）到被迫举行专家说明会承受民众质疑和不信任，再到后期开始正视民众诉求、主动与民众对话，开展环评，体现出政府的态度转变及应对能力，让人看到了一个敢于纠错的政府。

场的形成验证结论见表 4－7。

（2）场的结构

一是能量场行动者主要是中产阶层。反 PX 运动中，能量源来自公共领域（主要是厦门市民、专家学者）、公权力领域（厦门市政府、厦门市环保局、国家环保总局和国家发改委），场中没有国际力量。反对派能量主要是一批有着较高收入和知识水平的中产阶层，担心因 PX 影响房价的房地产商和小区业主是其中的主要构成。二是形成单核结构。12月8日厦门市委网络投票平台中，比例超过94%的反对票，以及12月13~14日

---

① 环境影响评价预防型能量场，详见第五章。

表 4 – 7　厦门反 PX 运动中公共能量场的形成验证

研究假设	验证发现	检验结果
SH1："议题建构者 + 媒体"建构并传播议题，以提供场源	F1：议题发现者和前期倡导者 - 学者及其责任感 F2：发现者的私人关系和政治资源，"头号重点提案"对媒体的吸引力 F3：网络"意见领袖"发挥议题倡导者作用 F4：后期厦门市民作为议题倡导者，群发短信和"集体散步"的集体行动能力起到进一步吸引媒体关注的作用	证明正功效
SH2：需要有时间上的持续性并取决于政治机会结构	F1：环保总局的不同态度，反映其在中央政府序列中的弱势，需要通过民众的抗争来借力 F2：厦门市民环境、维权意识和集体行动能力 F3：政府的纠错和积极应对 F4：专家难以取得公众信任	证明正功效
SH3：需要媒介作为意见平台和形成小范围面对面共同在场以凸显场体	F1：报纸、互联网、手机通讯等新旧媒体的平台作用 F2：外压能量场推动环评能量场的形成，后期环评出现小范围的共同在场	证明正功效

环评座谈会上近九成反对意见，都表明能量场中反对 PX 成为主流，厦门市政府及厦门市环保局①代表的支持方意见弱小，场中形成了反对方为绝对主导的单核结构。环保总局从 3 月的"无奈表态"到 6 月"要求厦门市政府开展区域环评"的强硬表态是整个场围绕场势相竞争的转折点，这使得外压能量流与决策者双方寻求到一个平衡点。三是媒体作为场结。厦门本地外的各类媒体在推动议题传播、传达专家观点及促进反对派能量完成核凝聚方面起重要联结作用。与之相比，厦门本地媒体受政府压制，在反 PX 议题上集体沉默，《厦门晚报》承担政府观点的传声筒。由于本地传统媒体受控，以互联网为代表的新媒体在 PX 事件中表现得异常活跃，但随后也受到政府控制。

值得一提的是，能量场结构中出现环保 NGO——厦门绿十字的作用

---

①　从赵玉芬三次向厦门市环保局提出查阅环评报告均碰壁，以及《厦门晚报》上刊登了以厦门市环保局局长解答 PX 项目环保问题的文章——《海沧 PX 项目已按国家法定程序批准在建》中，可以看出厦门市环保局显然是站在支持 PX 项目的一方。

表现①，但其能量受限。这表现为市民要求其组织 6 月 1 日游行、媒体对其负责人马天南采访以便发出环保 NGO 的声音时，遭到马天南的拒绝。原因在于，"她希望这个组织能生存下去"，"绿十字经过百折千回终于能够在 2007 年 8 月获得民政局注册，跟其在 PX 事件中的谨慎有关"②。在外压运动的前期，马天南曾将《中国青年报》关于《106 位全国政协委员签名提案——建议厦门一重化工项目迁址》报道转载到自己的网站，结果两天后，就接到有关部门打来的电话，威胁让她把报道撤下来。③ 可见，环保 NGO 存在生存和能力困境，受地方政府掣肘是导致其在能量场中作用缺失的根本原因。

场的结构验证结论见表 4 - 8。

（3）场的过程

整个能量场过程包括三个阶段：公共领域核凝聚的形成、环评决策提上议程、环评能量场。场内总体上缺乏博弈规则：一是前期博弈处于总体理性状态。在网络论坛中仍有一些非理性成分，但在与政府博弈时却表现出理性与策略：在网络讨论遭到封锁的情况下，厦门市民巧妙地借助手机短信这种难以屏蔽的通信方式传达集体行动信号；虽然场内并不存在明确的组织者，但连岳的启蒙动员及中产阶层特有的问题意识，形成理性程度较高、对策与策略意识较强的自组织性。在事先没有组织者和明确"集体散步"规则的情况下，市民自发采取"散步"的温和抗争方式，没有

---

① 2007 年 12 月 12 日晚，24 名海沧区业主参加了由"绿十字"组织的座谈会，其中 10 人是被抽中参加 13 日与 14 日环评座谈会的代表，厦门大学化学系的王光国教授受"绿十字"之邀作培训讲座，大家提出了 13 条反对意见。在后两天的环评座谈会上，10 位代表把这 13 条意见全都表达出来了。（曾繁絮、蒋志高：《厦门市民与 PX 的 PK 战》，《南方人物周刊》2008 年第 1 期，第 26 页）

② 曾繁絮、蒋志高：《厦门市民与 PX 的 PK 战》，《南方人物周刊》2008 年第 1 期，第25 ~ 26 页。

③ "我转载的并不是地摊小报，而是《中国青年报》这样全国性的大报纸"，马天南辩解道。"你的网站还没有注册，我们可以随时把它关了"，对方回应。"全国有那么多没有注册的网站，为什么偏偏关我的？""你必须撤下来，否则就把你网站关了。"马天南只能照办。之后在论坛上出现任何关于 PX 项目的帖子，她都删除，超过 24 小时不删除就会给自己带来麻烦。（详见曾繁絮、蒋志高《厦门市民与 PX 的 PK 战》，《南方人物周刊》2008 年第 1 期，第 25 页）

表 4 - 8　厦门反 PX 运动中公共能量场的结构验证

研究假设	验证发现	检验结果
S'H1:在源于多个场域的多主体构成的外压型能量场结构中,公共领域能量流应成为其中的一个场核	F1:来自公共域、公权力域的能量形成支持与反对力量对比悬殊的单核结构,媒体在反对核的核凝聚中起关键作用 F2:地方环保 NGO 的作用和能量严重受限 F3:厦门市民的环境、维权意识和集体行动能力;中产阶层作为公共域能量的主要构成 F4:地方环保部门成为支持核的一员	证明正功效
S'H2:媒体或运动组织者成为场结	F1:媒体作为场结 F2:没有组织者	证明正功效
S'H3:场势的地位取决于场核间的竞争,如何成功影响媒介成为关键	F1:本地媒体与外地媒体的分化 F2:环保总局的态度转变是整个场势竞争的转折点和平衡点	证明正功效

出现过激对抗行为,"人群走过之处甚至没有留下多余的垃圾"①。二是后期的区域环评座谈实际上提供了面对面共同在场的博弈规则②,随机抽选的民众代表、人大政协代表根据座谈会规则进行自由发言,正反观点论战但彰显有序,气氛热烈而不失理性。③ 环评座谈实际上可以看作小型缩微版的外压能量场。能量得以释放,民众与政府在平和理性的基础上对话,寻求问题解决之策。在此过程中,民众学会更理性地维护环境权益,而政府一改初期的强势,从被动到更积极主动地回应民众诉求,顺应民意作出决策。能量场中,政府和民众学会互动合作,共同成长。环评座谈会被称为"厦门市有史以来,第一次大规模且大张旗鼓的公众座谈会,也是政府与民众互动新模式的初体验"。

但是也应看到外压能量场的不足:一是场的外压在于阻止 PX 落户厦门,表现出深厚的"邻避意识",在成功维护厦门民众环境权益的同时,

---

① 刘向晖、周丽娜:《历史的鉴证——厦门 PX 事件始末》,《中国新闻周刊》2007 年第 48 期,第 53 页。

② 会场公布纪律三条:人均发言控制在三分钟之内;开门见山,直入主题;发言者彼此尊重。(朱红军:《"我誓死捍卫你说话的权利"厦门 PX 项目区域环评公众座谈会全记录》,《南方周末》2007 年 12 月 20 日第 A02 版)

③ 详见厦门 PX 环评座谈会全程录音, http://bbs.xmfish.com/simple/? t1153332.html。

也将污染转移到较为落后的漳州地区，该地农民成为 PX 的受害者①。实际上，福建省政府在最后作出 PX 迁址漳州的决策时，只是基于外压能量场的"反对"意见，而没有吸纳相关方进而举行关于迁址（迁址何处、被迁址地区的权益保障、如何避免厦门 PX 决策短视的重演）问题的广泛论证。二是厦门市政府在能量场中承担了能量场管理者角色②，但这种角色难逃不够中立之嫌。实际上，厦门市政府在选取代表时的种种尽可能消除民众关于是否"被代表"顾虑的做法③，反映了由决策者来承担场促角色存在的中立性问题。

场的过程验证结论见表 4 - 9。

表 4 - 9　厦门反 PX 运动中公共能量场的过程验证

研究假设	验证发现	检验结果
PH1：历经"核凝聚—外压—协商"的过程，需要场用（博弈规则）	F1：形成了"集体散步"式的温和理性抗争，但网络讨论出现非理性现象 F2：博弈规则重要，后期环评中显现出依法而行的博弈规则 F3：通过对话、协商解决问题，但存在"邻避意识"，福建省政府对项目决策论证的充分性仍不够	证明正功效
PH2：场虽是理性自组织过程，但需要国家发挥管理者（场促）作用	F1：场是一个自组织过程 F2：后期环评座谈会上，厦门市政府一定程度充当了能量场管理者角色，但这种角色存在是否中立的问题	证明正功效

---

① 2013 年 7 月 30 日凌晨，漳洲 PX 厂区发生爆炸，所幸未造成人员伤亡。但事后民众对 PX 的安全性更为担忧。（宋江方：《漳洲 PX 爆炸项目曾遭环保部处罚》，《21 世纪经济报道》2013 年 7 月 31 日第 002 版）

② 厦门市政府副秘书长朱子鹭主持会议，当会上支持 PX 的一方明显处于劣势，发生被反对方围攻的局面时，他反复引用名句，"我反对你的意见，但我誓死捍卫你说话的权利"，以平息纷争和促进场内的正常交流。（朱红军：《"我誓死捍卫你说话的权利"——厦门 PX 项目区域环评公众座谈会全记录》，《南方周末》2007 年 12 月 20 日第 A02 版）

③ 12 月 10 日，厦门市政府在《厦门日报》上公布了 624 名通过自愿报名参加环评座谈会的市民代表名单，这其中甚至包括"一些乱七八糟的名字"，如"fuck px"和 46 位故意同名为"张三"的报名者。在参会代表的抽选细节上，厦门市政府不仅邀请市民代表参加抽号直播现场，还几改方案，试图消除市民可能的疑虑。（刘向晖、周丽娜：《历史的鉴证——厦门 PX 事件始末》，《中国新闻周刊》2007 年第 48 期，第 53 页）

（二）广州番禺反垃圾焚烧发电厂运动

1. 全程回顾

（1）反对声的开始

2009 年 2 月 4 日，广州市政府 2009 年第 9 号通告宣布，将番禺区生活垃圾焚烧发电厂列为广州市重点建设项目。3 月，广州媒体相继报道了番禺区生活垃圾焚烧发电厂选址确定的消息。选址位于大石会江村，涉及海龙湾、丽江花园、广州碧桂园、南国奥园、锦绣香江等 12 个高档小区和街镇的总人口约 30 万的人群。

3 月 18 日，《羊城晚报》以《番禺将建垃圾焚烧发电厂周边街坊忧心忡忡》为题报道了大石街会江村村民对于垃圾焚烧发电厂建设的担心。3 月 26 日，《番禺日报》刊发大肆赞扬垃圾焚烧发电厂建设的稿件——《垃圾焚烧发电厂明年底将建成》。

媒体的报道引起了选址附近几个高档住宅小区部分居民的关注并将消息发布在小区论坛上。一些居民纷纷跟帖，表示反对建垃圾焚烧发电厂。当时，关注这一消息的人并不多，很多居民虽然从朋友、街坊和网上得知这个消息，但并没有在乎。①

（2）集中反对

9 月 24 日，广州本地媒体《新快报》、《广州日报》、《信息时报》报道了广州市环卫局局长"番禺垃圾发电厂将动工开建"和番禺区市政园林管理局局长关于"项目已经基本完成征地工作，等征地工作完成，我希望下个月，国庆节一过就动工"的消息。一系列有关垃圾焚烧发电厂即将开工兴建的征兆，彻底"惊醒"了一直被蒙在鼓里的周边居民。消息迅速在网上传播，开始在 30 万居民中引发"地震"。

尽管有关部门表示项目将采用欧洲成熟的技术，具有不会对周边市民的生活环境造成影响的安全性，但居民们通过上网查阅资料、自学和咨询专家发现垃圾焚烧产生臭味、重金属污染，尤其是一级致癌物——二恶英，"坚决反对在家门口建垃圾焚烧厂"。选址附近的居民通过上网发帖、

---

① 参见林劲松《2009 年选址风波乍起环评即将进行》，《南方都市报》2009 年 11 月 4 日第 GA06 版。

邻里奔走相告、向有关部门递交反对意见书、在汽车上张贴印有反对口号的车贴等形式进行抗争。

9月，南国奥园有业主呼吁进行抗议，锦绣香江的小区论坛上，网友sophiacui110发帖呼吁业主与物业和开发商一起携手联合各大楼盘，群起抗议。① 随即，各小区的业主论坛上出现大量反对建垃圾焚烧电厂的意见，受到广州部分媒体的关注。10月，广州媒体开始对垃圾发电厂集中报道。

（3）各种能量博弈

①业主方面

10月，业主们从网络论坛讨论开始进入实质性维权阶段。17日，在广州碧桂园、海龙湾、丽江花园、祈福新邨等楼盘征集到数千人签名意见书上交到广州市环卫局。25日，大石村数百名业主举行反对垃圾焚烧的签名抗议活动。11月，在南国奥园、丽江花园、海龙湾和祈福新邨等大型小区，宣传单、签名、反对意见表、介绍垃圾焚烧厂的光盘……业主通过各种方式形成一场声势浩大的反对活动。与此同时，市民纷纷到区、市政府、广州城市建设管理监控指挥中心等地反映心声，31岁的白领"樱桃白"头戴防毒面具在地铁中来回穿行表示抗议。②

从10月底直到11月6日，多名维权积极分子被派出所传唤，广东省内媒体的报道开始明显减少，维权运动进入低潮期。这时，小区居民积极联系《中国新闻周刊》、《财经》、中央电视台、《人民日报》等全国性媒体，接受这些媒体的采访，表达和传播自己的观点。③

11月23日，番禺近300名居民到市城管委上访之后，又来到市信访局继续上访，随后扩展到近千人。"散步"人群带来了几百张写有标语的纸片、环保招贴甚至口罩，但当他们离开广州市政府大院的时候，地面上很少看到垃圾。这是业主们事先在网上倡议的结果，执行的效果令人满意。④

---

① 阮剑华、刘正旭等：《番禺建垃圾焚烧厂30万业主急红眼》《新快报》2009年9月24日第A4版。

② 谢蔓：《番禺30万业主反对垃圾焚烧》，《新快报》2010年1月29日第A78版。

③ 陈阳：《大众媒体、集体行动和当代中国的环境议题——以番禺垃圾焚烧发电厂事件为例》，《国际新闻界》2010年第7期，第46页。

④ 汪伟：《广州，垃圾和民意》，《新民周刊》2009年第47期，第15页。

②媒体方面

维权运动一开始只是广州当地媒体集中报道，从 10 月下旬开始本地媒体的报道明显减少。但在社区居民的努力下，事件引起全国媒体的广泛关注，并进而引发本地媒体的新一轮集中报道。据人民网舆情监测室对国内 135 家报纸的监测，中央级媒体、地方媒体 11 月关于番禺"垃圾门"的报道篇数，分别是 10 月的 3 倍和 6 倍。网络方面，南方报网、人民网开展了专家、学者和社区居民参加的专题访谈活动，反烧专家赵章元的观点受到媒体热捧。

③政府方面

10 月 30 日，番禺区政府召开旨在解释垃圾焚烧疑问的新闻发布会。在这次会上政府邀请的四位专家后来广受网友诟病。

11 月 22 日，广州市政府召开新闻通报会，市政府副秘书长吕志毅表示"要坚定不移推动垃圾焚烧"。

11 月 23 日，番禺区长举行座谈会，与 30 多名小区业主面对面谈话，称"如果环评不通过不动工，绝大多数群众反映强烈不动工"。业主表示，希望民众的声音能上达政府，同时提出在小区推行垃圾分类工作。

（4）网络热议

业主利用各种网络渠道，广泛传播意见与观点，形成了网络舆论。业主还在论坛上开辟专门板块，吸引广大网友进行大讨论，活跃的 ID 不断发布相关资料与意见，形成材料间的相互支撑、补充和共鸣。这些资料大多来源于网络（包括媒体报道和学术文献），但也有一些是他们实地考察得来的。比如一些业主通过对周边李坑垃圾焚烧厂的实地考察，获取了垃圾焚烧难以克服的负面影响的准确信息，经过许多人的补充和修正，他们很快形成了反对垃圾焚烧的共识。

12 月 1 日，网友爆料，坚决推进垃圾焚烧的广州市副秘书长吕志毅和垃圾焚烧利益集团存在密切关联：其弟吕志平是垃圾焚烧控股公司广日集团物流公司总经理，其大学刚毕业的儿子吕延斌是垃圾焚烧投资商广州环投公司采购部经理。而吕志毅接受新快报记者电话采访时态度暧昧，并不直接澄清。

12 月 2 日，网友质疑受政府邀请的四位专家的身份：与垃圾焚烧存在利益关系①。

（5）最终结果

12 月 10 日，番禺区表示，暂缓垃圾焚烧电厂项目选址及建设工作，并启动选址全民讨论。其间，番禺区政府与业主代表举行座谈，听取业主意见。随后，番禺区政府根据居民的提议，决定先期用一年时间推行垃圾分类试点，2011 年 1 月以后开始讨论项目选址问题。

2011 年 4 月 12 日，番禺区政府公布垃圾焚烧发电厂建设的 5 个备选地址，并表示最终选址将通过广泛讨论，根据群众意见、环评报告和专家论证来决策。

2. 政府决策短视

虽然政府拟建垃圾焚烧发电厂的初衷出于解决城市垃圾困局的需要，但在决策上存在短视。一是观念短视。对于垃圾焚烧产生的危害性估计不够，打着"欧洲最成熟的技术，不会产生危害"的旗号，而实际上根据反烧专家赵章元的观点，根本不存在不会产生危害的成熟技术。在决策中也未考虑到相关的减轻危害的防治措施，这是导致居民顾虑和反对的主要原因。二是过程短视，决策不透明，缺乏参与。从 2004 年确定选址、2006 年通过选址审批，其间没有征求意见、听证和论证。无怪乎民意调查显示，对政府决策不满意的主要原因为"在环评尚未通过时，已进行拆迁征地，让人感觉势在必行，被选比率达 95.2%；其次是项目选址、规划，未召开听证会广泛听取居民意见，被选比率为 81.9%；有 61.9% 的受访居民不满意是因有关部门未主动、及时召开新闻发布会，公布环评进程"。② 事后媒

---

① 12 月 2 日，网友针对这四位专家进行爆料：清华大学教授聂永丰申请了"立转炉式生活垃圾热解气化焚烧炉"专利，是此项专利的发明（设计）人。声称"烤肉产生的二恶英比垃圾焚烧高 1000 倍"的舒成光，被曝是全球最大的垃圾处理企业之一美国卡万塔的中国区副总裁、首席技术专家。中国科学院生态环境研究中心二恶英研究室主任、研究员郑明辉 2007 年在《人民日报》上称二恶英是"定时化学炸弹"，在座谈会上却将二恶英称为"可以控制的老虎"。环境保护部华南环境科学研究所副所长许振成，则因为华南环境科学研究所正是该垃圾焚烧项目的环评单位被质疑。网友在爆料时还附上了详细的资料出处。（曾璇、魏新颖：《民众自发调查番禺垃圾焚烧项目的专家身份和"立场"冀望专家真为民众说实话》，《羊城晚报》2009 年 11 月 3 日第 A01 版）

② 肖萍：《广东省情调研中心昨日发布番禺垃圾焚烧厂调查报告建议政府高度重视民意》，《新快报》2009 年 11 月 5 日第 A6 版。

体调查显示，番禺区政府对垃圾焚烧厂选址一事刻意保持沉默，连选址所在地的会江村村民，大多也对此一无所知。区长楼旭逵接受中央电视台采访时证实，只有小范围的人（会江村村长和少数村民）才知道此事。直到 9 月底媒体介入后，信息才被知悉。[①] 三是利益短视。官员（如市政府副秘书长吕志毅）强制推行垃圾焚烧发电的原因很大程度上可归于与项目承包方之间的利益关系，决策背后更多是受利益集团左右，以此牺牲居民的环境权益。

3. 基于公共能量场 SSP 的验证分析

（1）场的形成

能量场形成包括三个阶段：一是初期，媒体成为议题的发现者与传播者。本地媒体点燃议题。与怒江、都江堰和厦门反 PX 运动中的发现者为专家、政府官员不同的是，番禺案为广州本地媒体率先触发，这与发达且一向以批判精神著称的广州传媒有关。虽然 3~4 月《南方日报》、《番禺日报》的报道仍以正面为主，但《羊城晚报》、《新快报》[②] 却流露出对垃圾焚烧项目的担心与反对心声。二是中期，网络论坛和邻里关系促进了议题在社区内的传播。当维权积极分子被派出所传呼后，本地媒体报道明显减少时，居民通过主动联系中央媒体、在地铁等公共场合举行"行为艺术"的宣传促进了议题的更广传播。各类媒体（全国的与地方的、公众导向的与政府导向的、传统媒体与新兴传媒）随后形成了 11 月中旬新一轮的报道热潮，通过传播议题、表达各方意见、推动公共讨论、提供策略和组织动员，充当了能量交流的平台作用。三是后期，在外压的作用下，政府开始与居民代表面对面对话协商，形成小范围的共同在场，双方达成关于项目重新选址、论证[③] 和以环评决定项目最终是否上马的共识。

---

① 汪伟：《广州番禺垃圾焚烧事件陷僵局官员建议还权人大》，新浪网，http://news.sina.com.cn/c/sd/2009-12-02/111319173307.shtml。

② 《番禺将建垃圾焚烧发电厂，周边街坊忧心忡忡》（《羊城晚报》2009 年 3 月 18 日）、《"焚烧垃圾"不能决霾"焚心"》（《羊城晚报》2009 年 9 月 25 日）、《番禺建垃圾焚烧厂 30 万业主急红眼》（《新快报》2009 年 9 月 24 日）。

③ 2009 年广东省环保厅厅长李清表示，鉴于番禺垃圾焚烧电厂的敏感，环保部门准备开始听证。（孙莹：《省环保厅厅长：番禺垃圾发电厂要开公众听证会》，《南方都市报》2009 年 12 月 1 日第 A09 版）

能量场形成背后还得益于政治机会结构：一是广州本地宽松的舆论环境，造就了自由表达、敢于揭露现实和富于批判精神的大众媒体。二是广州当地相对民主自由的政治环境，形成了初显公共精神的公民。在《南方周末》著名评论员笑蜀看来，广州所特有的"一种内在相对自由、相对包容、相对多元的政治文化"是番禺反烧初步告捷的依托，他高度评价了这种相对自由的政治环境和番禺民众初显的公民精神，认为是公民社会成长的标志。① 实际上从整个能量场中，公民从最初的理性维权、呼吁反对番禺建垃圾焚烧厂中的"邻避"情结到随后反对一切垃圾焚烧的公共理性表现看，这种公共精神及经由此推动的官方态度转变都得到证实。在居民抗争之后，番禺区政府通过座谈会进行对话协商反映了政府的纠错与应对能力。可以说，正是广州特有的活跃和富有批评精神的媒体、各种发达的新传媒信息平台再加上初具公民精神的中产者，推动形成了参与讨论垃圾焚烧问题的公共能量场。

场的形成验证结论见表 4－10。

表 4－10　番禺反垃圾焚烧电厂运动中公共能量场的形成验证

研究假设	验证发现	检验结果
SH1："议题建构者＋媒体"建构并传播议题，以提供场源	F1：广州本地发达的、善于批判精神的媒体成为议题发现者 F2：社区居民为议题倡导者 F3：社区论坛和邻里关系促进了议题在直接利益相关者中的传播；中产者特有的问题意识与资源加速议题传播	证明正功效
SH2：需要有时间上的持续性并取决于政治机会结构	F1：广州相对宽松的舆论环境 F2：居民的环境维权意识、集体行动能力和公共精神；中产阶层作为公共域能量的主要构成 F3：政府的及时纠错和积极应对 F4：专家释疑会难以取得公众信任	证明正功效
SH3：需要媒介作为意见平台和形成小范围面对面共同在场以凸显场体	F1：报纸、互联网，特别是新媒体作为交流平台 F2：外压能量场推动小范围的共同在场和环评能量场的形成	证明正功效

---

① 笑蜀：《捕捉公民社会曙光》，《南方窗》2010 年第 5 期，第 15～17 页。

（2）场的结构

场内基本上形成了准单核结构：一是反烧派（小区居民、会江村村民、专家、网民）经过媒体报道、中产者的动员形成了核凝聚，占据了场的主流，形成对支持派（广州市政府、番禺区政府、主烧专家和部分深受垃圾填埋之苦的居民[①]）的包围之势。二是由于政府邀请的四位主烧派专家与垃圾焚烧背后的微妙利益关系很快被网友揭穿，而部分支持垃圾焚烧的居民缺乏利益表达渠道和媒体支持，因而，支持派能量间是非常松散的，并未形成核凝聚。这种准单核结构既不同于势均力敌的正反两派能量流形成的双核结构（怒江案），也不同于单核结构（厦门反 PX 案）和准双核结构（都江堰案），而是介于二者之间，即反对派占据主导但支持派能量试图形成凝聚之势。

媒体的报道、宣传和评论发挥传达和沟通的场结作用。笔者基于国家图书馆"中国报纸资源全文数据库"，利用关键词"番禺垃圾焚烧"检索发现，2009 年全国 98 家报纸的 433 篇报道中，广东省媒体报道 283 篇，占 65.4%（其中广州市媒体报道 277 篇，占 98.2%）[②]。与前述三个案例主要依靠外地媒体特别是全国媒体报道不同的是，番禺案中广州本地媒体不仅最早将议题带入公众视野，而且在报道数量和时间持续性上均占优，在能量场中功不可没。就广州本地媒体看，在番禺事件报道的内容倾向上也有所不同。有学者研究发现，《南方都市报》主要担当了公众代言人的角色，《番禺日报》主要是当地政府的喉舌，《广州日报》则介于政府喉舌与公众喉舌之间，部分地满足了公众的期待。[③] 媒体的这种角色分化使得不同的观点得到传播，成功地发挥联结场中各方的结点

---

① 在 11 月 23 日"散步"的人群中，除了大量反对垃圾焚烧的选址附近居民，也有部分深受垃圾填埋之苦的居民前来支持建设垃圾焚烧厂，但两者和平相处。汪伟：《广州番禺垃圾焚烧事件陷僵局官员建议还权人大》，新浪网，http://news.sina.com.cn/c/sd/2009 - 12 - 02/111319173307. shtml。

② 广州本地媒体报道数量（共计 277 篇）：《南方都市报》114 篇、《羊城晚报》70 篇、《新快报》64 篇、《南方日报》28 篇、《21 世纪经济报道》1 篇。广东省其他媒体（共计 6 篇）：《东莞日报》3 篇、《湛江晚报》2 篇、《汕头日报》1 篇。检索时间为 2011 年 8 月 22 日。

③ 董天策、胡丹：《试论公共事件报道中的媒体角色——从番禺垃圾焚烧选址事件报道谈起》，《国际新闻界》2010 年第 4 期，第 54 页。

作用。

在对场势的竞争上，中产阶层特有的问题意识和可资利用的资源发挥了重要作用。项目选址所在地的 12 个高档小区的居民大多是受过良好教育的新移民，中产阶层特有的教育水准、公民意识和可支配的闲暇时间等资源提供了传播议题、表达利益诉求和动员组织上的便利。为获取各方能量的支持，居民们对内加强社区交流，增强信任合作关系，广泛动员；对外积极地联系媒体等各方力量，寻求支持。有的向政协委员、人大代表乃至反烧专家——中国环境科学研究院研究员赵章元打电话，呼吁他们关注和介入。整个场内，中产者的抗争虽然没有出现组织者，但其表现出的特有的问题意识和资源动员能力不但承担了联结反对派各方的次场结角色，还起到了促进反对核的形成作用。

场的结构验证结论见表 4 – 11。

表 4 – 11　番禺反垃圾焚烧电厂运动中公共能量场的结构验证

研究假设	验证发现	检验结果
S'H1：在源于多个场域的多主体构成的外压型能量场结构中，公共领域能量流应成为其中的一个场核	F1：来自公共域、公权力域的能量形成准单核结构，媒体在反对核的核凝聚中起关键作用 F2：没有地方环保 NGO 的作用表现 F3：居民的环境维权意识、集体行动能力和公共精神；中产阶层作为公共域能量的主要构成 F4：地方环保部门成为支持核的一员	证明正功效
S'H2：媒体或运动组织者成为场结	F1：媒体作为场结 F2：没有组织者，但中产者的问题意识和资源动员能力使之发挥次场结作用	证明正功效
S'H3：场势的地位取决于场核间的竞争，如何成功影响媒介成为关键	F1：本地媒体的分化 F2：中产者的资源动员能力发挥作用	证明正功效

（3）能量场的过程

从社区居民发起的抗争到形成外压能量迫使政府协商对话再到政府与民众在垃圾处理议题上的合作，能量场的全过程都是自组织的。尽管场中并没有明确的博弈规则，但各方行动者都能理性地施展各自能量，理性一定程度上充当了能量场的活动准则。在能量场的整个过程中，对话合作大于对抗，这得益于中产者的理性与策略。"我们有思想，有修养，有知识，有自己的价值观。有各自独立思考问题的能力，我们无组织，但我们有共同的信念，有自觉的纪律"①，社区居民的心声表明了有着更高教育水平与深谙当代中国社会的中产者，更懂得如何通过正当的渠道以适当的方式表达自身利益诉求。在与政府博弈中始终保持理性，无论是签名、上访抗议还是"集体散步"都没有过激言论与破坏活动，自发联合、上网查阅垃圾焚烧的危害、进行各种形式的宣传、网络信息发现与互助、揭露主烧专家的"短板"及背后的利益关系、与政府协商对话、提出垃圾分类试点对策……正是这些理性的维权策略，使得政府开始以更积极的姿态来应对民众需求，协商对话机制得以采用。

随着政府决定暂停垃圾焚烧项目并推行垃圾分类试点，议题暂告一段落，非直接相关者的社会大众在场中的能量也随之减弱，但能量场并未消失，居民及媒体的压力仍然存在，能量场从一个大的外压场逐渐缩小到直接利益相关者的合作场。借助于新媒体所凝聚的外压能量流促进了政府及时转变态度，最终双方开始协商合作以寻求对策。一是市民从单纯的维权到公共精神的提升。从"反对番禺垃圾焚烧"到"反对一切垃圾焚烧"，再到逐渐理解垃圾焚烧并着手垃圾分类，市民从狭隘的"邻避"意识开始学会理解、包容与关注更大范围的公共利益；从初期抗争到营造舆论支持并学会与政府对话协商，市民已经开始"有意识地构建和推动新的社会治理机制"。② 二是政府学会有效回应民众需求，构建公众和政府之间的对话机制，增强与民众的合作关系。③ 三是随着民意通过能量场得以尽显和表达，政府开始意识到尊重和顺应民意的必要，当政府通过座谈会积极主动地与民众对话协商时，政府实际上承担了能量场管理者的角

① 陆晖、周鹏：《番禺人：我们不要被代表》，《南都周刊》2010年第1期，第56页。
② 谢蔓：《番禺30万业主反对垃圾焚烧》，《新快报》2010年1月29日第A78版。
③ 2009年12月10日，番禺区四套班子联合召开面向群众代表的座谈会，明确表示由政府部门、专家和市民代表共同选择若干个垃圾综合处理项目选址进行可行性研究。会上，番禺区区委书记谭应华说："我们认识到，垃圾处理问题是关系到民生的重大问题，从今天开始，我们从头开始，发动全体番禺居民展开大讨论，集民意、深论证。"（王攀：《番禺全民讨论垃圾厂选址》，《北京晨报》2009年12月11日）

色，但居民对政府单方面作出的基于环评、论证决定选址的承诺仍存在顾虑。

场的过程验证结论见表4－12。

表4－12　番禺反垃圾焚烧电厂运动中公共能量场的过程验证

研究假设	验证发现	检验结果
PH1：历经"核凝聚—外压—协商"的过程，需要场用（博弈规则）	F1：形成了"集体散步"的温和理性抗争，但网络空间讨论出现非理性现象 F2：中产者的理性与公民精神一定程度上充当场内的博弈规则 F3：外压迫使政府通过对话、协商解决问题，公民表现出很强的"公共意识"	证明正功效
PH2：场虽是理性自组织过程，但需要国家发挥管理者（场促）作用	F1：场是一个自组织过程 F2：后期政府一定程度上充当了能量场管理者角色，但这种角色存在是否中立的问题	证明正功效

第三节　研究发现与条件归总

一　条件假设的校验与发现

上述案例分析旨在得出研究发现，其功效在于：一是研究假设的校验，实际是对条件假设功效的检验（证明、部分证明、证伪），结果为"条件成立"，或"需要修正"，或"反证否定"。二是在条件假设检验基础上通过案例分析"发现"在条件假设之外的新情况（成功因素或存在的问题），是对条件假设的补充，能反映条件假设的不足，从而得出需要完善的条件。

（一）运动外压型能量场的形成方面

模型中的研究假设为："议题建构者＋媒体"建构并传播议题以提供场源（SH1）、需要有时间上的持续性并取决于政治机会结构（SH2）、需要媒介作为意见平台和形成小范围面对面共同在场以凸显场体（SH3）。总体上看，案例分析能证明模型中的假设，但也得出若干新的验证发现，见表4－13。

表 4 – 13　运动外压型公共能量场的形成验证总结论

研究假设及结论	案例	校验	验证发现	共性与特性
SH1： "议题建构者 + 媒体"建构并传播议题，以提供场源 结论： 证明 正功效 验证发现 条件修正 需要相关条件	怒江案	证明正功效	F1：议题发现者 – 官员及其责任感；议题倡导者 – 环保总局、专家和环保 NGO F2：环保总局在中央政府中的弱势地位 F3：论题传播者 – 媒体 F4：环保 NGO—媒体联盟、环保NGO—环保总局同盟、环保 NGO 之间的联盟	FS1：发现者的信源 + 倡导者的建构 + 媒介传播 FS2：联盟、关系、资源等社会资本成为媒介传播的前提 FP1：环保总局在中央政府中的弱势地位
	都江堰案	证明正功效	F1：议题发现者 – 官员及其责任感 F2：媒体倡导议题 F3：官员与环保 NGO 成员的私人关系 F4：环保 NGO—媒体联盟	
	厦门 PX 案	证明正功效	F1：议题发现者和前期倡导者 – 学者及其责任感 F2：发现者的私人关系和政治资源，"头号重点提案"对媒体的吸引力 F3：网络"意见领袖"发挥议题倡导者作用 F4：后期厦门市民作为议题倡导者，群发短信和"集体散步"的集体行动能力起到进一步吸引媒体关注的作用	
	番禺反烧案	证明正功效	F1：广州本地发达的、善于批判精神的媒体成为议题发现者 F2：社区居民为议题倡导者 F3：社区论坛和邻里关系促进了议题在直接利益相关者中的传播；中产者特有的问题意识与资源加速议题传播	
SH2： 需要有时间上的持续性并取决于政治机会结构	怒江案	证明正功效	F1：随着时间的推移，场的活跃度下降 F2：中央对外压能量场的"冷处理"和对地方的潜在支持；环保总局在中央政府序列中多受掣肘 F3：地方政府对环保 NGO 和专家的限制	FS3：随着时间的推移，场的活跃度下降，场的绩效发挥取决于"关键点"

续表

研究假设及结论	案例	校验	验证发现	共性与特性
结论：证明正功效验证发现条件成立需要相关条件			F4：有赖于打破过于依赖专家论证会的决策模式，专家论证会中的专家有"御用"之嫌	FS4：环保总局在中央政府序列中缺乏履行职能的独立性，多受掣肘FS5：宏观层面整个社会环境意识提高、宽松的舆论环境；微观层面地方政府对待外压的态度能力FS6：公共域能量的发挥有赖于民众行动能力的提高FS7：有赖于打破过于依赖专家论证的决策模式，专家论证会中专家有"御用"之嫌
	都江堰案	证明正功效	F1：随着时间的推移，场的活跃度下降F2：环保总局在两个工程上的不同态度，反映其在中央政府序列中缺乏履行职能的独立性F3：舆论环境更为宽松，社会进步和环境意识提高F4：有赖于打破过于依赖专家论证会的决策模式，专家论证会中的专家有被"操纵"和"御用"之嫌	
	厦门 PX 案	证明正功效	F1：环保总局的不同态度，反映其在中央政府序列中的弱势，需要通过民众的抗争来借力F2：厦门市民环境、维权意识和集体行动能力F3：政府的纠错和积极应对F4：专家难以取得公众信任	
	番禺反烧案	证明正功效	F1：广州相对宽松的舆论环境F2：居民的环境维权意识、集体行动能力和公共精神；中产阶层作为公共域能量的主要构成F3：政府及时纠错和积极应对F4：专家释疑会难以取得公众信任	
SH3：需要媒介作为意见平台和形成小范围面对面共同在场以凸显场体	怒江案	部分证明正功效	F1：报纸、互联网、电视提供多方互动的平台F2：各种会议形成小范围的面对面共同在场，但场的代表性不够，最终代表各方的小型的面对面共同在场并未形成	FS8：各种媒体作为场的空间平台，互联网构筑多数人对话平台
	都江堰案	部分证明正功效	F1：报纸、互联网提供能量互动的平台F2：没有形成小范围共同在场	

续表

研究假设及结论	案例	校验	验证发现	共性与特性
结论： 部分证明 正功效 验证发现 条件成立 需要相关条件	厦门 PX 案	证明正功效	F1：报纸、互联网、手机通信等新旧媒体的平台作用 F2：外压能量场推动环评能量场的形成，后期环评出现小范围的共同在场	FS9：是否形成小范围的共同在场取决于博弈结果、决策者和环评制度保障
	番禺反烧案	证明正功效	F1：报纸、互联网，特别是新媒体作为交流平台 F2：外压能量场推动小范围的共同在场和环评能量场的形成	

1. SH1 的验证结果：完全证明、正功效；验证发现；条件假设修正；需要相关条件

（1）研究假设的校验：完全证明、正功效

案例分析表明，议题建构者通过将环境问题突出，引起相关行动者的关注或借助于媒体报道进一步扩大社会关注，以此形成公共能量场的场源，提供公共能量场成形的前提。因此 SH1 完全证明，显示出正功效。环境议题的建构者既可以是环保 NGO 与媒体（怒江案、都江堰案），也可能是专家学者（厦门反 PX 案）或者作为直接相关者的居民（番禺反烧案）。

（2）验证发现

一是 FS1：发现者的信源＋倡导者的建构。案例显示，议题建构者的作用在于将议题传播和建构出来以引起各利益相关者的关注，这是外压能量场形成的前提。然而，议题建构者所倡导的议题并非"想象"而来，前提是"信源"，而信源乃发现者的所为。案例表明，发现者有可能是初期的议题建构者（厦门案中的专家赵玉芬），也可能是最早揭露议题但鉴于身份关系不便成为建构者的政府官员（怒江案中的环保总局官员牟广丰、都江堰案中的官员邓崇祝），还有可能在整个过程中都是建构者（番禺案中的媒体）。因此，发现者与建构者既可能重合，也有可能分属不同的行动者承担。事实上，环境议题的建构往往需要有着内部消息、专业敏感度、责任感的发现者再加上善于突出问题的建构者形成的合力才能奏

效。因此，可以得出，"发现者的信源＋倡导者的建构"对于场源形成的必要性。

二是 FS2：联盟、关系（信任、互惠、合作）、资源等社会资本成为媒介传播的前提。案例得出媒体传播作用的发挥通常需要一定的条件，即联盟、关系、资源等社会资本成为媒介传播的前提或动力。实际上，现实中环境议题并不必然引起媒体关注，成功的媒体介入取决于联盟、关系、资源等社会资本：怒江案得益于环保 NGO—媒体联盟、环保 NGO—国家环保总局联盟及环保 NGO 之间的联盟；都江堰案中的环保 NGO—媒体联盟；厦门案吸引媒体关注的是赵玉芬发起的 106 名政协委员联合签名的当年政协头号重点提案（政治资源、人际资源），厦门市民在"集体散步"、转发短信等活动中体现出的互惠、团结、合作能力；番禺案中本地媒体在受到地方政府的威慑、报道明显减少之后，是社区居民利用各种资源动员和吸引中央媒体的关注进而带动了新一轮的媒体报道热潮。这里，不论是联盟、关系、资源等其实都是社会资本，也就是说，媒介的存在并不能确保议题得到传播，还需要社会资本这一配套条件。

三是 FP1：环保总局在中央政府中的弱势地位。这在怒江案中得到体现，环保总局在由发改委主持的怒江水电开发论证会中被作为一个棋子和摆设，环保总局官员为阻止怒江项目只能通过私人关系传达给环保 NGO，由后者传播议题，这既反映了环保总局在中央政府序列中的弱势地位，同时也反映了科层治理地方政府环境决策短视的失效，需要借助于外压能量场的力量。

（3）结论：修正条件假设、需要相关条件

由上，SH1 条件成立，但鉴于验证发现，应修正为"'环境议题的发现者＋建构者＋媒体'提供场源"。同时，针对研究 FS1、FS2、FP1，场源方面需要发现者、议题倡导者、社会资本、环保总局地位提升方面的条件。

2. SH2 验证结果：完全证明、正功效；验证发现；条件假设成立；需要相关条件

（1）研究假设的检验：完全证明、正功效

案例证实了外压能量场的形成既需要时间，更有赖于政治机会结构。

时间和政治机会结构对于能量场中议题的传播、利益相关者的感知、公众参与和完成核凝聚、决策者对于外压的态度及最终作出决策都具有根本的制约性影响。

（2）验证发现

一是 FS3：随着时间的推移，场的活跃度下降，场的功效因而取决于"关键点"的最佳时机，即需要决策者借助外压中各方能量充分博弈时通过形成各行动者代表组成的小范围的面对面共同在场协商达成优化方案，在此基础上果断作出决策。在这方面，除怒江案外，其余三个案例地方政府都在外压的作用下及时纠错并作出了相应决策，特别是番禺反烧案在决策中纳入了作为直接利益相关者的居民参与、对话和协商。

二是 FS4：环保总局在中央政府序列中缺乏履行职能的独立性与权威性，多受掣肘。四个案例中的三个显示，环保总局在对待地方政府环境决策短视问题上缺乏应有的职权，往往需要通过向外压公共能量场释放的公共能量借力。环保总局在对待外压上的态度，如由支持到消极（怒江案）、由消极到积极（都江堰案）、由态度暧昧到转为支持（厦门案）表明，其在能量场中的作用是一个不稳定的因素，根本原因在于受现行环境管理体制因素的掣肘。

三是 FS5：宏观层面环境意识增强、相对宽松的舆论环境；微观层面地方政府的态度能力。四个案例均反映了能量场的形成，特别是场中反对核能量的形成取决于近年来整个社会环境意识的提高，媒介传播作用的发挥也离不开近年来国家提供的相对宽松的舆论环境。同时，这四个案例中地方政府在对待外压过程中的不同态度及能力表现（从怒江案中地方政府对环保 NGO 和反对派专家的"压制瓦解"及中央对外压的"冷处理"，到都江堰案中的应对，再到厦门反 PX 案、番禺反烧案中的转变态度和积极协商对话），说明了外压能量场的形成与作用发挥还在很大程度上取决于政府特别是地方政府对待外压的态度。

四是 FS6：公共域能量的发挥有赖于民众行动能力的增强。怒江案中受水电开发直接影响的当地居民由于极度贫穷落后，缺乏场内应有的行动能力，借助于环保 NGO 的帮助才在场内发出极其微弱的声音。与自然保育运动由于受社会关注度高对直接利益相关者的民众行动能力的依赖不是太强不同的是，反公害运动要求民众具有较强的议题建构、组织动员、吸引媒体和对话协商谈判等能力，这在厦门反 PX 案及番禺反烧案中都得到体现。

五是 FS7：有赖于打破过于依赖专家论证会的决策模式，专家论证会中专家有被"御用"和"操纵"之嫌。地方政府在决策中往往以专家论证作为挡箭牌，外压能量场的形成需要打破目前过于依赖专家论证的决策模式，而且四个案例反映了专家论证存在被政府"御用"和"操纵"的问题，难以取得公众的信任。

（3）结论：条件假设成立、需要相关条件

综上所述，SH2 条件成立，但针对 FS3、FS4、FS5、FS6、FS7，还需提供环保部门权力增强、宽松的舆论环境、民众环境意识与行动能力的提高、地方政府对待外压的态度能力转变，以及打破过于依赖专家论证会的决策模式等条件。

3. SH3 验证结果：部分证明、正功效；验证发现；条件假设成立；需要相关条件

（1）研究假设的检验：部分证明、正功效

四个案例全部证实了媒介作为场的交流平台的作用，但怒江案和都江堰案中并未形成小范围的面对面共同在场，因此，SH3 只得到部分证明。然而，就这两个案例看，怒江案中央的"冷处理"和项目最终将上马，以及都江堰案中四川省仅作出停建杨柳湖的决策但并未借机对紫坪铺遗留问题展开深入论证，导致大坝建设再次风生水起的结果表明，正是由于未形成小范围的共同在场，才造成错失借助外压能量场解决问题的良机，这印证了 SH2 的正功效作用。

（2）验证发现

一是 FS8：各种媒体作为场的空间平台，互联网构筑多数人对话平台。报纸、电视和互联网等各类媒体发挥了提供公共能量场的空间平台和形塑场体作用。其中，以互联网为代表的新媒体不但能实现议题的传播，还能提供在线交互式的对话平台。

二是 FS9：外压能量场是否形成小范围的共同在场取决于博弈结果、决策者的能力和环评制度的完善。案例表明，博弈结果和决策者的能力

（态度、意识）最终决定是否形成小范围的共同在场以促进能量间的交流和问题的解决。同时，怒江案发生的 2003 年，《环境影响评价法》从无到初步推行，而厦门案（2007 年）和番禺案（2009 年）正位处《环境影响评价法》、《公众参与环境影响评价暂行办法》、《战略环境影响评价条例》等在内的环评法律体系形成并实施之际，使得小范围的环评能量场成形具备法律上的保障。

（3）结论：条件假设成立、需要相关条件

由上，SH3 条件成立，鉴于 FS8 和 FS9，场体方面除了媒体提供平台外，还应该需要决策者的能力增强、环评制度完善方面的条件。

（二）外压型公共能量场的结构方面

模型指出，在源于多个场域的多主体构成的外压型能量场结构中，公共领域能量流应成为其中的一个场核（S'H1），媒体或运动组织者成为场结（S'H2），场势的地位取决于场核间的竞争，如何成功影响媒介成为关键（S'H3）。案例基本证实了模型中的条件假设，但得出尚需完善的条件，见表 4-14。

表 4-14 运动外压型公共能量场的结构验证总结论

研究假设与结论	案例	校验	验证发现	共性与特性
S'H1： 在源于多个场域的多主体构成的外压型能量场结构中，公共领域能量流应成为其中的一个场核	怒江案	证明正功效	F1：来自公共域、公权力域、国际域的能量形成支持与反对双核结构，环保 NGO 和媒体在反对核的核凝聚中起关键作用 F2：当地居民缺乏作为能量场行动者的能力 F3：环保 NGO 承担公众权益代言人的角色 F4：专家有被"御用之嫌" F5：地方环保部门成为支持核的一员	S10：结构多元，媒体在反对核的核凝聚中起关键作用 FS11：环保 NGO 尤其是地方层面环保 NGO 不发达且作用受限
	都江堰案	证明正功效	F1：来自公共域、公权力域、国际域的能量形成支持与反对力量对比悬殊的准双核结构，媒体在反对核的核凝聚中起关键作用 F2：没有地方环保 NGO 的作用表现 F3：地方环保部门作用不明显	

续表

研究假设与结论	案例	校验	验证发现	共性与特性
结论： 证明 正功效 验证发现 条件成立 需要相关条件	厦门 PX 案	证明正功效	F1：来自公共域、公权力域的能量形成支持与反对力量对比悬殊的单核结构，媒体在反对的核凝聚中起关键作用 F2：地方环保 NGO 的作用和能量严重受限 F3：厦门市民的环境、维权意识和集体行动能力；中产阶层作为公共域能量的主要构成 F4：地方环保部门成为支持核的一员	FS12：地方环保部门很难履行公众代言人角色 FP2：专家有御用之嫌 FP3：落后地区居民缺乏场内的行动能力，但发达地区的中产者具备较强能力
	番禺反烧案	证明正功效	F1：来自公共域、公权力域的能量形成准单核结构，媒体在反对核的核凝聚中起关键作用 F2：没有地方环保 NGO 作用表现 F3：居民的环境维权意识、集体行动能力和公共精神；中产阶层作为公共域能量的主要构成 F4：地方环保部门成为支持核的一员	
S'H2： 媒体或运动组织者成为场结 结论： 证明 正功效 验证发现 条件成立 需要相关条件	怒江案	证明正功效	媒体作为主场结，环保 NGO 作为反对核的组织者承担子场结作用	FS13：媒体作为场结 FP4：环保 NGO、中产者可能起到子场结作用
	都江堰案	证明正功效	F1：媒体作为场结 F2：没有组织者	
	厦门 PX 案	证明正功效	F1：媒体作为场结 F2：没有组织者	
	番禺反烧案	证明正功效	F1：媒体作为场结 F2：没有组织者，但中产者的问题意识和资源动员能力起到次场结作用	
S'H3： 场势的地位取决于场核间的竞争，如何成功影响媒介成为关键	怒江案	证明正功效	F1：结构前后发生变化，反对核由占主导到能量强度下降 F2：媒介的观点在整个事件前后发生分化 F3：环保总局的立场与态度很关键；其态度前后变化反映了其在中央政府中的弱势与受掣肘	FS14：环保总局的态度在结构中很关键，可能影响场势的改变（归入 FS4） FS14：场势中媒介的分化起到联结不同的各方的场结作用（归入 FS13）
	都江堰案	证明正功效	F1：各种媒介的反对声音比较整齐，但也有少量持支持态度 F2：环保总局的态度很关键	

续表

研究假设与结论	案例	校验	验证发现	共性与特性
结论： 证明 正功效 验证发现 条件成立 需要相关条件	厦门 PX 案	证明正功效	F1：本地媒体与外地媒体的分化 F2：环保总局的态度转变是整个场势竞争的转折点和平衡点	FP5：居民自组织特别是中产者的资源动员能力发挥作用
	番禺反烧案	证明正功效	F1：本地媒体的分化 F2：中产者的资源动员能力发挥作用	

1. S'H1 的验证结果：完全证明、正功效；验证发现；条件假设成立；需要相关条件

（1）研究假设的校验：完全证明、正功效

案例表明，外压能量场的结构呈现从准单核（番禺反烧案）、单核（厦门反 PX 案）、准双核（都江堰案）到双核（怒江案）的多元形式，公共能量流要取得成功必须完成核凝聚，成为场中的一核。因而，S'H1 得到证明，起到正功效作用。

（2）验证发现

一是 FS10：媒体在反对核的核凝聚中起关键作用。四个案例均反映了在多主体构成的外压能量场结构中，媒体在反对核的核凝聚中发挥了关键性的促进、推动和引导作用。

二是 FS11：环保 NGO 尤其是地方环保 NGO 不发达且作用受限。仅怒江案、厦门案中看到了地方环保 NGO 的作用表现，这一方面说明环保 NGO 能承担起公众权益代言人的角色；另一方面也说明，即便在一些地方环保 NGO 有一定的生存空间，但由于地方政府掌握着对当地环保 NGO 的生杀大权，环保 NGO 的活动及能量发挥受到当地政府的压制。

三是 FS12：地方环保部门通常顺从地方政府的旨意，没有加入到反对核中，反而成为支持核中的一员，很难履行公众代言人角色。四个案例只有都江堰案例外，然则该案的一个特殊性表现在都江堰市政府是反对核成员，当地环保部门与地方政府的态度保持一致，然而，即便如此，都江堰市环保部门在整个场中的公众代言作用仍不凸显。究其原因，在于现行的环保部门管理体制使得环保部门沦为地方政府的附庸。

四是案例也发现了两个不同点，即 FP2：专家有御用之嫌。FP3：落后地区居民缺乏场内的行动能力（怒江案），与之相比，发达地区的中产者具备较强能力（厦门案、番禺案）。

（3）结论：条件假设成立、需要相关条件

由上表明，S'H1 成立，针对 FS10、FS11、FS12，场核和场域方面需要媒体的关注、环保 NGO 的能量发挥和环保部门管理体制改革的条件。

2. S'H2 的验证结果：完全证明、正功效；验证发现；条件假设成立；需要相关条件

（1）研究假设的校验

四个案例没有发现运动组织的场结作用，只是在怒江案中显现了环保 NGO 在反对核方面的子场结功效，但四个案例无一例外地体现了媒体的场结作用（FS13），这表明在外压能量场的结构中媒体的作用极为关键，其不仅能承担议题传播作用，还发挥了联结各方的结点和平台作用。因此 S'H2 的验证结果：完全证明、正功效。

（2）验证发现

案例发现环保 NGO（怒江案）、城市社区中的中产者（厦门案、番禺案）可能起到联结各方的子场结作用，即 FP4。

（3）结论：条件假设成立、需要相关条件

S'H2 的验证结果，条件假设成立，场结方面需要提供媒体作用发挥、环保 NGO 与公民子场结作用发挥这些条件。

3. S'H3 的验证结果：完全证明、正功效；验证发现；条件假设成立；需要相关条件

（1）研究假设的校验

四个案例证明了，场势的地位取决于竞争，对于外压能量来说成功的关键在于有效影响媒介。

（2）验证发现

一是 FS14：环保总局对待外压的态度（支持、中立）在结构中很关键，可能影响场势的改变。这在怒江、都江堰和厦门反 PX 案中都能得到体现。但环保总局的态度实际上受到其在政府序列中的弱势地位的影响。这与 FS4 实际上是一个问题，为此归入到 FS4 中。

二是 FS14：外压能量流形成场势，需要成功影响媒介，但媒介在报道同一个议题上都出现了分化，对待外压表现出支持、反对和中立三种不同的报道立场，因此，如何赢得主导舆论成为关键。但正是媒介的这种分化使得其成功承担起在外压能量场内联结各方的场结角色，有利于各种观点之间进行交流和能量间的自由流动，而不是出现场内只有一种声音，因此，该条可归入 FS13 中。

三是 FP5：居民自组织、特别是中产者的资源动员能力发挥作用。在反公害运动中，外压能量流的形成，需要居民自组织（番禺案、厦门案）特别是中产者的资源动员能力（番禺案）。

（3）结论：条件假设成立、需要相关条件

这表明，S'H3 成立，但在场势方面仍需要环保管理体制改革、媒体的关注、民众行动能力提高等条件。

（三）运动外压型公共能量场的过程方面

模型中能量场的过程逻辑为：核凝聚—外压—协商的自组织过程，需要旨在规范行动者的博弈规则（PH1）、场虽是理性的自组织过程，但需要国家发挥能量场管理者（场促）作用（PH2）。案例分析基本证明了PH1 和 PH2，但也得出需要完善的条件，见表 4 - 15。

表 4 - 15　运动外压型公共能量场的过程验证总结论

研究假设与结论	案例	校验	发现	共性与特性
PH1： 历经"核凝聚—外压—协商"的过程，需要场用（博弈规则）	怒江案	部分证明 正功效	F1：场内博弈历经核凝聚形成外压，但几乎全是对抗，未见协商合作 F2：场内缺乏规范各方交流的博弈规则	FS14：互联网中的多数人对话理性不足；民众的意识和能力很重要（归入 FS6） FS14：场用规则重要，理性和法律能形塑场用规则
	都江堰案	部分证明 正功效	F1：没有协商 F2：总体上理性充当博弈规则，但网络讨论出现非理性现象	
	厦门 PX 案	证明正功效	F1：形成了"集体散步"式温和理性抗争，但网络讨论出现无序和非理性现象 F2：博弈规则重要，后期环评中显现出依法而行的博弈规则 F3：通过对话、协商解决问题，但存在"邻避意识"，福建省政府在决策论证的充分性上仍不够	

续表

研究假设与结论	案例	校验	发现	共性与特性
结论： 部分证明 正功效 验证发现 条件成立 需要相关条件	番禺反烧案	证明正功效	F1：形成了"集体散步"的温和理性抗争，但网络空间讨论出现非理性现象 F2：中产者的理性与公民精神一定程度上充当场内的博弈规则 F3：外压迫使政府通过对话、协商解决问题，公民表现出很强的"公共意识"	FS15：外压能量场是否能形成小范围的共同在场以对话和协商取决于民众能力、决策者和环评制度保障（归入FS9）
PH2： 场虽是理性自组织过程，但需要国家发挥能量场管理者（场促）作用 结论： 部分证明 正功效 验证发现 条件修正 需要相关条件	怒江案	部分证明正功效	F1：场是一个自组织过程，总体理性，局部非理性 F2：在议题性质复杂、争议较大和难以定论且需平衡多方利益的情况下，场内尤其需要管理者，然而，国家并未履行该角色	FS15：场是一个自组织过程 FS16：能量场管理者是否必要取决于议题性质和博弈过程 FS17：地方政府作为能量场管理者不当
	都江堰案	部分证明正功效	F1：场是一个自组织过程 F2：在议题利弊清晰，一方占据科学、道义、舆论等方面的主导性，能量间不需要协商的情况下，场内减少对能量场管理者的需要	
	厦门PX案	证明正功效	F1：场是一个自组织过程 F2：后期环评座谈会上，厦门市政府一定程度上充当了能量场管理者角色，但这种角色存在是否中立的问题	
	番禺反烧案	证明正功效	F1：场是一个自组织过程 F2：后期番禺区政府一定程度上充当了能量场管理者角色，但这种角色存在是否中立的问题	

1. PH1 的验证结果：部分证明、正功效；验证发现；条件假设成立；需要相关条件

（1）研究假设的校验：部分证明、正功效

案例证实了外压能量场形成中从核凝聚到外压的过程，但在怒江案和都江堰案中并没有出现各方间的协商，而在厦门和番禺案中地方政府与民众展开协商与对话，形成小范围的面对面共同在场。另外，怒江案没有旨

在规范各方理性博弈的博弈规则，其余三个案例场均体现了理性（都江堰案、番禺案、厦门案）、法律制度（厦门案）一定程度地充当了博弈规则。四个案例都能得出博弈规则对于规范外压能量场各方理性博弈（对抗性交流、协商、对话、谈判）的重要性，这证明了 PH1 的正功效。

（2）验证发现

四个案例均表明，互联网中的多数人对话呈现理性不足，从厦门反 PX 案中的"邻避主义"及番禺反烧案中的"公共精神"的对比反衬中可以得出，公民的对话能力影响能量场的绩效（FS14），这其实是对民众在能量场内行动能力的要求，由于与条件 FS6 一致，可归入 FS6。案例同时发现：场内的博弈规则重要，理性和法律能形塑博弈规则（FS14，由于前面 FS14 归入 FS6，此递进为 FS14）；外压能量场是否能形成小范围的共同在场以协商对话取决于议题性质和决策者（FS15），这与 FS9 的内容一致，因此，归入 FS9。

（3）研究结论：条件假设成立、需要相关条件

这样，场用方面需要公民理性和对话能力增强、制度形塑博弈规则方面的条件。

2. PH2 的验证结果：部分证明、正功效；验证发现；修正条件假设；需要相关条件

（1）研究假设的校验：部分证明、正功效

案例表明，场内没有出现场促（怒江案、都江堰案）、场促角色不当（厦门案、番禺案），因此 PH2 的验证结果：部分证明。然而，四个案例均表明场促对于促进场内行动者有序理性交流的重要性。所不同的是，后两个案例说明，由作为环境决策利益相关者的地方政府充当场促角色，存在着中立性和饱受民众质疑的问题。

（2）验证发现

案例发现，外压型能量场是一个自组织过程（FS15），在整个过程中，能量场管理者是否必要取决于议题性质和博弈过程（FS16），一般来说，当议题复杂、各方争议较大和利益难以平衡时尤其需要能量场管理者角色，然而，在厦门案和番禺案中反映了地方政府作为能量场管理者不当（FS17），需要一个中立的第三方来履行该角色，而环保部门应是承担该

角色的最佳选择。

（3）研究结论：修正条件假设、需要提供条件

由上，将 PH2 条件修正为"场虽是理性自组织，但视议题的性质和博弈情况，由环保部门作为能量场管理者"。因此，场促方面，需要从环保部门管理体制改革和增强环保部门作为能量场管理能力方面提供条件。

二　条件归总分析

上述条件分析推导出 17 个共性、5 个个性条件假设（因子），一方面，与条件假设的高度互宜性而非互斥性，基本证实了条件假设的可行性与功效；另一方面，这些条件因子之间存在一定的逻辑关联，有的可以进一步归并整合，可以从公共能量场之场源、场有、场体、场核、场域、场势、场结、场用和场促等方面分类归总，得出运动外压型公共能量场作用发挥所需的条件，见表 4 - 16。

表 4 - 16　运动外压型公共能量场治理所需的条件归总

场构成	条件假设/是否成立/内容			验证发现	所需条件归总	
场源	SH1	成立修正	环境议题发现者 + 建构者 + 媒体	FS1 FS2	FS1 FS5 FP3	C1:从根本上依赖于整个社会环境意识的提高
					FS2 FP3 FP5	C2:社会资本在议题发现、建构和传播中的作用
					FS1 FS5	C3:宽松的舆论环境及媒体的社会责任感
场有	SH2	成立	需要时间和政治机会结构	FS3 FS5	FS3 FS5 FS9	C1、C3 C4:有赖于决策者的责任意识和纠错能力
场体	SH3	成立	媒体作为能量互动平台和形成小范围共同在场	FS8 FS9	FS8 FS5	C3
					FS9 FP2	C4 C5:有赖于环评、专家论证等凸显场体的制度保障

场构成	条件假设/是否成立/内容			验证发现	所需条件归总	
场核、场域、行动者	S'H1	成立	公共域能量成为其中的一个场核	FS4 FS6 FS10 FS11 FS12 FP1 FP2 FP3 FP4 FP5	FS6 FP3 FP4 FP5	C6:民众在场内行动能力的提高
					FS10	C3
					FS11 FP4	C7:环保NGO的转型和社团管理体制
					FS12 FP1 FS4	C8:改革环保管理体制改革
					FS7 FP2	C9:有赖于专家的中立、良知与责任
场结	S'H2	成立	运动组织者或媒体发挥场结作用	FS13 FP4	FS13 FS5	C3 C10:媒体的场结作用发挥
					FP4 FS6 FS11	C7 C6
场势	S'H3	成立	场势地位取决于竞争和如何影响媒介	FS8 FS10 FP5 FS7	FS8 FS10	C3 C10
					FP5	C6
					FS7	C9
场用	PH1	成立	需要博弈规则	FS14 FS15	FS14 FS15 FS6	C11:有赖于行动者理性、国家制度来形塑博弈规则
场促	PH2	成立修正	根据情况由环保部门承担场促作用	FS15 FS16 FS17	FS15 FS16 FS17	C12:环保部门作为能量场管理者

（一）场源方面

案例表明，环境议题发现者可能是具有超常嗅觉的专家学者，也可能是一贯善于捕捉信息的媒体，还可能是有着内部信息优势的政府官员——无论如何，其在于发挥"导火索"作用，使某一潜在的或是被刻意藏匿的环境信息得以披露出来，继而引发利益相关者和公众讨论，从而有可能成功将现实中的环境问题转变成需要加以解决的政策议题。然而，上述四个案例毕竟是有代表性的成功个案，其成功既有发现者揭露和发现议题的偶然因素，又有倡导者在动员能力、资源上的特殊性：一是"偶然性"，发现者的责任感，特别是从政府内部渠道将议题传出需要一定的胆识，现实中并不多见；二是"特殊性"，怒江、都江堰案中议题的成功建构与关注自然保育的环保 NGO、厦门反PX 案、番禺反烧案与当地有着维权意识及较强行动能力的中产者是分不开的。从 FS1（发现者的信源＋倡导者的建构＋媒体传播）、FS5（宏观层面整个社会环境意识的提高、相对宽松的舆论环境；微观层面地方政府对待外压的态度能力）可以得出外压能量场的场源依赖于整个社会环境意识的提高。从 FS2（联盟、关系、资源等社会资本成为媒介传播的前提）可以得出依赖于社会资本在发现、建构和传播环境议题上的作用，而媒体能量的发挥又需要相对宽松的舆论环境和媒体的社会责任感。

C1：从根本上依赖于整个社会环境意识的提高

从拉雷·N. 格斯顿关于"触发机制的成功取决于范围（受影响的人群规模和数量）、强度（公众对事件的感知度）和触发时间（议题所展开的时间因素）"[1] 中可知，触发的成功离不开公众的感知、范围和时机因素。而王绍光关于"外压的关键是议案的民意基础到底有多广，是否对决策者构成足够的压力"[2] 的表述也指出了外压倡导者的民意基础。由此，外压型公共能量场的形成取决于：一是环境议题的性质，是否新颖、重大和影响面广等，能否提起社会的关注、兴趣与热情。在这方面，自然保育在议题性质上要比地方反公害事件更能吸引广大公众的眼球。二是社会因素，即社会对议题的感知，与民众的环境意识有关。因此，外压能量场中的"场源"需要从根本上依赖于整个社会环境意识的提高。由于蕴藏于社会的巨大能量是外压的动力源泉，而各种激发社会能量的措施（媒体的宣传报道、环保 NGO 的动员等）都从根本上依赖于社会环境意识的提高。可以说，整个社会环境意识的增强及伴随而来的权利感知、诉

---

① 〔美〕拉雷·N. 格斯顿：《公共政策的制定——程序和原理》，朱子文译，重庆出版社，2001，第 65 页。

② 王绍光：《中国公共议程的设置模式》，《中国社会科学》2006 年第 5 期，第 94 页。

求表达能力和参与意识是外压公共能量场形成的基本前提。

C2：环境议题发现—建构—传播触发机制中作为联结纽带的社会资本作用

案例分析表明，在环境议题的建构上，无论是自然保育运动中环保NGO—媒体联盟、环保 NGO—环保总局联盟、环保 NGO 之间的联盟关系，还是地方反公害事件中社区邻里关系的传播动员和基于各种资源对外扩大事件影响，其实都是场内反对核所具有的社会资本。实际上，各种人际网络、信任、互惠互助、环保责任感和合作共识等社会资本不但建构了议题本身，促进了议题的传播，还促成了集体行动与联结网络，在整个运动外压型公共能量场中发挥了触发、催化、促进和联结作用。从这个角度看，在当前决策信息不透明、传播管道不畅、民众集体行动能力仍较为孱弱的情况下，公共能量场的形成在很大程度上有赖于公共领域里各种信任、互惠、合作的社会资本的培育和壮大。

C3：有赖于相对宽松的舆论环境和媒体的社会责任感

案例证实了当前中国运动外压型能量场中媒体发挥了重要的议程设置功能。媒体的这种议程设置功能表现在可以选择报道或不报道哪些"议题"，是否突出强调某些"议题"，如何对它所强调的"议题"进行排序。[①] 一方面，作为党和政府的喉舌，新闻媒体受到政府的严格管控，尤其是地方媒体在面对地方环境短视议题时不是"集体失语"就是作"正面报道"，这从四个案例中可见一斑；另一方面，在市场化过程中，媒体的自谋生路又决定了其必须以客观公正的报道来取悦消费者以赢得市场。一面是在政府控制的"高压线"底线内容许的有限自由，一面是激烈竞争带来的"挤压力"，身处两种"张力"中的媒体实际上获得了一种相对狭小的选择空间。在这种空间内，媒体对环境议题的关注在很大程度上取决于国家提供的舆论环境的大小程度及媒体的社会责任感与正义感。

（二）场有方面

能量场的形成、运转与持续，即其场能发挥既需要时间，又在很大程

---

① 陈力丹、李予慧：《谁在安排我们每天的议论话题?》，《学习时报》2005 年 11 月 22 日。

度上取决于国家在对待外压方面的政治机会结构。从 FS5（宏观层面整个社会环境意识的提高、相对宽松的舆论环境；微观层面地方政府对待外压的态度能力）及 FS3（随着时间的推移场的活跃度下降，场的绩效发挥取决于"关键点"）可以得出社会环境意识增强（即 C1）、相对宽松的舆论环境（即 C3）和政府（决策者）对待场的态度（即 C4）。

C4：有赖于决策者的责任意识和纠错能力

外压的形成直指政府决策，是对政府业已作出决策的质疑和对其决策权威的挑战，虽然在一些情形中外压能量能够大到足以迫使政府让步，但在现有决策已形成沉淀成本或为利益所套牢的情况下，政府往往很难有足够的勇气回过头去修正原有的决策，特别是一个强势的、蛮横的政府依然可以凭借强权置压力于不顾而顽固地推行原有决策。因而，一个负责任的、勇于纠错的政府对于既已形成的外压能量场的场能发挥是至为关键的。厦门案和番禺案已经体现了地方政府的这种意识与纠错能力。在对待外压能量场上，政府不必以对抗的态度看待，而应能够借助场中各种能量的交流与博弈，在广泛听取各方意见的基础上，发现原有决策中的问题，并综合平衡各种利益诉求以修正、完善或制定更为科学的决策以取代原有决策，最大限度地克服原有决策的短视。

（三）场体方面

一般来说，外压型能量场功效的发挥需要形成由各方行动者代表参与，旨在对话、交流、协商的小范围共同在场，即凸显场体。从 FS8（各种媒体作为场的空间平台，互联网构筑多数人对话平台）及 FS5 中归总得出需要媒体发挥作为公共能量场的空间平台和形塑场体方面的作用，即 C3。另外，从 FS9（是否形成小范围的共同在场取决于博弈结果、决策者和环评制度保障）及 TP2（专家有"御用"之嫌），可以得出小型共同在场的形成需要打破现行过于依赖和随意挑选专家的决策论证模式和有赖于环评等凸显场体的决策制度的保障。

C5：有赖于环评等凸显场体的决策制度的保障

案例表明，外压的成功既得益于现有体制条件下国家所提供的狭小的机会空间，比如宪法上关于公民游行集会权利（厦门案中居民的"和平散步"）、近年来国家对环保教育的逐渐重视和推行、网络问政、一定范围内允许带有批判精神的少数媒体的存在（案例中特别是番禺案中的《南方周末》、《南方都市报》等）和对环保 NGO 的有所放开的宽松政策等。各种行动者正是利用此狭小的空间，成功地形成外压能量场。当然，案例的成功带有较强的特殊性，即要么取决于议题的性质（自然资源保护），要么离不开发达地区城市精英的动员。总体来看，目前国家在促进形成各方讨论协商对话的参与渠道、诉求表达平台方面还缺乏相应的制度和体制等保障。"外在压力之缺失，缘于政府的组织结构、制度规范、监督体制、系统功能等方面的结构性缺陷和功能性的障碍。"① 因此，从长远看，外压能量场的形成特别是其功效的发挥仍取决于是否能在环评、推动利益相关者参与协商以凸显场体方面提供决策制度的保障。

（四）行动者、场核、场域方面

外压能量场中包括与议题相关的居民、专家、环保部门和环保 NGO 等多元行动者。从 FS6（公共域能量发挥有赖于民众行动能力的提高）及 FP3、FP4、FP5 都涉及民众在场内行动能力的提高，可以得出"依赖于与议题直接相关的居民行动能力的提高"（即 C6）。由 FS10（结构多元，媒体在反对核的核凝聚中起关键作用）得出"需要媒体能量发挥"，即 C3。由 FS11（环保 NGO 尤其是地方环保 NGO 不发达且作用受限）及 FP4（环保 NGO 作为场结）可以总结出"需要环保 NGO 的角色和作用发挥以及社团管理体制改革"条件（即 C7）。从 FS12（地方环保部门很难履行公众代言人角色）及 FP1、FS4（环保总局在中央政府序列中缺乏履行职能的独立性、多受掣肘得出专家的良知与责任），可得"需要环保部门管理体制改革"条件（即 C9）。

C6：依赖于民众"场能力"的提高

从 FP3（落后地区居民缺乏场内的行动能力，但发达地区的中产者具备较强能力）与 FP4（中产者"可能"起到子场结作用）及 FP5（居民自组织特别是中产者的资源动员能力发挥作用）的对比中，可以得出需要与议题相关的居民在有关（问题意识、组织动员、社会资本运用、利

① 张国庆：《典范与良政——构建中国新型政府公共管理制度》，北京大学出版社，2010，前言，第 XIII 页。

益表达、协商对话、谈判等）"场能力"的提高。怒江案中，当地居民由于极度贫穷落后，缺乏场内的行动能力，虽得到环保 NGO 的帮助，但在场内只发出了极其微弱的声音。与之相比，在厦门反 PX 和番禺反垃圾焚烧案中，地方精英在组织动员社区等各方能量达成反公害集体行动和促进反对派核凝聚方面发挥了重要作用。这充分说明，外压能量场的形成及功效取决于与议题直接相关的居民行动能力的提高。对比厦门反 PX 的"邻避主义、污染转移"和番禺反垃圾焚烧的"问题意识、公共关怀"还能发现，两地居民不同的问题意识、公共精神和场内的对话能力，决定了场的不同绩效。总的看来，行动者不仅具备环境议题的感知能力，还要能善于表达自身正当的利益诉求和有着一定的集体行动水平，在鼓动激励、形成策略、增进团结方面能发挥作用，在与政府博弈中还应具有懂得倾听、学习、理解与沟通的合作技能。

C7：环保 NGO 角色和作用的发挥及社团管理体制改革

案例表明，环保 NGO 能够承担公众利益代言人、联结反对派各方的子场结角色，具有建构环境议题、促进议题传播、组织动员和促成反对派核凝聚的作用：怒江案中环保 NGO 在外压能量场中承担了议题倡导、传播宣传、组织动员和民众利益代言的角色。在都江堰案、厦门反 PX 案中，环保 NGO 也有所表现。壮大环保 NGO，成为外压型公共能量场不可或缺的条件。然而，目前环保 NGO 主要活跃于自然保育运动能量场中，在地方反公害能量场中还较为少见。这种现象暴露出的问题，一是环保 NGO 的兴趣点主要在全国自然资源保护、珍稀物种保护方面，对于地方污染迫害问题关注较少。因此，今后环保 NGO 应更多地将关注点转向污染治理和反公害方面，承担在能量场中的多元角色和最大限度激发能量实乃必要。二是与当前社团管理体制下环保 NGO 难以获得法律合法性的生存困境有关。目前环保 NGO 发展仍步履维艰，相当多未正式注册的环保 NGO 特别是地方环保 NGO 在夹缝中生存，其一般不愿、不敢或不能以反公害为由公然叫板和挑战地方政府。为充分释放其能量，推进社团管理体制改革成为必需。

C8：环保部门管理体制改革

案例反映出环保部门在外压能量场中的作用难以彰显的根本原因在于

现行环保部门管理体制：一是从中央层面看，环保总局①在中央政府中的弱势地位，决定了其在涉及由中央部门审批的环境项目上受到国家发改委等强势部门的掣肘（怒江案、都江堰案、厦门反 PX 案），缺乏履行职能的独立性。公共能量场中环保总局的"暧昧"与"无奈"态度，在代言公众利益时往往有所顾虑、放不开手脚，皆根源于此。二是从地方看，地方环保部门在场中的缺席（都江堰案）或错位（厦门反 PX 案、怒江案、番禺反垃圾焚烧案），没有起到公众权益代言人的作用，应有的场促作用缺失。实际上，案例反映的问题仅仅是现实中的冰山一角。实际情况是，对于决策短视，地方环保部门大多敢怒不敢言，更多的是主动迎合或被动附和政府决策旨意。由于在人财物等各方面均受制于地方政府，环保部门对直接领导其工作的地方政府作出的环境决策短视行为很难起到有效制约作用。如何改革现行的环保部门管理体制，将环保部门真正从地方政府的权力枷锁中释放出来，使其充分在能量场中施展能量至关重要。

C9：有赖于专家的良知与责任

对于决策者来说，充分听取专家意见是决策科学化的前提。然而，案例反映出专家沦为"论证决策短视可行性"的工具，经过专家论证的决策也就堂而皇之地披上了合法化的外衣。现实决策中，有选择性地挑选专家的现象并不少见。一些专家在政府暗地"施惠"或迫于其权威压力的情况下，失去专家本应有的良知与责任，在外压能量场中，有的发表不当论点，混淆视听，有的以所谓科学化、权威性解释为决策短视装饰门面，协助地方政府褫夺民意。但案例中也反映了在能量场中还是有少量专家充当着尊重科学和公共利益捍卫者的角色，发挥了启蒙民众公共精神、对受政府"御用"的专家进行反驳、促进多元观点争锋交流的作用。因此，外压能量场场能的发挥，很大程度上依赖于专家站在更为中立和客观的立场上，本着科学精神、良知与责任充分发挥自身的专业优势。

（五）场结方面

由 FS13（媒体作为场结）及 FS5 中的相对宽松舆论环境，可得 C3 及

---

① 原国家环保总局 2008 年从国务院直属机构升格为政府组成部门并更名为环评部，但此举作用并不大，从目前看并未真正有效提升环保部门的地位与权力。详细分析见本书第六章。

C10（媒体的场结作用发挥）。由 FP4（环保 NGO 和中产者能够成为子场结）及 FS6（公共域能量发挥有赖于民众行动能力的提高）和 FS11（环保 NGO 尤其是地方环保 NGO 不发达且作用受限），可得环保 NGO 和民众中的中产者的子场结作用发挥分别需前述条件 C7 和 C6。

C10：媒体的场结作用发挥

媒介的分化为传达多方观点创造了前提。在案例中看到，媒体扮演了联结各方的场结角色。同时，媒体还通过偏向性报道促进了反对核的凝聚，对于当前缺乏制度内渠道同地方政府抗衡的弱势民众来说，媒体的这种偏向作用至关重要。比如，自然保育中，环保 NGO－媒体联盟及被一度认为的"媒体 NGO 化"对于外压能量场形成的积极作用不言而喻。然而，一边倒的报道也有违媒体的公正、客观传达各方观点、促进能量间自由交流的职业精神。事实上，外压能量场的博弈需要媒体不仅充当信息传播者的角色，还应履行好联结各方行动者和承载能量交流平台的职能。正如记者张可佳在谈到都江堰保卫运动中媒体的角色时所言："我们媒体记者们所应做和能做的，就是充分地把科学家的声音传播给大众，在科学家与社会之间，在科学家与政府官员之间，在各种专家意见之间，在长远利益与眼前利益之间，在相关利益人群之间搭起沟通的桥梁。"[①] 因此，一方面，当前媒体要增强对环境议题的关注，更多地对理性环境运动予以报道和促进外压能量流的形成，国家也应扩大多元媒体生长的空间，促进媒介多种意见的表达；另一方面，从长远看，媒体应履行好外压能量场中的场结角色，成为各方意见交流的平台与场内能量流动的联结点。

（六）场势方面

由于场势是外压能量流与其他核特别是支持核竞争的结果，因此，取决于作为利益相关者的居民、有着传播议题与形塑舆论导向功效的媒体、担负科学咨询的专家等各方的综合作用。从 FS8（各种媒体作为场的空间平台，互联网构筑多数人对话平台）、FS10（结构多元，媒体在反对核的核凝聚中起关键作用）得出在获得媒体更多的支持上需要条件 C3 和 C10。从 FP5（居民行动能力）和 FS6（居民的"场能力"）、FP3（弱势者与中

---

① 张可佳：《"保卫都江堰"背后的思考》，《中国记者》2004 年第 1 期，第 31 页。

产阶层不同的在场能力对比）、FP4（中产者的子场结能力）得出需要条件 C6。从专家看，FS7（专家论证有"御用"之嫌）、FP2（专家被御用）得出专家应保持中立而不应有倾向性，需要条件 C9。

（七）　场用方面

从 FS14（场用规则重要，理性和法律能形塑场用规则）及 FS15（场是一个自组织过程）可以得出，虽然外压型能量场是自组织的，短期内难以形成各方间共识的博弈规则，但行动者本持的理性、公共对话意识或者制度的规定能够形成旨在促成各方自由交流、表达诉求和协商对话的博弈规则。因此，有：

C11：有赖于行动者的理性、国家的制度来形塑博弈规则

外压型能量场基本上是由临时的行动者组成的松散网络，行动者之间在场内的关联是偶然的、甚至一次性的。由于互动频繁低，场基本是随着议题的结束而终结——除非行动者对场的认识能力强或者行动者需要多次博弈（比如在一个成熟的社区）——一般不会构建旨在规范各方的博弈规则。在这种情况下，行动者的理性（合理合法表达诉求、形成优化方案与对策和善于对话协商）能够充当场的博弈规则，使整个场处于有序状态。这在厦门反 PX 案和番禺反烧案中最为明显，这也是以中产者为主的社区理性影响政府决策区别于农村暴力式抗争的本质差异所在。可以说，正是理性才维系能量场，如何增强理性也就成为外压能量场成功的条件之一。但案例也反映出，行动者对能量场的自觉认识（对场的作用认识、对自身及其他行为者在场中的角色感知、对协商话语规则的遵从等）还相当欠缺。这就有赖于：一是能量场管理者制定规划、运用权威或采取策略（斡旋、仲裁和平衡等）来引导各方博弈，增进各方的意见表达、协商、谈判与合作；二是整个社会的进步，民众"场能力"的提高；三是外部制度规定形塑能量场内博弈规则，比如国家法律、社区的成文惯例或习俗等。

（八）　场促方面

由于场是一个自组织过程（FS15），出于规范能量间的博弈之需，一般来说，场内基于议题性质和博弈过程看是否需要能量场管理者（FS16），但案例也发现政府作为能量场管理者不适当（FS17）。因此：

　　C12：环保部门作为能量场管理者所需的体制改革及能力增强条件

　　地方反公害案中，外压能量场所形成的压力最终迫使地方政府作出让步，地方政府逐渐增强回应性和责任性，通过座谈会、环评等方式与民众对话、吸纳专家意见、顺应民意，地方政府此时扮演了解决议题、促进各方间交流的能量场管理者角色。但案例也反映出，地方政府作为环境议题的决策者而与决策议题有着直接或间接的相关利益，由其担当中介性的场促角色饱受是否能完全本持中立性的质疑。因此，理想的场促角色，应该是环保部门，即在外压能量场中，如果环境议题的最终决策权在地方政府，则由该地方环保部门承担场促角色，而如果决策权在上级政府，则由相应的上级环保部门发挥场促作用。环保部门的这种场促作用发挥的前提是改革现行的环保部门管理体制，即C8，使其从地方政府的直接控制干预中脱离出来，公正地履行一个旨在促进各方交流和当各方出现分歧时的能量场促进者和管理者角色。此外，作为一项尚未履行的新实践，场促角色的履行还依赖于环保部门在促进、协商、谈判、沟通和斡旋等技能上的增强。

第五章 地方政府环境决策短视
治理之环评预防型
公共能量场分析

环境影响评价（环评）既是预防和减轻环境不利影响、改进和提高环境决策质量的重要举措，又是促进公众参与、形塑各方交流平台和增进民主科学决策的过程。本章首先对现行环境影响评价研究及实践过于侧重自然科学的技术导向提出质疑，认为应更多从社会科学的多主体、过程和参与等角度理解环境影响评价，从中引出环境影响评价与公共能量场的内在关联。接着，将研究转向现实，基于公共能量场SSP分析框架对所选取的三个环评案例进行剖析，对第三章提出的环评预防型公共能量场条件假设进行验证分析，得出基于环评预防型公共能量场的地方政府环境决策短视治理所需的条件。

第一节 环境影响评价及其新解

一 环境影响评价（EIA）概述

环境影响评价（Environmental Impact Assessment，EIA）是在对拟议中的人为活动（包括建设项目、政策、规划、计划等）的批准前，对其可能造成的环境影响或环境后果进行分析论证从而采取防治措施和对策的过程。EIA 的作用不仅在于预防、减轻拟议行为造成的不利环境影响，还在于为决策部门提供参考以改进决策质量。鉴于 EIA 的重要性，许多国家对之以法律形式加以规定，形成环境影响评价制度。从美国率先提出并实施环评制度以来，世界上已经有超过 170 个国家和地区及国际组织通过立法或国际条约采纳和实施环评制度①。我国 1973 年开始引入环境影响评价概念，1979 年《环境保护法（试行）》中确立了环境影响评价制度，2002 年颁布《环境影响评价法》，开始要求建设项目和政府规划实行环境影响评价。

从 1964 年国际环境质量评价会上首次提出 EIA 以来，目前 EIA 被普遍视为改进决策的工具。例如，世界银行认为"环境评价的目的是改进决策，确保各种项目选择在环境方面是健全的和可持续的"②。英国《环境影响评价程序导则》指出："环境影响评价提供了更佳的决策的基础。在一个新的规划申请前对之作出全面影响分析以及提供更广泛的信息，能够使当局作出更灵敏的决策。"③ 然而，人们在 EIA 的性质上有不同的理解，主要的代表性观点有如下几点。

一是技术说。如有学者指出，环境影响评价是一种用以预测、预防和减轻环境污染和生态破坏的科学方法和技术手段。这种方法和手段会随着科技的进步、理论研究的深入和实践经验的增加而不断改进、发展和完善。④ 二是过程说，即认为 EIA 不仅是评价环境影响的技术，也是多种因素被考量、多方参与的过程。如卡罗尔和图平（Carroll and Turpin）认为，EIA 是确定拟议项目能否被允许批准的过程，技术虽然重要，但诸如政治的、地方的态度与文化、主要的需求和替代的建议等其他维度也应被考虑，通过将社会、经济因素综合纳入考量，更能够确保可持续发展。⑤ 派茨和伊杜里（Petts and Eduljee）指出："从根本上说，EIA 是一个反复的评价与决策过程，而不是一种专门技术，它试图确

---

① Nicholas A. Robinson. "EIA Abroad: The Comparative and Transnational Experience." in Stephen G. Hildebrandt and Johnnie B. Cannon（eds.）. *Environmental Analysis: The NEPA Experience.* Boca Raton: Lewis, 1993, p. 679.

② *Environmental Impact Assessment Guide*（od4.01）. New York: the World Bank, October, 1991: 1 – 5.

③ "Environmental Impact Assessment: Guide to Procedures（2000）," http://www.communities. gov.uk/publications/planningandbuilding/environmentalimpactassessment.

④ 曾向东：《环境影响评价》，高等教育出版社，2008，第 7 页。

⑤ Barbara Carroll, Trevor Turpin. *Environmental Impact Assessment Handbook: A Practical Guide for Planners, Developers and Communities.* London: Thomas Telford, 2002, p. 1.

定政策和（或）活动对环境的影响，从而使有兴趣各方有机会决定这些影响是否可以接受。"① 三是社会制度说。国家环保局监督管理司认为，EIA 事实上是一种社会制度，将参与其间的公共和私人组织、专家和公众等复杂的社会角色组织起来，将他们的观点、技术、价值和利益卷入其中。

传统观点认为 EIA 是一个技术过程，强调对影响的识别、预测和分析，不太关心其过程及对决策的实际影响。随着实践的开展，人们更为重视评价与决策的连续性，并在此基础上注意到 EIA 中的社会内容。代表性的观点如 "环境政策工具"（Environmental Policy Instruments）②、"公共参与论坛，进行公共评论"③、"就有关影响的信息在社会和决策者之间进行说明和交流"④。从单纯地认为是 "技术" 到 "政策工具" 再到 "多主体参与的社会制度"，有利于打破环评过程中专业评价机构的技术决定论和决策中的官僚独霸决策权，从而利于社会多元主体参与决策以维护环境权益，通过将环境、社会、经济等各种因素一起加以综合考量，能够确保更为可持续的发展路径。正如奥里丹（T. O'Riordan）指出："如果人们不仅仅将 EIA 视为一项技术，而且是能随着环境政策、管理能力变化而变化的一个程序，人们就可以将其看成是度量复杂社会环境中环境价值的灵敏气压计。"⑤ 由此，对 EIA 的理解不能局限于特定的评价主体（如专业环评机构）对环境影响的专业化评判过程，更应看到其实际是一个社会多元主体（如各种利益相关者）对拟议活动对可能产生的环境影响进行参与、评价、建构和博弈的过程，其本质是一项改进决策的政策性工具、决策过程与社会制度。

---

① Judith Petts, Gev Eduljee. *Environmental Impact Assessment for Waste Treatment and Disposal Facilities.* Chichester：John Wiley& Sons，1994，p. xv.

② Kees Bastmeijer, Timo Koivurova. *Theory and Practice of Transboundary Environmental Impact Assessment.* Leiden：Martinus Nijhoff Publishers，2008，p. 1.

③ Nonita T. Yap. "Round the Peg or Square the Hole? Populists, Technology and Environmental Assessment in Third World Countries." *Impact Assessment Bulletin.* Vol. 8，1989，p. 71.

④ Robert E. Munn. *Environmental Impact Assessment：Principles and Procedures.* New York：Wiley，1979，p. 1.

⑤ 转引自 John Glasson, Riki Therivel, Andrew Chadwick. *Introduction to Environmental Impact Assessment*（3rd edition.）. Oxford：Routledge，2005，p. 13。

二 EIA：功效、过程、主体

从大的方面看，EIA 能够为决策提供帮助，有助于开发行为的规范化，能够作为实现可持续发展的手段。[①] 从评价本身看，一个理想的 EIA 应当满足五个方面的功效：第一，基本上适用于所有可能对环境造成显著影响的项目及对显著影响作出识别与评估；第二，能对各种备选方案、管理技术与减缓措施进行比较；第三，生成清晰的环境影响报告书，以使专家和非专家都能够了解可能的环境影响的特征及其重要性；第四，包括广泛的公众参与和严格的行政审查程序；第五，得出及时、清晰的结论，为决策提供信息。[②]

国际上比较公认的 EIA 是从前期评价到项目实施再到项目建成以后的跟踪监测和后期评价的完整过程，具体包括：确定进行环境影响评价的时间；研究和筛选适用环境影响评价的对象；针对需要进行环境影响评价的对象划定评价范围；研究拟议项目和可供选择方案；编制环境影响报告书（Environmental Impact Statement，EIS）；公众评议环境影响报告书；审查决定批准环境影响报告书；事后监督与评价（见图 5-1）。其中，除决策作出之后的监督与后期评价涉及项目实施后，其余所有环节都属前期评价范畴，可见，前期评价是整个 EIA 的中心，是决策机关在对拟议活动作出批准或者许可决定前的必经程序。鉴于前期评价对于环境决策短视的预防作用，本书考察的环境影响评价特指前期评价。

有必要对上述过程予以相关说明：

● 项目筛选使环境影响评价的应用限定在那些可能产生重大环境影响的项目上。这部分地取决于一个国家现行的 EIA 制度。

● 范围界定要尽可能在评价早期，从项目可能产生的全部影响及提出的所有替代方案出发，确定关键的、重要的议题。

● 替代方案是为了确保拟议者能考虑其他可行的提议，包括可替代的项目选址、规模、程序、布局、运行条件及"不行动"（no action）方

---

① John Glasson, Riki Therivel, Andrew Chadwick. *Introduction to Environmental Impact Assessment* (3rd edition.). Oxford：Routledge，2005，pp. 7-10.

② 参见陆玉书《环境影响评价》，高等教育出版社，2001，第 7 页。

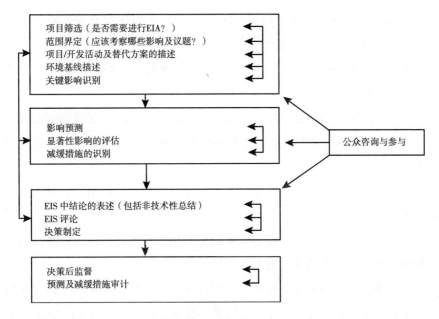

图 5 - 1　环境影响评价（EIA）过程

资料来源：John Glasson，Riki Therivel，Andrew Chadwick. *Introduction to Environmental Impact Assessment*（3rd edition）. Oxford：Routledge，2005，p. 3。

案等。

●描述项目/开发活动，包括阐述项目建设的目的和理由；了解项目的各种特征——开发的阶段、选址以及过程等。

●基线（baseline）描述是要说明在项目不实施的情况下，环境的现状及未来情况，要考虑自然活动及其他人类活动对环境的影响。

●主要影响的识别目的与前几个步骤相同，都是为了确保能识别所有潜在的显著环境影响（不利的和有利的），并且在整个过程中能考虑这些影响。

●影响预测的目的是识别影响的大小与特征，比较项目活动实施前后的环境变化。

●显著性影响评价是评价所预测影响的相对重要性，将评价重点放在主要的不利影响上。

●减缓措施包括针对显著的不利影响所采取的避免、减少、修复或补救措施等。

● 公众咨询与参与旨在确保 EIA 的质量、全面性和效果，而且强调在决策过程中要充分考虑公众的意见。

● EIS 是整个过程中至关重要的一环，如果做得不好，整个环境影响评价可能前功尽弃。

● 评论包括对 EIS 质量进行系统评价，这对决策过程有重要辅助作用。

● 决策指相关机构将 EIS（包括咨询与反馈）与其他材料一起进行综合考虑。

● 决策后监测是在项目决策之后，记录开发活动的影响，它对项目有效管理起重要作用。

● 审计在监测之后，它能将实际结果与预测结果进行比较，可以用来评价预测质量和减缓措施的有效性。[①]

从主体上看，EIA 通常由拟开发项目（建设项目、政策、规划、计划等）的拟议者、EIS 的编制者、审议者、参加评议的公众和 EIS 的批准者等多方共同完成的。学者田良认为，参与 EIA 主体系统包括评价机构 A、管理部门 B、评审专家 C、开发商 D[②]、公众 E 和决策者 F，他们各自承担不同的功能，相互间存在着复杂的互动，共同建构项目的环境价值。用公式表示为：

$$EIA = f(A, B, C, D, E, F)$$

其中，评价机构 A——事实认定、结果预测和标准选择等，常被形象地称为"向权力诉说真理"；管理部门 B——人员组织、过程控制；评审专家 C——技术审核、意义评定；拟议者 D——提供基础资料，修改计划方案；公众 E——意义评定；决策者 F——意义评定、结果决策。[③] 值得说明的是，管理部门通常是负责组织环评的环保部门，决策者包括：一是拟议项目的主管部门（如建设部门或政府）或者是拟议者本身（此时其

---

① John Glasson, Riki Therivel, Andrew Chadwick. *Introduction to Environmental Impact Assessment* (3rd edition). Oxford: Routledge, 2005, pp. 4 – 5.

② 由于环评对象为宏观方面的决策活动（政策、规划、计划等）和微观方面的建设项目活动，因此，用"开发商"尚不足以概括之，用"拟议者"为妥。

③ 田良：《环境影响评价研究：从技术方法、管理制度到社会过程》，兰州大学出版社，2004，第 188 页。

是对项目具有决策权的政府部门）；二是环评审核批准部门——环保部门，其审批决策是前者作出决策的前提。而公众是一个包括普通居民、专家、NGO 在内的集合概念。由于同一拟议活动的环境影响在不同的主体看来对利益损益程度不同，某一主体（如拟议者）从拟议活动中即将获得的利益可能是对另一主体（如公众）的损害。因此，EIA 实际上是一个多主体系统对评价对象（拟议项目）的环境价值进行衡量、鉴别和认定的社会建构过程。正如后文所要指出的，这种多主体系统实际上是一个围绕特定环境决策议题的公共能量场。

三 传统 EIA 研究之不足

EIA 概念提出以来，人们对其的认识逐渐加深，相关研究也逐步深入。然而，传统 EIA 研究的一个突出问题是过于注重工具理性、侧重自然科学和强调合法程序但对实际效用关注不够，不足以解决现实中 EIA 的有效性问题，且不能适应 EIA 的发展趋势。

（一）问题一：工具理性还是价值理性？

传统观点将 EIA 视为预防和减轻拟议行为不利影响的工具，为准确衡量拟议行为的"客观影响"，评价的"技术和方法"成为其关注的核心，带有明显的工具理性导向。随着 EIA 实践的开展，"如何有效组织管理 EIA"成为必须解决的现实问题，与此同时，"EIA 本质是对环境价值的认定"也逐渐成为人们的共识。事实上，作为多元社会主体对拟议活动的价值评定过程，EIA 包括三个层面内容：技术层面——专业评价人员对行为的环境后果进行识别和预测；管理层面——管理部门的制度安排、技术和程序审查；价值判断与选择层面——公众、专家、利益相关者对环境影响的判断和备选方案的选择等。其中，技术层面和价值层面分别位于工具理性和价值理性的两端，而管理层面则介于两类理性之间。实际上，EIA 活动不仅是专业评价人员对环境影响的技术衡量过程，还是社会多元主体对环境价值的理解、寻求优化方案和利益平衡的博弈过程，这就要求以更具有整合性的价值理性而非工具理性之"技术"、"手段"等来衡量，如何以价值理性、管理理性为导向形成多主体的参与、表达和决策机制也就成为 EIA 的关键。

（二）问题二：自然科学还是社会科学？

传统的工具理性导向大多将 EIA 视为自然科学，对"环境影响"比较关注，而对"评价"关注不够，而且对"评价"的理解也局限于"影响的识别和预测"，有限的关注只放在"方法和程序"的表层，忽视了 EIA 中的复杂社会因素和价值判断性质。这说明价值、评价及 EIA 中的社会因素，还是被排除在 EIA 的科学研究之外的。[①] 而弗姆比（John Formby）指出，在其最有用的意义上，EIA 不仅是一个预测建议的自然科学方面的技术类操作，还应该是将社会科学研究、公众参与、评价过程管理和政治决策等因素综合考量的决策过程的一个有效组成部分。[②] 弗姆比强调 EIA 过程的多学科交融性是基于对 EIA 活动的社会广延性和环境评价过程所呈现的越来越强的社会—政治导向的回应。实际上，EIA 所包含的技术、管理和价值三个层面内容决定了其研究应是一个多学科和方法论的交融过程：自然科学——研究具体的评价方法、技术等；管理学——研究 EIA 过程与管理方法、有效性和过程等；法学——研究评价程序、制度等；社会学——研究 EIA 的社会功能、形成机制和"评价共同体"中的规则等；认识论层次——研究 EIA 中的认知和评价过程、科学不确定性和价值判断的合理性等。[③] 从目前看，针对 EIA 技术方法方面的自然科学研究已相当成熟，而关乎评价中的主体博弈、组织管理、评价过程、评价机制、评价与决策的关联等内容的社会科学研究却极为缺乏，如何丰富 EIA 社会科学研究成为当务之急。

（三）问题三：合法程序还是实质结果？

在 EIA 社会科学导向的研究方面，法学研究最早也最深入，以至于呈现法学独领风骚的景象。法学对 EIA 主体、规则和程序和责任等的研究对于促进 EIA 的规范化与制度化的意义不言而喻。然则，法学强调合乎正当的法律程序（比如评价的启动、时间、公众参与和决策部门对公

---

① 田良：《环境影响评价研究：从技术方法、管理制度到社会过程》，兰州大学出版社，2004，第 112 页。

② John Formby. "The Politics of Environmental Impact Assessment." *Impact Assessment Bulletin* 8 (1/2), 1989, p. 192.

③ 参见田良《环境影响评价研究：从技术方法、管理制度到社会过程》，兰州大学出版社，2004，第 88 页。

众意见是否有回应等），但对评价的最终结果（比如决策是否存在短视、多元主体间的利益是否均衡）关注不够。现实的 EIA 也基本遵循法学的逻辑，即只要符合既定的法律程序就是合法正当的，至于结果如何则不甚关注。比如，在 EIA 公众参与环节，只要合乎公众参与程序即合法。但正如有学者所指出的："公众参与程度与最后决策正确与否不一定成正比。公众参与程度越高，并不等于最后决策越正确。它只是保证公众意愿能得以反映，决策易得公众支持。"[1] 按照 EIA 研究专家桑德尔（Barry Sadler）关于 EIA 有效性之程序的（procedural）、实质的（substantive）和执行的（transactive）[2] 这三个评判标准，法学研究更多是满足其中"程序的"标准。因此，虽然绝对不可或缺，但仅有法学研究是不够的，后两个标准即"实质的"和"执行的"需要交由其他学科来补充。

四　EIA 的政治学研究取向——公共能量场

上述对 EIA 传统研究之不足的分析表明，必须寻求体现主体、价值理性导向和能够有利于增进 EIA 有效性并反映 EIA 作为一种社会活动特点的新的社会科学分析视角。在这方面，强调参与权利、多方互动、利益博弈的政治学取向及本书所强调的公共能量场分析能够提供新的研究视角选择。特别强调的是，这种选择绝非对现有研究的取代，而是借助于此能够透析一度被现有研究所忽略的 EIA 的社会过程。实际上，EIA 的高度复杂性及多学科交融性决定了任何一种研究取向都是不够的。无论哪种研究取向都仅仅反映了其中的一个方面，但正是不同研究取向间的互补推动了EIA 研究的发展与 EIA 实践的完善。

---

[1] 张庭伟：《论原理的原理——略论城市规划的基本原理》，《城市规划汇刊》1992 年第 5 期，第 8 页。

[2] 桑德尔认为，考察 EIA 的有效性包括三个方面：（1）程序的——是否服从了设定的规定和原则？（2）实质的——是否实现了它的目标，例如为决策提供了良好的信息和在环保上取得了结果？（3）执行的——这些成果是否是在最少的时间内完成，例如是否有效和高效？（详见 Barry Sadler. "International Study of the Effectiveness of Environmental Assessment Final Report." Canadian Environmental Assessment Agency & International Association for Impact Assessment. www. iaia. org/publicdocuments/EIA/EAE/EAE_ 10E. PDF. p. 39.）

（一）政治学取向之必要

由于 EIA 针对的是拟议活动的环境影响，而在特定的环境问题面前，社会利益的多元化、对环境价值理解的不同使得社会往往分化成受益方和受损方，形成不同的利益集团，环境问题因而成为社会问题和政治问题。这样，EIA 涉及不同团体的利益，其背后体现的是不同利益主体的对立，需要分析这些主体在 EIA 过程中的权利与参与、博弈策略与规则。同时，鉴于 EIA 的多方参与过程和决策中利益平衡的需要，必须进行必要的管理和控制，如何组织和管理 EIA 成为必须正视的研究内容，这些都必须基于政治学的分析。特别是，当前公众参与正成为 EIA 的显著趋势，EIA 还承载着打破专业性评价机构的技术决定论和官僚部门的权力决定论，促进公众协商、谈判、仲裁的程序民主及体现公众知政权、参政权和发挥对政府权力监督的实质民主功能。正如卡罗尔和图平（Carroll and Turpin）所言："EIA 是收集、评估信息和确定是否批准拟议项目的过程。它是由开发商或投资商所承担和代表的。然而，应当在开发商、权威机构、其他咨询者和公众之间展开尽可能早的、持续的积极对话（early and continued positive dialogue）。这是一个鉴别潜在的或显著的环境影响和化解各方间的分歧以达成调适（mitigation）的过程。"① 但实际上，正如后文案例分析所反映的，环评中过于注重技术而忽略参与和博弈过程的导向恰恰是当前 EIA 中的最大问题，也是环境决策短视难受约束的原因之一。另外，作为置身于社会宏大政治背景中的 EIA，不可能仅是一个政治因素之外的纯粹技术过程，政治和法律制度、民主理念与管理体制的影响，总会对其产生直接或间接影响，这决定了其不能忽略参与价值和利益平衡。这样，分析特定时空条件下 EIA 的绩效，就离不开对 EIA 的各种政治影响因素的剖析。

（二）EIA 与公共能量场的内在逻辑

以政治学视角看来，EIA 制度提供了来自多个领域的主体（行动者）旨在围绕拟议议题（场源），在 EIA 程序（场用）的导引下，基于各种会议、论坛等参与平台（场体），通过施加各自能量寻求优化方案和利益平

---

① Barbara Carroll, Trevor Turpin. *Environmental Impact Assessment Handbook: A Practical Guide for Planners, Developers and Communities.* London: Thomas Telford, 2002, p. 1.

衡（场能）以影响决策（场核、场势）的公共能量场。而从环评影响评价研究学者田良所言："从某种意义上甚至可以认为，EIA 制度就是为各种环境立论者提供的一个法定的竞争舞台。一个评价结构的最终确立不仅是各种自然科学证据的发现和辩论过程，同时也是各种社会因素相互作用的立论过程。"① 这里的"竞争舞台"和"评价结构"实际上暗含着公共能量场的内容。

1. EIA 提供了多主体（行动者）围绕特定议题（场源）的旨在影响决策的公共能量场

EIA 事实上是一种社会制度，其通常是通过立法将与拟议活动相关的来自公共域、公权力域甚至国际域的各种利益相关者（专家、公众和决策部门等）"组织"起来，形成公共能量场。场中各行动者能量的发挥既可能是基于自利的打算，也可能出于公益的需要。一方面，EIA 提供了围绕特定议题的论坛机制，形成了一个在场的多主体系统，不同观点得到表达，各种竞争的和可供选择的方案得以呈现，共同完成关于特定议题的环境价值的社会建构、备选方案的提出和对策的优选；另一方面，各行为主体在能量场中通过发挥各自的能量（利益、观点、技术、价值和偏好等）试图影响决策。因此，EIA 本质上是多方主体围绕特定议题（场源）而施展能量的博弈过程，整个过程形成了一个旨在影响决策（场核、场势）的公共能量场。

2. EIA 制度性规定提供了公共能量场的"场用"

环境问题的内在矛盾性决定了某一主体的利可能恰恰是另一主体的损，由于观念、立场和理解等的不同，各利益主体在场中难免存在认知上、价值上、利益上和关系上的冲突。同时，为达成利益均衡，场内行动者又必须进行交流合作。实际上，在冲突成为常态而合作又必不可少的环评能量场中，无论是冲突还是合作都有赖于规范各方的博弈规则。而 EIA 作为一项制度，其关于主体的权利与责任、参与规则和评价程序等的内容性规定提供了场中的博弈规则（场用），通过规则导引促进场的交流、协商和谈判，不同利益之间的损益能够得到平衡。

---

① 田良：《环境影响评价研究：从技术方法、管理制度到社会过程》，兰州大学出版社，2004，第 139 页。

3. EIA 过程的意见交流平台形塑了公共能量场的"场体"

各国 EIA 制度都是基于美国《国家环境政策法》而来，内容上基本大同小异。有学者经研究发现，在促进各方对 EIA 的参与交流上，各国采用的方式主要有：咨询委员会、非正式小型聚会、一般公开说明会、社区组织说明会、公民审查委员会、听证会、发行手册简讯、邮寄名单、小组研究、民意调查、设立公众通讯站、记者会邀请意见、发信邀请意见和回答民众提问等。① 这些交流平台成功地发挥了承载和联结场中各方交流对话的共同在场，形塑起公共能量场的"场体"。

4. EIA 规定了承担公共能量场管理者的"场促"角色

EIA 过程需要一个承担起组织环评过程、促进各方博弈交流的管理者和促进者角色。通过对各国 EIA 程序的考察，可以看出，各国或地区对于 EIA 程序的组织一般有两种模式：一是由政府组织，这是目前大多数国家的做法；二是由拟议者自行组织，最后由政府批准。美国和台湾地区是这两种模式的典型代表。② 无论是政府组织还是拟议者自行组织，都是对环评过程中"场促"角色的认可，但相对来说，后者由于与拟议行为存在直接关联，且与公众意见往往相反，场促作用往往不能很好发挥，并不利于 EIA 的有效性，而前者基于政府的组织更能中立地促进各方交流并能作出仲裁，因而其作用发挥更有效。实践中，由于各国国情的不同，场促角色的强弱、类型和作用发挥的程度也不尽相同。

五 环评预防型公共能量场分析

(一) 美国环评预防能量场的实践

美国 1969 年颁布《国家环境政策法》（National Environmental Policy Act，简称 NEPA），开创最早进行环境影响评价立法的先例。依据该法设立的国家环境质量委员会（Council on Environmental Quality，CEQ）于 1978 年制定的《国家环境政策法实施条例》（Regulations for Implementing the Procedural Provisions of the National Environmental Policy Act，CEQ 条例），

---

① 叶俊荣：《环境政策与法律》，中国政法大学出版社，2003，第 121 页。
② 汪劲：《中外环境影响评价制度比较研究》，北京大学出版社，2006，第 188 页。

为 NEPA 提供了可操作的规范性标准和程序。美国 NEPA 内容充实，程序完备，堪称典范。在 NEPA 颁布后，美国各州①、世界各国基本上以 NEPA 为摹本进行了创造性运用，但立法大体上都遵循 NEPA 内容，因此美国 NEPA 的环境影响评价过程具有很强的代表性。鉴于此，此处以美国 NEPA 为例分析说明。

1. NEPA 关于环境影响评价的过程

（1）拟议阶段

根据 CEQ 条例，除非一项拟议行为被确定为对环境没有明显影响而排除适用 NEPA，否则各机构都必须就拟议行为可能造成的环境影响编制环境评价（EA）或环境影响报告书（EIS）。编制 EA 的目的在于判定拟议行为对环境的影响，其结果为：不会产生显著影响（FONSI，Finding of No Significant Impact），或者应当在 EA 的基础上继续编制 EIS。因此，EA 是编制 EIS 的前置程序，只有当 EA 认定拟议行为可能对环境产生显著影响时，才要求主管机构编制 EIS。

（2）公告阶段

一旦主管机构被要求编制 EIS，就必须在《联邦公报》上公告其准备 EIS 的意思公告。该意思公告一般应简要描述该拟议行为的内容、公众意见的时间期限与反馈渠道，确定准备 EIS 草案及其最终文本的初步时间安排。同时，还应当宣布何时召开范围会议，并确认正在考虑的替代行为和可能的环境影响。在该阶段，意思公告并不是积极地纳入公众参与评价，而是主管机构为便于公众对该机构发表意见而提供一个相应的联系方式。②

（3）确定评价范围阶段

该阶段的主要任务是，联邦机构或牵头机构③决定 EIS 中将要涉及的

---

① 美国的联邦制决定了 NEPA 适用对象是联邦机构（联邦机构自身或者联邦机构作为主管部门）的拟议行为。而在州层面，在 NEPA 颁布之后，各州相继参照 NEPA 进行了州环境影响评价立法，被称为"小环境政策法"（little NEPA）。

② Heather N. Stevenson. "Environmental Impact Assessment Laws in the Nineties: Can the United States and Mexico Learn from Each Other?" *32 University of Richmond Law Review 1675.* January, 1999, p. 1684.

③ CEQ 条例规定，当不止一个联邦机构涉及一项建议活动时，应当单独或者联合组成一个作为准备 EIS 工作的牵头机构（leading agency），其他机关称协作机关（cooperating agency）。

问题的范围、牵头机构和协作机构的任务分工、EIS 的时间安排和 EIS 的分析深度等问题。受影响的联邦、州、地方政府机构和其他利益关系人受邀参与范围界定会议。尽管范围界定会议并非必需，但 CEQ 条例仍然建议由牵头机构主持召开。这是因为在拟议行为的早期就确定 EIS 涉及的实质问题，可以为拟议行为的发展进程节约时间和费用。[①]

（4）EIS 编制与评论阶段

由牵头机构与协作机构合作完成特定格式和内容[②]的 EIS 草案。当草案编制完毕后，牵头机构应当向 EPA（美国国家环保局）提交并由后者在《联邦公报》公布 EIS 可得性公告（Availability Notice）。EPA 随后应当就草案的充分性发表意见。在草案公告公布的同时，牵头机构还应当征求所有相关机构的意见，以及向申请人发送草案接受他们的评论。草案复本还应当递交任何有需要之个人、团体和机构。在 EIS 可得性公告发布之日起 90 天的评论期内，牵头机构应当允许任何有利害关系的个人及机构对 EIS 发表意见，听取意见的主要方式是听证会或公众会议，公众意见汇总整理后应递交给 EPA。

（5）EIS 最终文本编制与评论阶段

不论是否被采用，公众评论意见及主管机构的反馈[③]都应当附录于 EIS 的最终文本之中。一旦最终文本编制完毕，牵头机构应当就该文本再次征求公众意见，只有在 30 日的评论期内没有公众意见，牵头机构才能实施拟议行为。

---

① Heather N. Stevenson. "Environmental Impact Assessment Laws in the Nineties: Can the United States and Mexico Learn from Each Other?" *32 University of Richmond Law Review 1675.* January, 1999, p. 1684.

② 根据 NEPA 和 CEQ 条件规定，EIS 的格式包括：封面、摘要、目录、活动的目的和需求、方案，包括建议活动、受影响的环境、环境后果、工作人员名单、报告书报送的机构、组织和个人名单、索引、附录（如有的话）。内容上，NEPA 规定包括：（1）建议行动的环境影响；（2）实施该建议将引起的任何不可避免的不利于环境的影响；（3）对建议行动的替代方案；（4）地方上对人类环境的短期利用与维持和提高长期生产力之间的关系；（5）实施该建议所可能引起的任何对资源的不可扭转的和不可恢复的消耗。CEQ 条例则规定三项内容：（1）包括建议行动在内的所有可供选择方案的环境影响；（2）受影响的环境；（3）环境后果。

③ 通常，牵头机构对公众意见反馈的方式有：调整包括建议的活动方案在内的备选方案；制定和评价过去未慎重考虑的可供选择方案；补充、改进或修正分析；根据事实进行修改；对没有采纳的评论意见作出解释，列举能够支持机构意见的数据和原因，如果合适，提出能够引起机构重新评价或进一步回答的情形。

（二）基于公共能量场的分析

有学者指出，上述各阶段无处不体现着公开和评价的特点。法定的公开和评论程序，不仅使得有关各方，上至政府机关，下至寻常百姓，皆可参与对人类环境有重大影响的重大联邦行动的决策，而且使 EIS 能够比较充分地显示拟议行动及其替代方案的环境影响，为决策提供全面的、客观的科学依据。① 的确，NEPA 和 CEQ 条例的成功在于环境影响评价过程实际上形塑起一个多方主体参与的、旨在影响决策的公共能量场，通过相对细化的规定有效地激发了其场能。

1. 环评能量场的形成：公开拟议议题（场源）、共同在场的交流（场体）和充足的时间（场有）

纵观五个阶段，公共能量场基本上成形于第三阶段，在随后的第四、第五个阶段开始发挥重要作用。原因在于：在第一阶段，CEQ 条例并没有规定公众应当参与 EA 的权利和主管机构的告知义务，因此，很多机构在准备 EA 的过程中，采取减轻环境影响的措施而避免准备 EIS，从而最终达到规避 NEPA 对 EIS 的要求和将公众排除在环境决策之外的目的。对此，有西方学者认为，这可能是 NEPA 及 CEQ 条例的不足之处。② 在第二阶段，主要目的是公告反馈及联系方式，而不是公众参与。第三阶段，虽然范围界定会议并非必须，但为了减少后续 EIS 编制及评价中可能出现的对评价内容的充实性欠考量及由此造成的不必要的时间和经济成本，主管机构一般会纳入利益相关者的参与，此时公共能量场得以成形。

在 EIS 编制及评论阶段，通过在《联邦公报》上发布项目意思公告、EIS 草案可得性公告以公布周知，同时公开 EIS 正在准备的信息及 90 天的充足评论期，能够促进利益相关者知悉正在拟议中的环境议题，便于公众申请查阅 EIS 草案和进行评论，为形成公共能量场创造前提。同时，主管机构还主动征求相关机构的意见和态度，通过召开公众听证会或公众会议形成了一个由拟议者、主管机构、与拟议行为有相关利益的机构、公众、EPA 等主体参与形成的共同在场进行充分自由交流。在 EIS 最终文本

---

① 详见王曦《美国环境法概论》，武汉大学出版社，1992，第 226 页。
② 详见汪劲《中外环境影响评价制度比较研究》，北京大学出版社，2006，第 76 页。

编制阶段，还能确保在 30 天的时间内，由公众对 EIS 定稿进行评论，达到各方进一步交流、沟通、平衡利益和优化备选方案的目的。

2. 环评能量场的结构：牵头机构作为场结，其可能占据场势地位

在整个环评能量场的形成和运行的前后环节中，牵头机构的"组织"作用是显而易见的：首先，在《联邦公报》上发布"意图通告"（促进公众感知，形成"场源"），接着，尽量公开讨论包括拟议行动在内的所有可供选择方案的环境影响（听取各方意见，寻求可能的优化方案），继而，在《联邦公报》上公布 EIS 并分送有关各方（征求各方意见），邀请各方举行听证会（形塑场体，实现面对面共同在场的交流），最后，在评论期结束后将所有实质性评论作为附件附在 EIS 最终文本之后，再次邀请有关各方评论（征求各方意见）。可见，牵头机构实际上承担了整个环评能量场的组织者和各方意见的收集者的场结角色。虽然法律规定的举行各种听证会、公众会议的共同在场的方式通过各方间的自由、双向和多元交流能打破牵头机构作为结点控制各方交流的可能，而且规定主管机构必须将前期公众意见的反馈附录于 EIS 的最终文本，这样能防止反馈流于形式和便于公众审查和监督牵头机构对公众意见的反馈结果，但牵头机构的场结地位和其最终负责 EIS 编制使其仍然享有是否采纳及在多大程度上采纳公众意见的自由裁量权，从而享有占据场势地位而影响决策的极大可能。

3. 环评能量场的过程：提供促进多元双向互动的博弈规则（场用），但场促不明显

主管机构向公众公开环境影响评价信息，公众向主管机构表达利益诉求、意见和观点，能实现各利益相关者就拟议项目双向、充分地交流。NEPA 和 CEQ 条例通过明确各方在场中的角色、权利和责任，确保了场内的多元、有序博弈过程。由于各方对环境价值的认识不尽相同，环境影响评价中的分歧和冲突在所难免，这就离不开交流、沟通和对话。而NEPA 和 CEQ 条例贯穿着合作、协商的内在主旨：一是在确定评价范围阶段，各方就评价的范围、时间、深度和内容展开交流协商；二是在环评阶段，基于听证会、公众会议确保面对面的共同在场交流与对话，有利于寻求可行的优化方案、减少利益分歧、促进协商和共识的达成。同时，规

定 CEQ 在各方意见不一致时的仲裁职能，一定程度上起到了管理能量场的场促作用，但对场内的分歧、协商及谈判的规定还不明确。

4. 环评能量场的绩效：显现出积极作用但未充分发挥潜力

国内环境法专家王曦教授通过对美国学者关于 EIA 绩效两类不同观点的总结概述得出这样的结论：NEPA 的确起到迫使联邦行政机关在行政决策过程中充分考虑环境价值的作用，改善了行政决策质量。但也要看到其实施还面临着环境影响评价程序中的公众参与和评论程序（尤其是行政机关之间的参与和评论）有待加强、行政机关对环境影响评价存在"防御性"和被动性等问题。因此，总的看来，NEPA 已经产生很大积极作用但尚未充分发挥其潜力。[①] 这里，王曦指出的 NEPA 存在的"问题"和其未尽的"潜力"，实际上已经暗含了如何激发 NEPA 形塑政府内部和社会的公众多元参与合作的环评能量场的功效问题。

（三）对美国环评能量场的评价与启示

上述分析表明，美国环境影响评价法律制度的初衷在于形塑起由公众、相关利益机构和决策部门等多主体参与的公共能量场，通过场能的激发，以最终改进和优化决策。从实施效果看，尽管褒贬不一，但总体成效是显而易见的。就其存在的问题看，主要有：虽然公众能基于环评能量场对环境影响评价提出意见和评论，但是否被采纳则是主管机构的自由裁量权。也就是说，公众意见只是作为参考，对于主管机构不具有完全的约束力。虽然如果公众对于主管机构的最终决策不满，可以请求法院对该主管机构的决策进行司法审查，但法院的审查只针对环境影响评价是否符合正当程序的要求，即主管机构是否履行了 NEPA 规定的要求，也就是说，法院只审查程序是否合法，在遇到事实问题时，它不决定主管机构拟议行为的影响是否显著、替代行为是否合理等问题，此时法院一般会尊重决策机构的意见。联邦最高法院认为，如果主管机构是在考虑了各方意见的基础上准备了充足的环境影响报告后才作出了拟议行为的决定，即使该行为的环境影响是破坏性的，主管机构的行为也并不因此违反 NEPA 的规定。法院的这种审查原则有其合理性，因为法院作为局外人，不具有判断某一拟

---

① 详见王曦《美国环境法概论》，武汉大学出版社，1992，第 242 页。

议行为是否造成实质环境损害的专业性，司法唯一能做的是"依法"对整个环评过程是否"适法"作出判定。

然而，这就不可避免地产生一个矛盾：一方面 NEPA 的推行在于发挥公众能量在促进民主科学决策上的作用，而另一方面，NEPA 以及现行的司法审查制度尚不足以完全确保将公众意见实质性地纳入决策。对此的解决之策是修正和完善 NEPA，持此观点的美国学者不在少数。但在笔者看来，问题的关键还在于找到公众不满决策的原因——公共能量场各方意见交流的不充分，即要么最终决策未体现利益或者利益博弈不均衡，要么没有得到其利益诉求未被决策者予以考虑的合理解释。因为，从根本上说，决策是个利益的平衡问题，关于决策的争议最终归因于利益和价值观的冲突，如果在能量场的过程中，各种能量能够进行充分自由的交流，利益能够得到平衡，那么事后的争议就会大为减少。因此，围绕公共能量场之视角来改革和完善 NEPA 应是根本解决之策。对应的解决方案为：一是场的博弈过程应尽可能地充分，制度设计应能够促成利害关系方的多方沟通互动（如协调、对话、学习、共识等）及对于备选方案的比较、选择和优化。二是决策者在决策中应尽可能基于能量场的博弈结果考虑和平衡各方利益，决策更多体现场的绩效，这不仅需要更为细化的操作制度规范，还取决于决策者的能力。三是通过完善制度尽可能减少影响能量场绩效的各种因素（比如规避 EIA、有意缩小公众参与、对公众意见反馈不够等）。

从上述美国环评实践的成功与不足的分析中，至少可以得出两点结论：一是环评制度其实是形塑公共能量场的过程，公共能量场是环评制度效用发挥的载体，环评制度要实现国家环境保护的目标必须最大限度地激发场能。二是虽然美国 NEPA 在法律程序上已经相当完备，但当前环评效用受影响的关键原因在于场的作用未得到充分有效的发挥，因此，改革和完善环评制度的根本之策在于如何围绕公共能量场之视角来实现场的效用最大化。联系前文关于环境影响评价的社会科学研究趋势，如果说以法学为主要代表的社会科学研究是当前和今后环境影响评价研究和实践应该继续引起重视和努力完善的方向，那么政治学中的公共能量场研究取向不但其自身能够有利于建构起环境影响评价过程和结果的研究，而且提供了从法学研究视角进一步推动环境影响评价完善的可行选择。

第二节　中国环评实践——基于 SSP 分析的环评 预防型公共能量场案例考察

一　2003 年《环境影响评价法》之公共能量场阙如

（一）理论分析

2003 年出台的《环境影响评价法》（以下简称《环评法》）由于过于笼统且缺乏公众参与的操作性规定，饱受非议与指责。其中，第五条规定："国家鼓励有关单位、专家和公众以适当方式参与环境影响评价。"这里的"鼓励"但没有明确"必须"参与，强制性规定的缺乏造成现实中可以对公众参与不予重视，公众参与流于形式。在笔者看来，环评法之所以成为饱受诟病的焦点，关键还在于其并非基于公共能量场的设计。

1. 公众参与滞后且流于形式，难以促成公共能量场

先看规划环评。《评价法》中并没有规定综合性规划环评需要公众参与。专项规划环评方面，也没有明确要求公众参与，虽然第十一条"专项规划的编制机关对可能造成不良环境影响并直接涉及公众环境权益的规划，应当在该规划草案报送审批前，举行论证会、听证会，或者采取其他形式，征求意见"规定了公众参与，但仅限于"可能造成不良环境影响并直接涉及公众环境权益的规划"，而且可选择性地采取"其他方式"的规定，实际将公众参与的决定权赋予了拟议者（即规划编制机关）。建设项目环评方面，第二十一条规定建设单位"应当在报批建设项目环境影响报告书前，举行论证会、听证会，或者采取其他形式，征求有关单位、专家和公众的意见"。

从上述法条中可以看出：一是参与时机滞后。不论是专项规划还是建设项目，环评中的公众参与不是像美国 NEPA 中各个阶段的全程式参与，而是仅限于在"环境影响报告书报送审批前"，实际操作中拟议者可能仅在环评报告编制完成后才开始吸纳公众参与，这样在环评报告编制前期，在评价范围、方案设计上公众都没有发言权，退一步说，即便有参与，也因为太滞后而很难对已拟制好的环评报告起到实质性纠正作用，参与极易

流于形式。二是参与方式的可选择性过大。"论证会、听证会，或者采取其他形式"的规定符合法律对于不同情形的考量，但从实践看，现实中绝大多数环评报告采取的都是问卷调查形式，正如后文所要分析指出的，问卷调查形式存在着问卷设计完全掌控在拟议者手中、缺乏面对面的对话、被调查者之间不能交流的问题，于公共能量场的形成无益。由此可见，虽然《环评法》规定公众参与，但由于参与时机滞后、参与方式可选择性较大、参与的组织和决定权实际赋予了拟议者，参与不是流于形式就是过于低效，不能促成公共能量场。

2. 公众能量缺乏对环评报告和最终审批决策的影响力

首先从对环评报告的影响看，《环评法》第十一条、第二十一条分别规定了编制机关和建设单位"应当认真考虑"公众对环评报告书草案的意见，应当在报送（规划项目）和报批（建设项目）前，"在环境影响报告书中附具对意见采纳或者不采纳的说明"。这里的"附具对意见采纳或者不采纳的说明"实际赋予拟议者对公众意见的最终取舍和决定权，由于没有规定对最终采纳与否的反馈及环评报告是否必须公开，拟议者只需在环评报告中"说明"情况即可轻易屏蔽公众意见。规划环评方面，虽然《环评法》第十三条规定了设区的市级以上人民政府在审批专项规划草案，"作出决策前，应当先指定环保部门或者其他部门召集有关部门代表和专家组成审查小组，对环境影响报告书进行审查"，但此时的审查一般仅限于书面，没有相关公众的直接参与。从建设项目看，环保部门在对建设项目环评审批决策时，主要是程序上的审查，即只要环评报告符合形式、程序，一般都能给予批准。可见，不论是规划项目还是建设项目，审批决策中决策者主要是对环评报告的审查，但由于公众意见很难在环评报告中得到体现，这样拟议者和环评机构实际上主宰了环评并能极大程度地影响最终决策，导致公众能量缺乏对决策的实质性影响力。

（二）案例分析

以下是发生在 2003～2004 年，即在《环评法》实施之后和《环境影响评价公众参与暂行条例》（2006 年）颁布前的一个环评能量场典型案例。案例分析表明，在《环评法》未能形塑起公共能量场的情况下，在一个公民精神较强、以中产阶层为主的成熟社区内，经由自发组织起来形成的理性环境抗争能够推动环评能量场的形成，释放公共能量，一定程度上起到纠正环境决策短视的功效。案例分析也表明，由于缺乏硬性的制度规定及场内行动者对场的认识和行动能力的不足，能量场的对话交流博弈绩效难以彰显，制约了公众能量对决策的影响力。

1. 案情经过

深港西部通道侧接线项目工程1997年立项，原国家计委于1997年12月发出的计交能（1997）2617号文件明确了"侧接线工程作为深圳市政配套工程，与深港西部通道主体工程同步实施"，从随后的建设情况看属深圳地方市政工程。

（1）项目方案设计、调整及环评

2000年，项目设计方拿出全线采用高架路、全长5.5公里、造价7.8亿的建设方案。由于高架方案存在产生噪声污染和破坏城市景观的争议，2001年8月，设计方提出半敞开下沉式道路组合方案。2002年7月，进一步优化为全封闭下沉式道路组合方案，并通过专家评审，完成工程可行性研究报告。

2003年7月，设计方听取各方意见和建议，将设计方案由半敞开下沉式变为下沉式全暗埋。深圳市环保局要求对调整方案作进一步环评[①]。2003年11月，深圳市环境科学研究所作为环评机构完成《深港西部通道深圳侧接线工程方案调整环境影响报告书》，并于2003年12月18日获得深圳市环保局审批通过。

（2）维权的开始

2003年7月，网上出现一则传闻：侧接线工程将在桃花园小区几十米外开口直接排放废气。着急的业主们多方打听后了解到，隧道要在兴工路西开一个361米的全敞口，相当于5万升柴油燃烧后所产生的废气将不加任何处理从该开口直接排放。这一直排口离最近的桃花园小区只有30米。

桃花园小区的业主们闻风而动，先后找规划、国土、西通办和信访办

---

① 在调整方案之前，深圳市环境科学研究所与中冶集团建筑研究总院于2002年4月编制
　完成《深港西部通道深圳侧接线工程环境影响报告书》，2002年6月获得深圳市环保局
　审批通过。

等部门表达反对意见和索要环评报告，但迟迟未果，维权活动特别艰难。杨先生说："我们不断打电话、写信、登门，才让有关部门渐渐重视起来。但是，他们从来不会主动向我们透露信息，连一些应该公示的内容都得靠不断地抠。"

8~9月，桃花园、荔林社区的业主们开始通过征集签名、募捐活动经费、向市领导写信、游行申请和向市政府递交反对意见书等方式进行抗争。

9月26日，深圳市政府、南山区政府与两个社区业主的代表进行首次正式对话。一些代表在会上表达正当的利益诉求、建议与要求。他们的行动换来了10月14日在深圳市政府内举行的第一次有市民代表参加的新方案论证会。

在业主们的不断抗争之下，11月20日，深圳市政府主动邀请业主参加"环境影响报告书"公示会。会上，政府公布了环评报告和项目的新方案。下沉暗埋—下沉敞开（半敞开）—高架组合的新方案对环境的总体影响大大降低，工程总造价也上升到了21.3亿元。业主们认为，这是前期维权的成效。

（3）对环评报告的争议

环评报告显示，距离排气口120米，大气质量可达到国家2级排放标准。然而，业主中两位退休老工程师钱绳曾、施泽康通过买书自学环保专业知识的计算认为，距离敞口中西线120米处，氧化氮超标19.64倍。鉴于争议，业主们要求深圳市环保局请第三方环评机构予以裁决，但未被采纳。

2004年5月，施泽康联系清华大学环境工程系博士后金陶胜及周中平教授，请求验算环评报告结论。7月7日，两位清华大学专家经过验算得出："一氧化碳浓度超标不大，但氧化氮浓度超标严重，基本与施先生的结论一致。"

（4）新一轮的维权潮和对环评报告的质疑

新方案将兴工路段361米全敞开段西移320米，开口减为100米长，作此改变之后，隧道不得不在东段填海区增开一个长200米的敞口。穿越大南山、距山海翠庐小区仅30米的高架桥段设计则未有改动。业主们表示，这仅仅是将隧道口从维权呼声最大的桃花园小区移到两三百米外的居民，并没有增加其他环保措施。新方案还导致东开口直接退到了蔚蓝海岸、文德福花园等十几个社区附近，最近的小区离直排口只有180米。这一换汤不换药的方案，彻底激怒了业主。

2004年7月20日，后海片区几个小区的居民100人去政府上访，要求封闭东开口。8月16日南山区政府、西通办和深圳市环科所再次与居民对话，但是没能改变居民的看法。8月11日，前后海居民合流，联名到广东省环保局上访①，并在两天后上书国家环保总局，对环评报告提出质疑。之后一段时间，刚刚开盘入伙的山海翠庐小区亦加入维权风潮中来，要求将新方案中经过该小区但未变更的高架桥方案也改为走地下。8月29日，蔚蓝海岸、招商海月等社区业主举行了大规模聚会，50000多人冒着大雨走上了街头，"抗议废气直排"出现在他们头上的丝带和横幅上，但业主们始终表现得理性和克制。9月初，居民代表到国家环保总局上访，要求总局派专家进行"第三方环评"。

（5）环评争议

2004年12月，深圳市环保局启动环评报告复审程序，结果七位国家级专家再次肯定了环评报告结论的正确。

2005年4月22日，深圳市环保局出面从北大、清华等机构邀请国内环评界最为权威的学者，由南山区主持专家释疑会并邀请钱绳曾、施泽康以及沿线居民代表出席。会上专家的观点为：现行规范虽不是十全十美，需要不断改进，但还是应该按规范来执行；经认真复核，两位老高工的计算没有错，但市环科所的计算也是符合规范的；要详细审核环评报告中的计算需十天半个月，专家没有时间，但采用美国新的模型作了估算，环科所的结论基本上还是对的。

4月26日，后海片区的部分业主开会认为：专家模棱两可的态度不能令人信服；每天36000辆、大部分为大型货柜车在四公里隧道中所排放的废气集中直排不可能不存在污染是事实，但政府简单取消了原来承诺的高塔处理排放措施让人无法释怀；专家是市政府请来的，不能作为客观中

---

① 8月31日，广东省环保局对业主们的上访作出了书面答复："我局于8月23日发函至深圳市环保局，要求其高度重视该问题……并建议深圳市环保局为彻底消除群众顾虑，请国家环保总局环境影响评估专家对群众反映的环评报告书存在问题进行复核，并将有关情况答复群众。"

立的"裁判员"，且专家也承认仅仅一天的"释疑会"不可能对环评报告所依据的电脑程序进行全面审核；环评报告中以 50 份公众意见调查表来取代公开、透明的听证会，虽然未违背现有法规，但显然不具有代表性。

虽然没有和政府部门即刻达成共识，但是多数居民代表都肯定政府主动召开释疑会的做法，在环保问题上与政府加强沟通。"我们非常支持西部通道工程的建设，但是希望建设相关配套工程保护环境。"居民刘先生则建议，政府有关部门能否考虑在侧接线工程排气口周围建设绿化带，并安装空气过滤处理装置，以及货柜车尾气排放监测设备。

（6）最终结果

离 2006 年 7 月工程竣工日期仅剩一年时间，开工刻不容缓。5 月 10 日，政府再次对侧接线工程有关情况在沿线各个主要社区进行公示，规定三天公示之后，工程将开始实施。政府在各社区所发的资料中提到，"在整个过程当中，政府及各个部门基本没有违法行为或程序失当"。2005 年 5 月 20 日，工程正式开工。2007 年 7 月 1 日，全线通车。

2. 基于公共能量场的分析

（1）场的形成

环评能量场的形成取决于：一是前期方案设计信息公开不够，忽视民众的知情和利益诉求。前一个环评报告并未履行公开程序，公众对于方案毫不知情。在 2003 年 8 月 28 日官方媒体公布方案前——从 2001 年提出半敞开下沉式道路组合方案到 2002 年进一步优化为全封闭下沉式道路组合方案并通过专家评审，再到 2003 年 3 月 19 日深圳市发展计划局批复了方案可行性研究报告——方案并未公开。"至此，接线工程的具体设计方案并未向公众展示，对环境较敏感的业主和置业者仅能通过政府网站和官方媒体披露的零星信息来捕捉工程的规划方向。"[1] 事实上，"已经通过专家评审的方案并未通知业主，这引起了业主们的强烈不满"。[2] 二是公众的维权抗争。2003 年 8 月 28 日官方媒体公布调整后的方案，激起了业主

① 袁君：《深港西部通道侧接线环保维权事件侧记》，自然之友网站，http://www.fon. org.cn/content.php? aid=6629。

② 搜狐网：《西部通道连深圳香港政府对业主博弈近两年》，http://news.sohu.com/ 20070909/n252044016.shtml。

的不满，无形中促成了能量场。由于此时《环评法》（2002年10月28日发布，2003年9月1日开始实施）并未施行，能量场的形成显然不是源于法律制度的形塑，而是源于业主的维权与抗争，即公共域的能量发挥了迫使政府、环评机构和专家正视公众正当利益诉求的作用。这说明，在缺乏正式的制度内利益表达渠道的情况下，在一个由中产阶层组成的成熟社区内能有效组织起来进行集体行动，通过能量的不断聚合，在多元行动者构成的公共能量场的博弈中合法、理性地争取权益，纠正决策中的利益短视。

（2）场的结构

经由业主不断的维权抗争，形成了由政府、环评机构、专家、业主构成的公共能量场。在整个场中：一是虽然业主是场形成的发起者和推动者，但政府在场中承担了联结各方的场结角色，这从政府要求环评机构就业主对环评报告的质疑进行解释、政府邀请专家审查环评报告和对公众释疑、政府与业主进行多番对话中可见一斑。整个过程中，在环评法关于环评的规定过于笼统的情况下，深圳市政府对公众的诉求不是漠视、压制或拖延，而是能够积极予以回应，从中让人们看到了一个善于回应的政府。二是形成了双核结构。由于环评结论关乎最终的方案走向，深圳市政府、环评机构、受邀专家和作为环评审批部门的深圳市环保局形成了支持环评结论的一方，而侧接线工程沿线几个小区的业主构成反对方，双方围绕环评结论的科学性展开争论，虽然权威专家的支持使得支持派占据场内的优势，但业主的质疑并没有被否定，基本上形成势均力敌的双核结构。

（3）场的过程

场的博弈体现在：一是理性的沟通、对话。业主在抗争中表现出了相对理性，没有过激行为，而是通过各种合法渠道向政府反映利益诉求，并主动与政府展开对话。二是博弈的焦点是环评报告正确与否。由于现行环评过程重技术轻价值，以至于双方争论的焦点在环评的技术性上，忽略了正当的合法诉求。其实，正如释疑会专家们所一再强调环境评估是一个模拟仿真的系统科学，是一个关于概率事件的科学。环评仅是一种模拟测算，具有不确定性。因此，不论环评结论正确与否，侧接线工程敞开口周边居民的环境权益和主张不能被忽视，但由于环评制度设计过于侧重技术，民众的环境权益在环评中并未得到有效的珍视。三是居民缺乏博弈能力和技巧，"接线工程的走向在政府决策程序和法律上已成为现实，不可能再成为讨价还价的目标，但竟还不断有居民代表认为应该采用其它走线方案。而且在政府行为合法的前提下，在理论和技术上，隧道不可能没有敞开口，这一点也是不能谈判的，但是还是有居民代表要求一个口也不开，全封闭地走到月亮湾大道，这怎么可能"。① 显然，居民提出的要求不在政府能力范围内，双方未找到能够接受的平衡点，而事实上，在接线工程走线方案已经确定没有更优化的替代选择时，能够协商的焦点应集中在如何减少隧道口的尾气排放、增强环保措施和对周边居民的利益损害补偿上。

3. 案例所反映的问题

案例反映出在能量场的形成、结构、过程方面存在如下七个问题。

（1）从场的形成看

P1：拟议者有意规避能量场

深圳市政府作为项目的拟议者，自然希望项目推行过程中不会遇到来自民众的阻力，其实，在项目推行之前，政府已经意识到不可避免会遭到反对，因此，尽可能不公开项目相关信息、减少公众知悉范围以规避公共能量场成为政府的首选。虽然政府的这种做法，实质上是出于完善深港两地公共交通基础设施和维护公共利益的需要，但更大范围内公共利益的实现不能以忽略和牺牲侧接线工程沿线周边居民环境权为代价，尽可能妥善地采取减轻环境不利影响的措施和对居民的环境损害予以补偿才是政府应当正视的选择。然而，一开始政府存在避免使项目方案进入公众视野的"机会主义"倾向，在居民抗争之后，政府被迫正视和回应居民的利益诉求。

P2：场的形成并非源于法律制度的形塑且场的代表性不够

一是场的形成并非法律制度的形塑，而是居民抗争的结果。这表明，在一个公民精神较强、以中产阶层为主的成熟社区内，经由自发组织形成

---

① 陈善哲、金城：《"深港西部通道接线工程"环评事件调查》，《21世纪经济报道》2005年5月16日第6版。

的环境抗争能够推动环评能量场的形成。二是面对居民抗争压力，政府被迫后续构建的对话场的参与主体的范围过窄，公众能量发挥不全。政府与西开口的业主对话，结果是方案的调整顾此失彼，引起了东开口业主的不满，这种未对周边利害关系人予以全面扫描、缺乏通盘考虑的对话，造成方案调整仅是"换汤不换药"。由于前期方案设计缺少公众参与，而后期公众意见不全面，相关利益诉求未得到表达，在业主抗争后政府举行的"迟来的对话"很难满足业主的需求，虽历经调整，仍未达成双方的满意，甚至招致新一轮的公众反对。

（2）从场的结构看

P3：结构中本应中立的环评机构及专家受质疑，直接利益相关者承担场结难以取得公众信任

虽然能量场内形成政府、环评机构、专家为主的支持派与居民为主的反对派两大场核，但结构中的两大核之间不信任。首先是居民对环评机构不信任。业主在 2004 年 12 月向广东省环保局提起的行政复议中认为，"负责环评的深圳市环境科学研究所因无相应专业技术人员而外聘北京的戴京宪女士制作《环境影响报告》的重要部分，属不顾风险承接与自己能力不适应的业务，同时其也是最终审批环评报告的深圳市环保局的直属事业单位，两者之间存在利益关系"①。其次是居民对专家的不信任。虽然政府组织专家召开审查会、释疑会，但居民认为，专家是深圳市政府请来的，难以中立。

（3）从场的过程看

P4：环评过于重技术标准但轻民主价值，忽略正当权益诉求

现行环评制度价值导向扭曲，实质是技术主导决策而非民主导向决策。环评中的技术虽有其必要性，但现有技术导则的不完善、采取标准的不同，环评仅是对存在风险的预测性估量，决定了环评存在以技术、专家、科学遮蔽乃至抹杀民主、正义和正当程序的缺陷。本案中双方争论的焦点聚集在环评报告的技术准确性上，忽略了居民正当合理的环境诉求。实际上，环评应该是一个民主价值过程，对于政府来说，即便环评结论在

---

① 汪劲：《中外环境影响评价制度比较研究》，北京大学出版社，2006，第 285～287 页。

技术上合乎现有规范和标准，也应基于程序正义理念，广泛听取受影响方的意见和要求；同时环评也应以预防为本，应基于未来不确定性损害，尽可能采取环保预防措施以合理维护权益诉求和补偿居民的利益损害。从这点看，案例反映出如何破除环评的技术主导，更多地以公共能量场的视角来完善沟通协商和利益补偿程序是环评改革的方向。

P5：场内行动者的博弈能力不足

虽经由业主抗争促成公共能量场，但由于缺乏制度规范，对于"迟来"的对话，无论是政府还是居民都有些措手不及，对话本身呈现利益诉求表达不充分、共识点不明等问题；从政府方面看，过于注重环评报告"科学性"并没有对居民的合理诉求予以考虑，而居民方面又缺乏对话的策略和技巧。在工程上马不可逆转，而专家对环评报告和居民测算同时肯定，并且工程建设带来的不确定性损害不能排除的情况下，对话的焦点应围绕在预防和缓解环境损害的措施及相关的利益补偿上，然而双方都未认识到这一点。正如深圳大学黄卫平教授指出："业主可以跟政府谈判的只有两点：其一是要求政府保证采取足够措施以确保方案的环保要求达标，如果最终证明不能达标，要承担法律责任，并有足够补救措施；其二是，即便环评合乎标准，还是会对业主利益形成损失，政府如何进行补偿。也不一定非要是量化到每平方米补偿多少钱，比如，如果提出政府应在片区公共设施方面，出钱多建一些文化、体育或教育设施，作为对居民的补偿，相信政府会很乐意这样做。"①

P6：对话中主持者角色错位和能量场管理者缺失

案例中，每一次对话都是由与项目有着直接利益的政府主持，相对超脱的第三方缺乏。按理，环保部门应是对话会的最佳主持者，然而法律并没有赋予其能量场管理者的角色，这就导致其在环评过程中面临着履行民众环境权益代言人又实质性受制于地方政府的尴尬地位。正如深圳市环保局一位官员对记者所说："从可以查到的法律文件看，西部通道深圳侧接线工程环境评估专家评审过程确实履行了相当完备的法律程序。这在一定

---

① 陈善哲、金城：《"深港西部通道接线工程"环评事件调查》，《21世纪经济报道》2005年5月16日第6版。

程度上阻碍了政府与居民的有效沟通。因为按照法律规定，对环评报告的解释是由环评机构作出，因此，环保局官员在对话时全部失语。激动的居民又因此指责环保局不负责任。环保局面对指责深感委屈，环评及环评报告专家评审，是环评机构独立作出的，环保局当然不能置评，环保局只是根据环评结果依法进行审批。"①

P7：场内缺乏博弈规则

由于缺少有关场内沟通协商对话程序、管理者等方面的规定，环评侧重于技术而非民主，同时，居民博弈能力的缺乏很大程度上也与缺少法律提供的经常性的能量场实践有关，而对话中能量场管理者的角色则完全可以以法的形式加以明确，因此，由P4、P5和P6还可以推论出P7，即场内缺乏博弈规则。实际上，正是由于博弈规则的缺乏，公共能量场虽形成但成效难以彰显。

上述案例的时间跨度恰好发生在《环评法》从发布到正式实施之后，其中反映的七大问题表明，《环评法》在促成公共能量场和激发场能的功效上几乎没有起到太大作用，为充分发挥公共能量场的作用，需要一个制度化的场机制予以保驾护航，该机制至少应能利于解决这七大问题。而2006年《环境影响评价公众参与暂行办法》和2009年《规划环境影响评价条例》的出台和实施，实质是出于对《环评法》的补充，然而，这一逐渐成形的环评法律体系是否有利于克服上述七大问题，其能否真正弥补现行《环评法》效用的不足，能否促进能量场功效的发挥？对此，下文进行分析。

二　环评法律体系初步形成后的环评预防型公共能量场案例考察敦促

（一）2006年之后的环评法律体系

继《环评法》颁布之后，国家2006年出台了《环境影响评价公众参与暂行办法》（以下简称《暂行办法》）、2009年出台《规划环境影响评

---

① 陈善哲、金城：《"深港西部通道接线工程"环评事件调查》，《21世纪经济报道》2005年5月16日第6版。

价条例》（以下简称《规划条例》），加上之前《建设项目环境影响评价条例》，初步形成环评法律体系。尤其是《暂行办法》被认为是从完善公众参与方面对《环评法》的补充。由于第三章提出的"环评预防型能量场模型"是建构在环评法律体系的基础上，此处结合该模型提出的"条件假设"分析其对解决上述七大问题的可能性。

1. 场的形成

第三章模型中的两个条件假设，即 SH1（拟议者提出并公开拟议议题形成场源）和 SH3（拟议者或环评机构应通过各种方式构筑能量互动平台和凸显场体）。由于《暂行办法》第八条、第十条强制性要求拟议者在公共媒体上发布拟议信息公告，同时第十一条①要求公布环评报告，由此 SH1 能够较好地牵制拟议者的自利倾向，迫使其传播拟议项目信息，增进利益相关者的感知并加入拟议议题中形成能量场。同时，《暂行办法》第十二条、第十三条分别规定建设单位或环评机构、规划编制机关"采取调查公众意见、咨询专家意见、座谈会、论证会、听证会等形式，公开征求公众意见"都对拟议者促成能量场提出了强制要求。可以看出，法律强制性地要求拟议者或环评机构传播拟议项目（建设项目或规划项目）议题并搭建平台促成能量间的交流。因此，模型中的两个条件假设 SH1 和 SH3 可以被认为能够有利于解决 P1（拟议者有意规避能量场）和 P2（场的形成并非法律制度形塑且场的代表性不够）这两个问题。

2. 场的结构

模型中的条件假设 S'H2（拟议者或环评机构承担主场结，环保部门成为次场结）能够被认为对 P3 起到一定的制约作用。因为，虽然现行法律仍然确定了拟议者或环评机构的场结角色，不能根除拟议者或环评机构根据其所需选择行动者以"组织"或规避环评能量场的可能，但

---

① 第十一条规定，建设单位或其委托的环境影响评价机构，可以采取以下一种或者多种方式，公开便于公众理解的环境影响评价报告书的简本：（一）在特定场所提供环境影响报告书的简本；（二）制作包含环境影响报告书的简本的专题网页；（三）在公共网站或者专题网站上设置环境影响报告书的简本的链接；（四）其他便于公众获取环境影响报告书的简本的方式。

《暂行办法》第十三条关于环保部门对公众意见较大的建设项目，"可以采取"调查公众意见、咨询专家及各种会议等形式再次公开征求公众意见的规定能够形成次场结，对之前由拟议者或环评机构作为场结的环评能量场中存在的争议、行动者的代表性等问题进行审查，形成小范围的共同在场。

3. 场的过程

现行法律制度虽没有明确规定旨在履行促成各方间的交流和当主体间出现分歧时的仲裁、平衡、斡旋和协商的管理者角色，但《暂行办法》第十三条及第十七条关于环保部门"可以组织"专家咨询委员会审议环评报告书中有关公众意见采纳情况的规定，基本上可以看作一定程度上明确了环保部门的能量场管理者角色，即在环评机构与公众意见发生冲突时对此作进一步的审查、处理和协商。由此推定，模型中的条件假设 PH3（环保部门作为能量场管理者）能够克服上述案例中折射出的问题 P6（对话中主持者角色错位和能量场管理者缺失）。另外，现行法律对能量场中主要行动者如公众、拟议者（建设单位或规划部门）、环评机构、环保部门、相关部门的角色和职责有较清晰的规定，这为能量场中各方的博弈提供了基础性的"游戏规则"。因而 PH2（法定博弈规则）弥补了 P7（场内缺乏博弈规则）的不足。

4. 总结

从上述分析可知，从 2006 年之后初步形成的环评法律体系中推导出的能量场"条件假设"基本上具有应对前面案例分析所折射出的 P1、P2、P3、P6 和 P7 这五个问题的功效，其中对于 P3 可能低效，但对于 P4 和 P5 可能尚难于应对（见表 5-1）。因为：一是即便公众能量能够形成，但在拟议者、环评机构、环保部门、地方政府之间达成某种潜在利益和串谋时，这种利益共同体关系会最终决定决策的走向，这显然不是一两部法规和规章所能解决的，因此对于 P3 效用有限。二是环评本质上应是集技术与价值、评价与民主于一体的制度。随着环评实践的开展，环评也从早期强调纯粹的技术理性到逐渐重视民主价值的引入。但现行法律制度设计仍主要围绕技术展开，公众参与和意见虽被要求在环评报告中体现，但仅被作为一个程序性的要求，依靠技术导则的评测是环评报告的主体，也是决定环评报告最终能否审批的关键因素。这表明，P4（环评过于重技术标准轻民主价值，忽略正当权益诉求）仍未能得到根本转变。三是为了促进议题的解决，能量场应发挥沟通、协商、共识与合作的功能，但由于现行法律体系并未对协商沟通予以规定，实践中公民博弈能力的锻炼与提高也就缺乏制度化的保障。实际上，博弈能力不仅需要法律提供能力提高的经常性实践的平台，还是一个与环境意识、基层民主政治、参与和诉求表达能力相关联的过程，法律对此的效用有限。

表5-1　深港西部通道侧接线环评案反映的问题与条件假设的可能对应性关联

案例所折射出的问题	"条件假设"的可能性应对
P1:拟议者有意规避能量场	SH1:拟议者传播拟议信息形成能量场
P2:场的形成并非源于法律且场的代表性不够	SH3:拟议者构筑能量交流平台
P3:结构中的关系受质疑，直接利益相关者承担场结难以取得公众信任	S'H2:拟议者或环评机构承担主场结，环保部门成为次场结
P4:环评过于重技术标准轻民主价值，忽略正当权益诉求	—
P5:博弈能力不足	—
P6:对话中主持者角色错位和能量场管理者缺失	PH3:环保部门作为能量场管理者
P7:场内缺乏博弈规则	PH2:法定博弈规则

资料来源：笔者自制。

由此，可得出两个结论：第一，基本能够检验第三章环评预防型公共能量场模型中"条件假设"的合理性。因为根据现行法律制度推导出的"条件假设"，在理论上能够对前面案例分析所反映出的七大"问题"的五大方面予以补充和修正，证明这些条件假设的合理性，换句话说，只要满足这些条件就能基本增强预防型公共能量场的效用。第二，"条件假设"在另外三个方面的不力表明，环评预防型能量场的成功还需要满足法律制度进一步完善之外的其他配套条件。

从上述两个结论中不免引申出一个问题，即环评预防型公共能量场的成功到底需要完善哪些条件？一方面，理论推导和案例验证虽基本能锁定和证明所推导出的"条件假设",然而,这仅仅是理论分析上的"可能",现实中环评存在的种种问题表明,现行环评法律制度设计的漏洞是显而易见的——实践操作总会利用法律所难以规制的"模糊地带"而变相地规避环评能量场的形成与功效发挥。因此,这些"条件假设"在现实的环评实践中究竟发生了哪些异化,出现哪些不足,需要对此完善哪些相关条件?另一方面,鉴于环评实践的复杂性及制度效用的有限性,在法律制度之外,还应满足哪些条件?这些问题都只能有待于案例的分析和检验。为此,下文选取 2006 年《暂行条例》颁布之后的两个案例对模型中提出的"条件假设"进行验证,得出现实中存在的若干问题,分析基于环评预防型公共能量场的地方政府环境决策短视治理的成功条件的内容构成,为进而完成"条件归总"创造前提。

(二)案例分析一:沪杭磁悬浮上海段环评案

1. 案情经过

(1) 前期情况

2006 年 7 月 10 日,《沪杭磁浮交通工程环境影响报告书》在"上海环境热线"网站上进行为期十天的公示,报告显示 70% 的公众表示"同意"。政府文件也显示,拆迁部门不但"征求了公众意见",而且开过"听证会"。受影响最严重的闵行"莘朱苑"的业主却表示,他们是一直到 2007 年 1 月被要求拆迁时,才知道这个项目。针对有关部门"召开过听证会"的说法,他们专门问询究竟谁代表他们参加了听证会,得到的答复却是"与你们无关"。[①]

随后,不少居民在社区论坛上转载项目环评报告书和讨论磁悬浮构成噪声、振动、辐射危害的帖子,却被大量删除,一些论坛甚至被封锁。一些居民只能依靠墙报这种原始的传播手段来传递相关信息。即使这些张贴的墙报,也屡被撕毁。出于无奈,他们只能在 QQ 上面进行"公共讨论"。

在沿线小区居民连续的上访抗争的压力下,2006 年磁悬浮项目被暂时搁置。

---

① 杨海鹏:《上海磁悬浮:待解的疑问》,《财经》2007 年 6 月 24 日。

（2）低调的新方案及环评公示

2007 年，上海方面拿出一个以"机场联络线"为新面孔的调整后的新方案线路，线路沿线涉及数十个小区共 160 万的居民。

2007 年 1 月 18 日，上海磁浮发展有限公司在第一份环评报告基础上形成了《上海机场联络线（沪杭上海支线）环评报告》，上报国家环保总局。3 月中旬，国家环保总局派员在闵行区评审这份报告时，闵行区政府一天最多接待了 5000 人上访，评审也无果而终。同月，区政府带领众多学科专家，一个个社区开座谈会，补"公共参与"这道程序。①

5 月，在各种反对与争议声中，项目暂时停建。

12 月 29 日，《沪杭磁浮上海机场联络线规划选线调整方案（草案）公示》不动声色地出现在上海市城市规划管理局网站上。公示日期从 2007 年 12 月 29 日至 2008 年 1 月 18 日。方案显示，原有的 34 公里线路被缩减为 31 公里，同时在人口密集的市区，线路走向略有调整，部分管道从明铺改为暗埋。②

2008 年 1 月 2 日，一则《沪杭磁浮上海机场联络线环境影响评价公示（简写本）》出现在"上海环境热线"网站上。公示日期为 2008 年 1 月 2 日至 2008 年 1 月 15 日。然而，该报告公示范围除了在上海环境热线上公布，其余官方网站未有任何公告，且当地媒体也被要求不对此公示内容作任何转载和报道，以确保磁悬浮项目顺利推进。整个公布过程显得格外低调。③ 公示简写本的结论为："本工程运行状态下，沿线区域电磁场强度远小于环境标准限值，与当地环境背景水平一致。……从环境保护的角度而言，工程建设可行。"④

（3）反对声音的兴起

虽然整个方案及环评报告的公开"格外低调"，但还是被个别敏感的

---

① 《上海磁悬浮：60 亿的赌资》，《齐鲁晚报》，http：//www. qlwb. com. cn/display. asp？id＝230295。
② 厉於敏：《上海磁悬浮延伸线轨道靠近民居业主"散步""购物"和平表达不同意见》，《都市快报》2008 年 1 月 15 日第 2 版。
③ 《沪杭磁悬浮闯过环评关》，《南方都市报》2008 年 1 月 4 日第 A12 版。
④ 李晨：《上海公示磁悬浮线路及环评报告》，北青网，http：//bjyouth. ynet. com/article. jsp？oid＝27016490。

居民发现，消息很快通过小区论坛和邻里关系得到传播。沿线居民怀疑，磁悬浮项目将会产生电磁辐射。

市民的怀疑基于几个理由：一是政府公开的环保标准前后矛盾。2003年，浦东区政府曾经对磁悬浮与建筑之间的距离作规定：轨道两侧一级防护带为50米，二级防护带为100米。但在2007年的公示中，50米缩短为22.5米。二是与国际标准不一致。上海磁悬浮从德国引进，而按照德国试验线路标准，磁悬浮两侧安全距离为500米。三是有公众反映磁悬浮影响健康。2007年1月24日，《浦东新区周报》曾经刊出一小块文章，反映磁悬浮沿线居民的身体、睡眠，甚至电视都受到磁悬浮的影响。四是一些有专业背景的业主认为，变化电磁场（磁悬浮）的强度和地球永磁场的强度对人体健康的影响程度可能不一样。①

（4）难以释怀的沟通会

在居民反对下，1月8日，闵行区信访办组织了10多位居民代表、两位高级工程师，以及闵行区规划局、环保局等部门参加的沟通会。两位专家在会上解释称，《环评报告》的结论是正确的。但居民代表提出，新线路只设置了22.5米的安全距离存在辐射隐患。②

会上，居民代表提出的要求包括：在沿线居民区、机关和学校贴出公示；各大媒体转载公示和环评报告；公示期延长到3月5日；公众要看到环评报告全本；公众要看到生物（人体）长期安全性试验的数据，且生物实验至少有两年以上的实验期；依法召开听证会，邀请媒体参加；等等。经过激烈争议，双方最终未达成共识，沟通会不欢而散。

（5）市民"散步"与"购物"的平和式抗争

1月12日，沿线小区部分市民聚集在人民广场"散步"，13日汇集在南京路步行街"购物"，以"散步"和"购物"的和平方式表达对磁悬浮的不满。

1月13日，上海市政府官方网站上出现一则对磁悬浮规划的优化线路的正式声明，告知沿线业主，磁悬浮规划方案正处于听取沿线居民建议

---

① 张田勘：《磁悬浮：要以科学证据说服公众》，《青年时报》2008年1月15日第A2版。
② 张凤安、李芃：《上海磁悬浮之惑》，《21世纪经济报道》2008年1月15日第1版。

和意见阶段。上海市规划、环保部门开始在相关街道（镇）和住宅小区设置了多个意见征集点，并在网上开设专门邮箱，希望沿线居民通过上述渠道合法理性地反映建议和意见，自觉维护社会秩序，共同珍惜上海和谐稳定的局面。①

（6）项目重启

2008 年 12 月 17 日，《财经》报道，由上海市建委牵头召开了磁悬浮项目协调会。这个内部会议提出了磁悬浮部分段落"入地" 25 米的规划，各有关部门开始低调筹备项目的动工。

上海市政府各部门的统一口径是"该项目仍处于论证过程中"，越来越密集出现的征兆②却显示，上海磁悬浮延长线工程的重启只是时间问题。

2. 基于公共能量场的分析

（1）场的形成

案例中，公共能量场的形成过程为：拟议者③迫于现有环评法公开项目设计方案和环评报告——居民热议——上访、"散步"、"购物"等抗争——环评能量场。最早源于灵敏发现者对由拟议者公布的环评消息的获知和随即的传播，在传播过程中社区论坛（转发环评报告、网络讨论和反对）、邻里互助（邻里之间传播、签名和呼吁）、社会资本（朋友、亲属间关系网）、集体行动（"散步"、"购物"等理性抗争）承载了传播渠道的作用，随后媒体报道进一步促进议题全面进入公众视野。正如一位参

---

① 杨传敏：《反对磁悬浮上海市民去"购物"》，《南方都市报》2008 年 1 月 14 日第 A04 版。

② 2009 年 1 月 17 日，上海市市长韩正在接受新加坡记者关于磁悬浮是否重启的提问时说："上海磁悬浮是把浦东国际机场和虹桥国际机场这两个国际机场连接起来的一个快速干道，是上海城市进一步体现服务功能，服务长三角、服务全国的一个枢纽工程，也是一个网络化重大基础设施建设项目。"这个回答，被媒体普遍视为上海磁悬浮将继续建设的信号。2009 年 2 月 7 日早晨 7 点，上海闵行区梅陇西路罗阳路口靠淀浦河边上，中铁道第四勘察设计院打下了一杆钻头，周围居民敏感地注意到，钻探节点为"磁悬浮联络线右线里程、桩号为右 CK17 + 774"。（详见百度百科"上海磁悬浮"，http://baike.baidu.com/view/1605737.htm。）

③ 虽然环评报告显示建设方是"上海磁浮公司"（上海磁浮公司于 2000 年 8 月由上海申通集团、申能集团、上海国际集团、宝钢集团、上汽集团、上海电气和上海浦东发展集团 7 家公司共同出资 30 亿元人民币组建，后增资至 45 亿元），但作为上海市拟引进的一项公共项目，投资和决策均在上海市政府，因此上海市政府是项目的实际拟议者。

加"散步"的居民所言："经过一周的持续集体散步，媒体都有宣传报道，整个事件沿线居民和公众都知道了，达到了第一步的诉求。现在可以走正常的渠道，好好公示了。"①

案例中能看到，环评能量场的形成并非基于环评法律由拟议者主动组织所形成，而是居民通过抗争并使之回归正常的法律轨道。虽然拟议者依法公开项目相关信息客观上"点燃"了议题，发挥了促进行动者感知议题并形成能量场的作用，但从整个过程看，其在公共能量场的形成中并不是一个积极的促进者（SH1 得到证明，但只显现出半功效），相反，却存在着故意隐匿信息和缩小公众知悉范围以蒙混过关之嫌。

一是拟议者尽可能规避公共能量场。《暂行办法》第七条规定信息公开"便于公众知悉的方式"，但前后两个环评报告的公示都出现在很少受人关注的"上海环境热线"上，且公示的时间太短②。对于 2006 年的第一次环评公示，上海交通大学环境法副教授赵绘宇表示："我是搞环境的，也是'上海环境热线'的常客，都没有注意到这个项目的《环评公告》，更不用说沿线居民很多都没有访问这个网站的习惯。"而事实上，"当时对沿线的几乎所有居民而言，他们尚不知道有这个项目，也不知道规划的线路，自然更无法确认该项目与自己的相关性"。③ 在 2008 年的第二次环评公示后，居民陈美芬认为上海环境热线对他们来说过于冷僻："这些公告为何会放在公众都不熟悉的一个网站上？我们知道这个消息时公示日期已经过了一大半了，这是不是有意避开民众的视线？"④ 这表明，十四天的公示期虽符合环评法关于"不少于十天"的规定，但不利于场的形成，所起到的效用大打折扣（SH2 得到证明，但只

---

① 覃爱玲：《特别讲述：上海散步》，《南都周刊》，http：//past.nbweekly.com/Print/Article/4238_4.shtml。

② 项目建设方案公示时间为 20 天（2007 年 12 月 29 日至 2008 年 1 月 18 日），方案调整前后两个环评报告的时间分别为 10 天（2006 年 7 月 10 日至 2006 年 7 月 20 日）和 14 天（2008 年 1 月 2 日至 2008 年 1 月 15 日）。正是由于时间太短，在 2008 年 1 月 8 日举行的沟通会上，居民代表要求在沿线居民区、机关和学校贴出公示；各大媒体转载公示和环评报告；公示期延长到 3 月 5 日。

③ 杨海鹏：《上海磁悬浮：待解的疑问》，《财经》2007 年 6 月 24 日。

④ 叶文添：《上海磁浮公司高额负债无力久拖》，《中国经营报》2008 年 1 月 21 日第 A12版。

显现出半功效）。

二是案例显示，并非拟议者或环评机构而恰恰是居民的抗争实质性地形成倒逼作用，迫使拟议者构建能量场，这虽是对 SH3 的反证，但说明了 SH3 对于能量场形成应有的正功效作用并未显现（鉴于拟议项目信息为拟议者所掌握、环评机构实质性地负责项目的环境影响所决定的拟议者和环评机构应当承担构筑能量场的职责）。正是由于作为拟议者的政府和环评机构并未按环评法律的要求履行起构筑各方交流平台的职能，居民才被迫抗争迫使政府事后"补"公众参与程序和履行促进能量场的形成之职责：在居民不断的抗争之下，前一次公示后，"区政府带领众多学科专家，一个个社区开座谈会，补'公共参与'这道程序"。[①] 调整方案出台后，又是居民以"散步"和"购物"等方式和平表达诉求的压力，逼迫政府举行由居民代表、环评机构、专家和有关部门参加的沟通会，同时上海市规划、环保部门开始在相关街道（镇）和住宅小区设置了多个意见征集点，并在网上开设专门邮箱，收集民众意见。

场的形成验证结论见表 5 - 2。

表 5 - 2　沪杭磁悬浮上海段环评案公共能量场的形成验证

研究假设	验证发现	校验结果
SH1：拟议者提出并公开拟议议题形成场源	F1：《暂行条例》关于"公共媒体"、"其他便于公众知悉"的公开方式的规定容易被钻空子，拟议者故意隐匿信息和规避能量场 F2：居民的抗争是形成环评能量场的实质原因 F3：社区论坛、邻里互助、社会资本在传播议题和形成环评能量场上发挥重要作用	证明半功效
SH2：需要制度规定充足的时间以促成行动者感知	公示时间太短，不利于能量场的形成	证明半功效
SH3：拟议者或环评机构应通过各种方式构筑能量互动平台和凸显场体	F1：拟议者和环评机构不会主动促进能量交流，最后的交流迫于居民抗争的压力 F2：先采用问卷调查方式，居民抗争后，政府被迫采用座谈会、沟通会作为交流方式	反证正功效未显现

---

① 杨海鹏：《上海磁悬浮：待解的疑问》，《财经》2007 年 6 月 24 日。

（2）场的结构

一是在场核方面。在居民抗争之后，由拟议者（上海市政府）、环评机构（上海市环境科学研究院）、居民、专家和决策部门（负责项目环评审批的国家环保总局、决定项目最终能否上马的上海市政府）构成环评能量场，基本上形成了以居民和个别专家（王梦恕院士[①]）为反对方，以政府、环评单位、专家和上海市环保局[②]为支持方的两大核。其中，民众能量在反对核中发挥了重要作用，但其能量流的作用有限。实际上，从历经方案调整、两次环评及暂时搁置和后续上海市政府被媒体所称的"冷处理，徐图之"的时间策略可以推断出场的博弈结果并没有在环评报告中反映，是否接受公众意见及是否基于业已形成的能量场进行进一步的协商、听证完全取决于作为拟议者的政府的态度。因此，S'H1得到证明，但效用未尽显（半功效）。

二是在场结方面。一开始作为拟议者的政府及其委托的环评机构都未实质履行联结各方的场结角色。居民对项目的不满和抗争，迫使政府组织沟通会、座谈会等促成能量间的交流，政府这时才开始在场中承担起场结角色：在各社区开座谈会、沟通会和建立公众反馈渠道，补"公共参与"这道程序。另外，在居民对环评存在较大争议时，可查资料并没有显示上海市环保部门召开了有关各方参加的大型座谈会、论证会，上海市政府对外一致的口径是"正在论证之中"。在居民抗争后政府被迫履行的"迟来的"场结角色，起到促进能量间交流的作用（说明了其正功效）。由于项目环评存在争议，第二次环评报告尚未上报国家环保总局审批，因而国家环保总局的次场结角色尚未按法律规定的程序启动。由此，S'H2并未得到证明（反证），正功效并未显现。

---

① 第十一届全国人大一次会议上，全国人大代表、中国工程院院士王梦恕在2008年两会期间，列举了磁悬浮的几大弊端，坚决反对上海市引进磁悬浮。（衙外：《磁悬浮真的有必要建吗?》，《当代生活报》2008年3月21日第20版）

② 针对居民的质疑，上海市环保局局长张全2007年为解释道，"磁悬浮的影响，3~5米之外几乎完全衰减，对周边居民影响非常小"（厉於敏：《上海磁悬浮延伸线轨道靠近民居业主"散步""购物"和平表达不同意见》，《都市快报》2008年1月15日第2版），从中可以看出上海市环保局的态度。

三是场势方面。案例证实了，作为环评机构的上海市环境科学研究院在结构中具有中心性，其把握和控制着联结各方的主导权，而且能够基于所编制的环评报告影响最终的决策，如果不是居民的抗争，可以预言项目将得到审批，决策也将为环评机构的单方意见，S'H3 的负功效作用可谓尽显。但居民抗争使得由其编制的第一份环评报告未获得国家环保总局评审时的认可，第二份环评报告也饱受争议。居民的抗争，也使得整个能量场中一开始由环评机构位于结构中心联结各方意见的"海星形结构"被打破，开始向着由专家、居民代表和环评机构等各方参与交流的"五边形内嵌星结构"过渡。（关于结构详见第三章图 3 – 6）

场的结构验证结论见表 5 – 3。

表 5 – 3   沪杭磁悬浮上海段环评案公共能量场的结构验证

研究假设	验证发现	校验结果
S'H1：在源于多个场域的多主体构成的场结构中，公众能量应当能够成为其中的一核	F1：双核结构，其中拟议者、环评机构和上海市环保局成为支持核 F2：利益相关方带来的专家难以取得居民的信任 F3：博弈结果受拟议者控制（环评机构服务于拟议者，难以独立）	证明半功效
S'H2：需要拟议者或环评机构承担主场结，环保部门成为次场结	F1：前期主场结角色没有履行，后期区政府不适宜承担场结角色 F2：次场结角色没有启动	反证正功效未显现
S'H3：拟议者和环评机构在结构中占据中心性的场势地位	F1：环评机构在结构中具有中心性，但这种中心性能被居民抗争所打破 F2：居民的抗争使场的结构从"海星形"向"五边形内嵌星"的结构态过渡	证明负功效

（3）场的过程

前一次环评公示后，面对闵行区政府组织的座谈会，社区的居民们并非被动地接受"宣传"，而是充分发挥运用资源、人际网络等社会资本广泛联系各种专业人士，与政府及其带来的专家展开激烈的辩论①，居民从中表现出较高的博弈能力。而在后一次环评公示后的沟通会上，居民代表对环评报告的科学性、严谨性（例如公众参与的不足、所用地图的准确性、敏感区域的识别与忽略对人的评价等）提出了强烈质疑②。可以看出，场的博弈过程是双向的互动，而非单向的"宣传"。这种博弈比上海市规划局、环保局在居民抗争后开设电话和邮箱等渠道单向收集公众意见更利于场内能量间的交流互动。场的过程表现出较大的分歧与矛盾，一面是政府及专家试图证明磁悬浮的可行性，一面是民众提出的相关要求，能量间的交流虽起到一定的沟通作用，但焦点集中在环评报告的科学与否上，可行的优化对策、利益补偿并未产生，导致最终座谈会难以令人信服，而沟通会也不欢而散（PH1 部分证明，但仅显现出半功效）。

另外，在法律仅规定场内行动者权利职责但未明确关于是否协商沟通、现场各方观点是否在环评报告中体现的博弈规则的情况下，没有一个有效的能量场管理者对双方进行协商、沟通和谈判。在 2008 年 1 月 8 日由闵行区信访办主持的沟通会上，尽管政府邀请的专家发表了相关意见，但并未消除居民顾虑。"两次谈话虽然起到了一定沟通作用，但是既然区长表示'自己做不了主'，而与他们沟通的专家又来自利益相关部门，而且很难提出有说服力的证据，居民们对这种对话能产生的价值很感怀疑。"③ 这表明能量场内对于一个中立的场促角色的需要，同时，也显示区政府并不适合承担场促角色，专家也难逃"御用"之嫌，这种沟通一开始就由于场促角色不当、民众存在疑虑与场内博弈协商规则的不足

---

① 在"嘉禾苑"，业主邀请磁浮专家作报告；"沁春园"社区居民联系德国一位退休的宪法法院院长，以德国案例探讨公开环境影响实验资料的可能性。在"江南苑"，讨论有关辐射测试问题时，建设方的专家被同样专业的居民问倒；在"锦鸿公寓"，谈起磁浮"安全距离"等专业问题，建设方请来的同济大学的声学教授只好拜服居民请来的上海交通大学的机电教授；在"小富人家"，上海市规划局和环科院的专家与居民交流时，发现《环评报告》错误地将这里列入噪音二类地区，实际情况是，这里已是噪音污染严重的"四类地区"——环评人员居然根据一张 1994 年的地图，想当然地将其定为"二类地区"。（详见《上海磁悬浮：60 亿赌注与环评不透明》，http://news.163.com/07/0629/10/3I58UL9900011SM9_2.html）

② 覃爱玲：《特别讲述：上海散步》，《南都周刊》，http://past.nbweekly.com/Print/Article/4238_4.shtml。

③ 同上。

（现行环评法在协商博弈方面的缺乏、场内也未形成有效的内部规则）而导致沟通效果不佳，政府也没有召开大规模的听证会广泛听取专家、民众的意见，寻求可行的优化之策（半功效）。

场的过程验证结论见表 5 - 4。

表 5 - 4　沪杭磁悬浮上海段环评案公共能量场的过程验证

研究假设	验证发现	校验结果
PH1：多元双向博弈过程	F1：会议的在场方式能起到多方间的双向交流作用，但整个场协商沟通和可行的优化方案仍不充分 F2：聚焦环评报告科学与否 F3：居民表现出较高的博弈能力	部分证明半功效
PH2：有赖于法定博弈规则	关于协商和沟通的博弈规则不够	部分证明半功效
PH3：环保部门履行管理能量场的场促角色	环保部门能量场管理者角色的缺失	反证正功效未显现

（三）案例分析二：北京市海淀区垃圾焚烧电厂环评案

1. 案情经过

（1）议题的"发现"与传播

2006 年北京海淀区政府决定，在六里屯建垃圾焚烧厂以解决日益逼近的垃圾消纳难题，为此专门成立国有性质的绿海能环保有限责任公司实施项目建设。

2006 年底，六里屯周边的业主在海淀区十一五规划和海淀北部新区规划展上了解到，政府拟在六里屯新建一座投资超过 8 亿元的垃圾焚烧发电厂，并计划于 2007 年 3 月动工。消息传出后，周边众多社区的居民反应强烈，呼吁政府慎重考虑选址问题。

2006 年 11 月 23 日，百旺茉莉园业主要求北京市环保局提供该项目的环评报告。12 月，百旺新城社区上千名业主通过联合写投诉信、制作标语、横幅和展板等方式举行"反烧"行动。同时，居民联系全国政协委员周晋峰希望能向上传达民众声音，周晋峰在对六里屯调研后，于 2007 年"两会"上提交《关于停建海淀区六里屯垃圾焚烧厂的提案》。

2007 年 1 月，北京市环保局相继公布项目环评报告书和环评审批情况的说明，称项目不会对周边环境构成威胁，并作出对环评报告的批复。

（2）备受争议的环评报告

国家级专家、中国环境科学院研究员赵章元认为，环评报告书关于"采用国外先进成熟设备，烟气中各项污染物均符合排放标准，其中二恶英的排放达到欧盟标准"及"保证一旦出现二恶英超标排放，10 分钟内就能发现问题并及时处理"的提法完全是纸上谈兵。他指出："目前世界上根本不存在所谓的先进成熟设备，况且，现在我们根本实现不了在线检测，只能采点样，回实验室分析，怎么可能 10 分钟就检测出来呢？"

报告中一共发放 100 份公众意见调查表，收回 85 份。其中，同意垃圾焚烧项目的占 71%，同意垃圾焚烧＋综合处理项目的占 51%。对此，中国人民大学数理统计室主任蒋妍在接受中央电视台的采访时指出："100 个人太少，完全可以找认识或者和项目没什么关系的人来做，没有意义，何况这样算的结果误差太大，数据根本用不了。"①

2007 年 2 月，周边居民 127 人联合向北京市环保局提交行政复议书，要求撤销对项目环评报告书的批复。

2 月和 3 月，百旺茉莉园业主钱左生、李慧兰等人分别向国家环保总局提出行政复议申请，请求国家环保总局责令北京市环保局撤销其关于该项目环评报告书的批复。6 月 12 日，国家环保总局作出行政复议决定，要求项目在进一步论证前应缓建，并全面公开论证过程，扩大征求公众意见的范围。②

（3）居民持续抗争与项目中止

此后的两年多时间里，居民先后通过组织起万人大签名、递交"万民请愿书"和向有关部门上访等形式表示反对。其间，多位垃圾问题专家参与讨论。③

2009 年 7 月 9 日，海淀区市政管委副主任赵立华曾与居民们进行面谈沟通，表示项目还处在专家论证阶段，论证过程中将广泛吸取市民意

---

① CCTV2 新闻：《北京六里屯垃圾焚烧场：专家质疑环评报告》，http://news.cctv.com/society/20070416/102000.shtml。

② 刘展超：《环保部：北京六里屯垃圾焚烧厂未经核准不得开建》，《第一财经日报》2009 年 3 月 12 日第 A3 版。

③ 陆晨阳：《居民 4 年反对建垃圾焚烧厂北京十一五重点项目放弃》，《都市快报》2011 年 2 月 10 日第 B5 版。

见，不排除吸纳市民推荐专家的可能。①

在居民和专家的强烈反对下，海淀区政府决定中止六里屯垃圾焚烧厂项目，另行选址。

（4）六里屯项目的重新选址及替代选择——苏家坨大工村垃圾焚烧厂及环评

2010年2月，北京市市政市容委人士表示，六里屯垃圾焚烧厂考虑另行选址，初步锁定海淀区苏家坨镇大工村。

2010年11月16日，海淀区政府网站发布了《北京市海淀区循环经济产业园再生能源发电厂项目环评信息公告》，项目建设单位和评价机构分别是北京绿海能环保有限责任公司和中国气象科学研究院。② 2011年5月16日，海淀区政府网站发布第二次环评信息公告，这次信息公告较第一次更详细，公布拟新建再生能源发电厂项目选址、各种影响情况概述和公众参与期限和基本结论。③

2011年6月1日，北京市环保局网部公布《北京市海淀区循环经济产业园再生能源发电厂工程环境影响报告书简本》公告，公示时间截止到6月15日。

（5）环评报告存在的问题

环评报告简本名称为《北京市海淀区循环经济产业园再生能源发电厂工程》存在有意掩盖垃圾焚烧和减少公众感知的意图。环评报告称"炉渣运至海淀区建筑垃圾处理厂综合利用"，然而"海淀区建筑垃圾处理厂"尚不存在。同时，报告中的数据存在问题：一是焚烧厂附近的文物保护单位大觉寺，写的规模是"无常住人员"，但实际上大觉寺有一百多常住人口；其次，与烟囱最近距离为2100米的北安河军庄路的一千多

---

① 宋娜：《垃圾焚烧厂选址将吸取市民意见》，《北京晚报》2009年7月10日第2版。
② 《北京市海淀区循环经济产业园再生能源发电厂项目环评信息公告》，海淀区政府网，http：//61.49.38.22/zf/zfgg/201011/t20101116_223209.htm。
③ 公告显示：项目选址位于海淀区苏家坨镇大工村地区。项目运行过程中的烟气、噪声等排放指标将达到国家相关标准要求；项目建成后不会降低所在区域现有环境功能，且环境风险可控，从环境保护角度项目建设可行。（详见《北京市海淀区循环经济产业园再生能源发电厂项目环评信息公告》，海淀区政府网，http：//61.49.38.22/zf/zfgg/201105/t20110516_258851.htm）

常住人口，没有被列入污染控制及环保目标。二是报告中500份个人问卷中91.4%的支持率及100%的受调查团体支持率存在水分。因为，环保组织经走访调查了解到大部分居民反对此项目。居民反映，项目周边很多人想参与问卷调查，但遭到建设方的拒绝。只有"同意项目"的居民才可以做问卷调查并获赠牙膏牙刷等礼物。而大觉寺作为受调查团体，并没有上交问卷调查，这充分证明"100%的受调查团体支持率"也不属实。①

与此同时，项目的环评机构——中国气象科学研究院被查出曾经有"环评公众参与造假"的不良记录②。对此，6月21日，"地球村环境教育中心"等五家环保NGO联合致信国家环境保护部，提请取消中国气象科学研究院"甲级环评资质"，并按相关规定对其处以罚款。

6月27日，"自然之友"等五家环保NGO，向住房与城乡建设部发出公开信指出，根据我国相关规定，焚烧厂的注册资本不少于1亿元，而绿海能公司的注册资金仅为2000万元，不具有运营垃圾焚烧的资质。③

（6）最终决策

然而，虽然存在着"选址争议、建设经营单位资质存疑、环评机构涉嫌参与造假、选址附近居民意见较大"等问题，环评报告却于6月28日获得北京市环保局批准。

2. 基于公共能量场的分析

（1）场的形成

在六里屯项目过程中，环评能量场的形成并非拟议者对议题的公开，实际上拟议者并未根据《暂行办法》事先发布信息公告和公布环评公告，两个事实可以佐证：一是居民是通过海淀区十一五规划和参加海淀北部新

---

① 参见李泽民《北京苏家坨垃圾焚烧厂带"疑"获批》，《每日经济新闻》2011年7月1日第6版；李泽民《苏家坨垃圾焚烧环评方造假？环保制度亟待规范》，《每日经济新闻》2011年7月8日第15版。

② 2011年5月27日，河北省环保厅撤销了秦皇岛西北垃圾焚烧项目的环评报告批复，原因是"虚假的公众参与"。该项目的环评单位正是中国气象科学研究院。

③ 对上述质疑，绿海能公司选择了沉默，其工作人员向《每日经济新闻》称："我们对外不负责回答任何问题。"该人员让记者去问海淀区市政市容委，对于绿海能公司的资质问题，其固废科的负责人表示不了解。北京市工商局网站显示，成立于2006年7月10日的绿海能公司，其注册资金仅为2000万元，其后也没有增资扩股。（详见李泽民《北京苏家坨垃圾焚烧厂带"疑"获批》，《每日经济新闻》2011年7月1日第6版）

区规划展才"发现"了六里屯拟建垃圾焚烧厂的信息，而事实上，在六里屯建垃圾焚烧厂的信息传开后，海枫涟山庄、百旺茉莉园等小区的业主们，在小区业主论坛上共商对策时表达了"从来没见过谁来居民小区主动宣传过垃圾焚烧发电厂！"、"这个项目是否经过了环评？"的质疑。① 二是六里屯项目环评报告是在百旺茉莉园业主 2006 年 11 月要求北京市环保局公开的情况下，后者才于 2007 年 1 月公开。作为六里屯项目替代选择的苏家坨项目，其环评能量场的形成虽离不开拟议者的议题公开行为（海淀区政府网站 2010 年 11 月和 2011 年 5 月两次公布了环评信息公告、北京市环保局网站 2011 年 6 月公开了环评报告），一方面政府网站虽符合《暂行办法》关于"公共媒体"的要求，但其效果显然不如在社区宣传来得及时和广泛；另一方面由于前后两个项目相承继，实质都涉及海淀区是否应建垃圾焚烧厂的议题，苏家坨项目中的各方能量其实是前期六里屯项目所形成的能量场的延续，所不同的是这一时期能量场中开始出现了环保NGO 的力量。前后两个阶段，从不公开到由于居民抗争被迫公开，这表明，SH1 仅得到部分证明，仅显现部分功效。

由此可见，环评能量场的形成不是源于拟议者主动公开议题，正相反，拟议者显然在有意规避公众参与以防能量场的形成，这可以从六里屯项目拟议者不发布项目信息公告、不公开环评报告和环评机构不合理的公众调查及苏家坨项目有意略去敏感词"垃圾焚烧发电厂"而使用"北京市海淀区循环经济产业园再生能源发电厂工程"的名称②中可窥一斑。虽然可查的资料显示，2007 年 6 月 5 日和 2009 年 7 月 9 日海淀区召开有居民代表参加的沟通会，但显然是迫于居民抗争压力的结果。而苏家坨项目环评报告也存在有意歪曲事实、调查数据不实的问题，这反映了拟议者和环评机构并未切实履行构筑能量交流平台的职责。由此，案例对 SH3 反证，SH3应有的交流平台作用未发挥。实际上，场的形成源于：一是居民在政府规

---

① 王骞：《北京六里屯垃圾场事件如何收场》，《南方周末》2007 年 7 月 12 日。
② 项目名称为"北京市海淀区循环经济产业园再生能源发电厂工程"，实则是以生活垃圾焚烧发电厂为主体的垃圾处理工程。正是对此故意隐藏项目"敏感"本质的做法，环保NGO"自然之友"提出应本着实事求是的原则，建议将项目名称改为"北京市海淀区苏家坨生活垃圾焚烧发电项目"。（《NGO 质疑苏家坨生活垃圾焚烧项目的必要性》，腾讯网，http://news.qq.com/a/20110531/000781.htm）

划中发现六里屯垃圾焚烧厂兴趣的信息时，随即通过邻里、小区论坛和个人的社会资本（联系全国政协委员周晋峰、反烧专家赵章元）进行传播。二是在后续苏家坨环评能量场中，环保 NGO 通过致信国家环境保护部、城乡建设部，召开专家咨询会①、博客征求公众意见等方式促进能量场中各方意见的交流。

能量场的形成需要时间，短期内不足以使各相关者感知。海淀垃圾焚烧建厂项目中公示时间（首次环评信息公示时间为 2010 年 11 月 16 日至 2010 年 11 月 29 日共 13 日，随后环评信息公示时间为 2011 年 5 月 16 日至 2011 年 5 月 27 日共 11 日，环评报告公示时间为 2011 年 6 月 1 日至 6 月 15 日共 14 日）虽然符合现行法律关于公示时间"不少于十天"的规定，但对于有较大争议和涉及多方利益主体、庞大人群的项目来说，还是相对太短，在促进各方充分感知上仍然有限（半功效）。正基于此，环保 NGO 提出"由于该项目计划焚烧量达到 1800 吨/日，并且将对整个海淀区的垃圾处理产生至关重要的影响，因此建议延长公示时间"。②

场的形成验证结论见表 5 - 5。

表 5 - 5 北京市海淀区垃圾焚烧电厂环评案公共能量场的形成验证

研究假设	验证发现	校验结果
SH1：拟议者提出并公开拟议议题形成场源	F1：拟议者不公开信息、利用《暂行条例》"公共媒体"的模糊性和项目名称的"遮蔽式"表述以规避能量场 F2：居民的抗争促成能量场 F3：社区论坛、邻里互助、社会资本发挥传播议题和形成能量场的作用 F4：后期苏家坨项目环保 NGO 积极促成能量场	部分证明半功效

---

① 2011 年 5 月 25 日，"自然之友"在其博客上征求各方对苏家坨项目《环评报告》的意见。5 月 26 日，环保 NGO"自然之友"组织反烧专家赵章元和北京中咨律师事务所律师夏军、北京大学医学部公共卫生学院教授潘小川和北京师范大学环境史专业博士毛达等人参加专家咨询会，专家们就苏家坨项目《环评报告》提出了选址不当、占地过大、投资过大和公众参与不足等质疑。（章轲：《北京垃圾焚烧项目再交锋 5 家环保组织呼吁取消环评方资质》，《第一财经日报》2011 年 6 月 22 日第 C2 版）

② 章轲：《北京垃圾焚烧项目再交锋 5 家环保组织呼吁取消环评方资质》，《第一财经日报》2011 年 6 月 22 日第 C2 版。

续表

研究假设	验证发现	校验结果
SH2:需要制度规定充足的时间以促成行动者感知	公示时间太短不利于形成能量场	证明半功效
SH3:拟议者或环评机构应通过各种方式构筑能量互动平台和凸显场体	F1:拟议者不主动促进能量交流而是环评机构以调查问卷方式限制公众参与,政府与居民的交流迫于居民抗争的压力 F2:先以问卷调查征求意见,居民抗争后,政府被迫采用沟通会、座谈会作为交流方式 F3:后期环保 NGO 促进各方交流	反证正功效未显现

（2）场的结构

经过居民的抗争、专家的反对，形成了由拟议者（海淀区政府）、环评机构（中国气象科学研究院）、居民、专家和决策部门（负责项目环评审批的北京市环保总局、决定项目最终能否上马的海淀区政府）构成的以居民和反烧专家为反对方，以海淀区政府、环评机构、主烧专家和北京市环保局为支持方的双核能量场。从北京市环保局对前后两个较大争议的环评报告最终顶着各种反对声强行批准，能反映出其作为北京市政府隶属部门所承受的压力，因为垃圾焚烧被列为北京市十一五规划内容，前期的六里屯项目被定格为"北京市十一五重点工程"。政府"不排除吸纳市民推荐专家的可能"的表态，反映了居民对政府邀请的专家的不信任。两大场核的力量对比（从六里屯项目中反对核占支配地位一度迫使政府宣布中止该项目并另行选址，到后续苏家坨项目支持派中的政府凭借实质性影响环评报告和环评审批的权力而占主导）表明，公众核的影响力仍是有限的，缺乏法律的有效保障。因此，S'H1 得到证明，但仅显示出半功效。

前期六里屯项目中居民的不满和抗争，迫使政府组织一定程度地组织小范围的沟通会和座谈会等形式促成各种能量间的交流，从结果看，作用有限。相反，居民通过向北京市环保局申请公开环评报告和撤销环评报告批复、向国家环保总局申请行政复议、联系政协代表、万人签名等活动，扮演了场结角色。而在后期苏家坨项目中，环保 NGO 通过联合写信、呼呀、召开专家咨询会和征集意见等方式促进各种能量间的交流，也发挥了场结作用。另外，没有资料显示负责环评审批的北京市环保局在各方争议较大时举行了座谈与论证，即其应有的次场结作用没有发挥。因此，S'H2反证，但应有的正功效作用未显现。

从场的中心势看，环评机构享有极大程度影响决策的场势地位，如果不是居民的抗争，可以预料六里屯项目将会走完环评程序而上马，正是抗争打破了环评机构的中心性，使得整个场的结构由环评机构联结各方的"海星形"向政府被迫举行各方参与的座谈会的"五边形内嵌星"的结构态过渡。但在苏家坨项目环评中，由于该项目选址避开了六里屯项目选址的集中人群，受项目直接影响的人群和团体数目明显减少，无形中减少了抗争的力量和呼声，虽然仍有专家和环保 NGO 对此提出强烈反对，但在缺少居民抗争的力量时，环评机构在能量场中的中心性又得以体现并最终影响了北京市环保局的审批决策。

场的结构验证结论见表 5 - 6。

表 5 - 6　北京市海淀区垃圾焚烧电厂环评案公共能量场的结构验证

研究假设	验证发现	校验结果
S'H1：在源于多个场域的多主体构成的场结构中，公众能量应当能够成为其中的一核	F1：双核结构，关系决定了拟议者、环评机构和北京市环保局成为支持核 F2：政府请来的专家难取得公众信任 F3：公众核的影响力缺乏法律保障	证明半功效
S'H2：需要拟议者或环评机构承担主场结，环保部门成为次场结	F1：前期居民成为场结 F2：后期环保 NGO 承担场结角色 F3：次场结作用没有发挥	反证正功效未显现
S'H3：拟议者和环评机构在结构中占据中心性的场势地位	F1：环评机构在结构中具有中心性，但这种中心性能在前期被居民抗争所打破，后期在缺乏居民抗争时又得以体现 F2：前期"海星形"结构向"五边形内嵌星"的结构态过渡，后期"海星形"结构	证明负功效

（3）场的过程

能量场的过程总体显现出矛盾、分歧，而各方交流、协商较为缺乏，多元互动博弈不充分。一是博弈过程总体理性。虽然有报道称，曾有一个主烧派专家到周边小区参观时，遭到居民暴打①，但从居民网上讨论、通过申请行政复议、申请公开信息等合法渠道抗争可以看出总体上还较为理性。二是交流仍是局部的、不充分的。按《环评法》和《暂行条例》的规定，拟议者和环评机构应组织各方交流，广泛听取意见，然而，本案中并没有看到包括专家、居民、环评机构和政府各方参加的大规模深入论证会议，取而代之的是调查问卷、基于邮件、电话向项目建设方和环评机构提意见的意向交流形式，这反映出现行环评法律制度对于博弈交流协商过程的规定还不详细，是否协商沟通取决于拟议者。三是可行的优化方案及利益补偿未充分交流。不论是前期居民通过向北京市环保局申诉和向国家环保总局提起行政复议要求北京市环保局撤销对环评报告的批复，还是后期环保 NGO 和专家对环评报告和环评机构的质疑，都集中于环评报告的科学与否上，关于项目的优化方案论证与权益保障补偿等并未在沟通对话中讨论。而实际上，在垃圾填埋没有空间、除了建焚烧电厂外没有更佳选择、北京市政府又对之列入"北京市十一五重点工程"的情况下，沟通谈判的内容应是可行的优化方案和居民的权益保障。这表明，PH1 仅在案例中得到部分证明，显现出半功效。

对于专家和环保 NGO 的质疑、居民的反对，能量场中没有管理者进行沟通和协商（反证 PH3）。其实，在六里屯反烧的民意彰显之后，政府决定选新址时，应组织各方协商，寻求尽可能的优化之策。然而，即便有了前期六里屯的教训，在饱受"选址在北京城区上风向、建设经营单位资质存疑、环评机构涉嫌参与造假、选址附近居民异议颇大"等一片争议声中，北京市环保局并没有居间邀请各方举行进一步的论证和沟通，其应有的场促角色和功效并未发挥，而是最终批准了苏家坨项目环评报告。

总的来看，前期经过居民抗争，政府开始与各方进行一定程度的协商和沟通，而后期在缺少居民抗争和法律并未强制性规定协商和沟通时，几乎没有出现必要的协商和沟通。这反映了现行法律还主要是围绕环评报告

① 陆晨阳：《居民 4 年反对建垃圾焚烧厂北京十一五重点项目放弃》，《都市快报》2011 年 2 月 10 日第 B5 版。

的"意见"，对于各方合议形成优化和替代方案、居民权益保障的关注和重视不够，这阻止了有效协商、沟通和寻求优化方案的可能。因此，PH2在案例中仅是部分证明，起到的规范场内各方博弈特别是协商、沟通的作用极为有限（半功效）。

场的过程验证结论见表 5 - 7。

表 5 - 7　北京市海淀区垃圾焚烧电厂环评案公共能量场的过程验证

研究假设	验证发现	校验结果
PH1：多元双向博弈过程	F1：双向、多元的交流不充分 F2：围绕环评报告争议，忽略了协商和沟通 F3：博弈过程总体理性	部分证明半功效
PH2：有赖法定博弈规则	由于缺乏详细的博弈规则，前期协商和沟通不够，后期几乎没有协商和沟通	部分证明半功效
PH3：环保部门履行管理能量场的场促角色	环保部门没有履行能量场管理者的职责	反证正功效未显现

第三节　研究发现与条件归总

一　条件假设的校验与发现

（一）环评预防型能量场的形成方面（见表 5 - 8）

1. 研究假设的校验

第三章模型中给出的能量场形成的假设是：拟议者提出并公开拟议议题形成场源（SH1）——需要制度规定充足的时间以促成行动者感知（SH2）——拟议者或环评机构应通过各种方式构筑能量互动平台和凸显场体（SH3）。验证结果基本证实了假设。

（1）SH1 的验证结果：部分证明、半功效；条件成立；需要完善相关条件

对两个案例的分析表明，拟议者尽可能逃避履行法律规定的公开抗议议题职责，利用现行法律制度中关于"公共媒体、便于公众知悉

等公开方式"表述的模糊性，在公开方式上大做文章，限制公众参与和知悉的范围，规避能量场的形成。因而 SH1 只是部分证明。这表明，拟议者存在尽可能避免拟议议题进入公众视野的"投机"和"自利"倾向，但由于法律毕竟对拟议者"发布环评信息公告"提出了强制性要求，拟议者以尽可能最小程度的"公开"行为在被民众"发现"和发起抗争之后还是能够起到"点燃"议题的作用。从案例所反映的现实中拟议者打着各种擦边球的方式规避拟议信息的种种"努力"，可以得出两个结论：一是足以证实 SH1 对于规定拟议者的职责和促进能量场形成的重要前提作用；二是能量场所以能规避的原因在于拟议者利用现行环评制度在公开方式上的漏洞，如何对之完善以填补漏洞成为当务之急。

（2）SH2 的验证结果：证明、半功效；条件成立；条件修正

案例表明，现行法律关于征求公众意见的时间"不少于十天"的规定造成现实中一般都只留有十至十五天的意见征集期，如此短的时间范围，加之拟议者有意基于各种冷僻的媒体隐匿信息，公众对项目的知悉受到限制，不利于能量场的形成及能量间的充分交流与博弈。因此，时间作为能量场形成的条件之一在得到完全证明的同时，也表明其对于增进能量场的功效并未完全发挥。为此，应对 SH2 关于征求公共意见时间"不少于十天"予以修正，在法律上延长公众意见的征集时间，以促进能量场形成和能量间博弈的充分性。

（3）SH3 验证结果：反证、正功效未显现；条件成立；需要完善相关条件

两个案例并没有出现拟议者或环评机构主动构筑能量交流平台，而是环评机构利用现行法律制度中"可采用调查公众意见"的规定，借助于问卷调查这种非共同在场方式轻而易举地限制公众参与并以其之主见"替代"公众意见。这种反证是否意味着 SH2 不能成为能量场形成的一个条件？其实不然。案例中拟议者和环评机构之所以不履行法律规定的构筑能量交流平台的职责在于规避能量场以让项目顺利通过，这恰恰说明了 SH3 对于拟议者和环评机构所构成的"障碍"作用。换句话说，能从反面证明 SH3 的成立。事实上，由于环评报告是环评

机构在广泛听取各方意见基础上编制而成，因此，由环评机构来构筑能量交流平台是环评制度的内在要求。案例反映的拟议者和环评机构背离法律制度要求的"异化行为"和 SH3 的功效没有发挥表明，需要在法律制度中尽可能减少"问卷调查"这种间接交流方式，完善拟议者和环评机构关于采用座谈会、听证会的共同在场方式促进各方交流的规定。

表 5 - 8　环评预防型能量场的形成验证总结论

条件假设	案例	校验	验证发现	共同点
SH1：拟议者提出并公开拟议议题形成场源 结论： 部分证明 半功效 条件成立 完善条件	上海磁悬浮环评案	证明半功效	F1：《暂行条例》关于"公共媒体"、"其他便于公众知悉"的公开方式的规定容易被钻空子，拟议者故意隐匿信息和规避能量场 F2：居民的抗争是形成环评能量场的实质原因 F3：社区论坛、邻里互助、社会资本在传播议题和形成环评能量场上发挥重要作用	FS1：拟议者利用制度漏洞有意隐匿信息以规避能量场 FS2：居民抗争促成能量场 FS3：社区论坛、邻里互助、社会资本在传播议题和形成能量场的作用（合并 FS2） FP1：环保 NGO 在能量场形成方面的作用
	北京海淀垃圾焚烧厂环评案	部分证明半功效	F1：拟议者不公开信息、利用《暂行条例》"公共媒体"的模糊性和项目名称的"遮蔽式"表述以规避能量场 F2：居民的抗争促成能量场 F3：社区论坛、邻里互助、社会资本发挥传播议题和形成能量场的作用 F4：后期苏家坨项目环保 NGO 积极促成能量场	
SH2：需要制度规定充足的时间促成行动者感知 结论： 证明 半功效 条件成立 修正条件	上海磁悬浮环评案	证明半功效	公示时间太短不利于能量场的形成	FS4：公示时间太短不利于场的形成
	北京海淀垃圾焚烧厂环评案	证明半功效	公示时间太短不利于形成能量场	

续表

条件假设	案例	校验	验证发现	共同点
SH3： 拟议者或环评机构应通过各种方式构筑能量互动平台和凸显场体 结论： 反证 正功效未显 条件成立 完善条件	上海磁悬浮环评案	反证正功效未显	F1:拟议者和环评机构不会主动促进能量交流,最后的交流迫于居民抗争的压力 F2:先采用问卷调查方式,居民抗争后,政府被迫采用座谈会、沟通会作为交流方式	FS5:拟议者和环评机构不主动促进能量交流,最后的交流迫于居民抗争压力 FS6:问卷调查屏蔽交流,居民抗争使得政府被迫采用沟通会、座谈会作为交流方式(合并 FS5) FP2: 环保NGO 在能量场形成方面的作用(归并为 FP1)
	北京海淀垃圾焚烧厂环评案	反证正功效未显	F1:拟议者不主动促进能量交流而是环评机构以调查问卷方式限制公众参与,政府与居民的交流迫于居民抗争的压力 F2:先以问卷调查求征各方意见,居民抗争使得政府被迫采用沟通会作为交流方式 F3:后期环保NGO 促进各方交流	

2. 验证发现

（1）共同点

案例验证发现六个共性：拟议者利用制度漏洞有意隐匿信息以规避能量场（FS1）、居民抗争形成能量场（FS2）、社区论坛、邻里互助、社会资本在传播议题和形成能量场的作用（FS3）、公示时间太短不利于场的形成（FS4）、拟议者和环评机构并不主动而是迫于居民抗争压力构建能量场（FS5）、居民抗争使得政府被迫采用沟通会和座谈会作为交流方式（FS6）。其中居民抗争形成能量场主要是借助于社区论坛、邻里互助、社会资本的传播和凝聚作用，表现出较强的感知能力和行动能力，因此，FS3 与 FS2 实质是一个问题。而 FS6 其实是 FS1 和 FS2 关联的一个表述，正是由于拟议者规避能量场，才有了居民抗争并最终迫使能量场形成。这样，整合后的共性可以概括为四个方面。

FS1：拟议者利用制度漏洞规避能量场

一是公开方式。《暂行办法》第十条关于"公共媒体"、"便于公众知情"的信息公开方式规定存在外延过大的模糊性，正是这种模糊性提供了拟议者缩小公众知悉乃至规避能量场的便利条件。在上海磁悬浮环评案中，信息公告和前后两份环评报告分别发布在极少受人关注的上海市规划局网站和"上海环境热线"网站上。而北京海淀垃圾焚烧厂环评案，信息公开和环评报告分别在海淀区政府网站和北京市环保局网站上公开，虽是公众熟知的公共媒体，但仅限于网络，在公众最易感知的居民社区中并未见相关公开信息。二是公众意见调查方式。《暂行办法》第十二条采取"调查公众意见、咨询专家意见、座谈会、论证会、听证会等形式"。案例表明，公众意见调查都采用"问卷调查"方式，而不是座谈会、论证会和听证会。在遇到居民抗争之后，政府才被迫启用座谈会、沟通会方式。相对于会议的共同在场，问卷调查公众意见方式只是单向非共同在场，且被调查对象极易受问卷的诱导和操纵，不利于能量间的交流。而实际上，即便采用问卷调查，两个案例中都存在调查范围太小、数据基本不能使用、调查与实际情况不符的问题。

FS2：居民借助于社区论坛和社会资本进行抗争促成能量场

案例表明，在拟议者想方设法规避能量场的情况下，正是与议题相关的社区居民通过理性抗争推动了能量场的形成。一些对环境敏感的居民发现议题之后，通过社区网络论坛、邻里互助、人际网络和关系资源等社会资本传播议题，引起各方关注并加入到能量场中。同时，社区居民通过各种体制内的（信访、申请复议）和体制外的（签名、自发"散步"）等方式表达不满并形成凝聚力量，迫使作为拟议者的政府与居民对话、座谈，召开专家论证，使之回归到法律轨道。这表明，不是拟议者而恰恰是社区居民实质性地推动了能量场的形成。进一步地看，其背后反映了环评法对于拟议者依法促进形成能量场的职责规定尚有待完善。

FS3：采用问卷调查方式屏蔽能量间的交流，居民抗争迫使政府采用沟通会、座谈会作为场的平台和交流方式

公共能量场的博弈交流需要共同在场的平台机制。通常，会议能够构建起一个小型的共同在场。在居民的抗争压力之下，政府开始采用沟通会、座谈会形式与居民沟通，会议成为联结各方的平台：上海磁悬浮案中形成了政府、居民、专家的沟通会，北京海淀垃圾焚烧案中出现政府与居民的沟通对话座谈。相对于问卷调查的单向非直接交流，这些沟通会、座

谈会有利于面对面的共同在场交流，但会议范围太小，居民代表一般十人左右，会议的专家选择往往由拟议者指派，存在着范围小、不能完全代表各利益相关者的缺陷。

FS4：公示时间太短不利于能量场的形成

上海磁悬浮两次环评报告公示为 10 天和 13 天，调整方案公示时间为 20 天，海淀垃圾焚烧环评中，两次信息公告时间为 13 天、11 天，环评报告时间为 14 天，两个案例中的公示时间都符合《暂行办法》第十二条关于"征求公众意见的期限不得少于 10 日"的规定，但对于涉及百万人口且争议较大的项目，仅有十几天的公示时间显然不利于场的形成。实际上，从案例所反映的情况来看，从拟议项目信息公告到环评报告的公示再到能量间的博弈，其间所需的时间都是不足的，这正是为何两个案例无一例外地出现了公众要求延长公示时间的原因。如何赋予促成公共能量场形成和运作所需的充足时间是环评制度改革需要考量的一个关键。

（2）不同点——FP1：环保 NGO 在能量场形成方面的作用

海淀垃圾焚烧环评能量场中的一个显著特点是，出现了环保 NGO 的力量，环保 NGO 之间采用联合向有关部门写信、检举、呼吁和汇集公众意见等方式充当了场结角色，推动了能量场的形成，其作用得以尽显。与前一阶段六里屯项目涉及百万人口、反对声音较大相比，后一阶段的苏家坨项目牵涉利害关系人的范围要小得多，在原先六里屯居民多数本着"邻避意识"而反对声音渐小、受影响的居民利益表达渠道不畅的情况下，环保 NGO 承担了公众环境权益代言人的角色。

（二）环评预防型能量场的结构方面（见表 5 – 9）

1. 研究假设的校验

第三章模型中推定在源于多个场域的多主体构成的场结构中，公众能量应当能够成为其中的一核（S'H1），需要拟议者或环评机构承担主场结，环保部门成为次场结（S'H2），同时拟议者和环评机构在结构中占据中心性的场势地位（S'H3）。案例验证结果为：

（1）S'H1 的验证结论：证明、半功效；条件成立；完善相关条件

两个案例中居民并没有相信环评机构的单方主见，而是通过查阅资料、咨询专家等方式指出拟议项目的危害性和环评报告存在的问题，同时

表 5 - 9 环评预防型能量场的结构验证总结论

条件假设	案例	校验	验证发现	共性
S'H1: 在源于多个场域的多主体构成的场结构中,公众能量应当能够成为其中的一核 结论: 证明 半功效 条件成立 完善条件	上海磁悬浮环评案	证明半功效	F1:双核结构,其中拟议者、环评机构和上海市环保局成为支持核 F2:利益相关方带来的专家难以取得居民的信任 F3:博弈结果受拟议者控制(环评机构服务于拟议者,难以独立)	FS5:双核结构,体制与利益因素决定了拟议者、环评机构和地方环保部门成为支持核,公众核的影响力缺乏法律保障 FS6:专家的信任度问题
	海淀垃圾焚烧环评案	证明半功效	F1:双核结构,关系决定了拟议者、环评机构和北京市环保局成为支持核 F2:政府请来的专家难取得公众信任 F3:公众核的影响力缺乏法律保障	
S'H2: 需要拟议者或环评机构承担主场结,环保部门成为次场结 结论: 反证 正功效未显 条件成立 完善条件	上海磁悬浮环评案	反证 正功效 未显	F1:前期主场结角色没有履行,后期区政府不适宜承担场结角色 F2:环保部门次场结角色没有启动	FS7:拟议者和环评机构未履行场结角色,环保部门的次场结作用没有发挥 FP2:居民和环保 NGO 分别承担前后期的场结
	海淀垃圾焚烧环评案	反证 正功效 未显	F1:前期居民成为场结 F2:后期环保 NGO 承担场结角色 F3:环保部门次场结作用没有发挥	
S'H3: 拟议者和环评机构在结构中占据中心性的场势地位 结论: 证明 负功效 条件反驳 舍去条件	上海磁悬浮环评案	证明 负功效	F1:环评机构在结构中具有中心性,但这种中心性能被居民抗争所打破 F2:居民抗争使场的结构从"海星形"向"五边形内嵌星"的结构态过渡	FS8:环评机构在结构中具有中心性,但这种中心性能被居民抗争所打破,使"海星形"结构向"五边形内嵌星"的结构态过渡
	海淀垃圾焚烧环评案	证明 负功效	F1:环评机构在结构中具有中心性,但这种中心性能在前期被居民抗争所打破,后期在缺乏居民抗争时又得以体现 F2:前期"海星形"结构向"五边形内嵌星"的结构态过渡,后期"海星形"结构	

对自身权益保障提出要求。居民通过抗争和理性维权完成公众能量的核凝聚成为场中反对核，一定程度上发挥了规制决策短视的作用，S'H1 的功效得到证明。然而，两个案例在这一点上的成功主要不是源于环评法律的作用，而是与这些居民大多为有着良好的教育水平、较强的权利意识、相对广泛的社会资本和较高的集体行动能力是分不开的。这反映出现行环评制度设计在形塑能量场发挥公众对环评决策的影响力上还极为乏力，如何完善公众参与和发挥公众能量的制度规定实乃必需。

（2）S'H2 的验证结论：反证、正功效未显现；条件成立；完善相关条件

案例表明，拟议者和环评单位没有承担联结各方的场结角色，而是基于最不利于能量间交流的问卷调查方式控制各方观点，使环评报告沦为其单方的主观意志。在这种情况下，前期场结角色要么没有承担者（上海磁悬浮环评案），要么是由居民和环保 NGO 替代完成（海淀垃圾焚烧环评案）。对 S'H2 的反证，是否意味着"拟议者或环评机构承担主场结，环保部门作为次场结"作为条件是不适当的？其实恰恰相反。两个案例表明，正是主次场结作用没有发挥，才造成能量场中各方交流不充分的结果。实际上，环评制度的本质是由环评机构在吸收各方意见基础上的"客观评价"，这离不开环评机构发挥居间联结各方行动者的场结作用，而在其不履行场结角色时，环保部门承担次场结角色能够起到弥补能量间交流的作用。案例所反映的主次场结的阙如及居民和环保 NGO 对场结的递补表明，法律制度应能够允许形成多场结结构，即在规定环评机构场结职责的同时，赋予居民和环保 NGO 享有组织联结各方形成能量场的权利，当其能够形成主导性的核凝聚意见时，环评部门应及时启动审查机制，进一步通过共同在场的方式听取各方意见。

（3）S'H3 的验证结论：证明、负功效；条件不成立；舍去条件

两个案例中，如果不是居民的抗争，可以预计项目终将得到环保部门的审批，造成决策中的利益短视和过程短视。正是公众能量有效地规制了环评机构的场势地位并改变了场的结构，因此 S'H3 得到证明。但现行法律赋予的环评机构的场势地位使得其足以规避能量场从而使环评报告成为拟议者和环评机构的单方主见，导致环保部门的审批决策最终受

环评机构所"挟裹"，因而 S'H3 的负功效是很明显的。实际上，场的结构的中心性不应仅取决于环评机构而应是多方能量竞争博弈的结果，因而环评决策不能仅取决于环评报告、侧重于技术导向，而应综合考虑各方利益诉求和价值因素。从这个方面看，现行法律制度对于环评机构中心性的"法定"，实则是对公众能量的一种褫夺。鉴于 S'H3 的负作用，应舍去之，这意味着在环评法律中只能肯定环评机构的场结地位，但不能赋予其场势地位，应尽可能通过环评制度设计最大限度地激发能量间的多元交流。

2. 验证发现

（1）共同点

FS5：在双核结构中，体制及利益因素决定了拟议者、环评机构和地方环保部门成为支持核，而公众核的影响力缺乏法律保障

两个案例所形成的双核结构表明：一是拟议者、环评机构和地方环保部门成为支持核，这反映了现行环评中拟议者与环评机构之间纯粹市场化的委托代理关系存在的环评机构难以独立而迎合拟议者"偏好"的弊端，以及受现行环保管理体制的制约，当政府作为拟议者时地方环保部门受其牵制只能对其"旨意"唯命是从的问题。二是居民呈现较强的环境维权意识和行动能力，但其在能量场内的影响力缺乏法律保障。社区居民在发现问题、传播信息、组织凝聚和外部动员中，体现了较强的环境维权意识和行动能力，这与城市社区居民总体水平是密切相关的。实际上，两个案例中，公众的主体都是社区的居民，他们都是有着相对稳定的收入水平、较高文化程度和初具公民精神的城市中产阶层，其中不乏一些具备较强的组织能力、拥有相对闲暇的时间、能够投入能量场的维权精英。但两个案例的最终结果（上海磁悬浮的重启迹象及北京海淀垃圾焚烧电厂的获批）表明，公众核在能量场中的影响力缺乏法律保障，如何完善现行环评法至为关键。

FS6：专家难以取得公众信任

两个案例中反映了：一是专家在对待同一问题上发生分化；二是政府请来的专家难以取得公众的信任，饱受"御用"的质疑。这表明，专家在环评能量场中的职业操守和本着尊重科学精神的态度至关重要。

FS7：拟议者与环评机构并未履行场结角色，次场结作用没有发挥

作为拟议者的政府一开始试图尽可能规避能量场，其与环评机构并未发挥场结作用。在居民抗争之后，作为拟议者的政府被迫依法履行场结角色。其实不论是上海磁悬浮环评案中闵行区政府与民众沟通还是海淀垃圾焚烧案由海淀区政府来担当场结角色都不妥当，联结、听取各方意见并将之体现于环评报告应是环评机构的职责。海淀垃圾焚烧案中当拟议者与环评机构未履行场结职责时，前期是居民通过抗争发挥了联结各方的场结作用，后期则由环保 NGO 弥补了这一空缺。从次场结看，尽管在两个案例中，关于拟议议题都存在着很大的争议，根据《暂行办法》第十三条"环保部门对公众意见较大的建设项目，可以采取调查公众意见、咨询专家意见、座谈会、论证会、听证会等形式再次公开征求公众意见"，从规范的角度看，环保部门在作出环境审批决策时应进一步论证，然而两个案例都反映了环保部门的次场结角色没有启动。这也说明该条中"可以采取"的建议而非强制性措辞存在的问题。

FS8：环评机构在结构中具有中心性，但这种中心性能被居民抗争所打破，使"海星形"结构向"五边形内嵌星"的结构态过渡

由于现行环评制度设计过于重技术，环评机构在结构中因而享有联结各方、控制能量交流并最终影响环境审批部门决策的中心性，但居民的抗争能够打破这种中心性，使得整个场的结构由环评机构利用问卷调查方式联结各方的"海星形"向拟议者通过沟通会座谈会方式联结各方的"五边形内嵌星"的结构态过渡。特别是在海淀垃圾焚烧案中，前期"海星形"——居民抗争——向"五边形内嵌星"的结构态过渡到后期项目另行选址后抗争大幅减弱又形成"海星形"结构，很好地反映了居民抗争对于打破环评机构在能量场结构中的中心性的作用。

（2）不同点

与上海磁悬浮环评案不同的是，在海淀垃圾焚烧环评案中，发现 FP2，即前期居民成为场结和后期环保 NGO 承担场结角色，实际上反映了：一是与上海居民提出政府应"举行听证会、在沿线公布方案"等实则要求政府履行场结角色不同，海淀居民通过向北京市环保局申诉、向国家环评总局申请行政复议、联系反烧专家和政协代表等方式发挥联结各方

能量的作用。这里，居民的场结作用实质是 FS2（居民抗争促成能量场）的内容。二是环保 NGO 能够成为场结。这可以归入 FP1（环保 NGO 在能量场形成方面的作用）。

（三）环评预防型能量场的过程方面（见表 5 – 10）

表 5 – 10　环评预防型能量场的过程验证总结论

研究假设	案例	校验	发现	共性
PH1： 多元双向博弈过程 结论： 部分证明 半功效 条件成立 完善条件	上海磁悬浮环评案	部分证明半功效	F1：会议的在场方式能起到多方间的双向交流作用，但整个场协商沟通和可行的优化方案仍不充分 F2：聚焦环评报告科学与否 F3：居民表现出较高的博弈能力	FS9：经由居民抗争形成多元博弈，但场的双向多元交流仍不充分 FS10：争议集中在环评报告科学与否上，忽略了协商沟通
	海淀垃圾焚烧环评案	部分证明半功效	F1：双向、多元的交流不充分 F2：围绕环评报告争议，忽略了协商和沟通 F3：博弈过程总体理性	
PH2： 有赖法定博弈规则 结论： 部分证明 半功效 条件修正 完善条件	上海磁悬浮环评案	部分证明半功效	关于协商和沟通的博弈规则不够	FS11：缺少关于协商沟通、博弈结果运用等方面的规则
	海淀垃圾焚烧环评案	部分证明半功效	由于缺乏详细的博弈规则，前期协商和沟通不够，后期几乎没有协商沟通	
PH3： 环保部门履行管理场促角色 结论： 反证 正功效未显 条件成立 完善条件	上海磁悬浮环评案	反证正功效未显	环保部门能量场管理者角色的缺失	FS12：环保部门未能履行能量场管理者角色
	海淀垃圾焚烧环评案	反证正功效未显	环保部门没有履行能量场管理者角色	

1. 研究假设的校验

第三章模型中环评能量场是一个由拟议者和环评单位、专家、居民和决策部门等多主体围绕环境议题的多元双向博弈过程（PH1），场的运转有赖于博弈规则（PH2），由于各方对拟议项目可能产生的环境影响看法不一，在出现分歧时，环保部门是能量场管理者（PH3）。案例基本证实了这三个研究假设。

（1）PH1 验证结果：部分证明、半功效；条件修正；完善相关条件

案例表明，场内一开始并没有呈现多元双向博弈，也就是说多元双向博弈一开始并不是归功于现行制度，而是居民抗争的结果。在居民抗争之后，博弈才开始回归正常法律轨道，在表达居民利益诉求、促进各方交流方面发挥了作用。然而，即便抗争之后，场的双向、多元交流仍然是不充分的，只有对抗性交流，缺少在此基础上的协商、沟通、谈判及优化方案的达成。由是，PH1 在案例中得到部分证明，但功效未完全发挥，应将之修正为"对抗性交流——协商沟通对话——寻求优化方案的博弈过程"，问题的关键在于现行法律制度在促进场的互动博弈方面的规定上还不够，需要对之完善。

（2）PH2 验证结果：部分证明、半功效；条件成立；完善相关条件

环评法律制度一定程度上规定了各行动者参与环评的过程、权利和义务，但对能量场内的参与主体、对话内容、程序、组织者和过程等方面缺乏应有的硬性规定。案例中虽然出现了以座谈会、沟通会形式的小范围的协商和沟通，但主要是迫于居民抗争压力的结果。同时，是否举行、如何协商、参与者如何几乎完全取决于拟议者。这就造成各方关注的焦点仍在环评报告上，对话的内容不明，可能的优化方案及权益保障并未达成。因此，PH2 仅得到部分证明，功效发挥不明显，需要对现行环评法律体系在有关场内各种行动者（特别是公众、场促者）的权利与义务、博弈交流的过程和利益平衡原则等方面进行完善。

（3）PH3 验证结果：反证、正功效未显现；条件成立；完善相关条件

两个案例中都没有出现环保部门履行场促角色，这显然是对条件假设PH2 的反证。然而，案例表明，环保部门由于成为支持核中的一员，造成居民的利益补偿、权益保障等诉求无门，环保部门场促作用的缺失，影响了各方在备选方案的优化、居民利益补偿等焦点内容上可能的沟通协商，决策短视难以避免。这说明了 PH3 对于场的效用成功发挥的重要性。案例中基层政府被迫举行座谈会、沟通会，居间邀请各方交流，此时其一定程度上承载了场促职能。然而，基层政府作为项目的利害关系方，其承担能

量场管理者要么存在有违公正之嫌难以取得公众信任，要么又实际上"做不了主"。因而，理想的能量场管理者角色是环保部门，这需要在法律中明确环保部门作为能量场管理者的职责、内容，除此之外，还应改革现行的环保部门管理体制以增强环保部门的独立性，充分释放其能量。

2. 验证发现

FS9：经由居民抗争形成多元博弈，但场的双向多元交流仍不充分

虽然经由居民抗争，拟议者开始通过沟通会、座谈会的形式促进各方面对面的双向交流，但会议仅能实现小范围的共同在场。而实际上，不论是上海磁悬浮还是海淀垃圾焚烧都涉及多个小区的有着相对规模的人群，各个小区的可能并不一致的利益诉求都应得到表达，然而，范围极为有限（从案例看，一般是十多人）的共同在场特别是会议举行的频次过少决定了这种交流仍然是不充分的。

FS10：争议集中在环评报告科学与否上，忽略了协商沟通

由于环评报告是决定项目最终能否获批的主导性甚至是唯一的因素，场内各方博弈的焦点无不围绕在环评报告的科学与否上，但却忽略了环评能量场中最重要内容的协商和沟通。造成这种问题的根源在于现行环评制度设计过于强调技术导向，忽略了应有的民主和价值。

FS11：环保部门未能履行能量场管理者角色

两个案例都存在较大争议，在各方争论不一，理想的能量场管理者角色应是环保部门。然而在案例中，环保部门并未承担起促进各方意见交流、界定争议问题焦点、平衡利益分歧和寻求可行的优化方案的职责，这种角色的缺失也导致场的交流不充分、议题难以解决。究其原因，在于现行法律对环保部门履行这种角色的规定是相当模糊的，加之现行环保部门管理体制造成环保部门成为政府的附庸而很难独立履行能量场管理者角色，因此在环评法律体系中明确和细化环保部门的场促角色及推动环保部门管理体制改革成为关键。

FS12：缺少关于协商沟通、博弈结果运用等方面的规则

案例在协商和沟通方面博弈规则（对抗性交流—协商沟通—优化方案）的缺乏，反映了现行法律关于何时参与、如何参与、发生争议时的解决和场内博弈结果的运用等方面，都缺乏明确的规定。

二　条件归总分析

（一）验证结论

由上述验证分析可知，关于模型中提出的 9 个条件假设除 S'H3（环评机构在场的结构中应具有中心性）的验证结论为"条件反驳"外，其余 8 个均得到肯定（条件修正或条件证实），结果见表 5 - 5。因此，模型中的 S'H3 应修正为"结构的中心性取决于各方之间在对抗性交流、对话协商基础上的优化方案"。一方面，验证结论基本上"肯定"了条件假设的成立，也就是说，基于能量场 SSP 分析的环评预防能量场的成功条件大体上可以归结为修正后的 9 个条件；但另一方面，表 5 - 5 也显示出没有一项符合"证明—正功效—条件成立—保持现状"的情形（从表现看，"完全证明""部分证明""反证"各占三项；从功效看，没有一项体现为"正功效"，五项"半功效"，三项"功效未显现"，一项"负功效"），这表明现实环评与条件假设符合的极少，由于条件假设基于现行环评法律制度而得（详见第三章）并被证明成立，因此，对条件假设在实践中的"问题"的实际折射和反映的是现行环评法律制度的问题：漏洞太多，在实践中走样，实施绩效极低，难以对各种决策短视行为进行有效规制。为此，结论都是"需要完善或修正法条"。另外，在前述对比《暂行条例》出台前的深港西部通道侧接线案所反映出的七大问题①，推导出主要根据 2006 年之后初步形成的环评法律体系得出的条件假设基本上"具有应对案例分析所反映的 P1、P2、P3、P6 和 P7 这五个问题的功效，其中对于 P3 可能低效，但对于 P4 和 P5 尚难以应对"的结论，然而，从环评法律体系初步形成后的两个案例基于九大条件假设得出的十二项共性问题在应对 P1、P2、P3、P6 和 P7 这五个问题上的失效推翻了之前结论的"可能性"（见表 5 - 11），即条件假设虽被证实必要但并没有起到应有的规制作用。这再次证明，2006 年之后的现行环评法律制度在现实中的作用仍极

---

① P1：拟议者有意规避能量场；P2：场的形成并非源于法律强制且场的代表性不够；P3：结构中的关系受质疑，场结难以取得公众信任；P4：环评过于重技术标准轻民主价值，忽略正当权益诉求；P5：博弈能力不足；P6：对话中主持者角色错位和能量场管理者缺失；P7：场内缺乏博弈规则。

为有限。因此，从当前环评预防能量场在这 9 大方面存在的 12 项问题有针对性地完善现行环评法律体系成为当务之急。

表 5 – 11　条件假设的验证逻辑及结论

条件	条件假设的验证			条件完善对策
	现状验证	功效验证	验证结果	环评法律制度方面/其他方面
	证明	正功效	条件成立	保持现状/保持现状
SH2	证明	半功效	条件修正	法条修正/提供条件
S'H1			条件成立	完善法条/提供条件
	证明	无功效	条件反驳	舍去或完善法条/提供条件
S'H3	证明	负功效	条件反驳	舍去法条/提供条件
	部分证明	正功效	条件成立	完善法条/提供条件
PH1	部分证明	半功效	条件修正	法条修正/提供条件
SH1/PH2			条件成立	完善法条/提供条件
	部分证明	无功效	条件反驳	舍去或完善法条/提供条件
	部分证明	负功效	条件反驳	舍去法条/提供条件
SH3/PH3/S'H2	反证*	正功效未显	条件成立	完善法条/提供条件
	反证	无功效	条件反驳	舍去或完善法条/提供条件

　　*由于反证是案例中未出现条件假设内容的情形，因此，不存在条件假设在现实中"正功效"、"半功效"和"负功效"的作用表现。只能出现两种情形：一是正功效未显现，即从反证的负面绩效印证出条件假设的正功效作用；二是无功效，即从反证的正面绩效表现推定条件假设没有功效。

　　资料来源：笔者自制。

　　由此，可得出验证的结论：一是现行环评法律制度不完善。一方面是验证逻辑基本证明了条件假设的合理性；另一方面以 2006 年环评法律体系初步形成前后案例的对比得出条件假设的实践绩效不佳，充分证明了 2006 年之后的现行法律制度面临着既试图通过扩大环评中的公众参与拟形塑起公共能量场，但又存在内在缺陷不能实质性地发挥场能的困境，因此，针对环评法律体系存在的缺陷尽快完善内容成为当务之急；二是有赖于法律之外其他条件的配套。经由九大条件假设归总得出的十二大共性问题虽主要都与环评法律制度的不完善有关，但前述验证归总分析还表明其不单纯是法律问题，还牵涉公民环境意识增强、"在场能力"提高、环保管理体制改革等多项内容，从这些方面提供相关的配套条件尤其必要。

（二）条件归总分析

案例验证过程基本上证实了第三章提出的九大条件假设的合理性（S'H3 除外），反映出当前环评法律制度在这九大条件方面存在的漏洞，十二项问题客观地反映了环评法律制度中的"薄弱点"，也恰好提供了应有针对性地完善的"着力点"。另外，案例验证结论还反映了这九大条件的满足还需要环评法律制度之外的条件配套保障。归总看来，环评法律制度方面和制度之外的条件构建涉及场的三大维度（形成、结构和过程）的各个方面（场源、场体、场有、场结、场核、场势、场用和场促），为此，将之分类进行逐一分析。

1. 法律制度方面的条件①——C'1'

（1）场的形成方面

一是场源。

针对 FS1（拟议者利用制度漏洞规避能量场），所需满足条件：对拟议项目信息公开进行明确的界定与完善。

《暂行条例》第十条关于拟议项目信息公告中"公共媒体"、"便于公众知情"的公开方式规定存在概念上的模糊性和理解上的争议，容易被拟议者钻空子。显然，一些较少受关注的网站也可称为"公共媒体"，也容易被拟议者辩称为"便于公众知情"，上海磁悬浮案正是利用这种模糊性，将信息公布在冷僻的"上海环境热线"网站上以此规避能量场。而北京海淀垃圾焚烧电厂环评中拟议者在项目公开名称上大做文章——有意隐匿项目敏感信息和字眼。因此，需要对公开什么（公开的名称——与拟议项目的实际内容相符、公开内容——项目概述、涉及范围、可能的环境影响描述、拟议者和环评机构的联系方式等基本要求）、如何公开（拟议项目信息公开方式）、公开的目的（便于利益相关方进行评论、反馈和建议，以及听取反馈建议的方式）等方面进行明确的界定与完善。

二是场体。

针对 FS3（先由环评机构采用问卷调查方式屏蔽能量间交流，在居民

---

① 这里只是根据案例推导出条件因子，即从法律上需要完善的条件点，关于如何完善和提供这些条件，将在第六章所需条件中加以分析，详见第六章。

抗争后，拟议者被迫采用沟通会、座谈会作为场的平台和交流方式），提供所需条件：尽可能减少问卷调查方式，明确和扩大沟通会、座谈会和听证会的适用范围。

《暂行条例》第十二条规定"采取调查公众意见、咨询专家意见、座谈会、论证会、听证会等形式，公开征求公众意见"，案例反映了都采用问卷调查方式，这仅是对现实的一个缩影，实际上，现实环评中绝大多数都采用问卷调查方式。然而，调查问卷的缺陷是很明显的——只能形成以环评单位为核心的"海星形"结构，不但可以有针对性地"设计"问卷的内容和"掌控"最终问卷的结果，而且可以轻易地阻隔专家、居民、相关部门和拟议者之间的交流，造成调查最后沦为环评单位或拟议者的单方主见、民众观念轻易被"操纵"和"被代表"的结果。因此，应在环评法律制度中尽可能限制问卷调查方式，明确和扩大有利于多主体间双向多元交流的沟通会、座谈会和听证会的适用范围。

三是场有。

针对 FS4（公示时间太短不利于能量场的形成），所需满足条件：提供能量场形成的充足时间。《暂行条例》第十二条关于"征求公众意见的期限不得少于 10 日"的规定为拟议者利用该条尽可能压缩征求公众意见时间提供了空间。为此，必须对之进行修订，扩大促进能量场形成和能量间充分博弈所需的时间。

（2）场的结构

一是场结。

针对 FS7（拟议者与环评机构并未履行场结角色，环保部门的次场结作用没有发挥）与 FS9（经由居民抗争形成多元博弈，但场的双向多元交流仍不充分）①，所需满足条件：明确场结的承担者、职责和相应的惩罚措施。

环评的技术衡量和多主体参与评价的本质决定了环评机构应主要承担起联结各利益相关者听取和收集各方意见的场结作用，然而《暂行条例》

---

① "场的双向多元交流仍不充分"很大程度上在于主次场结的作用没有很好发挥，拟议者、环评机制甚至环保部门限制和控制了多方间的交流。因此，FS9 虽由案例验证中的"场的过程"存在的问题而得，但由于与场结存在关联，也可归为场结内容。

第十二条将场结角色赋予"拟议者或环评机构"，这造成场结角色的模糊。实际上，作为与拟议项目存在直接利害关系的主张方，拟议者的"自利"导向决定其不可能履行好场结角色，这从案例中已经得到很好的证实。而作为对环境影响作专业判断并在广泛听取各方意见基础上编制环评报告的环评机构才应是场结的承担者。这就要求在法律中明确环评机构承担起组织座谈会、论证会和听取各方意见的场结职责，规定因不履行场结职责所承担的法律后果。同时，为了防止环评机构主场结作用的低效及为解决环评中的争议，还应赋予环保部门在各方争议较大时及时启动次场结的权力，明确其在此方面的相应权力与职责。

二是场核。

针对 FS5（在双核结构中，拟议者、环评单位和地方环保部门成为支持核，公众核的影响力缺乏法律保障）所需满足条件：完善公众参与的实质性规定，扩大公众核的影响力，同时，以完善的制度规定约束环评单位与拟议者的"共同体"关系，增强环评机构的独立性。在公众参与的实质性规定上，应细化在参与权利（表达利益诉求权、评论建议权、知情权和监督权等）、参与时机（何时开始参与）、参与过程（参与应贯穿于整个环评过程）和参与方式（通过何种方式参与，尽可能形成共同在场方式）、参与结果（环评报告中对参与意见的反馈）等内容的规定。

三是场势。

针对 FS8（环评机构在结构中具有中心性，但这种中心性能被居民抗争所打破，使"海星形"结构向"五边形内嵌星"的结构态过渡），所需满足条件：完善公众参与的实质性规定，增强公众核对环评机构的约束力，同时在制度上规定博弈程序（从对抗性交流到协商沟通再到优化方案和共识合作）。

（3）场的过程方面

一是场用。

针对 FS9（经由居民抗争形成多元博弈，但场的双向多元交流仍不充分）、FS10（争议集中在环评报告科学与否上，忽略了协商沟通）和 FS11（缺少关于协商沟通、博弈结果运用等方面的规则），所需满足条件：减少环评报告对决策的影响力，细化各方间从参与到协商沟通再到寻求共识合作和达成优化方案等各个方面的博弈规则。

二是场促。

针对 FS12（环保部门未能履行能量场管理者角色），所需满足条件：明确环保部门在各方争议较大时的主持各方进行协商、沟通、斡旋、谈判的权力与职责。

2. 其他方面的条件

虽然法律制度完善是环评能量场场能发挥和成效彰显的根本前提，但也应看到，案例反映的 12 项问题涉及拟议者、环评机构、公民、专家和环保部门等各行动者，牵涉到环评机构的独立、公民文化、公民环境意识、集体行动能力和环保管理体制等多项内容，因此，还必须提供相应的条件保障。实际上，环评能量场是一项复杂的结构系统，法律提供强制性的约束和规制性保障虽绝对不可或缺，但单靠法律不可能解决所有问题，还需要相关条件的配套。

（1）场源

针对 FS2（居民借助于社区论坛和社会资本促成能量场），所需满足条件：

C'1：有赖于居民环境意识的增强和推动能量场形成的行动能力的提高

环评能量场的形成必须首先基于媒介空间平台传播拟议议题。本章三个案例中能量场的形成主要不是基于法律而是源于居民抗争，这表明在法律不能形塑起能量场的情形下，在城市社区中有着较强的环境意识及较高行动能力的中产阶层能够通过发现和传播拟议议题、社区居民交流、形成共意和达成集体行动，推动环评能量场的形成，从而表达和维护自身利益。其成功归因于：一是存在着一些对环境议题敏感、能够捕获环境信息的精英人士；二是能熟练利用网络论坛、邻里关系、人际网络等社会资本促进议题传播和联结各方力量；三是有着较强的参与维权欲望和行动能力。这些成功因素依赖于居民较强的环境意识和包括社会资本、组织动员等在内的行动能力的提高。

（2）场体

针对 FS3（拟议者和环评机构采用问卷调查屏蔽公众意见，居民抗争迫使政府采用沟通会、座谈会作为场的平台和交流方式）可以得出：

C'2：需要有旨在促进形成小范围的面对面共同在场机制

案例分析表明：一方面，虽然环评法规定了问卷调查、沟通会和座谈会等公众意见征集形式，但在现实环评中往往采用最不利于能量间交流对话的问卷调查形式；另一方面，环评的过程特别是争议分歧的解决又需要借助于沟通会、座谈会等形成面对面的共同在场。在这种情况下，正是居民的抗争促迫使政府采用座谈会、沟通会等形式正视和回应民众需求，场体才得以凸显，各方代表基于此展开协商、对话与交流。因此，除了前述需要在环评法律制度方面完善沟通会、座谈会等小型共同在场的相关规定外，还应有旨在形塑小范围的共同在场机制：一是外压倒逼机制。居民通过正当的利益表达要求政府进行对话沟通，形成外压，这既离不开公民的行动能力，又需要媒介发挥在促进居民交流形成外压和意见表达平台方面的作用。二是经常性的制度化实践和践习平台机制。要通过完善决策制度规定，利用社区论坛这种践习平台，推动面对面的共同在场在社区形成一种经常性的习俗，为形成环评面对面共同在场所需的在代表选取、博弈能力、交流程序等方面的条件提供前提。

（3）场结

由 FS7（环保部门次场结作用没有发挥）的原因很大程度上还在于环保部门受地方政府的掣肘而缺乏独立性，难以对政府作为拟议者时的拟议项目广泛组织各方进行评议核查，即便该项目受到极大争议时也是如此。为此，所需满足条件：环保部门管理体制改革。

C'3：环保部门管理体制改革

两个案例均表明，当拟议者是地方政府或者拟议项目获得地方政府的潜在支持时，作为地方政府所属的环保部门很难公然与地方政府的旨意背道而驰，地方环保部门不但没有很好地履行联结场内各方的场结职责，而且成为支持核中的一员，这已成为现实环评中的常态现象。追根溯源，地方环保部门在面临既要履行法定职责（比如按环评法规定应当发挥次场结作用情形时）又不得不屈从于当地政府之间的矛盾，最终选择与地方政府沆瀣一气的根源在于现行环保管理体制。如何针对体制性障碍，改革和完善现行环保管理体制，真正将环保部门从体制性的枷锁中释放出来，充分激发其活力成为一个必须解决的关键问题。

（4）行动者

①从 FS5（双核结构中，公众核的能量缺乏实质性影响力）及 FS9（经由居民抗争形成多元博弈，但场的双向多元交流仍不充分），可以得出居民的抗争推动了场的形成，但案例也反映了这些居民在能量场中沟通、博弈能力不足，共识点不明和策略不够等问题。因此，民众能量的发挥仍从根本上有赖于在场内行动能力的提高。

C'4：有赖于居民在场中行动能力的提高

案例表明，居民在与政府博弈中表现出很强的理性，也显现出一定的能力（比如对环境影响的识别、环评程序的认知和揭露环评背后的利益关系等），但案例也反映了在环评能量场形成之后，居民在场内的协商、沟通、谈判和博弈能力的总体上仍相对缺乏（深港西部通道侧接线案）或不足（上海磁悬浮案、北京海淀垃圾焚烧厂案）。这既有现行环评制度没有形塑起各方交流、协商和对话的程序性规定的原因，也在很大程度上与居民自身在场内的行动能力缺乏有关。因此，居民"在场行动能力"的提高也就成为环评能量场中一个至关重要的条件。由于这里的"在场能力"和前述 C'1 推动场形成的"塑场能力"实际都可归为"场能力"的范畴，因此可将此处的 C'4 归并到 C'1 中，这样 C'4 消除，C'1 的内容扩展为"有赖于公民环境意识和'场能力'的提高"。

②从 FS5（双核结构中，拟议者、环评单位和地方环保部门成为支持核），实践中环评单位的专业性评判往往迎合拟议者旨意而与民众的感受和理解相悖，以及 FS6（专家难以取得公众的信任）可得：

C'4：专家的良知和操守

环评是一项综合考量拟议项目在大气、水、能源和噪声等方面的影响的复杂系统工程，普通民众往往在这些方面缺乏专业性，对专家的依赖也就成为必需。案例反映了无论是拟议者委托的环评机构内的专业人员还是政府邀请的专家都难以取得公众的信任，饱受"御用"之讥，但同时，案例中也能看到部分专家（上海磁悬浮案中的王梦恕院士、海淀垃圾焚烧案中的赵章元）本着客观、科学的态度对拟议项目可能产生的危害进行揭露，对拟议项目提出强烈反对。这些专家的观点有助于全面理解拟议项目的环境影响，也发挥了鼓励民众维权行为、一定程度上影响政府决策的作用。因此，场能的发挥还离不开专家的良知和科学精神。

③由 FP1（环保 NGO 在能量场中的作用）和 FP2（环保 NGO 担当场结）可得，需要促进环保 NGO 在环评中的作用发挥。

C'5：环保 NGO 在环评能量中的作用发挥

海淀垃圾焚烧环评案中，在居民抗争减弱，环评机构刻意规避能量场和环评报告存在严重问题时，环保 NGO 不但承担了民众利益代言人的角色，还通过实地调查揭露环评报告、环评机构的问题，举行专家座谈会和网络征集公众意见等方式发挥了联结各方的场结作用。鉴于环保 NGO 功能的崭露头角、国外环保 NGO 在环评能量场中的成功实践，环评能量场如何提升和激发环保 NGO 的作用很关键。

（5）场核与场势

针对 FS8（环评机构在结构中具有中心性，但这种中心性能被居民抗争所打破，使"海星形"结构向"五边形内嵌星"的结构态过渡），公众意见的发挥还离不开公众的参与意识和在对问题感知、理性表达和协商沟通谈判等方面的行动能力，因此所需条件 C'1。由 FS5（双核结构中，拟议者、环评单位和地方环保部门成为支持核）反映出环保部门被迫与地方政府亦步亦趋而加入到支持核的问题，因此，所需条件为 C'3。

（6）场用

FS10（争议集中在环评报告科学与否上，忽略了协商沟通）表明需要打破现行环评制度过于强调技术而忽略民主过程的缺陷，实行环评理念向参与及协商沟通方面的转变。同时，FS11（缺少关于协商沟通、博弈结果运用等方面的规则），表明环评能量场中的行动者对于建构出所应遵循的规则的意识不够，对于各方达成利益均衡的认识还不足，这样，需要满足条件：

C'6：尊重、合作、理性和协商的博弈规则

法律能够提供博弈的程序性保障，但不可能对交流的各个方面和特定的场境作出细化的规定。在能量场博弈过程中，还需要有非强制性的、各方公认或潜在遵守的、非正式规则的维系：一是尊重。各方间尽管存在认识、利益、价值上的分歧，但在交流过程中应充分尊重对方观点和利益诉

求，平等参与博弈。二是合作精神。这种合作并不排斥差异和分歧，而是在协商、沟通基础上寻求可行的优化方案上的合作，即能够充分施展各自能量，界定问题的关键，寻求问题解决的策略。三是理性，增强场中的理性对话，包括沟通、协商、必要的妥协、合法表达观点与诉求，而不是谩骂、鲁莽的冲动和不可退让的固执己见。

（7）场促

针对 FS12（环保部门未能履行能量场管理者角色），所需满足条件：环保部门管理体制改革和环保部门能量场管理者能力的增强。

环保部门作为中立方居间履行场促角色，除前述环评法律制度的权责规定的保障之外，还需要两个条件。一是环保管理体制问题，即当前环保部门受制于政府体制不能独立。因此，解决授权的同时还必须对现行的体制性掣肘因素进行改革，所需条件 C'5。二是场促角色作为一种从未履行的新实践，无疑对环保部门作为能量场管理者能力的增强提出要求，即 C'7。

第六章　基于公共能量场的地方政府环境决策短视治理之条件构建

第四、第五章的案例分析已经得出运动外压型和环评预防型能量场成功所需的条件，本章第一部分对这些条件进行归总，在此基础上得出 IAF 条件层面之路径—对策分析，由此勾勒出基于公共能量场的地方政府环境决策短视治理的路径选择及条件构建完善的基本面向。接着，第二部分重点从制度层面和行动者层面分析基于公共能量场治理的条件构建与完善的若干策略。第三部分则从填补场层面"作用断裂"的角度，基于对当前社区反馈型能量场的现实性基础即社区环境圆桌对话能量场的分析，提出构建常态性的社区反馈型能量场以渐进推动行动者层面和制度层面条件完善的对策。

第一节　基于公共能量场的地方政府环境决策短视治理条件分析

一　两类公共能量场治理条件总归总

第四章案例分析验证，得出运动外压型能量场的十二项成功条件。C1：从根本上依赖于整个社会环境意识的提高；C2：环境议题发现—建构—传播触发机制中作为联结纽带的社会资本作用；C3：有赖于相对宽松的舆论环境和媒体的社会责任感；C4：决策者的责任意识和纠错能力；

C5：有赖于环评等凸显场体的决策制度的保障；C6：依赖于民众"场能力"的提高；C7：环保 NGO 角色和作用的发挥及社团管理体制改革；C8：环保部门管理体制改革；C9：专家的良知与责任；C10：媒体的场结作用发挥；C11：有赖于行动者的理性和国家制度形塑博弈规则；C12：环保部门作为能量场管理者所需的体制改革及能力增强条件。

第五章案例验证分析，得出环评预防型能量场成功所需的一项总条件（C'1'：有赖于环评法律制度的完善）和七项子条件。子条件为 C'1：有赖于公众环境意识和"场能力"（社会资本、组织动员等"塑场"能力和协商对话谈判等"在场"能力）的提高；C'2：需要有旨在促进形成小范围的面对面共同在场机制（外压倒逼机制和制度性践习机制）；C'3：环保部门管理体制改革；C'4：专家的良知和操守；C'5：环保 NGO 在环评能量场中的作用发挥；C'6：尊重、合作、理性、协商作为博弈规则；C'7：环保部门作为能量场管理者能力的增强。

条件归总：

由 C1、C'1 可以推导出所需条件 R1：有赖于整个社会环境意识的提高。

由 C2（触发机制中的媒体作用）、C3、C10 可得 R2：场的形成需要相对宽松的舆论环境、媒体的社会责任感和场结作用发挥

由 C4、C5、C'2 可得 R3：一是是否形成小范围的面对面共同在场（场体凸显）取决于决策者（责任意识、纠错能力）和民众的行动能力；二是需要制度的保障。

由 C2、C6、C11、C'1、C'2、C'6 可得 R4：公众的"塑场"能力（社会资本存量、议题建构和组织动员等能力）与"在场"能力（对抗性交流、协商对话谈判和场用规则建构等能力）的提高。

由 C7、C'5 可以推导出 R5：有赖于社团管理体制改革和环保 NGO "场能力"的发挥。

由 C8、C12、C'3 可得 R6：环保部门管理体制改革。

由 C9、C'4 可得 R7：专家的良知、操守与责任。

由 C5、C11、C'1'、C'6 可得 R8：场内博弈规则（场用）需要国家制度的保障和行动者的理性建构。

由 C12、C'7 可得 R9：环保部门作为能量场管理者角色。

这样，由案例分析归总可得上述九大条件。其中，有的条件包括两个子条件，比如 R2，实际上包括"宽松的舆论环境"（客观）与"媒体的责任感与场结作用"（主观）两个子条件。此外，R5（社团管理体制改革、环保 NGO 能力发挥）也由两个子条件构成。同时，有的条件又存在重叠，可以合并：如 R3 中的"场体形成的制度保障"合并到 R8 中，"民众行动能力"合并到 R4 中，这样 R3 内容只剩"政府决策者对待场的态度及能力"，同时 R8 中的"行动者理性建构"依赖于所有行动者的能力。这样，R8 内容为"场体的形成以及场用构建需要国家制度的保障"。

由此，可得拆分、组合与归总后的十一项总条件：R1（整个社会环境意识的增强）、R2（宽松的舆论环境）、R3（媒体的责任感与场结作用）、R4（政府对待场的态度及能力）、R5（公众的"塑场"与"在场"能力提高）、R6（社团管理体制改革）、R7（环保 NGO 能力提升）、R8（环保管理体制改革）、R9（专家的良知、操守与责任）、R10（小范围的共同在场及场用构建有赖于法律制度保障）、R11（环保部门履行能量场管理者角色）。

二　IAF 条件分析：条件、分析层面与场的对应关联

上述十一项总条件可以归类为制度系统、行动者和场这三个层面，这样得出基于公共能量场 IAF（社会制度系统层面—行动者层面—场层面）条件分析，分属不同的层面（见表 6 - 1a、6 - 1b）。

（一）制度层面条件（制度—体制）：完善制度与改革体制

作为置身于社会大环境中的结构组成，场不可能脱离社会制度层面——制度和体制的影响：场层面的场体和场用来源于制度形塑或行动者建构，而行动者层面的观念、行动和策略既离不开国家制度的影响，也受到现行管理体制的制约。因此，制度—体制因素可谓是首要的、根本性的条件。

关于制度，新制度主义各个理论流派给出了理解虽不尽一致但本质内核趋同的解释。制度经济学将制度看作约束规则（正式与非正式规则）。诺斯（Douglass C. North）的观点最具代表性，即认为"制度是由非正式

约束（道德约束力、禁忌、习惯、传统和行为准则）和正式的法规（宪法、法令、产权）所组成"①。政治学的新制度主义通常认为制度作为规则，建构行动者的偏好、选择与行为（历史制度主义），但也强调行动者对制度的理性设计（理性选择制度主义）。社会学的新制度主义则注重认知文化因素而非规范性框架。斯科特（W. Richard Scott）在总结这三种流派的观点之后，得出规制性、规范性和文化—认知性内容是制度的三大基础性要素的结论。② 由此制度的三大本质内核可得，基于案例所得的治理条件很多可以纳入制度的范畴：一是作为正式规则的法律，如 R10（国家制度建构）中的环评法律制度完善。二是涉及理念、认知等在内的非正式规则。如公众环境意识的增强（即 R1），媒体能量的发挥需要国家对媒体适度放开，为其提供宽松的舆论环境（R2）。三是正式规则与非正式规则，如 R6（社团管理体制改革），既需要修订现行《社团登记管理条例》以对 NGO 在登记注册、合法性和活动范围方面进行松绑，还需要国家从观念和认知层面上增强对 NGO 合法性的认识，减少对 NGO 的谨慎"防范"态度及各种隐性引导地方政府压制 NGO 的"潜规则"。

　　体制，通常是指由各个要素组成的关系结构、架构与模式。《辞海》的解释是，"指国家机关、企业和事业单位机构设置和管理权限划分的制度。如：国家体制；企业体制"③。管理体制是管理的机构设置、权限划分及其相互关系的制度。因此，从某种意义上说，体制也可归为上述有着更广内涵的制度范畴，二者存在较大的交叉。任何一种类型的体制都具有正负功效，关于后者，有学者一针见血地指出，"国家体制既是中国 30 年来经济发展'奇迹'的能动主体，也是同时期凸现的社会和环境危机的主要根源"。④ 案例分析也表明，现行体制性障碍限制了公共能量场的活力与绩效，需要对之改革。一是社团管理体制改革（R6），激发环保NGO 在场内的活力与能量。二是 R8（环保管理体制改革），将环保部门

①　〔美〕道格拉斯·C. 诺斯：《论制度》，《经济社会体制比较》1991 年第 6 期，第 55 页。
②　〔美〕W. 理查德·斯科特：《制度与组织——思想观念和物质利益》，姚伟、王黎芳译，中国人民大学出版社，2010，第 56 页。
③　辞海编辑委员会：《辞海》，上海辞书出版社，1979，第 521 页。
④　黄宗智：《改革中的国家体制：经济奇迹和社会危机的同一根源》，《开放时代》2009 年第 4 期，第 75 页。

真正从地方政府的体制性枷锁中脱离出来，为促进其履行场促角色创造前提。

（二）行动者层面条件（角色—能力）：角色履行与能力建设

来自多个场域的多元行动者形成公共能量场：从场域看，有公共领域的、公权力领域的，甚至国际域的；从组成看，有个体的、组织的，甚至群集的；从作用看，有充当公众核动力源的民众、发挥场结作用的媒体、代表专业与科学权威的专家、关心环境公益的环保 NGO、掌握决策权威的地方政府和承担场促职能的环保部门等。不论哪类行动者，其既要充分施展各自能量，即其应有着与预期选择相关的"结果性逻辑"（logic of consequentiality，即备选方案与价值），又要履行好在公共能量场内的角色，即从场提供的情境中的"适当性逻辑"（logic of appropriateness，即这是什么样的情境，我是谁，此情境下的我的各种行为适当性如何、做最恰当的事）① 来定位自身。

民众是能量场中最不可缺少、最常见的构成。由于个体在面对场内其他行动者特别是地方政府时的弱势，只有在经由有效组织起来之后才能够形成场内的重要能量。案例分析表明，民众能量的发挥取决于其在场内的各种能力：促进场形成方面的议题建构能力、动员能力和组织能力；场形成后的对话能力、谈判能力和协商能力。因此，R5（公众"塑场"和"在场"行动能力的提高）显然是行动者层面最需具备的条件之一。

政府由于掌握着能强迫各方服从的公权力而成为公共能量场内一类特殊的构成，其对待场的态度和能力直接关系到场的形成、运转和场能的发挥，即其既可以成为场的有利助推因素，也能构成场形成的障碍。从案例反映的情况看，当前地方政府主要扮演了后一方面的角色，有的在能量场形成后开始被迫或主动与民众进行沟通对话，另一些则仍固守原有决策，对场采取瓦解策略或视之不见。因此，公共能量场的治理不仅取决于政府对待场的态度转变和应对能力（R4），从长远看，还有赖于其发挥应有的促进和培育作用。

---

① James G. March & Johan P. Olsen. *Rediscovering Institutions：The Organizational Basis of Politics*. New York：Free Press，1989，p. 23.

案例表明，无论是运动外压型能量场还是环评预防型能量场，媒体的表现证明了其能够承担联结各方行动者、促进能量间交流的场结作用和发挥推动场形成的"塑场"功效，成为场中不可或缺的重要行动者。的确，"互动媒体能提供相互间的对话，这种交流有助于回归苏格拉底时代真正的'对话'"。[①] 可以说，只要基于公共能量场的治理能够成为当前一种可行的选择，那么媒体的场结作用就是必需的。因此，R3（媒体的责任感与场结作用）是场内行动者层面必需的条件。

致力于倡导环境价值和维护环境公益的环保NGO理应是公共能量场中的一员。从案例看，环保NGO已初步显示出其联系各方行动者促成能量场的形成（保卫怒江运动案、北京海淀反垃圾焚烧电厂案）、教育和培训公民（厦门反PX运动案）方面的作用，成为能量场中一支新的生力军。然而，总体上看，受制于现行社团管理体制，环保NGO在公共能量场中应有的作用仍未发挥，即其实然状态与应然要求之间仍有较大距离，如何激发其能量至关重要，由此R7被归为行动者层面条件之一。

决策的科学性要求作为公共能量场内必要构成的专家，应本着良知和科学精神，发挥自身的专长性能量。然而，案例反映了，专家论证存在着专家为迎合决策者旨意而背离科学、有意歪曲事实的弊端。专家容易被当作决策合法化的"装点"甚至沦为助纣为虐的工具，专家有被"御用"和"操控"之嫌。因此，能量场功效的发挥仍在很大程度上取决于专家的良知、操守与责任，即条件R9。

公共能量场是由市场主体、行政机关、专家、NGO及各种不同类型的非正式网络和组织结合起来的，当有着不同运行规则的多元主体联结或融合时，难免在不同的组织模式和社会关系之间产生隔阂、紧张与不协调区域。同时，从博弈过程看，场内行动者之间的利益分歧、矛盾与冲突难免，协商与合作就成为必需。为了减少博弈过程中的冲突与分歧，需要一个中立的管理者，履行促进公共能量场内各主体之间的谈

① 〔美〕安德鲁·卡卡贝兹等：《凭借信息技术重塑民主治理：一个日益值得商榷的议题》，《上海行政学院学报》2003年第4期，第95页。

判、交易和妥协角色。案例表明，需要环保部门发挥此场促作用，即条件 R11。

（三）场层面条件（平台—规则）：提供平台与博弈规则

当能量场中的各方代表基于媒体、会议、论坛及社区、工作小组等进行共同在场的交流时，场体得以形成，由于公共能量场是一个多主体的集合，其间冲突的化解和集体行动的达成仍有赖于合作与协商，这需要有旨在规范博弈和促进协商交流的博弈规则（场用）。因此，场层面的场体和场用提供了场内行动者互动（能量流动）的空间舞台与行动准则，是确保场能够理性有序运转的关键。

场体凸显的标志是小范围面对面共同在场的形成，其可以看作在前期公共能量场多方博弈基础上由各方代表组成的缩微版的能量场，其作用在于，各方代表能进一步就议题进行面对面的交流和磋商，寻求问题的最终解决。第四、第五章的案例分析已充分证明，对诸如会议、论坛和工作小组等场体凸显平台机制的确定既可能是制度的要求（正式的法律与规则、非正式的习俗惯例），也可能是能量间博弈推动的结果，还有可能取决于决策者的态度和选择。因此，条件 R10（形成小范围的面对面共同在场）从根本上取决于制度层面的国家制度的规则塑造功能和行动者层面的场内行动者的能力及政府能力。

从场用的来源看，既可能是现有制度的形塑，即此时其是现行制度在公共能量场内的"投射"，也有可能由场内行动者在互动过程中能动理性地建构出来。实际上，在公共能量场内，无论是个体还是组织，其都是具有问题意识、学习能力与创造变革的理性主体。奥斯特罗姆指出，理性选择理论将人看作复杂的和易犯错误的学习者，是在一个给定的条件下，试图尽最大努力实现目标、为了增强可获得的收益而有能力学习各种经验法则、规范、规则和设计制度的个体。[①] 的确，行动者的理性与认知能够作为"内隐"（implicit）的彼此遵从的共识性规则，同时，行动者的学习能力与变革能力又能够建构和再生产出规则来。因此，

---

① Elinor Ostrom. "A Behavioral Approach to the Rational Choice Theory of Collective Action." *American Political Science Review*. Vol. 92, 1998, p. 7.

条件 R10 中的场用构建从根本上也有赖于国家制度的完善和行动者能力的增强。

这样，场层面所需的"体与用"两方面的条件实际上根本性地依托于制度层面的制度完善和行动者层面的行动者能力增强，即其是"内嵌"（embeddedness）于制度与行动者这两个层面的条件之中，换句话说，提供了后两个层面的条件也就能满足场层面所需的条件。然而，场层面应有的对于制度层面的反馈式渐进变迁推动功能和对于行动者层面的塑造、提升效用并未显现，出现作用"断裂"（fracture）。十一项归总条件与各个层面的对应关联见表 6 - 1a、表 6 - 1b。

表 6 - 1a　分析层面、归总条件、作用及与场的构成之间的对应关系

层面 \ 条件/作用	条件	作用/与场构成的关联
制度层面	R1	促进议题感知与加入能量场/场源、行动者
	R2	增强媒体报道自由度，促进议题传播/场源、场结
	R6	释放环保 NGO 的能量/行动者、场结
	R8	增强环保部门的独立性与权威性/行动者、场促、场结
	R10	规范环评预防型能量场/环评预防型能量场的所有方面
场层面	R10 及行动者条件	提供或构建场的平台/场体
	R10 及行动者条件	提供或建构场的博弈规则/场用
行动者层面	R3	媒体"塑场"、"设场"作用/行动者、场源、场结
	R4	政府对待场的态度与能力/行动者、场体
	R5	促进公众塑场、对话、博弈能力的提高/行动者、场核
	R7	环保 NGO 的代言、"塑场"作用/行动者、场结
	R9	促进专家提供客观性专业意见/行动者
	R11	环保部门对场的管理能力/行动者、场促

表 6 - 1b　归总条件与场的构成之间的对应关系

	场源	行动者、场域、场核	场结	场促	场体	场用
条件	R1、R2、R3	R1、R3、R4、R5、R6、R7、R8、R9、R10	R3、R7、R8	R11	R10 及行动者层面条件	R10 及行动者层面条件

资料来源：笔者自制。

三　条件层面—路径分析：路径选择与条件构建策略

由上述场层面条件的"内嵌性"，即一方面，制度层面与行动者层面对于场层面的决定性作用，以及场层面对于制度层面与行动者层面应有作用的"断裂"；另一方面，基于此决定作用及"断裂"，能够勾勒出基于公共能量场的地方政府环境决策短视的路径选择与条件构建策略。

（一）场层面条件"内嵌"于制度层面和行动者层面表明，制度层面和行动者层面对于场层面的决定性作用彰显，基于公共能量场的地方政府环境决策短视的治理条件需要重点围绕这两个层面展开

案例分析所得出的制度层面和行动者层面条件之不足表明，公共能量场作为特定社会制度背景条件中的行动者能动建构的产物，其形成、运转以及绩效都从根本上取决于总体背景的社会制度及置身于其中的行动者这两个层面的条件。其中，制度以提供规则的方式直接作用于场或者通过形塑行动者的规则、能力和资源而间接影响场，成为最根本的、最显著的决定性因素。因此，作为一种治理机制的公共能量场的作用发挥，需要重点围绕从制度层面的制度完善及行动者层面的能力增强方面提供相应的条件支持与保障。

（二）场层面对于行动者层面与制度层面的作用"断裂"表明，其应有的形塑、提升与推进功能并未显现，需要构建常态性的场机制来填补这种"作用断裂"

理论上，制度、行动者和场这三个层面之间存在逻辑关联，即由制度环境中的行动者能动地建构场，同时，场一旦形成也能提供一种对于行动者限制、惩罚和激励的情境，促进行动者以整体性的场思维来行事，在场内调适各自的行为与反思现有规则，从而提高行动者能力和渐进推动制度的迁。然而，运动外压型能量场与环评预防能量场的非常态性使得场层面的这种促进形塑作用并未显现，或者说是相当有限的。这样，场就像一个被抽离内容的空壳，出现作用"断裂"，成为目前基于公共能量场治理的最大问题。一方面，受制于现行制度层面与行动者层面的条件现状，基于公共能量场的治理是不确定的、偶然的、非常态性的；另一方面，公共能量场对于制度层面与行动者层面应有的条件形塑作用又未显现。因此，形成常态性的场机制以填补这种作用"断裂"尤其必要。

由此，梳理归总得出的十一项总条件，实际上可以归属为制度、行动者和场三个层面（见表 6-1），从制度层面与行动者层面对于场层面的决定性作用及场层面对于前两者的作用"断裂"，能够勾勒出基于公共能量场的地方政府环境决策短视治理（见图 6-1 中的阶段③）的实施路径和条件构建策略（见图 6-1 中的阶段②）：

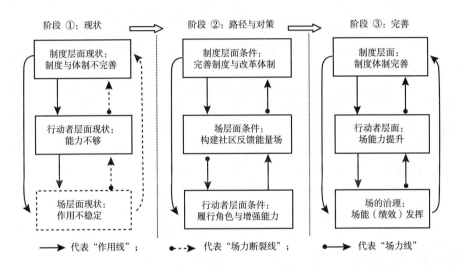

图 6-1 基于公共能量场治理的条件现状、完善路径与对策分析

资料来源：笔者自制。

一是实施路径。需要同时促进三个层面条件的完善，在发挥制度层面和行动者层面对于形塑场层面作用的同时，激活场层面对于提升行动者能力及推进制度变迁的功效，最终形成运动外压型—环评预防型—社区反馈型三位一体的全过程无缝隙式公共能量场治理。

二是有效策略。理论分析得出的逻辑关联及经由案例所得的场层面条件实际分别归属为制度层面和行动者层面的条件内容，可以发现，场的形成从根本上依赖于社会制度层面与行动者层面的条件完善（图 6-1 阶段①），需要有针对性地重点围绕这两个层面的十一个方面提出条件构建对策（图 6-1 阶段②）。同时，场层面对于行动者能力的塑造提升作用及对于制度的反馈改进功效的"断裂"，说明当前运动外压和环评预防这两类能量场的非常态性、作用零散性与不确定性；同时也彰显出通过形成常态性能量场发挥场层面应有的塑造及反馈作用的必要。为此，从当前看，应在社区圆桌对话能量场的已有基础上，加大常态性的社区反馈型能量场建设，以此反馈式解决环境问题、塑造提高行动者的"场能力"和渐进推动制度的进迁与完善（图6-1阶段②）。

第二节　基于公共能量场的地方政府环境
决策短视治理总体条件构建

一　制度层面：完善制度与改革体制

（一）制度方面

1. 完善环境影响评价法律制度，为环评预防型能量场的形成和有序运转提供保障

作为制度内核中的硬性规则，环境影响评价制度提供行动者的行动准则与活动逻辑，能起到推动环评预防型能量场的形成、规范行动者之间的关系和激发场能的功效，是环评预防型能量场的前提和保障。好的环评制度不仅提供旨在保障环评预防能量场有序运转的规制性环境（保障性标准），还能提供对于行动者具有建构与使能作用的建构性环境（建构性标准）。然而，目前已初步成形的现行环评法律制度体系与达到建构性标准相距甚远，在保障性标准上也严重不足。对此，第五章案例分析已得出环评制度需要完善的着力点，在此展开说明。

（1）场源方面：明确界定拟议项目信息公开方式和公开时间

一是明确界定与完善拟议项目信息公开方式。

《暂行办法》第十条关于拟议项目信息的公开方式规定（如"公共媒体"、"便于公众知情"）存在概念上的模糊性和理解上的争议，极易被拟议者钻空子，不利于拟议项目的知悉和公共能量场的形成。案例证实，拟议者正是利用这种模糊性，借助于一些较少受关注的网站等冷僻的媒体公布信息以此规避能量场，而这些冷僻的媒体也容易被拟议者辩称为"便于公众知情"的"公共媒体"。针对"公共媒体"表述所导致的现实中拟

议信息公开五花八门和缺乏统一性的问题，建议从两个方面确保信息公开：一是从信息知情广度性考虑，将之界定为"拟议项目信息应公布在拟议项目所在地公开发行的、受当地居民普遍关注的当地报纸上或者该地环保部门的政府网站上"；二是由于该条"可以采取以下一种或者多种方式"的规定只会造成现实中拟议者通常只采取其中一种方式，而鉴于信息知情直接度的考量和社区（包括社区社会资本）在传播信息方面的便捷性、传播快和易达成集体行动等优势，为便于公众特别是直接利益相关者的知情，应规定"至少采用两种方式"，即应规定"除在报纸或环保部门网站上公开拟议项目信息外，还应在可能直接受拟议项目影响的居民所在的社区范围内通过张贴社区公告、在社区办公室等公共场所设置拟议项目信息公开点等方式公开，以利于直接利益相关者知悉和查阅"。同样的问题也出现在《暂行办法》第十一条关于环评报告公布的方式上，需要对该条"公共网站"进行界定，最好明确为"环保部门网站"，同时对"可以采取以下一种或者多种方式"明确"至少采用两种方式"。

二是延长征求公众意见的时间。

环境决策影响的感知、界定与评价是一项耗时的复杂工程，从公众感知拟议项目信息到形成环境影响判断，再到加入能量场中施展能量直至能量间的博弈通常需要一个过程，时间乃必备条件。然而，《暂行办法》第十二条关于"征求公众意见的期限不得少于10日"的规定为拟议者利用该条尽可能压缩征求公众意见的时间提供了便利。第五章的案例显示，公示时间最短10日，最长为20日，在此时限内要完成从感知——环境影响判断——各方交流博弈存在很大困难，加之在"感知"环节又存在上述环评法公开方式所提供的能轻易屏蔽项目信息的操作空间，公共能量场的形成无疑受到极大影响。而从国外看，征求公众意见时间一般为二至三个月，为避免出现案例中的类似问题，应将该条时间规定为"不得少于60日"。

（2）场体方面：尽可能减少问卷调查方式，明确和扩大沟通会、座谈会、听证会的适用范围

虽然《暂行办法》第十二条"采取调查公众意见、咨询专家意见、座谈会、论证会、听证会等形式，公开征求公众意见"，但案例反映了现

实中几乎都采用问卷调查方式，而实际上问卷调查存在很大缺陷：一是"调查问卷的随机选择创造了这样一个环境：扩大了那些不关心问题的人在调查问卷中被选择成为提供'意见'的人的可能性"；[①] 二是能够操纵问卷的内容及有倾向性地引导问卷设计者所需的答案，即"民意测验经常通过问一些回答者从未想到过的问题来创造一些公意"；[②] 三是问卷调查将导致在环评能量场中形成以环评单位为核心的"海星形"结构（见第三章图3-6），不但可以有针对性地"设计"问卷的内容和"掌控"问卷的最终结果，而且可以阻隔专家、居民、相关部门和拟议者之间的交流，造成调查最后沦为环评单位或拟议者的单方主见、民众观念轻易被"操纵"和"被代表"的结果。因此，应在条例中尽可能限制问卷调查方式，明确其只适用于"可以明显判断存在较小环境影响且影响人群范围极小"的例外情形，规定论证会、座谈会作为公众意见交流的最基本方式，听证会适用于经由论证会、座谈会之后仍存在较大争议的情形，为形成各方意见交流的场体平台创造条件。在产生各类会议代表人名单的方法上，可以选择性运用"由地方民意代表提供、由支持开发计划且属于公共关系部门的官员提供、详查当地情况确认地方团体及其代表；调查当地人口或居民组成、公开随机挑选等方式提供名单"[③]，需要注意的是，在确认何种团体或个人代表时应确保其有能力参与。

（3）场结方面：明确环评机构和环保部门承担联结各方交流的职责

环境影响评价的过程决定了环评机构应发挥联结各利益相关者听取和收集各方意见的场结作用，然而《暂行办法》第十二条将场结角色赋予"拟议者或环评机构"，造成场结角色的模糊。正如有学者指出，"建设单位对于环评程序的充分性负责，而环评机构则对环评报告书的实体内容负责。但对于公众参与的程序，究竟由谁来负责，并没有明确说明。但由于建设单位对于整个评价程序负责，因此，其也应当负有组织公众参与的职责，例如公开相关信息以及听取居民意见等义务，但是并不是十分明确、

---

① 〔美〕查尔斯·J. 福克斯、休·T. 米勒：《后现代公共行政——话语指向》，楚艳红、曹沁颖、吴巧林译，中国人民大学出版社，2002，第133页。
② 〔美〕托马斯·R. 戴伊：《理解公共政策》，彭勃等译，华夏出版社，2004，第32页。
③ 参见叶俊荣《环境政策与法律》，中国政法大学出版社，2003，第211~212页。

具体，造成了实际执行中建设单位对法定义务视而不见的现象屡屡发生，而使仅有的公众参与条款无法得到切实执行，形同一纸空文"。① 实际上，作为与拟议项目存在直接利害关系的主张方，拟议者的"自利"导向决定其不可能履行好场结角色，环评机构才是场结的承担者。这就要求在法律中明确环评机构承担起组织座谈会、论证会，听取各方意见的场结职责，规定其因不履行场结职责所承担的法律后果。在环评机构编制环评报告的过程中，应鼓励公众随时而不是按第十三条"环保部门受理环评报告之后不少于 10 日的公开期限内"向环保部门提出建议和意见，一旦公众有较大意见，环评部门在受理环评报告后，应及时启动次场结机制，通过会议共同在场的方式听取各方意见。为此，应将《暂行办法》第十三条环保部门对公众意见较大的建设项目"可以采取调查公众意见、咨询专家意见、座谈会、论证会、听证会等形式再次公开征求公众意见"修正为"必须采取座谈会、论证会、听证会等形式再次公开征求公众意见"。

（4）场核方面：完善公众参与的实质性规定，扩大公众意见的影响力，规范环评单位与拟议者之间的关系

现行环评法规定的公众参与的时间是拟议者报批 EIS 之前，但何时参与、如何确定公众的范围、公众代表的产生方式、参与形式等具体操作办法没有相关规定，造成公众参与往往流于形式，这从第五章案例显现的公众参与不是基于环评法律制度保障而是居民不断抗争的结果中可见一斑。从国外经验看，公众参与都尽可能在环评的早期开始，好处在于，公众参与能及时发现问题，能尽早寻求解决问题的途径，也利于决策者避免在决策末端由于被动应付公众及社区可能提出或产生的问题而处于进退两难的境地。从公共能量发挥的角度，法律应规定在拟议者发布拟议项目信息公告，公共能量场初成之时，环评机构通过会议共同在场的方式发挥场结作用，这时应开始实现公众参与。为此，应进一步细化在参与时间、参与方式、参与权利保障等方面的规定。另外，拟议者与环评机构虽存在委托代理关系，但拟议者的职责在于清晰表达项目信息、答复民众意见和咨询，

---

① 汪劲：《中外环境影响评价制度比较研究》，北京大学出版社，2006，第 253 页。

而环评机构应在广泛听取各方意见的基础上客观公正地作出环境影响评价，双方有着不同的职责。但纵观整个《暂行条例》，全部采用"建设单位或者其委托的环评机构"表述，这实际上肯定了拟议者与环评机构之间的"一体性"关系，也造成二者角色的模糊，使得环评机构对拟议者亦步亦趋，难以独立、公正、客观地作出评价。因此，在环评法律的修订中应对双方的职责分开表述和明确界定，另外，为破除环评机构受拟议者左右，增强环评机构在环评能量场中作用发挥的独立性与公正性，在环评机构的选择上应规定采用"公开招标方式产生"，而非现行的由拟议者自由委托的方式。

（5）场势方面：完善公众参与的实质性规定，增强公众对环评机构的约束力，同时在制度上规定协商和沟通程序

无论拟议行为最终实施与否，都是那些赞成或反对该行为的人经过相互竞争和讨论的结果。[①] 然而，现行环评制度设计重技术、轻参与使得环评机构在场中位居能实质性地控制能量交流和最终影响决策的中心性地位，公众参与的不足及在此基础上交流协商等公共讨论的缺乏导致环境决策可能仅是拟议者偏好的反映，民众的正当利益诉求和权益表达难以得到体现。为充分发挥场中公众对环评机构的约束力，需要做到以下几点。

一是公众不能仅被视为意见征集的对象，而应当享有评价主体地位，拥有影响环评报告乃至最终环境决策的权利。因此，应针对现行环评法律没有明确赋予公众参与权的问题，在法律中明确公众参与评价的主体地位和权利。

二是增强公众意见在环评报告中的体现力。《暂行办法》第十二条关于环评报告书报批前建设单位或环评机构"可以通过适当方式，向提出意见的公众反馈意见处理情况"中的"可以"并非强制性要求，实践中很少履行，而且"环境影响报告书报送环保部门审批或者重新审核前"也存在理解上的歧义，可能造成环评机构仅是在"报批环评报告之前"才对公众意见进行反馈，而实际上从环评的科学性与民主性要求看，反馈

---

① R. B. Stewart. "The Reformation of American Administrative Law." *Harvard Law Review.* Vol. 88, 1975, p. 1761.

应贯穿于整个环评过程中。为此，该条应明确为"在整个环评过程中，环评机构应当通过适当方式，随时向提出意见的公众反馈意见处理情况"。另外，虽然第十七条建设单位或环评机构"应当认真考虑公众意见，并在环评报告书中附具对公众意见采纳或者不采纳的说明"，但"哪些公众意见"最后可以完全由环评机构在环评报告书中加以操控，实际上，公众意见和环评单位的说明情况恰恰是环评报告中应极为重视的内容，真正"附具"的不仅是"反馈的说明"，还应是第十六条规定的"公众意见的原始资料"。为此应规定，"在环评机构公布环评报告书之前，环评机构必须统一收集分类归总公众意见情况，在环评报告中集中反馈意见处理情况，并附具所有公众意见的原始资料"。

三是增强公众意见对环评决策的影响力。《暂行条例》第十七条"环境保护行政主管部门可以组织专家咨询委员会，由其对环境影响报告书中有关公众意见采纳情况的说明进行审议，判断其合理性并提出处理建议"，其中的"可以组织"也并非强制性要求，取舍权掌握在环保部门，可能造成公众对于拟议项目虽有较大意见但最终却难在环境决策中体现这一问题，为此，应将"可以组织"修订为强制性的"应当"。

（6）场促方面：明确环保部门旨在促进各方间充分交流的斡旋、谈判等权力与职责

环评能量场是一个不同利益价值冲突、矛盾、紧张与协商、调和、均衡的过程，场促的角色必不可少。例如，在加拿大环境评价的公众审查阶段，有一个自愿的协商过程——一个独立公正的、由环境部长指定的协调者，帮助利益集团解决问题，努力通过非敌对的、合作的途径达成协议。学者弗姆比（John R. Formby）针对澳大利亚 EIA 过程中环境组织和开发者通常采取对立姿态、由政府作为仲裁人难以促成各方妥协和谈判的问题指出，实现 EIA 中的谈判尤其必要，通过称职的谈判人员，至少可以使拟议者和环境团体的冲突得以缓和。[①] 第五章针对国内的三个案例表明，当政府作为拟议者并同时担当场促角色的时候，民众会对政府产生不信任

---

① John R. Formby. "The Politics of EIA." *Impact Assessment Bulletin.* Vol. 8, 1989 (1/2), pp. 191 – 196.

感，政府与民众间的对话沟通存在隔阂且难以对等，这时需要一个利益超脱的第三方居间履行促进各方协商、沟通的职责。现行《暂行办法》第十三条规定环保护部门在公开征求意见后"可以采取调查公众意见、咨询专家意见、座谈会、论证会、听证会等形式再次公开征求公众意见"，这虽然带有一些"仲裁"性质，但没有明确居间促进各方的协商、沟通和谈判达成共识的职责，为此，环评法应当明确环保部门促进各方在拟议项目的优化方案、利益补偿和权益保障等方面进行充分的协商、交流和沟通的斡旋和仲裁方面的权力与职责。当然，这还有赖于改革现行环保部门管理体制，增强环保部门的独立性，关于这一点将在后文的"体制改革"部分阐述。

（7）场用方面：减少环评报告对决策的影响力，细化各方间协商沟通的博弈规则

"环境影响评价是一个依赖于公众意见表达与沟通的程序。讨论和对话在环境影响评价中占有很重要的地位。它应当是一个为少数人提供表达不同意见的疗方。"① 协商对话的重要性在于其不仅能实现公众利益表达，有助于化解利益分歧，达成均衡，还能够全方位界定拟议项目可能产生的环境影响，寻求可能的优化方案，使项目建设尽可能考虑周全，预防和避免短视。然而，现行环评制度并未对协商交流过程予以重视，没有相应的法律条文规定。在现行环评技术决定论已践行多年，观念尚难以一时转变的情况下，唯有以法律的强制性方式才能根本完成从单纯强调技术到重视多元交流协商的转变。这就要求在环评法律的修订中，以多元决定论为导向，通过明确公众评价主体的权利与渠道，增设有关多方对话沟通等的程序性规定，明确规定出现分歧时的协商和谈判程序，促成多方能量间的充分博弈，减少决策过于依赖和受制于环评机构的倾向。

在环评能量场中，多元博弈的一个表现是在替代方案（the Alternatives）的选择与斟酌上。许多国家都要求在 EIS 中有可供选择方案的内容。可供选择的替代方案的作用，在于决策者能基于此就拟议活动的优劣（是否必要、是否存在比拟议活动更好的选择）、对环境影响的程

---

① 汪劲：《中外环境影响评价制度比较研究》，北京大学出版社，2006，第61页。

度、方案的可执行性及可能的优化方案进行比较、选择。从国外的情况看，替代方案包括不行为（no action），即不实施该拟议行为作为替代方案都应写于环境影响报告书中，以此全面对实施、不实施和实施可能采取哪些方案进行比较。然而，中国现行法律中的替代方案是在"肯定"拟议行为的前提下对实施该行为的几套方案进行比较，这实际上是"先入为主"地肯定拟议行为的实施。为此，法律应对替代方案作明确规定，特别是将"不行为"纳入替代方案，应鼓励广泛听取各方意见，在不实施、实施和实施可能采取哪些方案上展开多元双向间的交流、比较、择优和协商，避免由于拟议者的利己行为而在对替代行为的选择上"先入为主"、不能充分对拟议行为之替代方案进行考量的弊端。

2. 健全有关形成共同在场的决策制度，为凸显场体提供制度保障

上述环境影响评价制度规定了有关座谈会、专家论证会和听证会等场体凸显机制，但适用于环评预防型能量场（包括先行形成外压能量场进而推动环评能量场）的凸显场体之需，不能解决现实中的环境争议或者由此形成的外压能量场发生于环评之后（比如，环境决策在实施之后引发新的环境问题及争议）的情形。对于后者，仍需要国家从制度层面规定常态性的场体凸显机制。而实际上，目前国家有关重大决策专家论证、听证和决策民主科学化的相关制度规定并不少见，但仅停留在政策要求和宣讲上，缺乏硬性强制力，现实中鲜有真正严格执行。怒江案例表明，由于缺乏明确的强制性规定，对外压形成的能量场是否进而凸显场体举行进一步的论证协商和对话沟通完全取决于政府。其他六个案例也表明，至少在决策咨询论证方面，即便决策中有相关的专家论证环节，但也暴露出专家挑选完全由政府掌控、不透明和专家饱受质疑等问题。因此，除上述环评法应具体规定环评能量场中的专家论证会、公众听证会、座谈会等场体启动条件外，在制度层面还应有关于决策论证与对话机制的相关规定。

（1）多渠道探索场体凸显的实践形式，在总结经验的基础上渐进推进制度变迁

鉴于环境决策高度复杂、多利益主体相关、主体间内在冲突、需要协商沟通等属性，以及环境争议（或者由此形成的外压能量场）的最终解决仍有赖于小范围的面对面对话沟通，必须形成常态性的共同在场对话沟

通机制。在这方面，国外积累了丰富的经验，专家论证与听证会议（Experts Proof and Hearing Conference）、学习小组（Study Circles）、公民陪审团（Citizens Juries）①、圆桌会议（Round－table Conference）、共识会议（Consensus Conference）、公民咨询委员会（Citizen Advisory Committee）及专题小组（Focus Groups）等都是实践中广泛采用的小范围共同在场对话形式，为公共能量场的场体凸显提供了可资借鉴的选择。为此，一个可行的策略是推行渐进式制度变迁，即先行试点然后稳步推进：可以先由国家环保部以部门规章的形式出台关于环境决策论证与公众参与等相关规定，进而在实践中探索各种不同的场体凸显形式的适用条件、存在的问题及改进的措施，在条件成熟时，将之推广到所有决策层面，由国务院以行政法规的形式颁布有关解决决策争议的面对面共同在场的规定，使之制度化与一般化。

（2）完善有关面对面共同在场协商对话制度的内容性规定

一是明确适用条件、启动时机。作为一种后置性的制度安排，应规定其适用条件为发生较大的环境争议且该环境争议的议题之前已通过环境影响评价。启动的时机，是某一环境议题的利益相关者能够准确界定，各方对议题的观点和诉求明晰，争论激烈且难以定论，需要即时启动对话机制。二是参与者的规定。由于对话的参与者只能是利益相关者的代表，为此，应规定代表的选择方式，比如，应在利益相关者分析的基础上，全面确定参与者的类属（专家、受影响的公众、环保 NGO、相关政府部门和决策者）。其中，利益相关方的政府机关、企事业单位等团体代表并不难界定，关键在于专家和民众代表的选择。在专家选择上，应规定专家从专家库中随机抽取产生，同时在争议较大时也可吸纳社会自愿报名参与的专家，然后进行甄选；在民众代表上，规定视情况的不同选择性运用"发

---

① 公民陪审团是在一定范围内随机选择少量的公众对某一政府问题进行对话和讨论，这些公众是公共利益的代表，而不代表特殊的利益集团。美国和德国在 20 世纪 70 年代采用了公民陪审团来解决规划、健康及政治问题，公民陪审团通常被视为增进决策过程的民主性与行政性的工具。随着公民陪审团在德国和美国的成功应用，这种决策参与机制在西方国家也逐渐流行起来。（详见 Wendy Kenyon, Ceara Nevin, Nick Hanley. "Enhancing Environmental Decision－Making Using Citizens' Juries." *Local Environment*. Vol. 8, 2003, p. 222）

布会议公告——自愿报名——随机选取"或者由地方民意代表提供和推荐有能力的团体或个人名单；邀请或接纳环保 NGO 的参与。三是明确参与者的责任。规定地方政府违反或者干涉协商对话过程的问责形式；环保部门作为协商对话会的促进者和协调者的责任；各参与者理性表达利益诉求和尊重参与规则的责任等。

3. 提高民众的环境意识和认知，形成参与性环境文化

公众能量发挥的前提是环境意识。环境意识包括"感知"和"能动"，即不仅是人们对环境的态度、看法和观点，更体现为人们保护环境的自觉性和能动性，二者相辅相成，缺一不可。[1] 调查显示，当前，人们在环境问题严重性、环境保护的必要性等方面的环境意识有了较大提高，但总体偏低，特别是人们的环境行动严重不足，只有在自身环境权益受到损害时才可能会付出行动。[2] 这种调查结论与本书案例研究的结果不谋而合：第四章中两个自然保育运动让人们看到了整个社会环境意识增强所形成的强大能量，同时，该章中两个反公害运动及第五章三个环评能量场的案例都证明，在遭遇环境权益损害时，一些发达地区的城市社区中的中产阶层能付出维权的实际行动以形塑公共能量场，在番禺反垃圾焚烧案中还独特地显现出一定的环境公益关怀与公共精神。因此，需要有针对性地提升整个社会的环境意识，尤其是要提高个体公民的环境行动意识和自觉性。当前的关键，重在通过环保教育、宣传促进环境意识的提高，形成参与性的环境文化。

（1）将环保教育列入国家战略，制订相关推进策略和改革教育方法

调查显示，政府在环保教育方面的作用尚未充分显现（公众环境意识的众多来源中，仅 13.5% 的人通过"政府环保宣传"这一渠道获得环

---

① 杨朝飞：《环境保护与环境文化》，中国政法大学出版社，1994，第 271~272 页。

② 《2007 年全国公众环境意识调查报告》显示，在 0~1 的取值范围内，环境保护价值取向的均值为 0.66，表明公众对于环境保护的重要性、必要性、责任感和紧迫感均有着较强的意识；但同时，人们的环保行为得分较低，其均值为 0.34，表明公众在环境污染的问题上，更多的是将自身置于环境污染事件的受影响者而不是环境保护的主动执行者角度来认识环境保护问题。调查还显示，81.4% 的公众认为人们的环境意识差是本地区环境问题产生的主要原因之一。（资料来源：中国社会科学院社会学研究所：《2007 年全国公众环境意识调查报告（简本）》）

保信息，见图 6 - 2a；"人们环境意识差"、"环保宣传教育力度不够"与本地环境问题产生的关联度极高，见图 6 - 2b），需要有针对性地加强。当前，环保宣教工作虽已开展多年，但尚未上升到战略的高度。而实际上，环境意识提升的渐进性决定了环保教育是一个长期的战略过程。这就要求：一是应树立长期性、战略性思维，将环保教育列入国家战略，将之定位于公民基本素质教育内容，在做好 SWOT 分析的基础上，制订全面推进包括学校教育、家庭教育、社会教育在内的环保教育规划措施，确保环保教育在各个推进领域里的长抓实效。二是围绕环保教育战略，分门别类有针对性地制订环保教育策略。对环境意识水平不同的人群，有针对性地进行宣传教育（比如，针对农村居民环境意识较低的情况，探索适合农村生活的宣教主题、内容和渠道）；对不同岗位的人进行不同内容的教育（比如，普通公众以环境权益、日常环保行为为主；决策层的领导干部以环境决策民主科学、法规为主；企业以环境责任、节能降耗的教育为主）；对不同年龄段的群体进行不同的教育（重视初级群体的环境意识启蒙、老龄群体的环境监督意识等）。三是寓教于行，改革传统的重政策、精神、知识宣传但公众参与不足的填鸭式模式，推行绿色社区等教育与实践相结合的参与式教育，促进教育对象通过自觉参与获得主体意识、成就感、归宿感与责任感，在行动中接受潜移默化的教育，无形中促进环境意识的提高。

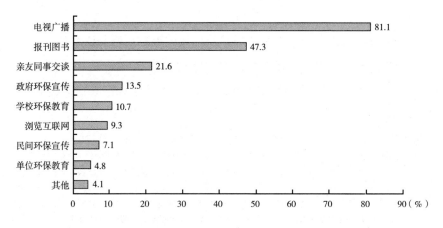

图 6 - 2a　公众了解环境知识信息的渠道

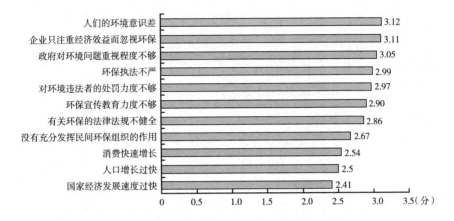

图 6 - 2b　公众认为本地区环境问题产生的主要原因

图 6 - 2　公众对环境问题的感知

均值赋值：非常大的关系为 4 分，较大关系为 3 分，关系不大为 2 分，没有关系为 1 分。

资料来源：中国环境意识项目、中国社科院社会学研究所《2007 年全国公众环境意识调查报告（简本）》。

（2）加大环境信息公开，促进环保教育主体的多元化

一是加大环境信息公开。环境信息公开是公民环境意识提升与环保参与行动的前提。对此，联合国《里约环境与发展宣言》指出："环境议题应在所有与该议题相关的公民的参与下、在有关级别上最佳处理。在国家层面，每一个人都应当能够适当地获得公共当局所持有的环境信息（包括公众所在社区的环境风险与活动的材料信息）并有机会参与决策过程。各国应通过广泛提供资料的便利条件以促进和鼓励公众的环境意识和环境参与。"[①] 针对当前环境信息公开中的问题，应进一步完善《环境信息公开办法》，加大环境宣传力度，构建和完善环境信息披露机制，促进环境信息的及时、准确和有效公开。二是促进环保教育主体的多元化。图 6 - 2a 显示，电视广播、报刊图书成为公众了解环境知识信息的主要渠道，这说明政府、环保 NGO 等环保宣讲渠道仍有待加强，同时也彰显出新闻媒体在传达环境信息方面的突出作用。为进一步发挥媒体在提升公众环境意识方面的作用，

---

① The Rio Declaration on Environment and Development, http：//www. unep. org/Documents. Multilingual/Default. asp？ documentid＝78&articleid＝1163.

在促进广播电视、报纸杂志、互联网等各类媒体在履行环境政策宣讲传达、环境事件报道功能的同时，着实加大其在环境权益、环境行动等环境意识的启蒙、熏陶、教育和推动职能。当然，在现行制度框架内，新闻媒体的作用发挥仍有赖于国家在多大程度上提供相对宽松的舆论环境和媒体人士对于环境议题的关注度。关于这两个问题将在此部分的"对策（4）"和后文"行动者层面的对策（二）"中加以阐述。同时，充分发挥环保 NGO 的环保教育功能。近年来，一些活跃的环保 NGO 如"绿家园"、"自然之友"通过深入社区、招募志愿者和纳入居民参与等方式开展了大量的环保宣教工作。应进一步鼓励环保 NGO 在宣传教育、唤醒民众环境意识方面的特长，当然这还离不开现行社团管理体制改革（关于这一点将在后文的"体制改革"内容中加以阐述）。另外，贴近基层，搞好绿色社区建设，通过社区的宣传、动员与组织，发挥社区作为环境意识教育先锋地和练习场的作用。

4. 提供相对宽松的舆论环境与制度保障，为媒体的"塑场"作用创造前提

第三章的理论分析与第四、第五章的案例验证均表明，新闻传媒对于环境议题的报道与披露是公共能量场形成的前提。根据中国现行政策，媒体必须接受党的领导，以正面报道为主。例如，《中共中央关于加强党的执政能力建设的决定》规定："牢牢把握舆论导向，正确引导社会舆论。坚持党管媒体的原则……坚持团结稳定鼓劲、正面宣传为主……。"应该说，在中国特殊的政治体制中，"新闻传媒作为特殊的执政资源，其存在价值，说到底是成为对它拥有支配权的执政者的特殊工具，执政者借以表达自己主张以影响公众"[①]，但坚持"正面报道"的要求使得新闻对政府的批判监督功能受到限制。一方面，出于执政的需要，国家在对新闻舆论的管制政策上不会松动；另一方面，国家对新闻在可管控范围内的报道自由（包括一定程度地挑战政府权威）有一定程度的认可与容忍，加之由于市场竞争惯性的推动，新闻传媒自身又获得了不完全的独立性与公共性。两种张力之间，造就了新闻传媒一定的自由空间，然而，这种自由空间极易受到国家权威的挤压，因此，新闻传媒基于此自由空间对环境议题

---

① 丁柏铨：《新闻传媒：特殊的执政资源》，《江海学刊》2007 年第 1 期，第 187 页。

的报道并进而形塑能量场的功效，仍取决于国家在多大程度上提供相对宽松的舆论环境和相对完善的法律保障。

（1）理念上，重视新闻媒体对环境问题的监管披露功能，为环境负面报道提供相对宽松的环境

自由是新闻精神的体现。从自由之本质看，在新闻报道上既允许正面、积极的报道，也应容忍批判性、建设性的负面报道。正如托克维尔所说："报刊是把善与恶混在一起的一种奇特的力量，没有它自由就不能存在，而有了它秩序才得以维持。"[①] 客观地看，新闻媒体很好地履行了党和国家各项政策的传达功能，近年来各类中央媒体加大对环境问题报道以及以互联网为代表的新媒体（QQ群、MSN和各大网站）对地方政府环境问题的披露，从中能够看到国家为传媒在环境议题报道方面所开放的自由空间的功效。但总的来看，新闻媒体为受环境决策影响的弱势群体伸张正义、发挥对环境问题的监管披露作用上还有待加强。历史证明，过度的新闻管制只会扼杀人们对政府的监管和评判自由，而不受限制的自由泛滥又可能损害公共利益和公民权利，在对待新闻的管制上不应局限于两个极端，而应基于内在平衡之考量，做到张弛有度。可以肯定的是，国家对于新闻管制的政策会一如既往地奉行，但需要对有助于公益的报道有所区分，增进环境新闻自由的理念，推动媒介市场的多元竞争，增强各类媒体对环境问题的关注度，进一步扩大、拓宽传媒揭露环境议题和容忍传媒负面报道的自由空间，更为重视新闻媒体对环境问题的监管披露功能和其作为公共话语表达平台、公共问题解决空间的能量场功能，为充分发挥传媒的监管和"塑场"作用创造前提。

（2）制度上，完善有关报道自由的权益保障和责任追究制度

第四、第五章的案例分析表明，地方政府对于当地负面报道能轻而易举地实施控制，对此，有学者指出，"基于地方保护主义的媒介'泛政治化'而导致的媒介微观政治功能弱化，并非我国传媒制度的本质要求，而是异化的权力观对传媒功能的歪曲理解"。[②] 在地方媒体对地方政府环

---

① 〔法〕托克维尔：《论美国的民主》，董果良译，商务印书馆，1991，第206页。
② 曹堂发：《新闻媒体与微观政治——传媒在政府政策过程中的作用研究》，复旦大学出版社，2008，第25页。

境决策短视报道失语甚至被迫作正面报道的情况下，某一环境议题能突破地方封锁以引起中央媒体关注进而形成公共能量场，带有一定的偶然性，是现行体制所提供的自由空间内不确定性的产物。可见，公共能量场中新闻媒体的功能发挥从根本上仍有赖于法律制度的保障。从长远看，应促进新闻自由与新闻管制适度平衡的法制化。关键在于规范新闻自由与新闻管制的权利职责的标准：一是明确规定新闻管制的合法来源和公共利益标准，即新闻事实的管制采取有合法的新闻信息来源，在此基础上进一步适用公共利益，即不仅代表公共利益，同时无损更大范围内的公共利益（比如国家利益）时则不应干预，需要指出的是，这里的"无损"并非无实质损害，而是无"明显而即刻的危险"①，是一个平衡的标准。"明显"指除非限制新闻报道，否则便会造成可见的、重大的损害。"即刻"要求区分短期利益与长远利益，如新闻报道从短期看有损公共利益，但从长远看有利于更为重要的公共利益时政府不应施加干预。同时，健全在满足合法来源和公共利益标准时，传媒和信息提供者的免责机制。二是对新闻评论的监管采取公正评价标准，允许各种观点合法地表达。在界定标准以明确新闻管制的权限时，法律还应明确规定行政主体违反新闻管制标准的责任，以及作为管制对象的新闻媒体的有效救济途径。

（二）体制方面

1. 加快推进社团管理体制改革，为环保 NGO 松绑并激发其能量

第四章的保卫怒江运动案、海淀反垃圾焚烧电厂案表明，环保 NGO 在公共能量场中承担着促进公众参与和联结各方的场结角色，发挥环境维权的作用。在厦门反 PX 运动案中环保 NGO 仅显现出组织专家与公民座谈的微弱作用，其他案例则没有环保 NGO 在公共能量场中的作用表现，

---

① "明显而即刻的危险"（Clear and Present Danger）由美国霍姆斯法官（J. Holmes）于 1917 年提出，后经另一位大法官（J. Brandeis）进一步阐述，其主旨内容是：（1）言论只有在对社会秩序已经造成或极有可能造成明显、即刻的重大而实质性的危害时，才可予以限制或处罚。该原则是在当前对于言论自由的保护与限制不存在尽善尽美的原则的前提下，对言论自由与国家利益（或其他利益）之间作出一种平衡的有效尝试，对我国制定新闻自由与管制法有一定的借鉴意义。（详见吴飞《在思想与行为之间摆动的言论自由——从美国法院的"明显和即刻的危险"规则看美国的言论自由》，《新闻与传播研究》2002 年第 3 期）

这表明总体上环保 NGO 的发展和作用仍很不充分。另外，分析怒江案中当地政府对于"云南大众流域"以威胁年检注册和限制其负责人于晓刚的人身自由等方式所进行的施压，以及厦门反 PX 案中当地政府对"厦门绿十字"的"警告"和该组织为获得注册而被迫在公共能量场中选择沉默，不难发现，地方政府能够凭借其行政力量轻而易举地直接干预和限制环保 NGO 的作用范围。究其原因，在于现行的社团管理体制在登记注册、日常管理方面赋予了地方政府对于当地社团的生杀大权，严重限制了环保 NGO 的作用范围，成为环保 NGO 在场中能量发挥的体制桎梏。

现行社团管理体制可以概括为十二字方针，即"归口登记、双重负责、分级管理"。[①] 有学者指出："'分级'和'归口'多少带有计划经济条件下全国在行政管理模式上的'条块分割'的延续；'双重负责'也暴露出国家统合社会的影子。国家从总体上还是希望把社团固定起来，'一个萝卜一个坑'，在行动上不越界。因而，可以说，我国在社团管理体制上依然没有跳出计划经济窠臼。"[②] 现行社团管理体制为社团管理套上了沉重的"制度枷锁"：相当多的环保 NGO 无法找到挂靠单位而不能正式注册取得合法身份，既已注册的其生存与发展受到当地政府的严格管控，更遑论在规制地方政府环境决策短视的能量场中发挥作用了。实际上，清华大学邓国胜教授的调查研究显示，中国环保 NGO 在总分为 10 的发展环境条件（社会认知度与支持度、登记注册制度、参与渠道和政府扶持）的得分仅为 3.91 分，处于较低的水平。[③] 为此，加快社团管理体制改革，为环保 NGO 在公共能量场中的作用发挥解除包袱和创造条件至为关键。

（1）沿着"诱致—强制"的制度变迁轨迹，按照"地方政府制度创新——中央的认可与初步放开——制度变迁"的改革路径，解决环保

---

① 归口登记，是指除法律、法规规定免于登记外，1998 年以后，所有社团都由民政部门统一登记。双重负责，指对社团的登记注册管理及日常性管理实行登记管理部门和业务主管单位双重负责管理的体制。分级管理，是指全国性社团由国务院的登记管理机关及相应业务主管部门负责管理监督，地方性社团由地方各级登记机关及相应的业务单位负责管理监督。

② 刘培峰：《社团管理的许可与放任》，《法学研究》2004 年第 4 期，第 149 页。

③ 邓国胜：《中国环保 NGO 发展指数研究》，《中国非营利评论》2010 年第 2 期，第 203 页。

NGO 的合法性问题。

解决环保 NGO 的合法性问题是促进其能量发挥的首要前提。关于合法性，韦伯（Marx Webb）认为是由传统惯例、情感、道德、价值理性和法律等构成的。① 梅耶和斯柯特（Meyer and Scott）认为，组织的合法性是指组织得到文化支持的程度。② 以上述观点看来，合法性应是符合某些规则，而法律只是其中的一种规则，此外的还有标准、惯例、价值观和逻辑等。因此，合法性是一种与相关规则和法律规范相一致的状态，或者与文化—认知性规范框架相亲和的状态。从这个角度来看，一些没有正式注册但已运转多年并业已获得社会认可的环保 NGO（如案例中表现活跃的"绿家园"），虽然没有"法律合法性"，但却有着极高的社会认同方面的"社会合法性"。为此，应改变视未正式注册的环保 NGO 为"非法组织"的观念，充分认可其在社会认同上的合法性，并采取放宽管理限制、降低登记门槛方式将之纳入法律所认可的范围，解决环保 NGO 的"身份"问题。在笔者看来，当前的可行策略是沿着"地方政府制度创新——中央的认可与逐步放开——强制性制度变迁"的改革路径稳步推进，即在地方政府有关放宽社团登记管理制度创新的诱导性制度变迁基础上，中央予以认可并试点和逐步放开，最后在条件成熟时对现行《社团登记管理条例》进行修订，以强制性制度变迁方式全面放开准入限制。

一是已具备地方政府的制度创新和诱致变迁的基础和前提。鉴于社团在民政部门登记注册之前难以找到合适的主管挂靠单位问题，一些发达地区的地方政府开始扮演"第一行动集团"的角色，进行制度创新的探索。比如，上海市于 2000 年在部分市区推行以街道作为社区社团的业务主管单位的改革，2002 年，该市设立行业协会发展署对协会实行统一管理，形成登记管理机关、行业协会发展署和业务主管单位的"三元"管理体制。2004 年深圳市成立的市政府直管的行业协会服务署统一充当各行业

---

① 〔德〕马克斯·韦伯：《社会学基本概念》，顾中华译，广西师范大学出版社，2005，第 48～49 页。

② John W. Meyer, Richard W. Scott. "Centralization and the Legitimacy Problems of Local Government." in John W. Meyer, Richard W. Scott（eds.）. *Organizational Environments: Ritual and Rationality*. Beverly Hills, California: Sage, 1983, p. 201.

协会的业务主管部门。2010 年以来，地方层面的制度创新进一步加大。例如，广东省《关于进一步培育发展和规范管理社会组织的方案》明确，从 2012 年 7 月 1 日起，除特别规定和特殊领域外，将社团的业务主管单位改为业务指导单位，社团直接向民政部门申请成立，无须业务主管单位前置审批程序。① 此举旨在降低过去严格的登记门槛，简化登记程序，是对现行社团管理体制的重大突破。2011 年，北京市也推出破解社团登记难的新办法：工商经济、公益慈善、社会福利和社会服务这四大类社会组织，可由民政部门直接申请登记，由民政部门兼任业务主管部门或帮助寻找合适的业务主管部门。②

二是中央开始释放宽松、积极的政策信号。地方层面的诱致性制度变迁，有望成为减少全国社会组织登记门槛限制、规范行业管理的政策先导。当前，这种政策迹象已经日益显现。2011 年，民政部释放出很多宽松的、积极的政策信号，比如明确对公益慈善类、社会福利类和社会服务类社会组织，由民政部门履行登记管理和业务主管一体化职能，开始降低这三类组织的登记门槛。

三是国家在条件成熟时，推行强制性制度变迁。地方政府诱致性制度变迁一定程度上满足了地方需求，但在范围、深度和广度上有限，而且很容易遭遇整个国家范围内原有制度大环境硬约束的瓶颈。因此，经历地方的诱致性制度变迁和中央的认可，需要国家承担起制度变迁"第二行动集团"的角色，即从放宽政策限制到试点推行再到强制变迁。当前，应加快对社团分类，进一步放宽对公益类、福利类和服务类组织的政策限制，在目前已经具备至少可以在环保、扶贫开发等公益类与服务类领域率先推行改革契机的基础上，加快推行由民政部门履行登记管理和业务主管于一体的改革试点，着实减少环保 NGO 的登记注册限制，为环保 NGO 松绑和释放其能量。从制度变迁的效率看，改革试点期不宜过长，旨在总结经验与发现问题，尽快通过完善社团的自治权利与救济渠道（比如对蛮横干预、取缔行为不服能够提起行政复议与诉讼）、内部管理、废除非竞

---

① 冯佳：《给社会组织"松绑"释放其更大的活力》，《中国社会报》2011 年 12 月 2 日第 B03 版。

② 张贵峰：《社会组织管理释放出良性信号》，《法制日报》2011 年 11 月 25 日第 7 版。

争原则①等方式全面修订《社团登记管理条例》，在条件成熟时出台社团管理法，并逐步形成一套较完备的社团管理法律体系，为环保 NGO 在公共能量场中的作用发挥保驾护航。

（2）将环保 NGO 纳入治理系统，政府从直接干预到引导合作，探索多主体合作的公共能量场治理体制

环保 NGO 在公共能量场治理中的作用发挥还需要转变政府的管理方式，形成多主体合作式治理：一是加大扶持，从"政府选择"逐步转向"社会选择"。王名教授强调，社团管理模式从"政府选择型"（政府主管部门全权决定社团的产生、活动和撤销，主管部门是社团选择的主体）向"社会选择型"（政府尊重公民的结社权利，允许公民自由成立并自主组织社团）的转型。②另据调查显示，超过72%的环保 NGO 希望政府为其提供项目资助和加大扶持力度。③为此，应促进环保 NGO 自治，政府主要进行监督管理和提供相关支持，不直接干预环保 NGO 的日常活动，从"政府选择"逐步转向"社会选择"。二是将环保 NGO 纳入治理系统，探索多主体合作的公共能量场治理体制。调查显示，近70%的环保 NGO 希望政府能够为其提供制度化参与渠道，近55%的环保 NGO 希望能够建立政府与环保 NGO 定期沟通的机制。④为此，应整合社会资源和社会力量，在重大环境决策制定、环境治理、环境教育等方面鼓励和激发包括环保 NGO 在内的多元主体充分释放参与社会治理的能量，形成多主体间的公共能量场协同机制，通过对话协商、携手合作充分发挥公共能量场的合力功效。

2. 改革环保管理体制，为环保部门在公共能量场中发挥作用所需的独立性与权威性创造前提

第四、第五章的七个案例中，无一例外地出现地方环保部门与地方政

---

① 非竞争性原则，即根据《社团登记管理条例》第 13 条第 2 项规定，在同一行政区域内已有业务范围相同或者相似的社会团体，没有必要成立的，登记管理机关不予批准筹备。该原则严格限制了同一区域内社团的多元化与竞争性，不利于社团的发展与提供竞争性服务，应予以删除。

② 王名：《中国社团改革——从政府选择到社会选择》，社会科学文献出版社，2001，第 64、119 页。

③ 邓国胜：《中国环保 NGO 发展指数研究》，《中国非营利评论》2010 年第 2 期，第 203 页。

④ 同上。

府形成同盟的现象，地方环保部门不仅不能为受环境决策影响的弱势者伸张正义，而且没有履行本应至少作为一个中立的第三方所起到的协调、谈判和促进作用。究其原因，在于现行环保管理体制使得环保部门在人、财、物上均受制于地方政府，在面对地方政府环境决策短视之时，自然不敢公然与之抗衡，只能对地方政府唯命是从。同时，公共能量场内有可能涉及多个地方政府部门（比如与拟议项目相关的建设部门、国土部门、发改委等），环保部门对于这些部门间的协调职能彰显不够。因此，改革和完善环保部门管理体制就成为有效发挥环保部门在公共能量场中应有作用之前提。

现行环保管理体制的总体特点是"统一监督管理与分级、分部门监督管理相结合"：横向上实行环保部门统一监管，有关部门分工负责；纵向上实行分级管理，环保部门作为政府组成部门，受其所属的政府直接领导，同时接受上级环保部门的业务指导，上下级环保部门之间没有隶属关系。其中，最为突出的矛盾在于分级管理体制，严格来说，分级管理并不符合环境污染区域性和流动性的特点，容易造成污染治理的本位主义，不利于环境治理的合作，也不利于环保行政资源的统一合理配置。其最大问题还在于地方环保部门受制于所属的地方政府，缺乏履行职能的独立性与足够的话语权，这也容易造成上级环保部门权威的弱化。对此，改革的对策需要围绕纵横两个面向展开：一是纵向上通过环保垂直管理体制改革强化中央和上级环保部门的权威链条，减弱地方政府对环保部门的控制力；二是横向上优化结构与构建协调机制，使环保部门机构升格、职能整合，特别是增强其协调和统一监管职能。

（1）纵向上：以点带面，推行市以下环保垂直管理体制改革并逐步过渡到省以下环保垂直管理，增强环保部门的独立性

自 2002 年陕西、山西和黑龙江等省在一定范围内开展垂直管理改革试点以来，目前，全国已有大约 200 个基层（市以下）环保行政机构开展了环保垂直管理体制，主要做法是，在区县级设立环保分局，将人员编制与财物经费管理权上收到市一级环保部门[①]。从实践效果看，垂直管理

---

① 李萱、沈晓悦：《地方环保体制的结构性问题及对策》，《行政管理改革》2011 年第 11 期，第 50 页。

体制在破除地方保护主义和促进环境监管与合作方面作用明显，但也存在着同《环境保护法》第十六条"地方各级人民政府，应当对本辖区的环境质量负责，采取措施改善环境质量"相冲突、可能会减弱地方政府的环保积极性和环保能力、失去地方监督和地方支持配合、造成与地方政府关系紧张等问题。

当前，一个可行的选择是遵循"市以下环保垂直管理体制改革试点"到"全面推行市以下环保垂直管理体制"，再到"逐步过渡到省以下环保垂直管理体制"的改革路径：在市以下环保垂直管理体制改革试点的诱致性制度变迁基础上，由国家出台改革方案，全面推行市以下环保部门垂直管理体制改革的强制性制度变迁，将区县环保部门的人、财、物管理权上收到市级环保部门。此举有利于弱化区县政府对环保部门的控制力，增强区县级环保部门的独立性，也利于发挥改革风险小、见效快、灵活性强且不大规模触动现有体制的特点，但从长远看，在条件成熟时，应逐步过渡到省以下环保部门垂直管理。针对垂直管理改革中出现的地方政府环保工作积极性降低和规避环保责任的问题，省级以上环保部门仍宜实行属地管理体制，以利于强化地方政府环境保护责任。在此过程中需要注意以下几点。

一是明确与合理划分权限。垂直管理不能将所有权限一收了之，在上收干部管理及部分财权、物权实行以上级环保部门管理为主以减弱地方政府对地方环保部门控制力的同时，为避免地方政府规避环保责任，还应规定和明确地方政府为当地环保部门提供财、物方面的职责。同时，做好省以下各级环保机构的权限划分，市级以下环保部门主要行使执行权，确保环境执法效率；市级以上环保部门主要行使决策权、监督权及重大事项的执行权。针对地方环保机构呈倒金字塔形结构，越到基层，人员编制越少，而且执法权限不够的问题①，应加大对其在人员编制、执法权限、物

---

① 例如，根据笔者 2010 年 11 月对江西省环保厅的访谈调查，江西 99 个县（市、区）环保局中，有 24 个县（市、区）环保局属于事业单位性质，不具备行政执法主体资格（占 24.2%），还有 2 个县（市、区）环保局属于参公单位。另外，按照《全国环境监察标准化建设标准》，作为环保部门的现场执法机构的各级环境监察机构人员均应全部纳入国家公务员管理或参照国家公务员管理，目前除江西省环境监察局外，市县环境监察机构均为事业单位，人员尚未纳入参照国家公务员管理，均不具备行政执法主体资格。

力资金等方面的保障建设，做到权责相匹配。

二是鉴于地方政府是环境保护的责任主体，环境保护与治理离不开地方政府的作用发挥，为避免改革后地方政府环保工作积极性降低和动力不足，应进一步细化《环境保护法》关于"地方政府对环境质量负总责"的内容规定，并通过进一步强化环保目标责任制，使之真正得到落实，以约束地方政府的环境责任。同时，应妥善处理好垂直管理后环保部门与当地政府的关系，增进环保部门与地方政府的合作，建立起环保部门参与地方政府重大环境决策的机制，形成既相对分离、互相监督又通力合作的良性互动关系。

（2）横向上：统筹监管，推行环保大部门体制改革和完善部际协作机制，提升环保部门的权威

一是整合职能，探索环保大部门体制。现行分部门管理体制，导致环保管理职能相对分散在发改委、农、林、水利、交通、国土和卫生等部门，部门间职能交叉与管理多头造成相互扯皮、协调困难、内耗严重。为此，树立生态大环保理念，打破部门壁垒，使分散的环保监管职能得到优化与整合，逐步形成资源、环境和生态管理有机统一的环保大部门体制是改革的方向。目前一些地方已先行尝试环保大部制"破冰"改革，比如深圳市在原环保局的基础上，以大部制和大生态为理念，并入水务局、气象局和住房建设局成立人居环境委；佛山市顺德区将原交通局的交通运输与港口行政职能、城市管理行政执法局的市容环境管理及处罚职责、建设局的公用事业管理职能、水利局的水行政执法职责整合并入区环保局成立区环境运输和城市管理局。这些改革起到了一定作用，但在日常工作的归口联系、部门间的实质性整合运行上仍受到国家范围内现有大体制环境的制约影响。因此，环保管理体制改革可以考虑以生态大环保为导向，将目前分散在政府其他部门的环保职能进行全面梳理，能够集中的进行归并整合，探索包括水资源管理、生态气象等在内的省级大环保管理体制。

二是构建以提升环保部门统一监管协调权威为旨的部际间协作机制。环境问题涉及众多部门、行业和领域的系统性决定了环保大部制不可能解决所有的环境问题，部门间的协作合力成为必需。况且，在涉及多个部门的公共能量场内，环保部门的协调与合作职能有待加强。从国家层面上

看，需要一个高层次机构来加强部门之间的组织协调。1998 年国务院机构改革，环保部门级别虽得到加强，但作为协调机构的环委会被撤销。多年的实践证明，在环保工作方面，由中央环保部门组织协调国务院各部门存在很大困难，原环委会的协调职能难以履行。此后虽又成立了全国环境保护部际联席会议，但由于规格较低，实际协调能力很弱。[1] 另外，案例显示，中央环保部门在中央政府序列中仍属弱势部门，缺乏对发改委等强势部门的话语权。2008 年以来环保部虽然由国务院直属机构升格为国务院组成部门，参与中央决策的能力有所加强，但在与强势部门的博弈中话语权仍不够。而实际上，从国外看，环保部日渐成为拥有较大权力的强势部门。"今天美国的环境政策主要依靠集中命令和控制，环境署在国家经济活动的每一个部分都日渐拥有巨大的权力"，[2] "在华盛顿，环境保护署可能是现在最有权力和影响力的官僚机构。在美国，环境保护署有权干预任何影响空气、水或土地的行动。"[3] 为此，应提升环保部在协调各部门统一行动上的权力，或者恢复类似环委会的机构设置，由国务院总理担任环委会主任，环保部等其他部门领导担任副主任，建立环保部负责召集的环委会工作制度，增进部门间的协商、沟通与合作。从地方层面看，可以设立类似的环委会工作制度，构建环境综合决策、跨部门协调、联合执法、统一环保行动的协作机制，强化环保部门的统一监管、协调职能与权力。

二 行动者层面：履行角色与提高能力

（一）提升民众行动能力，为参与公共能量场治理创造前提

民众是公共能量场中最常态、最基本的构成，也是场内能量的核心，其能力的大小直接决定了场内公众核的能量强弱及场势的最终走向。第四、第五章的案例表明，借助公共能量场进行诉求表达和利益维护的大多

---

[1] 环保保护部、中国机构编制管理研究会：《地方环境保护行政管理体制改革战略研究》（征求意见稿）2010 年 4 月，第 15 页。来源于 2010 年 4 月 18 日在国家环保部举行的"地方环境保护行政管理体制改革战略研究"重点研究课题专家论证会。

[2] 〔美〕托马斯·R. 戴伊：《理解公共政策》，彭勃等译，华夏出版社，2004，第 186 页。

[3] 同上，第 197 页。

是有着较高收入与教育水平、相对具有闲暇时间、有着较丰富的社会资本存量和策略思维的城市中产阶层。与之相比，案例也反映了围绕环境议题的网络论坛中，各种肆意谩骂、情感发泄、趁机"灌水"取乐等非理性行为也不乏见。客观地看，当前民众无论是在成功推动能量场的形成方面，还是在借助业已形成的公共能量场与政府等各方展开博弈的能力方面都存在不足，而且即便是其中的精英，比如案例中的城市中产阶层也存在诸如博弈策略不够、囿于"邻避意识"、公共精神缺乏等问题。因此，民众能力的提高可谓是其在公共能量场中能量发挥的先决条件。总的来看，在公共能量场的治理中，民众能量的提高应体现为场形成前（环境意识、公共精神与社会资本能力）和场形成后（对话协商能力）两个方面。

1. 提升民众的环境意识与公共精神，增加民众的社会资本存量

一是提高环境意识，增强环境问题的敏感性。议题感知是行动者参与并形成公共能量场的前提，而环境意识又是议题感知的基础。环境意识的提高除了离不开上文制度层面提到的国家、环保 NGO 等开展的环境宣教外，从主体层面看还有赖于公民平日里在有关环保基础常识、环评法律、环境权益保障等方面的自觉学习与自我培养。二是增进公共精神与人文关怀。第四章述及的厦门反 PX 运动表明，公共能量场虽成功解决了环境决策对于厦门市的潜在危害，但项目最终选址漳州的决策对整个区域仍是一种短视。为此，破除邻避情结，需要培育公共精神与公共关怀，关注更大范围内的环境公益。三是提高社会资本能力。民众拥有的信任、互助、资源和人际关系等社会资本，不但有利于形成集体行动、引起媒体关注和推动形成公共能量场，而且有助于集思广益形成集体策略提升公众能量。在这方面，学者冯仕政的研究证实，一个人社会关系网络规模越大或势力越强、关系网络的疏通能力越强，对环境危害作出抗争的可能性就越高，反之则选择沉默的可能性越高。① 因此，应在社区范围内培育和壮大信任、互惠与合作的社会资本，提高社会资本存量，为形成公共能量场创造前提。

---

① 详见冯仕政《沉默的大多数：差序格局与环境抗争》，《中国人民大学学报》2007 年第 1 期。

2. 增强民众的在场感知能力，提高对话协商与构建场用规则的水平

一是增强民众的共同在场感知。共同在场感知包括面对面与非面对面两类，所不同的是，前者包括表情、言语、姿势的交流，后者则基于媒介，但二者的共性在于认识到场的存在，能够从整体场而非原子化的个人或者组织的角度进行思考，即公共能量场的诉求是或应该是——话语实现过程中——真正的考虑对象。共同在场感知是行动者的意会性知识（tacit knowledge），即需要形成深层的习惯，包括：尊重、包容和平等对待不同行动者及其观点；话语意识；遵守场用规则；理性表达观点；适当反思和调整行动策略；学习合作等。二是提升对话沟通、协商谈判能力。提高公民既能够进行公开的讨论、辩驳和对抗性的交流以发现和识别问题，又不是一味地固执己见而是能够善于倾听与学习的能力，通过沟通、协商、谈判与合作作出实质性的贡献。三是设计构建规则的能力。"通过强有力的行动者对规则有意识的行动选择是社会规则再生产和变革的关键机制。"①需要提高民众通过在场内的博弈，设计、选择、反思、建构场用规则和渐进推动制度变迁的能力。

（二）增强媒体社会责任感，提升其"塑场"和"设场"功能

案例表明，传媒的作用贯穿于公共能量场的过程始终：从报道议题、引发舆论，到议程设置和迫使政府关注，再到提供各方利益表达平台和政策论辩的论坛，最后到决策执行的监督以及评价反馈。在此过程中，媒体承担了形塑场的形成、提供场的论辩平台、政策方案出台后维系场的持续方面的作用。然则，媒体并不天然地承担着为社会民众利益代言的角色，其作用发挥取决于环境议题的性质、媒体的政治与社会责任感及市场竞争推动的媒体迎合大众需求与认同的压力。近年来，随着环境问题的日益严重，媒体对于环境议题的报道逐渐增多，环境记者作为一个群体其数量正在增长，媒体通过营造舆论形塑公共能量场的作用也正在凸显。"目前拥有近100万新闻从业人员的新闻传媒机构，承担着话语和信息表达的公共设施功能。在媒体维系的政策论辩中，媒介承担着两种功能，即组织者、

---

① 〔瑞典〕汤姆·R. 伯恩斯：《经济与社会变迁的结构化——行动者、制度与环境》，周长城等译，社会科学文献出版社，2010，第49页。

参与者和提供辩论场境、平台。"① 但总的来看，媒体在这方面的作用仍然是不稳定的，现实中也仅有少部分环境议题得以成功报道并形成外压能量场，这既是国家对媒体的严格管控政策所致，也有媒体自身的社会责任感和定位的原因。可以预计的是，在相当长的时间里，公共能量场特别是外压型能量场还将在很大程度上依赖于媒体承载的"塑场者"角色，但随着民众能力的提高及政府对待外压的逐步接纳，媒体的功能将更多向提供多方论辩平台的"设场者"角色转型。

1. 增强媒体的社会责任感，发挥推动环境议题能量场形成的"塑场"作用

哥伦比亚大学教授麦尔文·曼切尔（Melvin Mencher）关于"新闻是人们对其生活作出合理决策所需的信息"的经典定义强调新闻的决策功能性。② 的确，在当今信息时代，新闻在提醒人们关注什么以及怎样思考上都有着无可比拟的优势。环境议题的报道亦有如此效应——提醒人们关注哪些环境议题，增进人们的环境意识，甚至推动人们采取必要的行动形成公共能量场。这就要求：一是增强媒介的社会责任感。环境新闻报道应遵循美国环境新闻学教授米歇尔·弗米（Michael Frome）所言的"要向公众提供声音等准确的数据，以此作为在环境问题决策过程中知情参与的基础……要本着社会服务出发点，让奋争和诉求发出声音"③ 的宗旨，提高对环境议题的关注度，加大对环境议题的报道、发挥教育、启蒙和促进社会对环境议题的感知、知情和参与的引领作用，同时，敢于揭露各种环境决策短视行为，在为无权者代理正义，充当民众环境权益代言人方面有所作为。二是发挥促进社会问题转化为政策议题的议程设置和"塑场"功能。在报道中基于对客观事实的描述，通过采用一定程度的渲染式报道、援引专家观点、倡导环境权益与环境正义等理念的方式不仅提醒人们该思考哪些话题，而且也提示人们应该怎样思考，呼吁社会对环境议题的

① 曹堂发：《新闻媒体与微观政治——传媒在政府政策过程中的作用研究》，复旦大学出版社，2008，第108页。
② 参见徐耀魁《西方新闻理论评析》，新华出版社，1998，第135页。
③ Michael Frome. *Green Ink*: *An Introduction to Environmental Journalism.* Salt Lake City: University of Utah Press, 1998, p. Ⅸ.

关注，助推公共能量场的形成。

2. 增强媒体的职业道德感，提高其有效组织和提供政策论辩平台的"设场"能力

大众媒体以可接近性、使用便捷性和低门槛准入性方面的优点而成为一种公共设施，成为国家和社会之间、各类行动者之间的关键连接，这一属性使得他们能够成功地担当起提供政策论辩场的"设场者"角色。由于媒体受到其意识形态取向、办刊定位、"媒介报道框架"和发行率等因素的影响，受众经由媒体报道"有色眼镜"挑选和加工出来的信息不仅不完整，还可能具有误导性。为此，除了国家从制度层面提供多元化、竞争性的媒介环境之外（见前述制度层面的对策（4）），媒体自身应增强职业道德感，尽可能以客观记录者的身份接触和处理新闻事件，提高自身在搭建平台、促进多元话语交流的"设场"能力：一是传统媒体应减少对新闻线索的谋划设计和包装，客观呈现事实与表达各方意见。当某一环境议题进入公共能量场的热议阶段之时，要以公允的组织者身份公正无偏私地提供各种观点和意见自由表达的平台，履行好联结各方的场结角色，开放并包容观点交锋的多元化，而不是一种观点主导的异口同声。二是网络媒体承担起提供和规范发言准则、网络论坛管理的作用，促进各种话语的有序表达和理性张扬。三是作为"第四种权力"，大众传媒在场中除体现前期的议题传播—"塑场"效应、中期的搭建平台—"设场"作用外，还应发挥其在公共能量场后期的决策监督—"维场"功效，确保议题得到持续关注、能量场得以维系，同时追踪政府对议题的解决，必要时通过自身平台作用促进场内行动者的相互协调、沟通与合作。

（三）加强环保 NGO 转型与能力建设，提高其在公共能量场中的多元功效

怒江案、北京海淀反垃圾焚烧发电厂案表明，环保 NGO 在能量场中所承载的"塑场"、场结、动员和加速反对核的核凝聚，以及一定程度的"设场"作用开始显现，但从总体上看仍局限于个案，且环保 NGO 数量较少特别是基层环保 NGO 极为有限（目前相对活跃的环保 NGO，比如"自然之友"、"绿家园"都集中在大中城市）。究其原因，除根源于现行严格管控型的社团管理体制外，还在于环保 NGO 自身能力的欠缺。清华

大学邓国胜等人的调查显示，中国环保 NGO 在发展指数上的能力得分为5.02 分，处于中低水平。而公众认为环保 NGO 能力很强或比较强的比例仅为 13.47%，35% 的公众认为环保 NGO 的能力很弱或比较弱，一半左右的公众认为环保 NGO 的能力一般。另外，40% 左右的公众认为环保NGO 获取资源的能力很弱或比较弱，50% 左右的公众认为环保 NGO 影响政府和企业的能力很弱或比较弱。[①] 因此，除前述制度层面的社团管理体制改革外，推动环保 NGO 转型和提高其自身能力也是一大关键。

1. 明确定位与加速转型，促进环保 NGO 的发展壮大

第四章的案例显示，环保 NGO 的兴趣点主要在自然保育方面，对于地方环境污染及维权则关注不够。近年来，环保 NGO 的活动重点开始从以往的"老三样"（观鸟、种树、捡垃圾）转向"新三样"（实施公众环保教育、促进公民环保参与、影响和推动环保政策）并初显成效，但在协助公众环境维权、监督环境政策实施、防治污染方面则相对较弱。目前，国内三千多家[②]环保 NGO 大多将组织目标定位于自然保育方面，致力于污染治理与防治的综合性环保 NGO 并不多见，在与政府关系上多数奉行"帮忙不添乱，监督不代替，参与不干预，办事不违法"的行动策略。应该说，环保 NGO 谨小慎微的态度与拾遗补缺的功能定位是在国家严格管控社团的制度环境中生存自保的策略性产物，但随着今后国家对社团管理的逐步松绑与放开，环保 NGO 不但应更加重视与政府的合作，也应敢于监督和质疑政府作出的环境决策。因此，从长远看，环保 NGO 应将目标定位在如何与政府、社会多元主体通过公共能量场、政策网络等治理机制携手进行环境治理，包括环境决策、执行及监督过程中的参与，关注的重点也应从自然保育转向全面的环境保护特别是污染治理与环境维权方面。同时，针对环保 NGO 特别是基层环保 NGO 严重不足的问题，可以

---

① 邓国胜：《中国环保 NGO 发展指数研究》，《中国非营利评论》2010 年第 2 期，第 204页。

② 截止到 2008 年，我国共有各类环保民间组织 3539 家（包括港、澳、台地区）。在现有的组织中，政府部门发起成立的环保民间组织 1309 家；民间自发组成的环保民间组织508 家；学生环保社团及其联合体 1382 家；国际环保民间组织驻华机构 90 家。（数据来源：中华环保联合会《2008 中国环保民间组织发展状况报告》，http：//www.caepi.org.cn/industry - report/6245.shtml）

通过以目前相对活跃的环保 NGO 为依托设立地方分支机构、提供人力和技术帮助等方式促进地方环保 NGO 的壮大与发展。

2. 增强社会资本存量、优化组织资源结构、提升环保 NGO 的场结能力和锻炼场促能力

一是增加社会资本存量，提高"塑场"能力。北京海淀反垃圾焚烧厂案，特别是怒江案、都江堰案表明，环保 NGO 的"塑场"作用发挥是基于其所拥有的人际网络（环保 NGO 成员与政府官员及媒体人士的私人关系）、交往合作（环保 NGO 与国家环保部、环保 NGO 与媒体、环保 NGO 之间）、社会认同（民众对环保 NGO 的认可）中形成的关系、信任、互惠和合作等社会资本。因此，环保 NGO 应加强与环保部门、媒体、社会之间的广泛联系，增进彼此交往的合作纽带，同时进一步扩大环保 NGO 之间的常态性联合，丰富各类社会资本存量，提高动员与结网能力，为形塑公共能量场创造前提。二是优化组织资源结构，提高专业能力。专业性是环保 NGO 取得社会认同和体现其价值的根基。需要通过优化内部人力、财务和组织等资源结构，多方纳入环保相关专业的专家和媒体人士为会员，培育自己的专家和建立学习型组织等方式，全面提升环保 NGO 在环评、环境专业技术知识和环境权益保障方面的能力，通过提供专业见解和专业服务，在公共能量场中树立威信与赢得认同。三是场结能力。当前，在弱势的公众面临政府环境决策损害时，环保 NGO 应坚持环境公益导向，充当公众环境权益代言人，推动公众核的核凝聚，同时也要逐步提高承担联结公共能量场内各方的场结能力，推动政府对话与促进决策短视解决；另外，鉴于环保 NGO 的公益性、利益超脱性，以及随着公众行动能力的提高和国家对公共能量场的接纳度、包容度与开明度的增强，可以预计环保 NGO 在公共能量场中将不限于场促角色，而很有可能会扩大到场促方面，这需要环保 NGO 加强自身在场内的组织、协调、促进和斡旋等能力。

（四）增进专家的良知、职业操守与责任，履行好公共能量场内中立性的科学顾问角色

第四、第五章案例反映了政府邀请的专家存在"御用"之嫌，专家意见也由于与民众的直观感受差异较大而饱受非议及质疑。事实上，专家

论证存在缺陷：一方面，专家可能仅从某一专业性角度看待问题，缺乏宏观把握，难免得出偏差意见，况且，同一问题由于不同专家的价值观、研究视角和方法、态度的不同而很可能出现较大差异；另一方面，身处市场经济大潮和政治环境中的专家很难完全置身于利益和权力的影响之外，当专家在公共能量场内以其"高深的专业知识"为自身利益或利益集团进行政策论辩时，极易沦为由"可行性论证"异化为"论证可行性"的工具，造成大众被蒙蔽、公共利益被出卖的结果。对此，克服的策略是公共能量场的边界尽可能开放，专家的观点也要历经同行评议和场内各行动者的评论，而事实上案例不但反映了一些本着公共负责和职业精神的专家群体发挥了代言公众利益、对政府邀请的专家意见进行评议反驳的作用，也能看到民众通过咨询其他专家、学习互助、"人肉搜索"等方式对政府"雇佣"的专家的言论进行揭露反驳的功效。因此，公共能量场中专家作用的发挥除有赖于专家的良知、职业操守与社会责任外，还在于形成开放式的专家评议与言说论坛环境。

1. 增进专家的伦理价值、职业精神与公共责任

专家充分参与政策论证过程，更多的是解决专业性问题，而难以满意地解决伦理价值问题。实际上，一切政策问题及其解决方案都不可能是纯技术问题或者纯管理问题，价值是不能被忽略的一个重要内容。前述第三章的分析表明，对于环境决策来说，价值是评判决策是否短视的标准。正是在这个意义上，特里·L. 库珀（Terry L. Copper）提倡包括道德规则、伦理准则、答辩彩排和预期的自我评价等过程的价值决策模式①。对于参与决策咨询能量场中的专家而言，价值应是科学精神、客观中立、社会责任以及道德伦理规范，而非向权力及利益倾斜，即"负责任地向民众和权力诉说真理"。因此，应促进专家在公共能量场中更多地从决策咨询价值进行考量。这要求专家在行动上不越界——避免滑入从告知环境影响到倾向性地支持某项政策（from informing to advocating policy）两个极端，即在场内与各方进行互动，阐述并帮助其理解拟议方案可能带来的环境影

①　〔美〕特里·L. 库珀：《行政伦理学：实现行政责任的途径》，中国人民大学出版社，2001，第 19 ~ 28 页。

响，而不是倾向支持某种方案甚至替代决策者作出决策。正如有学者指出，专家倾向性地支持某种特定的政策方案是不合适的，但专家远离政策过程，不与政策制定者（policy‐maker）和利害关系人（stakeholders）进行互动进而帮助他们理解正在考虑中的政策方案的内涵（潜在影响），同样是不合适的。[①] 因此，专家应有的"智囊团"和"思想库"作用的发挥，需要专家增强自律，增进良知与责任，恪守职业道德，在场内的多主体间保持客观中立，以科学精神提供科学、客观、公平、公正的专业性见解而不是屈从或迎合个人利益或利益集团利益，做到不偏不倚。

2. 增强场的开放性，发挥意见共振场的声誉惩罚和互律监督作用

包含良知操守的职业精神和公共责任仅是一种内在的自律要求，还有必要形成外在的压力机制，这种压力机制的核心是增强公共能量场的开放性，使之成为同行专家评议和多方进行评判、质疑、审核与鉴定的场境，发挥场内声誉惩罚机制作用，迫使专家提供更为科学客观的咨询结论。北京海淀反垃圾焚烧厂案中，主烧派与反烧派专家的争论及政府关于"不排除吸纳市民推荐的专家的可能"的表态已经显现出场的边界的开放。在番禺反垃圾焚烧电厂案中，网友对于几位受邀专家与利益集团关系的揭露，让人们看到了场内声誉惩罚机制的作用。因此，一要增强场的边界的开放性，提供论辩式环境，实行交叉询证（cross‐examination）和对抗性交流（contested discouse），受邀专家的观点在这里能够得到来自于场内行动者、多方领域里的其他专家和社会民众的检验。即便是小范围面对面共同在场也应将专家的意见公开，接受社会的评议。二要考量专家来源的广泛性、平衡性。各地应建立起较完整的专家信息库，注意从专家库里公开选取专家并适度考虑专业背景、学科来源的平衡。

（五）提升环保部门的场促角色和能力

理论分析及案例验证表明，需要环保部门承担起公共能量场内促进各方间协商、对话、沟通的场促角色。一方面，场促角色作为一种尚未履行的新实践，对环保部门的独立性及管理能力提出了新挑战；另一方面，当

---

① L. E. Susskind and H. A. Karl. Balancing Science and Politics in Environmental Decision‐Making: A New Role for Science Impact Coordinators, http://web.mit.edu/dusp/epp/music/pdf/SIC_ Paper_ FINAL. pdf , p. 8.

前地方环保部门特别是基层环保部门在人力、技术和编制等环保行政资源方面的缺乏导致其尚不具备履行场促角色的能力。因此，除有赖于前文述及的改革现行环保管理体制、破除地方政府的实质性掣肘、增进环保部门的权威性和独立性之外，还需要重点围绕如何提供资源条件保障和加大场促能力建设两个方面展开。

1. 完善人力资源条件保障，为环保部门软能力的提升创造前提

场促角色的履行是一项综合性、知识性较强的工作，既需要掌握专业知识，又需要一定的工作经验，人力资源保障是前提。1998～2010年，地方环保部门的机构（增长率为 29.3%）和编制（增长率为 72.2%）虽得到了加强，但仍难以适应快速增长的环境监管（规模以上工业企业增长率为 174.3%）的需求（见表 6－2）。2008 年由直属机构成为政府组成部门后，环保部门虽得到重视，其机构和编制数也有所增长，但表 6－2 的数据显示，国家在加大环保机构增长力度的同时（2008～2010 年两年间的机构平均增长率为 2.60%，大于 1998～2008 年十年间 2.29% 的增长率），反而减缓了编制增长力度（2008～2010 年两年间年均 2.82% 的编制增长率明显小于 1998～2008 年十年平均 6.29% 的增长率），这说明了环保机构和编制自 2008 年以来虽有所增强但力度还不够。而实际上，据国家环保部测算，全国地方环保部门编制数需 33 万人，缺编约 17 万人。约 60% 的地市级环保部门编制不足 25人，约 50% 的县级环保部门编制不足 10 人，编制数总体不足。[①] "编制的不足，影响了队伍和人才建设，进入环保队伍的人员多为退伍军人，而有专业知识的大中专毕业生却因无编制而不能进入，与此同时，一些难以适应工作的人员不能及时退出相应岗位，这就造成环保队伍的软能力存在较大问题"[②]，由于人员素质较低，专业人才短缺，人才队伍调整的速度远远滞后于环保事业发展的速度。

---

① 环保保护部、中国机构编制管理研究会：《地方环境保护行政管理体制改革战略研究》（征求意见稿）2010 年 4 月，第 12 页。来源于 2010 年 4 月 18 日在国家环保部举行的"地方环境保护行政管理体制改革战略研究"重点研究课题专家论证会。

② 同上，第 16 页。

表 6 - 2　全国环境保护机构及人员增长与环境管理需求的对比情况

	1998 年	2008 年	2010 年	1998~2010 年总增长率(%)/ 1998~2008 年均增长率(%)/ 2008~2010 年均增长率(%)
各级环保系统机构数(个)	9937	12215	12849	29.3/2.29/2.60
各级环保系统机构人数(人)	112626	183555	193911	72.2/6.29/2.82
规模以上工业企业数(个)	165080		452872	174.3/—/—

数据来源：环保机构和人数来源于 2008~2010 年各年度的《全国环境统计公报》，规模以上工业企业数来源于《中国统计年鉴 2011》。

为此，一是在编制管理上国家应适当向环保部门倾斜，根据需要增加编制。由于中国依法实行行政编制"总额控制"，环保部门增加编制需要通过削减其他部门的编制来实现，加上传统上环保部门的弱势定位，使得减少其他部门编制用以增加环保部门编制存在很大难度。为此，应根据环境管理发展的实际之需，将环保机构列入行政编制"专项管理"，适时增加行政编制，解决人力资源保障的最大瓶颈问题。二是随着环保部门由直属机构升格为政府组成，应切实将环保部门人员纳入公务员管理①，坚持凡进必考原则和专业性需要原则，优化和提高人才队伍配置。三是建构治理能量场，充分依托、整合与发挥社会力量参与环境治理的作用，促进环保部门与市场（环保产业企业、其他企业）及社会（非政府组织、民众）的广泛合作，解决人力和技术不足的问题。

2. 加大环保部门"设场"能力和"维场"能力建设，促进场促能力的提高

决策是一个在利益集团和政府官员之间进行交易、竞争、说服和妥协的过程。② 公共能量场的多元构成、环境决策行为与受影响者之间的利益分

---

① 例如，截止到 2010 年 11 月，江西 99 个县（市、区）环保局中，有 24 个县（市、区）环保局属于事业单位性质，不具备行政执法主体资格（占 24.2%），还有 2 个县（市、区）环保局属于参公单位。另外，按照《全国环境监察标准化建设标准》，作为环保部门的现场执法机构的各级环境监察机构人员均应全部纳入国家公务员管理或参照国家公务员管理，除江西省环境监察局外，市县环境监察机构均为事业单位，人员尚未纳入参照国家公务员管理，均不具备行政执法主体资格。（资料来源：2010 年 11 月笔者对江西省环保厅的访谈调查）

② 〔美〕托马斯·R. 戴伊：《理解公共政策》，彭勃等译，华夏出版社，2004，第 39 页。

歧，决定了场内矛盾在所难免，冲突很有可能以常态出现，谈判妥协必不可少。正基于此，国外提倡环境决策管理中的管理专家、官员、公民和利害关系人之间的互动，促进信息分享、监督结果、政策调适、持续合作的"科学影响协商者"（Science Impact Coordinators，SIC）的作用发挥，大致相对于公共能量场的场促角色，只是其更强调如何更有效地促进环境决策中的科学与政治及政策之间的融合。萨斯坎德和卡尔（Susskind and Karl）总结了 SIC 的五大方面能力：促进不同的个体与组织合作以解决问题的能力、在不同的利益和价值之间调适性地再形塑（Reframe）政策选择与可能的行为方案的能力、利害关系人扫描与衡量能力、整合能力、在有着不同的语言规则的行动者之间建立共同的合作语言（the Common Functional Language）的能力①。总的看来：当行动者之间围绕某一议题存在分歧争论但需要通过交流合作达成决策方案时，环保部门应承担起"设场者"（Field – setter）的角色，当场内各方代表的激烈对抗可能导致谈判崩裂乃至场将趋于瓦解时，环保部门又应扮演缓解矛盾冲突的调停器（Mediator）、寻求各方利益共识点的平衡轮（Balance Wheel），以及引导各方通过增进合作寻求环境议题最终解决的催化剂（Catalyst）的"维场者"（Field – sustainer）职责，确保公共能量场的维系与持续。

一是提高设场能力。越来越多的外部行动者的参与要求公共管理者要比过去更多地知晓应该怎样才能与更广泛的公众共同工作。公共管理者还必须知道怎样才能把各种各样的公众拉到一起达成决策方案。……为了达到这一目标，公共管理者必须具有设置合适的决策论坛的能力。一对一的谈话和限于本部门同事之间的会议已经不再像过去那样能够解决问题了。②这里的"设置合适的决策论坛"，即需要环保部门具备召集各方代表参与形成能量场、表达意见与共谋合作的"设场"能力，这需要注意：在场的时机选择上，注意把握从大范围内的外压能量场、意见表达场到形

---

① L. E. Susskind and H. A. Karl. Balancing Science and Politics in Environmental Decision – Making：A New Role for Science Impact Coordinators，http：//web. mit. edu/dusp/epp/music/pdf/SIC_ Paper_ FINAL. pdf，pp. 7 – 8.

② 〔美〕约翰·克莱顿·托马斯：《公共决策中的公民参与》，孙柏瑛译，中国人民大学出版社，2005，第151页。

成小范围的面对面共同在场的时机，应在大范围内的能量场各方观点尽显、争论分歧难解、有协商谈判的必要时，果断承担起设场角色，形成面对面的共同在场交流对话；在代表的遴选上，应全面分析环境决策的利害关系方，各利害关系方不论大小、权贵、权能一律平等对待，通过遵循代表的产生办法（环评能量场遵循环评法的有关规定，外压能量场必须形成相应的制度规范，见上文制度层面的对策（1）与（2）），确保代表的适切性与代表性。

二是践行"维场"能力。其一，尊重、理解与倾听的能力。行政管理者基本的关注点并不是如何运用理论（或者理论性知识）去指导行政管理行动，他们的努力应该放在如何理解并解释民众的感受，并通过分享"主体间的意图"来形成彼此互动的感知能力。[1] 作为公共能量场的维护者与管理者，环保部门不但应善于尊重、理解与倾听各方观点，也要学会促进各方间相互的尊重、理解与倾听，为平等对话协商创造前提。其二，调停、斡旋与平衡能力。从维系场的大局出发，在面对各方矛盾激化时，学会通过运用包括适度冷却、告知后果危害、大局利益感化、孤立甚至适度必要的威慑、共识点寻求、对话沟通谈判与妥协、利益补偿等方式弥合矛盾、化解分歧。当然，环保部门在其间的协商与平衡作用并不是放弃基本原则甚至违背政策法律的无原则的妥协，而是在法律范围内，坚持以公共利益为导向，尽量顾及平衡各方利益，避免决策短视为宗旨。

三是操作路径。作为一种尚未履行的新实践，上述场促角色无疑对环保部门的能力提升提出了新的挑战与要求：其一，观念转变。环保部门管理者应将自己看作"职业化的公民"或者"公民行政官"，也就是说，把自己作为"公民雇佣的受托人，代表公民的利益从事管理工作"[2]；其二，通过从法律上（比如上文制度层面提到的《环境影响评价法》、制定专门的旨在凸显场体的决策制度）赋予环保部门在促成形成各方对话谈判的

---

① 〔美〕全钟燮：《公共行政的社会建构：解释与批判》，孙柏瑛等译，北京大学出版社，2008，第 2 页。

② 〔美〕约翰·克莱顿·托马斯：《公共决策中的公民参与》，孙柏瑛译，中国人民大学出版社，2005，第 7 页。

召集、协调和促进方面足够的权能，为环保部门的场促角色履行提供保障；其三，鉴于上述能力基于谈判、政策分析、心理和冲突管理等专业技能，以及国外的实践培训①，需要通过培训加大对环保部门内场促角色专业人才的培养；其四，通过情景模拟、开展实践（比如后文提到的"社区圆桌对话能量场"）等方式真正践行、锻炼和提高环保部门在公共能量场内的协商、沟通、促进和斡旋能力。

（六）提高政府对公共能量场的包容吸纳、纠错协作和引导促进能力

公共能量场内还有一类特殊的行动者——政府，其有着其他行动者所不具备的能够强制他者服从的公权力。正如林德布鲁姆指出："作为一种组织的政府的特殊性，恰恰在于……其会将权威凌驾于其他组织之上。"②前述第四、第五章的案例表明，地方政府不论是对于外压推动还是依环评法形成的能量场都持谨慎和排斥态度，至少在一开始都试图干涉甚至阻止场的形成（怒江案、厦门反 PX 案中当地政府对于本地媒体的严格管控及对于当地环保 NGO 的"警告"式施压），而随着公共能量场影响力的扩大，不同的地方政府对待场的态度、做法及展现出来的能力有所不同：有的仍固守原有决策，采取搁置、拖延、不予回应的冷处理方式（怒江案、上海磁悬浮案）；有的适时回应，在政府内部系统对原有决策作出调整纠错（都江堰案）；有的被迫进行一定的协商，但最终仍强行上马（海淀反垃圾焚烧电厂案）；有的则不但积极回应，而且开始与民众进行协商沟通，推行参与式决策（深港西部通道侧接线案、厦门反 PX 案、番禺反垃圾焚烧案）。这一方面表明了政府在应对场的能力上的参差不齐；另一方

---

① 据悉，美国麻省理工学院（MIT）、加州大学伯克利分校、杜克大学、华盛顿大学、密歇根大学和耶鲁大学已经广泛开展了环境决策中多主体间的促进者（SIC）的培训课程，其中，以 MIT 最为著名。（MIT）的 SIC 课程 The MIT - USGS Science Impact Collaborative（简称，MUSIC）包括"环境政策与规划"、"复杂性、生态与政策设计"、"环境决策中的情境领导"、"综合科学与治理"等必修课程，有"谈判与争议解决"、"科学、政治与环境政策"、"可持续性未来模拟"、"公众参与设计与可持续性发展"等选修课程。参见 L. E. Susskind and H. A. Karl. Balancing Science and Politics in Environmental Decision - Making: A New Role for Science Impact Coordinators, http://web.mit.edu/dusp/epp/music/pdf/SIC_ Paper_ FINAL. pdf , pp. 5 - 6.

② Charles E. Lindblom. *Politics and Markets: The World's Political - Economic Systems.* New York: Basic Books, 1977, p. 21.

面也说明一个强势的政府仍然可以凭借其强权抵消场释放的能量。因此，场的作用发挥仍在很大程度上有赖于政府能力的提高，其可行策略是沿着对场的包容吸纳能力—纠错协作能力—促进能力的路径步骤展开。

1. 提高政府对公共能量场的包容与吸纳能力，减少公共能量场形成的障碍

公共问题可以通过对话来解决，政府应该成为公开交流的模范，这种模范作用首先应体现为在对话协商机制的包容、重视和吸纳上。然而，客观地看，公共能量场特别是运动外压能量场是对政府决策权威的挑战，从这个角度看，地方政府难免对之存在天然的抵触心理，特别是在当前"维稳"的背景中，地方政府仍会对之采取谨慎防范态度。因此，从长远看，可行的策略是从引导理念转变到逐步吸纳。一是国家引导与理念转变。除了需要国家完善对于公共能量场的促进与保障的制度之外，还应当整合优化政府决策注意力的价值资源配置①，以决策所需的公共利益、社会和谐、正义民主和平等平衡等价值进行考量，改变不加区分的"刚性维稳"导向，要区分基于公共能量场的对话合作式治理与一般性暴力对抗的不同本质（详见第四章的分析），推动地方政府从管理控制到治理协同理念的转变，充分认识到基于公共能量场的理性协商对话并不是公然对抗政府或者破坏政府权威，而是正当权利表达与协同增效，恰恰有利于更好地改进政府治理，从反对抵触到逐渐更为开放包容地接纳公共能量场。二是吸纳能力。在形成包容性理念支持的基础上，政府不应是被动应对者，而是积极运用者，要学会将公共能量场作为一种治理工具、利益表达渠道和矛盾化解的机制，将之整合到政府治理系统中，通过践行多元交流、协商与对话，逐步提高运用公共能量场的能力，发挥其对于解决环境冲突、增进理解和寻求民主科学决策的功效。

2. 提高政府纠错、协作与促进能力，增强公共能量场的治理绩效

一是提高政府的纠错能力。早在 2004 年 9 月，十六届四中全会通过的《中共中央关于加强党的执政能力建设的决定》就明确指出要"建立

---

① 黄健荣：《政府决策注意力资源论析》，《江苏行政学院学报》2010 年第 6 期，第 106 页。

决策失误责任追究制度，健全纠错改正机制"。严格来说，现实中纠错机制仍缺乏制度化的平台，而公共能量场恰好提供了选择，这其中的关键还在于地方政府应当能够增强责任感，正视公共能量场所提出的问题与所激发的方案，善于和勇于纠正原有决策的短视。二是协作能力。治理理论认为，在一个多主体的治理系统中，政府虽然拥有绝对的权威，但仅扮演着"同辈中的长者"的角色，平等地对待各方，引导各主体间的合作，发挥治理系统的最大合作功效。这就要求地方政府改变以往高高在上的姿态，学会尊重和倾听场内各行动者的利益表达和权利诉求，通过有效的合作、协商和沟通，寻求方案的优化与对策，达到避免和最大限度地减少决策短视的目的。三是促进能力。一个理想的政府角色不仅能适时发挥公共能量场的纠错功能，还应当对公共能量场的治理起促进推动作用：机制能力，完善制度建设；资源动员与整合能力，积极搭建公共能量场平台；决策环境协调能力[①]，协调决策涉及的政治、经济、社会和法治等环境因素，同时善于在场内主体之间引导并协调对抗性交流基础上的合作。另外，鉴于"公共行政需要的不仅仅是人性化的管理施政，更重要的是要有责任教育与启蒙，强化与激励公民精神和美德"[②]，从长远看，还应当提升教育与塑造公民形成参与、协商和对话的公共精神的能力。

第三节　基于公共能量场治理的场层面条件发挥基点
——构建社区反馈型能量场

一　构建社区反馈型能量场的现实必要性

上述针对制度层面和行动者层面的十一项条件构建，明确了基于公共能量场的地方政府环境决策短视治理所需条件的着力点，但有的条件的构建完善并非一朝一夕，比如，民众"场能力"的增强、环保部门场促能力的提高、环保 NGO 的作用提升很大程度上仍需要基于公共能量场机制

---

① 黄健荣：《政府决策能力论析：国家重点建设工程决策之视界》，《江苏行政学院学报》2012 年第 1 期，第 95 页。

② 张成福：《重建公共行政的公共理论》，《中国人民大学学报》2007 年第 4 期，第 3 页。

的长期践习与锻炼，而作为多主体间的协商对话机制——社区圆桌对话能量场实践提供了这种常态机制的可行选择。况且，运动外压型能量场及环评预防型能量场在应对环境问题后显性上的不足，决定了需要在环境问题最终发生地的社区通过构建社区能量场形成反馈式治理。另外，前述 IAF 条件层面路径—对策分析也表明，场层面对于制度和行动者层面应有的反馈式塑造与促进作用也需要通过构建常态性的社区反馈能量场来填补。

（一）社区的天然优势

"在政府和市场提供一个追求自我利益的正式的制度体系的时候，社区与 NGO 则为人民提供非正式的将生活空间、非物质性的价值逻辑与治理手段结合起来的社会自身的场所。然而正是这样的为人们的生活所积极选取的生活体系，却成了治理环境问题的最好场所。"[1] 许多学者都强调社区在教育、动员、凝聚和培育社会资本、达成集体行动方面的优势。例如，布奇勒（Steven Buechler）提出的社会运动社区（Social Movements Community）[2]、梅卢西（Alberto Melucci）所称的"浸没的网络"（Submerged Networks）[3] 等。而公共能量场的提倡者福克斯和米勒（Fox and Miller）也强调构建社区，"有大家能遍理解的话语规则以及参与互动型讨论会的社区，在那里，不同的观点可以相互碰撞"。[4] 社区环境对话能量场提供了常态性的话语平台与践习场，不但具有激发各行动者能量解决特定环境议题的作用，而且通过提升行动者的能力达到有利于外压能量场和环评能量场治理所需条件的功效：一是能够形成环境议题，减少发现和建构环境议题的成本。"公共话语涉及到了媒体话语和人际互动之间的一个相互作用，这一相互作用受到了现有集体信仰和认同感的操控。尽管大众媒体在架构公共话语中的论题和反论题时扮演了重要的角色，集体信

---

① 陶传进：《环境治理：以社区为基础》，社会科学文献出版社，2005，第 22 页。

② Steven Buechler. *Women's Movements in the United States.* New Brunswick, N. J. : Rutgers University Press, 1990, p. 76.

③ Alberto Melucci. *Nomads of the Presents: Social Movements and Individual Needs in Contemporary Society.* Philadelphia: Temple University Press, 1989, p. 36.

④ 〔美〕查尔斯·J. 福克斯、休·T. 米勒：《后现代公共行政——话语指向》，楚艳红、曹沁颖、吴巧林译，中国人民大学出版社，2002，第 152 页。

仰的实际形成和转化，却发生在个体所认同的群体和类别内的交换之中。"① 社区恰恰提供了群体认同和日常活动交换的场域，能够最直接地发现环境问题并以极快的速度在群体内传播，形成解决问题的诉求和达成相关共识，成为环境议题灵敏发现及低成本建构的有效机制。二是孕育信任、互惠和合作的社会资本。社区能够在各类行动者特别是民众之间的相互频繁的接触中培养和孕育信任、互惠和合作的社会资本，促进公共能量场内行动者的合作以解决环境问题。三是提升对话协商的能力。基于日常的对话形成"重复性的实践"，能够锻炼和促进行动者在公共能量场内的协商、学习、尊重、合作能力，为运动外压及环评能量场的形成提供基础。

（二）构建社区反馈型能量场是桥接场层面的"作用断裂"，充分发挥其对于行动者层面和制度层面应有的塑造功能的有效路径

前述 IAF 条件分析表明，场层面的条件"内嵌"并取决于制度层面和行动者层面条件，但同时场层面对于另两个层面应有的塑造提升作用出现"断裂"。而实际上，作为一种结构，公共能量场不但提供了通过规制、约束和激励行动者从而对其行为能力起矫正和塑造作用的场境，而且能够发挥促进行动者对于影响公共能量场治理的国家制度绩效进行反思、改进从而渐进推动其进迁的功效。这种场境作用发挥的关键，还在于提供一种常态性的场机制，借此，能够桥接场层面的"作用断裂"和充分激活场的功能，而社区环境反馈能量场能够提供这种常态性的场机制（见图 6 - 1 阶段②）。因为，某种程度上，作为民众生活的空间和基础的社区本身就是一个能量场，能够整合并激发民众的能量，而通过进一步构建社区反馈能量场能够促进社区居民、媒体、环保部门和决策者等多元行动者之间的经常性对话协商，促进其能量的发挥。特别是，随着社区反馈能量场的制度化与例行化，这一常态性的公共能量场实践将能潜移默化地促进行动者的在场感知和场内行动能力的提高，为形成围绕某一环境议题的公共能量场治理所需的行动者层面和制度层面的条件提供前提。

① 〔美〕艾尔东·莫里斯、卡洛尔·麦克拉吉·缪勒：《社会运动理论的前沿领域》，刘能译，北京大学出版社，2002，第 105~106 页。

（三）构建社区反馈型能量场是弥补运动外压型能量场和环评预防型能量场的作用不足，有效应对环境问题的后显性从而实现从预防到反馈的全过程治理的必要选择

第二章的分析表明，环境问题带有后显性，即其有可能在环境决策作出后历经一段时间才显现出来。环评预防型能量场实际是一种前端预防式治理，并不能有效应对决策作出后出现的环境问题；而运动外压型能量场既可能形成于地方政府环境决策作出之前（都江堰建坝案）、决策制定之中（保卫怒江案），也可能在作出之后（厦门反 PX 案、番禺反垃圾焚烧案），其虽能起到反馈式纠偏作用，但对媒体的关注报道、社会资本和外压的成功动员等相对苛刻条件的依赖，决定了其作用仍带有偶然性与不稳定性。总体上看，这两类能量场对于行动者能力增强和推进制度进迁的作用是不确定的、有限的。而由于环境问题最终都在社区范围内显现，社区实际上成为环境问题的最灵敏的发现地，基于社区的环境对话能够起到有效应对环境问题后显性的即时性反馈式治理作用，不但能弥补前两种类型能量场的作用不足，而且能为其创造条件——社区孕育合作的社会资本、信任与互惠关系。这样，三种类型能量场的结合，就能够实现对环境决策从预防（环评预防能量场、运动外压能量场）到监控（运动外压能量场、社区环境对话能量场）再到反馈（社区环境对话能量场、运动外压能量场）的全过程无缝隙式治理。

二　社区环境反馈型能量场的基础原型——社区环境圆桌对话会议

在福克斯和米勒（Fox and Miller）看来，社区具有"一些人对话"的话语潜力，他们设想的"社区对话能量场"在世界银行力推的"社区圆桌对话项目"中得到证实与实现，而且在中国也得到一定程度的实践。值得一提的是，在"绿色社区"① 活动中，由原国家环保总局与世界银行

① 2000 年，中宣部、国家环保总局、教育部联合下发《2001～2005 年全国环境宣传教育工作纲要》，提出"十五"期间在全国开展"绿色社区"创建活动。2004 年，国家环保总局又发出《关于进一步开展"绿色社区"创建活动的通知》，要求各级环保部门将"绿色社区"创建活动作为推进公众参与环境保护的有力措施。自此，环保进社区成为一种全国性现象。

合作推广的"社区环境圆桌对话项目"① 及其实践形式——社区环境圆桌对话会议提供了围绕环境议题的各方参与、协商、对话的公共能量场平台、基础和雏形。可以以此为基础，发挥社区环境对话能量场在提升行动者能力和渐进推动制度变迁方面的作用，为基于公共能量场的治理创造条件。

（一）社区环境圆桌对话会议：社区环境反馈型能量场的基础与雏形

1. 社区环境圆桌对话会议的实质是形成围绕某一环境议题的公共能量场

关于"社区环境圆桌对话会议"，世界银行与原国家环保总局给出的界定是："围绕某一环境议题，由当地环保部门或社区工作人员组织，邀请相关政府职能部门、企事业单位和公众代表进行交流、协商，尽可能达成三方协议或会议共识。此协议无法律约束力，而是通过社会道德、舆论压力和其他潜在影响得以执行，促进企事业单位改善环境行为，提高政府的管理能力，实现环境保护公众参与。"② 从此界定中，可以发现其实质是形成小范围的面对面共同在场：一是场源：由"围绕某一环境议题"而形成。二是行动者与场结：纳入"环保部门、社区工作部门、政府部门、企事业单位、公众、媒体"等多方参与。其中，环保部门或者社区工作部门发挥联结各方的场结作用。三是场体：基于圆桌对话的面对面共同在场交流方式。四是场的过程：交流、协商和对话，旨在达成协议与共识。

2. 社区环境圆桌对话会议提供了社区反馈型能量场的基础与雏形

一是场源方面。选取特定的会议议题，即"在会议召开之前，通过公示、问卷调查、走访居民等方式，将公众关注程度较高、解决难度适中、具有可操作性的环境议题确定为会议主题"。③

二是行动者与场结方面。首先，会议组织者与主持人。组织者"一般由当地环保部门或绿色社区创建工作的主管单位承担，在适当的时候可

---

① 2006 年，原国家环保总局宣教中心与世界银行合作开展"社区环境圆桌对话项目"，在全国选择沈阳、石家庄、邯郸、秦皇岛、杭州、赤峰、重庆七个城市开展试点工作。

② 国家环保总局宣教中心：《社区环境圆桌对话培训大纲》，第 2 页。

③ 同上，第 3 页。

以邀请民政、精神文明办等政府部门、社会团体承担"①。从组织者承担的"宣传对话项目、选择与确定对话会议主题、确定和邀请各方代表参会、确定会议主持人员、公开会议相关信息、完成调查问卷、汇总资料及时归档并上报"② 等方面的职责可以看出其实际上发挥着联结各方的场结作用。同时，选择与会议议题及参会各方没有直接利益关系、立场公正的人担任主持人引导各方交流。其次，利益相关方代表为"具备一定的文化素质、语言表达能力、威望和代表性的社区常住居民"。③ 再次，责任相关方代表为企事业单位和政府部门代表。最后，邀请环保志愿者作为列席人员，并邀请新闻媒体代表参加。

三是场体方面。"在确定参会各方后，在会议前 7 日公示会议时间、地点、主题、各方参会代表名单及会议议程，同时准备会议相关资料。为保证对话会议坚持公平原则，会场布置不设主席台，将桌椅摆放成环状或方形，有利于营造民主、平等的会场氛围。"④

四是场用方面。《社区环境圆桌对话会议培训大纲》、《社区环境圆桌对话指导手册》初步为对话能量场提供了基础性的规则。比如，行动者方面，规定参会代表的四类构成、相应的条件、产生办法；场的过程方面，规定会议的准备程序、会议的过程、发言者的理性要求、会后的评价以及后续会议等。⑤

（二）社区环境圆桌对话会议存在的问题

目前试点情况已证明，社区圆桌对话项目通过政府、企业和公众之间的对话，达到了促进公众参与、沟通信息、化解矛盾和共同寻求解决环境问题的效果。但实践中也暴露出代表性不够、会议透明度不够、会议达成的协议难以执行等问题。例如，针对 2006 年 3 月重庆万盛区孝子

---

① 国家环保总局宣教中心：《社区环境圆桌对话培训大纲》，第 3 页。
② 环境保护部宣传教育中心：《探索解决社区环境问题的新途径——社区环境圆桌对话指导手册》，中国环境科学出版社，2009，第 14 ~ 15 页。
③ 同上，第 17 页。
④ 同上，第 21 页。
⑤ 详见国家环保总局宣教中心：《社区环境圆桌对话培训大纲》，第 3 ~ 9 页。环境保护部宣传教育中心：《探索解决社区环境问题的新途径——社区环境圆桌对话指导手册》，中国环境科学出版社，2009，第 14 ~ 24 页。

河污染治理的圆桌对话会议，有媒体指出，"代表都是经过了筛选"、"有几家应参会的部门负责人临时换了人"、"污染企业并未被列入责任方中"。① 另外，上述理论分析表明，社区环境圆桌对话会议目前还仅是初步提供了社区反馈型能量场的基础，从公共能量场的角度看，仍然存在以下不足。

1. 场用规则不完善，尚未形成制度化的实践

一是关于对话能量场运行的规则仍不完善。《社区环境圆桌对话会议培训大纲》与《社区环境圆桌对话指导手册》仅是一种初步性的、建议性的要求，关于对话能量场的形成、行动者代表的产生、场结和场促角色、场的博弈等规定尚不细化、不完善且缺乏强制性，造成实践中人为操纵因素较大，容易导致对话流于形式或是对话效果大打折扣。二是并未形成定期的制度化形式。负责推广社区环境对话项目的世界银行高级经济学家王华指出："由于环境圆桌对话并没有明确纳入政府职能，缺乏考核、激励机制，一些试点项目的参与者多半是凭借热情。"② 而民众关于"要是能多办几次这样的活动就好了"③ 的心声也流露出对于对话活动成为常态制度的企盼。然而，对话能量场的经常性践习的缺乏，使得行动者缺少基于此持续性地锻炼和提升行动能力的制度平台。

2. 场结角色不明，场促作用没有发挥

"组织者一般由当地环保部门或绿色社区创建工作的主管单位承担，在适当的时候可以邀请民政、精神文明办等政府部门、社会团体承担"以及"必要时可由环保部门协助邀请相关方参与"④ 的模糊规定，造成各地做法五花八门，场结角色到底由谁来承担并不明朗。另外，圆桌对话过于强调避免激化矛盾，对于真诚基础上的对抗性交流重视不够，以及在此基础上促进协商、谈判和沟通的场促作用，"会议主持人介绍会议主题、

---

① 吴红缨：《讨论一条河：重庆官民圆桌对话与中国公共管理实验》，《21 世纪经济报道》2006 年 3 月 29 日第 5 版。

② 余琴、包蕴：《对话的力量》，《中国改革》2007 年第 9 期，第 62 页。

③ 闫艳、李玉芳、高杰：《小圆桌化解大麻烦：扬州五里社区环境圆桌对话会议实录》，《中国环境报》2008 年 9 月 3 日第 6 版。

④ 国家环保总局宣教中心：《社区环境圆桌对话培训大纲》，第 3、6 页。

程序、内容、注意事项"，表明其仅是会议程序的主持者，并没有明确其在促进和达成各方交流上的作用，环保部门应有的场促角色并未发挥。在环保部门仅作为组织者而非实质的参与者及承担场促角色的情况下，基于居民、责任单位的协商往往难以达成。

3. 场能未得到最大激发，作用相对有限

环境圆桌对话能量场在场源的选择上还仅限于"易啃的骨头"和专"拣软柿子捏"，即只能选择小的、好解决的和具有可操作性的议题，比如能通过协商促进环保部门加强监管、企业改善环保设备与自觉守法等来解决的问题。"如果选择太敏感的议题，不仅不利于解决问题，甚至会激化矛盾"[1] 的定位表明在能量场的作用上还是过于保守，局限于改善社区环境质量方面，避开了决策源头这类敏感问题，发现环境问题后通过协商对话反馈促进政府修正原有决策的功效还较难实现。另外，会议达成的共识依靠舆论与民众监督，缺乏规范性与强制性的反馈机制，这些都决定了圆桌对话能量场的绩效从目前看仍相对有限。

三 以社区环境圆桌对话为基点构建社区反馈型能量场，发挥其渐进形塑公共能量场治理条件的功效

上述分析表明，尽管社区环境圆桌对话还存在不足，但总体上提供了一个具备前期基础条件的能量场平台机制，特别是其在促进行动者能力（环境意识和权利意识）的提高上颇显功效。实际上，原国家环保总局对沈阳和重庆两地社区圆桌对话效果的调查问卷显示：参加对话后，82%的参会人员对讨论的环境问题和政府政策了解得更清楚了，80%的参会人员认为对话制度有助于提高公众保障自身权利、积极参与社会管理的意识。[2] 为此，可以以此良好的前期基础为基点，对其不足进行改造，推动形成常态性的社区反馈型能量场，充分发挥其对于行动者能力提升和促进环境议题解决的作用，达到填补场层面的作用"断裂"并最终有利于形塑基于公共能量场的治理所需条件的功效。

---

① 余琴、包蕴：《对话的力量》，《中国改革》2007 年第 9 期，第 62 页。
② 黄娟等：《圆桌对话：点燃公众环保热情》，《人民日报》2007 年 7 月 14 日第 6 版。

（一）总体思路：由试点推行向诱致性制度变迁再到强制性制度变迁，促进社区环境圆桌对话会议形成制度化的能量场

鉴于社区圆桌对话能量场在解决社区环境问题、特别是其对于提升行动者能力方面的优势，加之目前试点的初步成效，完全有必要将之从试点推行和诱致性的制度变迁阶段扩大到强制式的制度变迁。当务之急是在既往实践和引导各地推动出台相关的制度规定的基础上，总结经验和发现问题，由国家环保部以部门规章的形式出台关于社区圆桌对话的制度性规定，推动该制度在社区层面的经常性实践，使之成为一种长效性、常态性的公共能量场机制，为充分发挥其功效提供前提和保障。从对话能量场的角度看，该制度的内容要点应主要包括：一是场的形成方面，如议题的选取、行动者的构成类别（社区民众、环保部门、NGO、专家、相关政府部门、企业和媒体等）、代表的产生办法与各自的职责、对话的有效组织、定期召开的时间间隔与即时启动机制、经费保障、相关信息的公开等；二是场的过程方面，如对话博弈规则、管理者协商者（场促）角色的履行、协商谈判的机制与程序等；三是场的结果方面，如协议的达成、结果的信息公开、反馈追踪机制等。同时，围绕该制度可以通过出台有关技术指南、培训导则等操作性规定提供相应的配套支持。

（二）以社区环境圆桌制度为平台构建社区反馈型能量场，充分发挥其对于渐进推动公共能量场治理条件完善的功效

1. *以社区环境圆桌对话为基点形成环境话语场，促进公众环境意识的提高与形成社区环境文化*

社区环境圆桌对话能量场是一种小范围的面对面共同在场，其场源即议题及最重要的行动者——民众代表都来源于对话能量场所置身于其中的更大范围的社区，因此，更大范围的社区话语场应成为社区环境圆桌对话能量场启动的前提。即社区反馈型能量场的形成需要遵循从"社区环境话语场（整个社区场）"建构环境议题到启动"社区圆桌对话平台（小范围面对面共同在场）"形成互动协商、寻求对策、问题解决、跟进监督的逻辑。为此，应通过在社区构建网络社区论坛（或者专门的环境网络论坛），或者实体性的社区意见征集论坛等平台机制，形成社区居民全开放式讨论环境议题、寻求对策方案的社区环境话语场，而环境话语场的形成也是凝练和激发公众参与环境管理的意识和热情、促进社区成员间形成信任、互惠与合作的社会资本的过程，随着环境话语场在社区内的不断践习，其将逐渐成为社区内的一种价值观念、沉积惯习，甚至是生活方式，久而久之，经过长期的历练，会使之例行化（Routinized），形成讨论环境的氛围和社区环境文化，从而渐进提升公众的环境意识。

2. 发挥社区环境圆桌对话作为行动者在场能力提升的"训练场"、"培训地"与"催化剂"的作用，促进行动者在对抗性交流基础上的理解共识与坦诚合作

一是通过社区环境圆桌对话的经常性实践，逐步增强民众代表的广泛性与普及性。广泛性主要通过对收入阶层、文化水平、职业及利益相关程度等各方面的比例平衡来实现；普及性应逐渐满足公众的广度参与。目前在人员遴选方面主要选取有一定文化水平的人士，主要是考虑对话的能力要求。从长远看，需要进一步在社区加大包括专业知识、谈判要领和对话能力等内容的培训，逐步通过代表的轮换制提高代表的普及性，促进多数社区居民都能通过参与对话能量场提高自身的"场能力"。二是圆桌对话应不仅能够实现公众话语权，还应当有利于提高行动者在对抗性交流的基础上通过合作寻求问题解决的能力。实际上，对抗性交流并不见得只会造成激化矛盾的负面结果，在场用规则健全与行动者理性的前提下，对抗反而有利于全面识别问题，促进行动者反思调整，从而达到"以抗促和"的目的。圆桌对话应促进行动者表达观点诉求，同时学会尊重对方、理性反思、共同合作，通过交流、沟通和相互理解，达成寻求对策和优化方案的集体行动。

3. 践习环保部门的场促角色，提高公共能量场管理能力

目前社区环境圆桌对话会议过于强调主持人的中立性，环保部门只是作为会议组织者或责任方参与，而实际上现实中很多环境决策短视根源于地方政府而非环保部门，其实，在前述通过环保部门管理体制改革确保环保部门独立性的前提下，环保部门能够在场内扮演减少冲突和增进合作的"催化剂"，促进各方充分交流、谈判和协商，达成利益平衡点与共识的"平衡轮"角色。如果说运动外压型能量场与环评预防型能量场中环保部

门应然的场促角色作为一种新要求尚缺乏实践平台的话，那么，社区环境圆桌对话能量场无疑为环保部门履行场结角色提供了一个很好的"操练场"和"践习地"。因此，应将环保部门作为对话能量场的组织者、协调者与促进者，使其履行组织会议，化解分歧与矛盾冲突，促进各方间的交流互动、平衡、协商与达成优化方案的职责，在实践中不断提高其场促能力，为运动外压型和环评预防型能量场中场促能力的履行提供基础。

结　论

　　保护环境既是中国一以贯之的基本国策，更是地方政府不可推卸的职责。然而，"政府决策不当或失误是环境污染严重发生的最为直接和最具作用力的因素之一"①。现实中，相当多的环境问题根源于政府决策，特别是在长期以来 GDP 导向的风向标下，地方政府在环境决策过程中由有意、无意或难以克服原因造成的观念短视（"污染保护主义"决策、漠视污染治理提议和正当诉求的"不决策"、"决定不作为"和"决定不作出决策"）、程序短视（"先上车后补票"的违规审批、决策不纳入公众参与）、利益短视（决策结果有损公共利益或忽视弱势者利益）等行为，导致生态破坏和环境群体性事件频发，引发大量的环境危机。在这种背景下，如何有效治理地方政府环境决策短视既是摆在当代中国政府面前的一个严峻挑战，更是一项亟待研究的现实课题。

　　在治理地方政府环境决策短视这一问题上，基于公共能量场的治理提供了一个可行的选择。然而，一方面，从理论上看，目前公共能量场研究总体上处于描述阶段，尚未形成包括内容构成、研究模型、相关假设和分析框架等在内的完整理论，如何夯实其学理基础，使之成为一种分析工具是一个亟待填补的研究空白；从实践看，当前业已初显的运动外压型和环评预防型这两类公共能量场的治理绩效如何，特别是，基于公共能量场的地方政府环境决策短视治理需要构建与完善哪些条件？这些问题都有待于

---

①　蔡守秋、莫神星：《我国环境与发展综合决策探讨》，《北京行政学院学报》2003 年第 6 期，第 31 页。

学理解释。本书试图尝试性地解答这些问题，旨在通过从理论上一定程度地对公共能量场进行探索拓展以期抛砖引玉；同时，基于案例分析得出基于公共能量场的地方政府环境决策短视治理条件的构成并有针对性地构建和完善相关条件，为治理地方政府环境决策短视提供对策与建议。

第一节　研究结论

通过对公共能量场进行理论研究及对当前业已初显的公共能量场治理实践予以分析，可以得出一个总结论，即基于公共能量场的治理能够成为有效解决地方政府环境决策短视问题的可行选择，有效的对策应通过有针对性地从制度层面和行动者层面构建和完善经由案例得出的十一项条件，为促成运动外压型和环评预防型能量场治理创造前提，同时，在社区环境圆桌对话实践的基础上构建常态性的社区反馈型能量场，发挥场层面对于反馈式环境问题解决、渐进提升行动者的"场能力"（行动者层面）及推进制度进迁（制度层面）的功效，最终形成运动外压型—环评预防型—社区反馈型三位一体的全过程无缝隙式公共能量场治理。

在这个总结论的基础上，得出如下几个分结论。

结论一：环境问题的特殊属性决定了地方政府环境决策短视问题不能仅靠扭转 GDP 导向的政绩考核机制就能根本解决，其有效治理需要基于多主体间参与互动合作的公共能量场机制。

地方政府环境决策短视既可能是主观人为的结果（"有意的短视"），也有可能因为环境问题的复杂性（涉及多个领域，决策需要考量多个复杂因素）、信息等条件的不充分性（政府拥有的信息与智能的有限性）、后显性（可能历经一段时间的累积才会显现出来）而无意造成（"无意的短视"）或不可避免（"难免的短视"）。对于"有意的短视"可以通过扭转 GDP 导向的政绩考核机制加以规制[①]，但对于"无意的短视"和"难免的短视"，只能借助于与决策议题相关的多元行动者形成的公共能量场

[①] 2013 年十八届三中全会提出"完善发展成果考核评价体系，纠正单纯以经济增长速度评定政绩的偏向，加大资源消耗、环境损害、生态效益、产能过剩、科技创新、安全生产、新增债务等指标的权重"，有望对此有所扭转。

所激发的公共能量（发现、纠错与改进功能）来有效治理。实际上，环境决策的多主体相关性（涉及多个利益相关者）、内在冲突性（价值认识的冲突）、决策过程的民主性（多元话语）、决策结果的利益平衡性（达成利益平衡）决定了其有效治理需要提供与决策议题相关的多主体间参与互动的公共能量场机制。基于这一机制，多元主体间能够进行对抗性交流、协商、分享信息、合作、学习以寻求可能的优化方案和达成利益平衡，从而预防、避免或纠正决策短视。

结论二：公共能量场为地方政府环境决策短视治理提供了新的分析视角与破题思路，是当前各种治理条件尚不完备情境中的可恃选择。

尽管公共能量场的提出源于福克斯和米勒这两位后现代理论家，但不必非得生硬地将之贴上后现代的标签，或者认为其仅是西方后现代情景中的产物。实际上，如果把目光转向现实治理实践，不难发现，公共能量场其实一直都存于公共事务治理过程中（详见第三章的分析）。可以说，公共能量场是特定制度情境中的来自公共领域、公权力领域甚至国际领域的多方主体通过互动博弈（对抗性交流、协商对话）、公共能量的激发（打破政府独白话语、集思广益和合作寻求优化方案）以治理公共事务的治理机制的概括，其提出恰恰反映了新的治理时代条件下人们对政府垄断政策过程的不满和多元对话式治理思想的回归。在地方政府环境决策短视治理上，科层治理低效、市场治理失灵和自主治理受限，而国外新近流行的网络治理依托于常态性的互动关联。在当代中国治理主体尚未成熟，治理机制远非健全，尚未形成类似西方的治理情境、特别是当前政府垄断决策过程且参与渠道不畅的情境下，这些治理模式在应对中国地方政府环境决策短视这一问题上仍缺少适用的土壤。与之相比，公共能量场既可能是多元主体间围绕特定议题偶然聚合但相对持久的互动，也有可能依托于相对稳定的关联，这使得其更具有适应中国治理情境特点的解释力、灵活性与适切性。特别是，基于公共能量场激发和释放的场能具有迫使政府开放决策过程，促进多元主体在对抗性交流的基础上通过沟通对话合作达成决策优化方案，避免和扭转决策短视的功效。从实践看，目前基于理性环境抗争运动的外压、环评法律制度的协商对话能够形成多方参与博弈的公共能量场，通过主体间偶合形成但相对持久的互动所激发的场能，强制性地打破政府决策垄断，开启民众、专家、地方政府、环保 NGO 和环保部门等多主体间进行对抗性交流和协商对话的平台与基点，发挥了治理地方政府环境决策短视之功效。事实上，在当前政府仍实质性地垄断决策过程、参与渠道受阻的情况下，舍此能量场机制之外，已经很难找到能够打破政府垄断、促进"局外人"等多元话语融入决策过程以有效治理决策短视的可行通道与路径。因此，基于公共能量场的治理当前已具备一定的现实基础，其提供了治理地方政府环境决策短视的可恃选择。

结论三：基于公共能量场的地方政府环境决策短视治理需要构建与完善若干条件，这些条件不应是"先入为主"式的主观臆断，而应借助于理论分析推导并经由案例验证而得。

基于公共能量场的治理是当前政府垄断环境决策情境中的可行选择，但从提升其场能看仍有赖于相关条件的完善，然而这些条件的所得并不应是"先入为主"式的主观推定。在笔者看来，条件的探寻可以借助于两个步骤：一是理论上的研究设计。可以借用奥斯特罗姆、萨巴蒂尔等提倡的"分析框架—理论依据—模型构建"研究设计方案（详见第三章），结合地方政府环境决策短视治理这一研究主题，进行"分析框架—理论（法律）循证—模型构建"的研究设计，即通过设计公共能量场 SSP 分析框架明确包括场的形成、场的结构、场的过程的"条件分析面"，同时基于实践，构建运动外压型场和环评预防型场这两类能量场的模型，分别结合相关理论（社会运动理论、政策过程理论）和现行环评法律制度推导出这两类能量场的"条件分析点"（即条件假设变量），为通过案例进一步分析验证这些条件假设提供基础；二是验证分析及条件归总。通过分析当前运动外压型与环评预防型这两类能量场的现实案例，针对所推导出的条件假设进行验证分析，过滤、筛选各条件变量，归总形成条件因子集，得出条件的内容构成。

结论四：对经由案例验证归总所得的十一项条件的分析能够形成 IAF 条件层面路径—对策分析，不仅能够透析治理条件的层次逻辑与内在机理，而且可以勾勒出基于公共能量场的地方政府环境决策短视治理之条件完善的路径与对策。

通过对经由案例验证归总所得的十一项条件的进一步分析，可以得出包括"三个层面内容"（社会制度层面—行动者层面—场层面）、"两类向度"（"由外而内"与"由内而外"）、"一个重点研究基面"（场层面SSP分析）和实践场（社区对话能量场）的IAF条件分析（如下图）。一是条件层次逻辑与作用机理。作为社会制度系统中的行动者互动的结果，公共能量场的形成取决于制度层面与行动者层面的条件，公共能量场的绩效本质上映射、反映和体现了社会制度系统和行动者层面的条件现状（由外而内向度的"作用线"），由此可以基于"场层面SSP分析"透析出制度层面与行动者层面的成功与不足，得出所需的治理条件，接着沿着由内而外向度的"反馈线"反馈改进前两个层面的条件以完善。这样，场层面SSP分析成为整个公共能量场治理条件分析的前提。同时，公共能量场一旦形成也就构成对身处其中的行动者产生制约、规训、惩罚和教育、激励、塑造的场境，可以借助于并发挥"场力线"作用，即形成常态性的社区对话能量场，通过经常性的践习，推进场内行动者提升在场感知、互动合作及渐进推动制度进迁的能力。二是路径对策分析。由条件层次逻辑

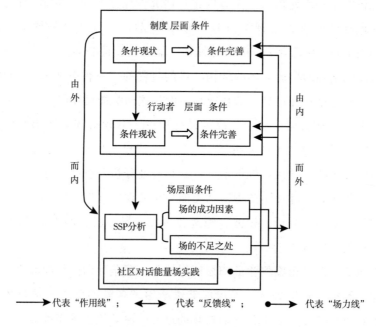

基于公共能量场治理的 IAF 条件分析图

资料来源：笔者自制。

与作用机理可得，基于公共能量场的地方政府环境决策短视治理的路径是，在完善制度层面和行动者层面条件，发挥其对于形塑场层面条件作用的同时，激活场层面对于提升行动者能力及推进制度变迁的功效。相应的，有效的对策应有针对性地从制度层面和行动者层面的十一项条件进行构建完善，为形塑运动外压和环评预防这两类能量场创造前提；同时，可以在当前社区圆桌对话的基础上加快社区反馈型能量场建设，发挥常态性的场层面对于环境问题反馈式解决、渐进提升行动者的场能力及推进制度进迁的作用。

结论五：研究发现，运动外压型与环评预防型这两类能量场存在关联又有着不足，需要结合社区反馈型能量场形成全过程无缝隙式治理。

当前由理性环境运动所形成的运动外压型能量场及基于环评法律制度的环评预防型能量场存在关联，即通常是由运动外压能量场推动形成环评预防能量场，这反映了现行环评法律制度在形塑环评能量场的保障功能上乏力，如何完善环评制度提升其塑场作用至为关键。同时也表明在目前各项参与制度平台不完备的情形下，运动外压型能量场几乎成为地方政府环境决策短视治理的唯一恃选择。然而，环评预防型能量场形成于决策之前，其虽起到有效的预防作用，但仍不足以应对后显性的环境问题。而运动外压型能量场的形成又带有偶然性与不确定性，其作用从当前看仍是零散的、局部的。总的来看，这两种类型能量场的非常态性使得其在发挥场层面对于行动者"场能力"提升的作用上还相对有限。因此，除完善这两类能量场功能发挥所需的若干条件外，还需要有互补的常态性场机制。研究发现，在目前虽未完全显现决策短视上的治理功效、但已具备现实基础的社区圆桌对话会议上构建的社区反馈型能量场，能提供这种互补的常态性场机制。这样，基于三种类型的公共能量场，能实现从决策前的预防（环评预防型能量场、运动外压型能量场）到决策中的纠正（运动外压型能量场、社区反馈型能量场）乃至决策后的反馈改进（社区反馈型能量场、运动外压型能量场）的全过程无缝隙式治理。

第二节　基于公共能量场的治理前景分析

许多学者对公共能量场作出高度评价与肯定，比如，古德塞尔（Charles

T. Goodsell）认为以公共能量场为核心的话语理论"代表了公共行政管理领域研究的最高水平"①，国内学者关于"对于公共行政学领域而言，公共能量场是一个哥白尼式的转折点，它为公共行政的反思提供了一个新的视角"②，以及各种推崇（详见第一章导论中的文献综述）。福克斯和米勒更是提倡"公共行政领域的模式从官僚制转换到公共的能量场"③，强调基于公共能量场的"话语网络——超越了层级的制度——为公共行政提供了一个可行的模式"。④从目前来看，认为公共能量场是一种治理模式尚为时过早，但应肯定的是，其却是一种蕴藏巨大潜力的治理工具或治理机制，特别是对于地方政府仍极大程度地封闭政策过程、不愿意实质性分权、各项参与渠道不畅而各种治理主体和治理机制又相对欠缺的中国现实来说，其有着作为治理分析工具的应用价值及适用中国治理情境功效的广阔前景。

第一，公共能量场可以成为公共治理的一种有效实用的分析工具。

长期以来，社会科学研究中形成了结构与能动、客观与主观和整体与个人的二元分析法。个体层面研究可谓已经驾轻就熟，但实际上更适合于表达事物而不是关系，呈现状态而非过程。而一些借助于整体分析的研究能描述系统内相对稳定的关系或常态性的关联，但往往不能很好解释行动者在特定情境中的偶合或者非常态性的互动。实际上，各种类型的关联（临时的、偶合的、相对稳定的和常态的）是不能忽略的存在，这就需要一种兼具结构与能动、整体与个人的全面分析框架。由于一切社会过程都置于场中，特别是，场提供了形塑主体间互动关系的特定情境，因此，场从结构的、整体的互动视角提供了一个整体性的分析图式。"能量场的概念把人们的注意力直接引向语境，即真实的、生动的事件，也能把人引向建构理解过程的社会互动。"⑤的确，借助于场这一分析视角，可以对纳

① 〔美〕查尔斯·J. 福克斯、休·T. 米勒：《后现代公共行政——话语指向》，楚艳红等译，中国人民大学出版社，2002，第5页（序言）。
② 胡晓芳：《政治行政分合视阈中的行政公共性》，博士学位论文，苏州大学，2009，第120页。
③ 见注①，第99页。
④ 见注①，第144页。
⑤ 见注①，第104页。

入场的主体间的关系及其互动过程进行全面考量。事实上，如果我们承认时空情境的存在，如果揭示这一存在中的关系构成尤为必要，进而如果需要剖析整个过程的情境关联的话，那么，场就是一个能消解研究中的二元对立并能精准地分析社会实践的实用的分析渠道。基于公共能量场的分析视角，能够透析公共治理领域里各种类型的能量场的各类要素（场的形成、场的结构、场的过程和场的绩效）、场内行动者的行为、相互关联及场所置身于其中的更大范围内的社会规则系统，成为一个考察多主体形成的公共治理结构及其内在关系的实用的分析工具。

第二，公共能量场不仅是当前中国情境中治理地方政府决策短视的可恃选择，而且从长远看，其将在政府决策领域占据重要一席。

现代治理实践表明，许多源于科层制的问题不能寄希望于仅通过科层治理得到根本解决。从环境决策看，环境问题的复杂性与决策过程民主性与科学性的要求，更需要打破精英主义决策模式而实现多主体间的协商对话与合作。当前地方政府仍实质性地垄断环境决策权，参与渠道不畅（即便是以法的形式推行的环境影响评价制度在实践中也几近流于形式，详见第五章的分析），同时出于决策质量之考量参与也并非不受限制[①]。而基于理性环境运动的外压公共能量场对于因决策而有意或无意导致的短视能起到匡正作用：不但提供了多元主体参与并推动环境议题进入政策议程的平台，而且可能迫使政府选择将议题回归正常的环评法律渠道（外压能量场推动形成环评能量场），或者开启形成各方代表小范围的共同在场机制（外压能量场推动形成面对面的共同在场），进而通过协商对话达成优化方案和平衡利益。因此，在政府垄断决策权、公民参与渠道受阻的情况下，公共能量场几乎成为当前有效规制地方政府环境决策短视之治理工具箱里的仅有可恃选择。从长远看，随着基于公共能量场的治理所需各项条件的逐步完善，一方面，形成运动外压型能量场、环评预防型能量场和社区反馈型能量场三位一体的全过程无缝隙式治理；另一方面，有利于化解决策质量要求和决策可授受性需求之间的紧张关系，同时能够改变决

---

① 〔美〕约翰·克莱顿·托马斯：《公共决策中的公民参与》，孙柏瑛译，中国人民大学出版社，2005，第47～48页。

策论辩的政府垄断和精英主义倾向，增强决策民主的广度与深度，促进决策尽可能满足多元政策对象的利益诉求。长此以往，将会形成一种"路径依赖"（Path Dependence）甚至例行化（Routinized），使得公共能量场的效用将不限于环境决策层面，而是完全有可能在事关群众生活的重要公共决策方面占有重要一席。

第三，环境领域以其多主体相关性成为公共能量场治理的最佳"实验田"，多主体间的互动合作将能以此为基点形成公共事务对话协商和化解矛盾的"场产出"；同时，随着公共能量场治理实践的长期历练，将能渐进提升行动者的治理能力，孕育治理的基础，从而可能推动中国公共治理的兴盛。

环境问题涉及多个利益相关主体，其有效治理需要形成多主体间参与合作的公共能量场以激发场能。相对于其他领域，环境领域因与民众利益直接相关、受关注度和公众参与度都相对较高、对话协商可能与必要等优点，成为当前中国公共能量场治理的先导性"突破口"。随着环境领域里公共能量场的践习及绩效的发挥，将能形成一种激励和示范效应，扩大"场产出"——推动公共事务对话协商能量场治理实践的形成，通过公共能量场强制性地（当前）或主动性地（将来）形塑起由民众、政府、环保部门、环保 NGO、媒体和专家等多元主体参与的平等、多元、开放的政策论辩场及经由此释放出的场能，具有消弭矛盾分歧、预防和化解各类群体性事件的功效。同时，经过各种类型公共能量场的长期"实验田"历练，久而久之，将会沉积形成多元主体参与协商合作的惯习，形塑和提升其治理能力，为网络治理（Network Governance）、多中心治理（Polycentric Governance）所需的相对成熟的多元治理主体、经常性的互动关联、治理制度基础和治理平台等条件提供前提。从这个意义上看，公共能量场作为一种治理工具和治理机制，很有可能成为公共事务治理的基础平台和"践习场"，为推动中国公共治理的兴盛创造条件。

参考文献

一 中文部分

（一）著作

张小军：《社会场论》，团结出版社，1991。

潘德冰：《社会场论导论》，华中师范大学出版社，1992。

戴烽：《公共参与——场域视野下的观察》，商务印书馆，2010。

崔浩：《政府权能场域论》，浙江大学出版社，2008。

罗嘉昌、宋继杰：《场与有》，中国社会科学出版社，2002。

李玉海：《能量学与哲学》，山西科学技术出版社，2005。

周黎安：《转型中的地方政府：官员激励与治理》，格致出版社，2008。

谢庆奎：《中国地方政府体制概论》，中国广播电视出版社，1998。

荣敬本、崔之元等：《从压力型体制向民主合作体制的转变——县乡两级政治体制改革》，中央编译出版社，1998。

毛寿龙：《中国政府功能的经济分析》，中国广播电视出版社，2005。

周志忍：《政府管理的行与知》，北京大学出版社，2008。

何显明：《市场化进程中的地方政府行为逻辑》，人民出版社，2008。

张紧跟：《当代中国地方政府间横向关系协调研究》，中国社会科学出版社，2006。

刘亚平：《当代中国地方政府间竞争》，社会科学文献出版社，2007。

胡伟：《政府过程》，浙江人民出版社，1998。

胡象明：《公共部门决策的理论与方法》，高等教育出版社，2003。

薄贵利：《集权分权与国家兴衰》，经济科学出版社，2001。

赵成根：《民主与公共决策研究》，黑龙江人民出版社，2001。

石路：《政府公共决策与公民参与》，社会科学文献出版社，2009。

刘峰、舒绍福：《中外行政决策体制比较》，国家行政学院出版社，2008。

夏光：《环境与发展综合决策：理论与机制研究》，环境科学出版社，2000。

罗依平、颜佳华：《地方政府决策研究》，湘潭大学出版社，2011。

时和兴：《关系、限度、制度：政治发展过程中的国家与社会》，北京大学出版社，1996。

吴根有、邓晓芒、郭齐勇：《场与有——中外哲学的比较与融通》，武汉大学出版社，1997。

俞可平：《治理与善治》，社会科学文献出版社，2000。

俞可平：《中国公民社会的兴起与治理的变迁》，社会科学文献出版社，2002。

陈振明：《政府工具》，北京大学出版社，2009。

杨明：《环境问题与环境意识》，华夏出版社，2002。

陶传进：《环境治理：以社区为基础》，中国社会科学出版社，2005。

叶俊荣：《环境政策与法律》，中国政法大学出版社，2003。

余逊达、赵永茂：《参与式地方治理研究》，浙江大学出版社，2009。

刘建明：《社会舆论原理》，华夏出版社，2002。

曹堂发：《新闻媒体与微观政治——传媒在政府政策过程中的作用研究》，复旦大学出版社，2008。

王锡锌：《公众参与和行政过程——一个理念和制度分析的框架》，中国民主法制出版社，2007。

汪永晨：《选择：中国环境记者调查报告》，三联书店，2009。

赵黎青：《非政府组织与可持续发展》，经济科学出版社，1998。

自然之友：《中国环境的危机与转机》，中国社会科学出版社，2008。

洪大用：《中国民间环保力量的成长》，中国人民大学出版社，2007。

汪劲：《中外环境影响评价制度比较研究：环境与开发决策的正当法律程序》，北京大学出版社，2006。

李艳芳：《公众参与环境影响评价制度研究》，中国人民大学出版社，2004。

曾向东：《环境影响评价》，高等教育出版社，2008。

环境保护部环境工程评估中心：《环境影响评价相关法律法规汇编》，中国环境科学出版社，2010。

汪劲：《环境法学》，北京大学出版社，2006。

田良：《环境影响评价研究：从技术方法、管理制度到社会过程》，兰州大学出版社，2004。

包存宽、陆雍森、尚金城：《规划环境影响评价方法及实例》，科学出版社，2004。

王曦：《美国环境法概论》，武汉大学出版社，1992。

郑也夫：《信任论》，中国广播电视出版社，2001。

陈庆云：《公共政策分析》，北京大学出版社，2006。

宁骚：《公共政策学》，高等教育出版社，2003。

齐晔：《中国环境监管体制研究》，三联书店，2008。

肖建华、赵运林、傅晓华：《走向多中心合作的生态环境治理研究》，湖南人民出版社，2010。

郇庆治：《环境政治学：理论与实践》，山东大学出版社，2007。

宋国君等：《环境政策分析》，化学工业出版社，2008。

陈家刚：《协商民主》，三联书店，2004。

崔凤、唐国建：《环境社会学》，北京师范大学出版社，2010。

赵鼎新：《社会与政治运动讲义》，社会科学文献出版社，2006。

王名：《中国社团改革——从政府选择到社会选择》，社会科学文献出版社，2001。

风笑天：《社会学研究方法》，中国人民大学出版社，2001。

吴建南：《公共管理研究方法导论》，科学出版社，2006。

（二）译著

〔美〕查尔斯·J. 福克斯、休·T. 米勒：《后现代公共行政——话语指向》，楚艳红等译，中国人民大学出版社，2002。

〔美〕赫伯特·A. 西蒙：《管理行为》，詹正茂译，机械工业出版社，2004。

〔美〕赫伯特·A. 西蒙：《现代决策理论的基石》，杨砾、徐立译，北京经济学院出版社，1989。

〔美〕赫伯特·A. 西蒙：《管理决策新科学》，李柷流等译，中国社会科学出版社，1982。

〔美〕约翰·克莱顿·托马斯：《公共决策中的公民参与：公共管理者的新技能与新策略》，孙柏瑛等译，中国人民大学出版社，2005。

〔美〕詹姆斯·E. 安德森：《公共政策制定》，谢明等译，中国人民大学出版社，2009。

〔美〕弗兰克·鲍姆加特纳、布赖恩·琼斯：《美国政治中的议程与不稳定性》，曹堂哲、文雅译，北京大学出版社，2011。

〔美〕萨巴蒂尔、詹金斯－史密斯：《政策变迁与学习：一种倡议联盟途径》，邓征译，北京大学出版社，2011。

〔美〕罗伯特·海涅曼等：《政策分析师的世界》，李玲玲译，北京大学出版社，2011。

〔美〕斯蒂芬·戈德史密斯、威廉·D. 埃格斯：《网络化治理——公共部门的新形态》，孙迎春译，北京大学出版社，2008。

〔美〕约翰·W. 金登：《议程、备选方案与公共政策》，丁煌译，中国人民大学出版社，2004。

〔美〕拉雷·N. 格斯顿：《公共政策的制定——程序和原理》，朱子文译，重庆出版社，2001。

〔美〕史蒂文·凯尔曼：《制定公共政策》，高正译，商务印书馆，1990。

〔美〕乔治·弗雷德里克森：《公共行政的精神》，张成福等译，中国人民大学出版社，2003。

〔美〕保罗·A. 萨巴蒂尔：《政策过程理论》，彭宗超、钟开斌等译，三联书店，2004。

〔英〕米切尔·黑尧：《现代国家的政策过程》，赵成根译，中国青年出版社，2004。

〔美〕迈克尔·豪利特、M. 拉米什：《公共政策研究：政策循环与政策子系统》，庞诗等译，三联书店，2006。

〔美〕托马斯·R. 戴伊：《理解公共政策》，彭勃等译，华夏出版社，2004。

〔美〕希拉·贾萨诺夫：《第五部门：当科学顾问成为政策制定者》，陈光译，上海交通大学出版社，2010。

〔美〕詹姆斯·E. 安德森：《公共决策》，唐亮译，华夏出版社，1990。

〔美〕托马斯·思德纳：《环境与自然资源管理的政策工具》，张蔚文、黄祖辉译，上海三联书店，2005。

〔英〕安德鲁·多布森：《绿色政治思想》，郇庆治译，山东大学出版社，2005。

〔美〕蕾切尔·卡逊：《寂静的春天》，吕瑞兰、李长生译，吉林人民出版社，1997。

世界环境与发展委员会：《我们共同的未来》，王之佳、柯金良译，吉林人民出版社，1997。

〔美〕詹姆斯·M. 布坎南：《自由市场与国家》，平新乔、莫扶民译，三联书店，1989。

〔美〕B. 盖伊·彼得斯：《官僚政治》，聂露、李姿姿译，中国人民大学出版社，2006。

〔英〕戴维·毕瑟姆：《官僚制》，韩志明、张毅译，吉林人民出版社，2005。

〔美〕安东·尼唐斯：《官僚制内幕》，郭小聪译，中国人民大学出版社，2006。

〔美〕詹姆斯·Q. 威尔逊：《官僚机构：政府机构的作为及其原因》，孙艳等译，三联书店，2006。

〔美〕全钟燮：《公共行政的社会建构：解释与批判》，孙柏瑛等译，北京大学出版社，2008。

〔美〕珍妮特·V. 登哈特、罗伯特·B. 登哈特：《新公共服务——服务，而不是掌舵》，丁煌译，中国人民大学出版社，2004。

〔美〕O. C. 麦克斯怀特：《公共行政的合法性——一种话语分析》，吴琼译，中国人民大学出版社，2002。

〔美〕卡罗尔·佩特曼：《参与和民主理论》，陈尧译，上海世纪出版集团，2006。

〔美〕詹姆斯·博曼：《公共协商：多元主义、复杂性与民主》，冯利、伍剑译，中央编译出版社，2006。

〔美〕詹姆斯·博曼、威廉·雷吉：《协商民主：论理论性与政治》，陈家刚等译，中央编译出版社，2006。

〔美〕莱斯特·M. 萨拉蒙：《公共服务中的伙伴——现代福利国家中政府与非政府组织的关系》，田凯译，商务印书馆，2008。

〔美〕莱斯特·M. 萨拉蒙等：《全球公民社会：非营利部门视界》，贾西津等译，社会科学文献出版社，2002。

〔德〕马克斯·韦伯：《经济与社会》，林荣远译，商务印书馆，1997。

〔法〕布迪厄、〔美〕华康德：《实践与反思：反思社会学导引》，李猛、李康译，中央编译出版社，1998。

〔英〕安东尼·吉登斯：《社会的构成：结构化理论大纲》，李康、李猛译，三联书店，1998。

〔美〕林南：《社会资本——关于社会结构与行动的理论》，张磊译，上海人民出版社，2004。

〔瑞典〕汤姆·R. 伯恩斯：《经济与社会变迁的结构化——行动者、制度与环境》，周长城等译，社会科学文献出版社，2010。

〔美〕艾尔东·莫里斯、卡洛尔·麦克拉吉·缪勒：《社会运动理论的前沿领域》，刘能译，北京大学出版社，2002。

〔瑞士〕皮亚杰：《结构主义》，倪连生、王琳译，商务印书馆，2010。

〔法〕米歇尔·克罗齐耶、埃哈尔费埃德伯格：《行动者与系统》，张月等译，上海人民出版社，2007。

〔美〕文森特·奥斯特罗姆、罗伯特·L. 比什、埃莉诺·奥斯特罗姆：《美国地方政府》，井敏译，北京大学出版社，2004。

〔美〕文森特·奥斯特罗姆：《美国联邦主义》，王建勋译，三联书店，2003。

〔法〕古斯塔夫·勒庞：《乌合之众——大众心理研究》，冯克利译，广西师范大学出版社，2007。

〔美〕曼瑟尔·奥尔森：《集体行动的逻辑》，陈郁译，上海人民出版社，1995。

〔美〕查尔斯·蒂利：《社会运动：1768~2004》，胡位钧译，上海世纪出版集团，2009。

〔美〕西德尼·塔罗：《运动中的力量》，吴庆宏译，译林出版社，2005。

〔美〕道格·麦克亚当、西德尼·塔罗、查尔斯·蒂利：《斗争的动力》，李义中、屈平译，译林出版社，2006。

〔美〕马克斯维尔·麦库姆斯：《议程设置：大众媒体与舆论》，郭镇之译，北京大学出版社，2008。

〔美〕沃尔特·李普曼：《公众舆论》，阎克文、江红译，上海世纪出版集团，2006。

〔美〕仙托·艾英戈、唐纳德·R. 金德：《至关重要的新闻：电视与美国民意》，刘海龙译，新华出版社，2004。

〔加拿大〕约翰·汉尼根：《环境社会学》，洪大用等译，中国人民大学出版社，2009。

〔日〕饭岛伸子：《环境社会学》，包智明译，社会科学文献出版社，1999。

〔美〕福朗西斯·福山：《信任——社会美德与创造经济繁荣》，彭志华译，海南出版社，2001。

〔日〕岩佐茂：《环境的思想》，韩立新等译，中央编译出版社，1997。

〔英〕安东尼·吉登斯：《社会理论与现代社会学》，文军、赵勇译，社会科学出版社，2003。

〔美〕伦纳德·奥托兰诺：《环境管理与影响评价》，郭怀成、梅凤乔译，化学工业出版社，2004。

〔英〕约翰·格拉森、里基·泰里夫、安德鲁·查德威克：《环境影响评价导论》，鞠美庭、王勇、王辉民译，化学工业出版社，2007。

〔美〕罗纳德·伯特：《结构洞：竞争的社会结构》，任敏、李璐、林虹译，格致出版社，2008。

〔美〕汉娜·阿伦特：《人的条件》，竺乾威等译，上海人民出版社，1999。

〔日〕青木昌彦：《比较制度分析》，周黎安译，上海远东出版社，2001。

〔德〕《马克思恩格斯选集》，人民出版社，1972。

〔法〕托克维尔：《论美国的民主》，董果良译，商务印书馆，1991。

〔古希腊〕亚里士多德：《政治学》，吴寿彭译，商务印书馆，1965。

〔美〕詹姆斯·科尔曼：《社会理论的基础》，邓方译，社会科学文献出版社，1999。

〔美〕奥利弗·E. 威廉姆森：《资本主义经济制度》，段毅才、王伟译，商务印书馆，2002。

〔美〕查尔斯·沃尔夫：《市场或政府——权衡两种不完善的选择》，谢旭译，中国发展出版社，1994。

〔美〕罗伯特·阿格拉诺夫、迈克尔·麦圭尔：《协作性公共管理：地方政府新战略》，李玲玲等译，北京大学出版社，2007。

〔美〕埃莉诺·奥斯特罗姆：《公共事物的治理之道：集体行动制度的演进》，余逊达等译，上海三联书店，2000。

〔英〕简·埃里克·莱恩：《公共部门：概念、模型与途径》，谭功荣等译，经济科学出版社，2004。

〔美〕迈克尔·麦金尼斯：《多中心体制与地方公共经济》，毛寿龙译，上海三联书店，2000。

〔英〕戴维·米勒、韦农·波格丹诺：《布莱克维尔政治学百科全书》，邓正来主编，中国问题研究所、南亚发展研究中心、中国农村发展信托投资公司组织翻译，中国政法大学出版社，1992。

〔美〕加布里埃尔·A. 阿尔蒙德、西德尼·维巴：《公民文化——五个国家的政治态度和民主制》，徐湘林等译，东方出版社，2008。

〔美〕唐纳德·凯特尔：《权力共享、公共治理与私人市场》，孙迎春译，北京大学出版社，2009。

〔美〕艾伦·巴比：《社会研究方法》，邱泽奇译，华夏出版社，2009。

〔美〕W. 理查德·斯科特：《制度与组织——思想观念与物质利益》，姚伟、王黎芳译，中国人民大学出版社，2010。

〔德〕乌尔里希·贝克：《风险社会》，何博闻译，译林出版社，2003。

〔美〕约翰·罗尔斯：《正义论》，何怀宏等译，中国社会科学出版社，1988。

〔印度〕阿马蒂亚·森：《以自由看待发展》，任赜、于真译，中国人民大学出版社，2002。

〔德〕哈贝马斯：《公共领域的结构转型》，曹卫东译，学林出版社，1999。

〔美〕简·汉考克：《环境人权：权力、伦理与法律》，李隼译，重庆出版社，2007。

〔美〕埃莉诺·奥斯特罗姆、罗伊·加德纳、詹姆斯·沃克：《规则、博弈与公共池塘资源》，王巧玲、任睿译，陇西人民出版社，2011。

（三）期刊与硕博士学位论文

任丙强：《西方环境决策中的公众参与：机制、特点及其评价》，《行政论坛》2011 年第 1 期。

何晋勇、吴仁海：《生态现代化理论与中国当前的环境决策》，《中国人口资源与环境》2001 年第 4 期。

蔡守秋、莫神星：《我国环境与发展综合决策探讨》，《北京行政学院学报》2003 年第 6 期。

薛刚：《地方政府公共决策中的短期行为及其危害分析》，《兰州学刊》2009 年第 4 期。

赵泽洪、瞿国然、何世春：《我国公众参与环境决策的运行机制及优化》，《中国环保产业》2007 年第 9 期。

胡力士：《地方政府短期行为对环境管理的制约及其对策》，《中国环境管理干部学院学报》2000 年第 3、4 期。

孟华：《政府短期行为成因的决策要素分析》，《地方政府管理》1998 年第 1 期。

李军杰：《地方政府经济行为短期化的体制性根源》，《宏观经济研究》2005 年第 10 期。

樊清：《公共能量场对公共政策的推动及影响》，《环境经济》2010 年第 11 期。

尚虎平：《是"公共能量束"而非"公共能量场"在解决着我国"焦点事件"——后现代公共行政评述兼议我国"拐点行政"走向》，《社会科学》2008 年第 8 期。

刘萍、李红星：《能量场理论与公共行政民主治理的变革》，《学术交流》2007 年第 11 期。

李水金：《论公共话语场》，《理论导刊》2011 年第 9 期。

刘萍、李红星：《"能量场理论"与公共行政民主治理的变革》，《学术交流》2007 年第 11 期。

赵晖、朱刚、董明牛：《基于话语理论下的农村"一事一议"制度的完善对策》，《领导科学》2010 年第 3 期。

张康之：《探索公共行政的民主化——读〈后现代公共行政：话语指向〉》，《国家行政学院学报》2007 年第 2 期。

曹堂哲、张再林：《话语理论视角中的公共政策质量问题——提升公共政策质量的第三条道路及其对当代中国的借鉴》，《武汉大学学报》（哲学社会科学版）2005 年第 6 期。

吴瑞坚：《能量场理论与后现代公共行政范式》，《云南行政学院学报》2007 年第 5 期。

黄健荣、徐西光：《政府决策能力论析：国家重点建设工程决策之视界——以长江三峡工程决策为例》，《江苏行政学院学报》2012 年第 1 期。

黄健荣：《政府决策注意力资源论析》，《江苏行政学院学报》2010

年第 6 期。

严强:《论决策后政策论争》,《江苏行政学院学报》2010 年第 2 期。

张立荣:《当代中国政府决策与执行的结构解析》,《华中师范大学学报》(社会科学版) 2004 年第 3 期。

韩艺:《地方政府环境决策短视:原因分析、治理困境与路径选择》,《北京社会科学》2014 年第 5 期。

周光辉:《当代中国决策体制的形成与变革》,《中国社会科学》2011 年第 3 期。

竺乾威:《地方政府决策与公众参与——以怒江大坝建设为例》,《江苏行政学院学报》2007 年第 4 期。

姜晓萍、范逢春:《地方政府建立行政决策专家咨询制度的探索与创新》,《中国行政管理》2005 年第 2 期。

王绍光:《中国公共议程的设置模式》,《中国社会科学》2006 年第 5 期。

刘伟、黄健荣:《当代中国政策议程创建模式嬗变分析》,《公共管理学报》2008 年第 3 期。

席恒:《公共政策制定中的利益均衡——基于合作收益的分析》,《上海行政学院学报》2009 年第 6 期。

胡象明:《论以人为本的政策价值理念》,《国家行政学院学报》2007 年第 2 期。

陈天祥:《地方政府在市场化进程中的功能分析》,《政治学研究》2002 年第 4 期。

朱光磊、张志红:《"职责同构"批判》,《北京大学学报》2005 年第 1 期。

金太军、张劲松:《政府的自利性及其控制》,《江海学刊》2002 年第 2 期。

杨善华、苏红:《从"代理型政权经营者"到"谋利型政权经营者"》,《社会学研究》2002 年第 1 期。

张成福:《重建公共行政的公共理论》,《中国人民大学学报》2007 年第 4 期。

萧功秦：《"软政权"与分利集团化：现代化的两重陷阱》，《战略与管理》1994年第2期。

郭坚刚、尹海鹏：《可持续发展与地方政府短期行为矫正》，《中共浙江省委党校学报》1999年第3期。

朱德米：《从行政主导到合作管理：我国环境治理体系的转型》，《上海管理科学》2008年第2期。

毛寿龙、周晓丽：《环保：杜绝运动式——以山西和无锡的个案为例》，《中国改革》2007年第9期。

郎友兴、葛维萍：《影响环境治理的地方性因素调查》，《中国人口·资源与环境》2009年第3期。

王芳：《西方环境运动及主要环保团体的行动策略研究》，《华东理工大学学报》2003年第2期。

鄞益奋：《网络治理：公共管理的新框架》，《公共管理学报》2007年第1期。

姚引良等：《地方政府网络治理多主体合作效果影响因素研究》，《中国软科学》2010年第1期。

李瑞昌：《政策网络：经验事实还是理论创新》，《中共浙江省委学校学报》2004年第1期。

李传军：《后现代公共行政理论及其应用》，《广东行政学院学报》2007年第1期。

全裕吉：《从科层治理到网络治理：治理理论完整框架探寻》，《天津财经学院学报》2004年第8期。

蔡允栋：《民主行政与网络治理："新治理"的理论探讨及类型分析》，《台湾政治学刊》2006年第1期。

林闻钢：《社会学视野中的组织间网络及其治理结构》，《社会学研究》2002年第2期。

张玉林：《中国的环境运动》，《绿叶》2009年第11期。

崔凤、邵丽：《中国的环境运动：中西比较》，《绿叶》2008年第6期。

麦文彦：《环境公正：概念界定及运动历程》，《绿叶》2010年第

8 期。

于建嵘：《当前农民维权活动的一个解释框架》，《社会学研究》2004
年第 2 期。

童志锋：《动员结构与自然保育运动的发展——以怒江反坝运动为
例》，《开放时代》2009 年第 9 期。

罗亚娟：《乡村工业污染中的环境抗争——东井村个案研究》，《学
海》2010 年第 2 期。

郇庆治：《80 年代末以来的西欧环境运动：一种定量分析》，《欧洲》
2002 年第 6 期。

熊易寒：《环保教育、环境运动与国家战略》，《绿叶》2010 年第 3
期。

石发勇：《关系网络与当代中国基层社会运动——以一个街区环保运
动个案为例》，《学海》2005 年第 3 期。

黎尔平：《"针灸法"：环保 NGO 参与环境政策的制度安排》，《公共
管理学报》2007 年第 1 期。

张锋：《我国环保非政府组织的现状及其法律完善》，《济南大学学
报》2009 年第 5 期。

张书怡：《试论 ENGO 在公共资源保护中的作用》，《法制与社会》
2008 年第 8 期。

冯仕政：《沉默的大多数：差序格局与环境抗争》，《中国人民大学学
报》2007 年第 1 期。

肖晓春：《民间环保组织兴起的理论解释》，《学会》2007 年第 1 期。

邓国胜：《中国环保 NGO 的两种发展模式》，《学会》2005 年第 3
期。

国家环保局：《中国环保民间组织现状调查报告》，《学会》2007 年
第 3 期。

王亦庆：《1994 ~ 2008 年：中国环保民间组织从初创到成长》，《绿
叶》2008 年第 10 期。

本刊编辑部：《中国环保 NGO 与媒体携手同行》，《中国社会导刊》
2007 年第 9 期。

陶传进：《中国环境保护民间组织：行动的价值基础》，《学海》2005年第2期。

长平：《公民社会在环保运动中成长》，《社会观察》2009年第12期。

王津：《环境NGO：中国环保领域的崛起力量》，《广州大学学报》（社会科学版）2007年第2期。

潘岳：《环境保护与公众参与》，《理论前沿》2004年第6期。

邓国胜：《中国环保NGO发展指数研究》，《中国非营利评论》2010年第2期。

童志锋：《历程与特点：社会转型期下的环境抗争研究》，《甘肃理论学刊》2008年第6期。

朱谦：《抗争中的环境信息应该及时公开——评厦门PX项目与城市总体规划环评》，《法学》2008年第1期。

朱谦：《环境公共决策中个体参与之缺陷及其克服——以近年来环境影响评价公众参与个案为参照》，《法学》2009年第2期。

梁莹：《公民治理意识、公民精神与草根社区自治组织的成长》，《社会科学研究》2012年第2期。

徐勇：《论城市社区建设中的社区居民自治》，《华中师范大学学报》（社科版）》2001年第3期。

陈剩勇、杜洁：《互联网公共论坛与协商民主：现状、问题和对策》，《学术界》2005年第5期。

李萱、沈晓悦：《地方环保体制的结构性问题及对策》，《行政管理改革》2011年第11期。

〔美〕道格拉斯·C.诺斯：《论制度》，《经济社会体制比较》1991年第6期。

郑毅：《环境决策中的公民参与研究——以美、韩、芬三国为例》，硕士学位论文，上海师范大学，2010。

别涛：《重大经济决策的环境影响评价立法研究》，博士学位论文，北京大学，1999。

李卓青：《我国生态环境保护中的政策网络治理研究》，博士学位论文，中国人民大学，2008。

常征：《环境非政府组织政治参与比较研究——以德国、韩国和中国为例》，博士学位论文，北京大学，2009。

潘妮妮：《中国环境报道的"议题框架"分析——一种公共决策的多元参与路径》，博士学位论文，北京大学，2009。

二　英文部分

（一）著作

Hugh T. Miller, Charles J. Fox. *Postmodern Public Administration*. New York：M. E. Sharpe. 2007.

Dorwin Cartwright. *Field Theory in Social Science*. London：Tavistock Publications Limited. 1963.

Eugene Stivers, Susan Wheelan. *The Lewin Legacy：Field Theory in Current Practice*. Berlin：Springer – Verlag. 1986.

E. Frank Harrison. *The Managerial Decision-making Process*. Boston：Houghton Mifflin. 1981.

Harold D. Lasswell. *The Decision Process*. College Park：University of Maryland Press. 1956.

Christopher Ham, Michael Hill. *The Policy Process in the Modern Capitalist State*. New York：Harvestter Wheatsheaf. 1993.

Alan L. Patz, Alan J. Rowe. *Management Control and Decision Systems：Texts, Cases, and Readings*. New York：John & Sons. Inc. 1977.

Peter Bachrach, Morton S. Baratz. *Power and Poverty*. New York：Oxford University Press. 1979.

Roger W. Cobb, Charles D. Elder. *Participation in American Politics：The Dynamics of Agenda – Building*. Baltimore：Johns Hopkings Press. 1972.

John W. Kingdon. *Agendas, Alternatives, and Public Policies*. Boston：Little Brown. 1994.

Maurie J. Cohen. *Risk in the Modern Age：Social Theory, Science and Environmental Decision-making*. New York：Palgrave. 2000.

Ronnie Harding. *Environmental Decision-making: The Roles of Scientists, Engineers and the Public.* Sydney: The Federation Press. 2002.

Richard A. Chechile, Susan Carlisle. *Environmental Decision-making: A Multidisciplinary Perspective.* New York: Van Nostrand Reinhold. 1991.

Stephen P. Depoe, John W. Delicath, Marie – France Aepli Elsenbeer. *Communication and Public Participation in Environmental Decision Making.* New York: State University of New York Press. 2004.

Frans H. J. M. Coenen, Dave Huiterma, Laurence J. O'Toole, Jr.. *Participation and the Quality of Environmental Decision Making.* Dordecht: Kluwer Academic Publishers. 1998.

Charles E. Lindblom. *Politics and Markets: The World's Political – Economic Systems.* New York: Basic Books. 1977.

Jon Pierre, B. Guy Peters. *Governing Complex Societies: Trajectories and Scenarios.* New York: Palgrave Macmillan. 2005.

Jan Kooiman. *Modern Governance: New Government – Society Interactions.* London: Sage. 1993.

R. A. W. Rhodes. *Understanding Governance: Policy Networks, Governance, Reflexivity and Accountability.* Buckingham: Open University Press. 1997.

Jon Pierre. *Debating Governance.* New York: Oxford University Press. 2000.

F. W. Scharpf. *Games in Hierarchies and Networks: Analytical and Empirical Approaches to the Study of Governance Institutions.* Colorado: Westview Press. 1993.

Eva Sørensen, Jacob Torfing. *Theories of Democratic Network Governance.* New York: Palgrave Macmillan. 2007.

Erik – Hans Klijn, Joop F. M. Koppenjan. *Managing Uncertainties in Networks: A Network Approach to Problem Solving and Decision-making.* London: Routledge. 2004.

Jan Kooiman. *Governing as Governance.* London: Sage. 2003.

Catherine Alter, Jerald Hage. *Organizations Working Together.* New Delhi: Sage Publications. 1993.

Sullivan Helen, Chris Skelcher. *Working Across Boundaries: Collaboration in*

Public Service. New York: Palgrave Macmillan. 2002.

Lester M. Salamon. *The Tools of Government: A Guide to the New Governance.* New York: Oxford University Press. 2002.

Walter J. M. Kickert, Erik – Hans Klijn, Joop F. M. Koppenjan. *Managing Complex Networks: Strategies for the Public Sector.* London: Sage Publications. 1997.

Charles Tilly. *From Mobilization to Revolution.* New York: McGraw – Hill. 1978.

Mario Diani. *Green Networks: A Structural Analysis of the Italian Environment Movement.* Edinburgh: Edinburgh University Press. 1995.

Donatella Della Porta, Mario Diani. *Social Movements: An Introduction.* Massachusetts: Blackwell Publishing. 1999.

Kees Bastmeijer, Timo Koivurova. *Theory and Practice of Transboundary Environmental Impact Assessment.* Leiden: Martinus Nijhoff Publishers. 2008.

Judith Petts, Gev Eduljee. *Environmental Impact Assessment for Waste Treatment and Disposal Facilities.* Chichester: John Wiley & Sons. 1994.

Valerie M. Flgleman. *Guide to the National Environmental Policy Act: Interpretations, Applications and Compliance.* New York: Quorum Books. 1990.

Robert E. Munn. *Environmental Impact Assessment: Principles and Procedures.* New York: Wiley. 1979.

Barbara Carroll, Trevor Turpin. *Environmental Impact Assessment Handbook: A Practical Guide for Planners, Developers and Communities.* London: Thomas Telford. 2002.

John Glasson, Riki Therivel, Andrew Chadwick. *Introduction to Environmental Impact Assessment.* Oxford: Routledge. 2005.

World Bank. *Environmental Assessment Sourcebook.* Washington, D. C.: World Bank. 1991.

Maarten A. Hajer. *The Politics of Environmental Discourse: Ecological Modernization and the Policy Process.* Oxford: Clarendon Press. 1995.

Richard K. Morgan. *Environmental Impact Assessment: A Methodological Perspective.* Dordrecht: Kluwer Academic Publishers. 1998.

Lisa Blomeren Bingham, Rosemary O' Leary. *Big Ideas in Collaborative Public Management.* New York：M. E. Sharpe. 2008.

（二）论文

Elinor Ostrom. "Background on the Institutional Analysis and Development Framework." *The Policy Studies Journal*, Vol. 39, 2011 (1).

Herbert A. Simon. "Decision Making：Rational, Nonrational and Irrational." *Educational Administration Quarterly.* Vol. 29, 1993 (3).

Herbert A. Simon. "Administrative Decision Making." *Public Administration Review*, Vol. 25, 1965 (1).

Herbert A. Simon. "Decision Making and Administrative Organization." *Public Administration Review*, Vol. 4, 1944 (1).

John Friend. "Searching for Appropriate Theory and Practice in Multi - Organizational Fields." *The Journal of the Operational Research Society*, Vol. 44, 1999 (6).

John L. Martin. "What Is Field Theory？" *American Journal of Sociology*, Vol. 109, 2003 (1)

Joseph Bensman, Arthur Vidich. "Social Theory in Field Research." *American Journal of Sociology*, Vol. 65, 1960 (6).

David N. Pellow. "Negotiation and Confrontation：Environmental Policy-making Through Consensus." *Society & Natural Resources*, Vol. 12, 1999 (3).

Yrjö Haila. "Genealogy of Nature Conservation：A Political Perspective." *Nature Conservation*, Vol. 1, 2012 (1).

David M. Konisky, Thomas C. Beierle. "Innovations in Public Participation and Environmental Decision Making：Examples from the Great Lakes Region." *Society and Natural Resource*, Vol. 14, 2001 (9).

Lanka Thabrewa, Arnim Wiek, Robert Ries. "Environmental Decision Making In Multi - Stakeholder Contexts：Applicability of Life Cycle Thinking in Development Planning and Implementation." *Journal of Cleaner Production*, Vol. 17, 2009 (2).

Melissa Nursey - Bray, Helene Marsh, Helen Ross. "Exploring

Discourses in Environmental Decision Making: An Indigenous Hunting Case Study. " *Society & Natural Resources*, Vol. 23, 2010 (4).

Bruce Tonn, Mary English, Cheryl Travis. "A Framework for Understanding and Improving Environmental Decision Making. " *Journal of Environmental Planning and Management*, Vol. 43, 2000 (2).

Wendy Kenyon, Ceara Nevin, Nick Hanley. "Enhancing Environmental Decision-making Using Citizens' Juries. " *Local Environment*, Vol. 8, 2003 (2).

Balasubramaniam N. Voulvoulis. " The Appropriateness of Multicriteria Analysis in Environmental Decision – Making Problems. " *Environmental Technology*, Vol. 26, 2005 (9).

Thomas Dietz. "What is a Good Decision? Criteria for Environmental Decision Making. " *Human Ecology Review*, Vol. 10, 2003 (1).

Michael D. Cohen, James G. March, Johan P. Olsen. "A Garbage Can Model of Organizational Choice. " *Administrative Science Quarterly*, Vol. 17, 1972 (1).

Charles E. Lindblom. " The Science of ' Mudding Through'. " *Public Administration Review*, Vol. 19, 1959 (2).

Paul J. Dimaggio & Walter W. Powell. " The Iron Cage Revisited: Institutional Isomorphism and Collective Rationality in Organizational Fields. " *American Sociological Review*, Vol. 48, 1983 (2).

Amitai Etzioni. "Mixed – Scanning: A ' Third' Approach to Decision – Making. " *Public Administration Review*, Vol. 27, 1967 (5).

Roger Cobb, Jennie – Keith Ross, Marc Howard Ross. " Agenda Building as a Comparative Political Process. " *The American Political Science Review*, Vol. 70, 1976 (1).

Elinor Ostrom. "A Behavioral Approach to the Rational Choice Theory of Collective Action. " *American Political Science Review*, Vol. 92, 1998 (1).

Charles M. Tiebout. "A Pure Theory of Local Expenditures. " *The Journal of Political Economy*, Vol. 64, 1956 (5).

Andrew G. Walder. " Local Governments as Industrial Firms: An

Organizational Analysis of China's Transitional Economy. " *American Sociological Review*, Vol. 101, 1995 (2).

Jean C. Oi. "The Role of the State in China's Transitional Economy. " *The China Quarterly*, Vol. 144, 1995 (144).

David L. Wank. "The Institutional Process of Market Clientelism: Guanxi and Private Business in a South China City. " *The China Quarterly*, Vol. 147, 1996 (2).

George J. Stigler. "The Theory of Economic Regulation. " *The Bell Journal of Economics and Management Science*, Vol. 2, 1971 (1).

Douglas R. White, Jason Owen – Smith, James Moody, Walter W. Powell. "Networks, Fields and Organizations: Micro – Dynamics, Scale and Cohesive Embeddings. " *Computational & Mathematical Organization Theory*. Vol. 10, 2004 (1).

H. Brinton Milward, Keith G. Provan. "Principles for Controlling Agents: The Political Economy of Network Structure. " *Journal of Public Administration Research and Theory*, Vol. 8, 1998 (2).

Donald F. Kettl. "Public Administration at the Millennium: The State of the Field. " *Journal of Public Administration Research and Theory*, Vol. 10, 2000 (1).

Laurence J. O'Toole Jr. , Kenneth J. Meier. "Modeling the Impact of Public Management: Implications of Structural Context. " *Journal of Public Administration Research and Theory*, Vol. 9, 1999 (4).

Edward T. Jennings Jr. , Jo Ann G. Ewalt. "Inter-organizational Coordination, Administrative Consolidation, and Policy Performance. " *Public Administration Review*, Vol. 58, 1998 (5).

Oliver E. Williamson. "Transaction Cost Economics: The Governance of Contractual Relations. " *Journal of Law and Economics*, Vol. 22, 1979 (2).

Tom Entwistle, Gillian Bristow, Frances Hines, Sophie Donaldson, Steve Martin. "The Dysfunctions of Markets, Hierarchies and Networks in the Meta-governance of Partnership. " *Urban Studies*, Vol. 44, 2007 (1).

Andrew W. Hoffman. "Institutional Evolution and Change: Environmentalism and the U. S. Chemical Industry." *Academy of Management Journal*, Vol. 42, 1999 (4).

Robin Gregory. "Using Stakeholder Values to Make Smarter Environmental Decisions." *Environment, Science and Policy for Sustainable Development*, Vol. 42, 2000 (5).

Mark Considine, Jenny M. Lewis. "Bureaucracy, Network, or Enterprise? Comparing Models of Governance in Australia, Britain, the Netherlands, and New Zealand." *Public Administration Review*, Vol. 63, 2003 (2).

Erick – Hans Klijn, Chirs Skelcher. "Democracy and Governance Networks, Compatible or Not?" *Public Administration*, Vol. 85, 2007 (3).

Walter Powell. "Neither Market Nor Hierarchy: Network Forms of Organization." *Research in Organizational Behaviour*, Vol. 12, 1990 (2).

Keith G. Provan, Patrick Kenis. "Modes of Network Governance: Structure, Management, and Effectiveness." *Journal of Public Administration Research and Theory*, Vol. 18, 2008 (2).

Michael McGuire. "Managing Networks: Propositions on What Managers Do and Why They Do It." *Public Administration Review*, Vol. 62, 2002 (5).

David Dery. "Agenda Setting and Problem Definition." *Policy Studies*, Vol. 21, 2000 (1).

K. Dowding. "Model or Metaphor? A Critical Review of the Policy Network Approach." *Political Studies*, Vol. 43, 1995 (2).

Louise Knight. "Network Learning: Exploring Learning by Inter-organizational Networks." *Human Relations*, Vol. 55, 2002 (4).

Kersty Hobson. "On the Modern and the Nonmodern in Deliberative Environmental Democracy." *Global Environmental Politics*, Vol. 9, 2009 (4).

Stan L. Albrecht. "Equity and Justice in Environmental Decision Making: A Proposed Research Agenda." *Society & Natural Resources*, Vol. 8, 1995 (1).

Bert Klandermans. "Grievance Interpretation and Success Expectations: The Social Construction of Protest." *Social Behavior*, Vol. 4, 1989 (2).

William A. Gamson, Andre Modigliani. "Media Discourse and Public Opinion on Nuclear Power." *American Journal of Sociology*, Vol. 95, 1989 (1).

John D. McCarthy, Mayer N. Zald. "Resource Mobilization and Social Movements: A Partial Theory." *American Journal of Sociology*, Vol. 82, 1977 (6).

Peter K. Eisinger. "The Conditions of Protest Behavior in American Cities." *American Political Science Review*, Vol. 67, 1973 (1).

Bert Klandermans, Dirk Oegema. "Potentials, Networks, Motivations, and Barriers: Steps Towards Participation in Social Movements." *American Sociological Review*, Vol. 52, 1987 (4).

Russell L. Curtis, Jr., Louis A. Zurcher, Jr. "Stable Resources of Protest Movements: The Multi – Organizational Field." *Social Forces*, Vol. 52, 1973 (1).

Maxwell E. McCombs, Donald L. Shaw. "The Agenda – Setting Function of Mass Media." *The Public Opinion Quarterly*, Vol. 36, 1972 (2).

N. T. Yap. "Round the Peg or Square the Hole? Populists, Technology and Environmental Assessment in Third World Countries." *Impact Assessment Bulletin*, 1989 (2).

John Formby. "The Politics of Environmental Impact Assessment." *Impact Assessment Bulletin* 8 (1/2). 1989.

Heather N. Stevenson. "Environmental Impact Assessment Laws in the Nineties: Can the United States and Mexico Learn from Each Other?" *32 University of Richmond Law Review 1675*. January, 1999.

R. B. Stewart. "The Reformation of American Administrative Law." *Harvard Law Review*. Vol. 88, 1975 (8).

Robert Nakuruma. "The Textbook Policy Process and Implementation Research." *Policy Studies Review*, Vol. 7, 1987 (1).

Neil Gunningham. "The New Collaborative Environmental Governance: The Localization of Regulation." *Journal of Law and Society*. Vol. 36, 2009 (1).

Terry F. Yosie, Timothy D. Herbst. "Using Stakeholder Processes in Environmental Decision-making," http: //www. gdrc. org/decision/nr98ab01. pdf.

Kenneth N. Hansen. "Discourse and Complex Implementation: Military Base Conversions in Texas," http: //thinktech. lib. ttu. edu/ttu — ir/ bitstream/handle/2346/12565/31295011156204. pdf? sequence = 1.

后　记

从燕园博士在读选择环境治理方向算起，迄今已逾六年。其间，顺利完成北京大学博士学业，获得了博士答辩优秀的成绩，并在随后的从教和研究过程中，对博士期间开始热衷的环境治理问题作了进一步的思考、拓展和深入，从而完成本著。从这个意义上说，本著可以视为对燕园博士期间学习和论文的延伸。在研究过程中，虽2010年破格晋升副教授，2012年先后获得教育部人文社科青年项目和国家社科基金青年项目课题，同年晋升为硕导，但最多只算是刚刚开启学术生涯，深感自身在学术研究上还很稚嫩，将来需努力与付出的还有太多。著中若有不当之处，恳请各位专家同人不吝赐教。愿本著能为公共管理领域里的环境治理研究尽绵薄之力。

感谢父亲韩中照和母亲杨秋荣多年来呕心沥血的培育、关爱与鼓励。学术研究不仅关乎自身，更牵着父母心头，每回电话那头的嘘寒问暖与不断鼓励总能带给我这世上最为朴实与温暖的亲情。正是年过六旬的父母倾其所有，我才得以在自己所孜孜追求的学术生涯里前行。所内疚的是，对此难以报答，仅能以所完成的书稿和个人进步表达对父母的感激之情，祝愿二老福康延年。同时，要感谢个人成长过程中的硕士和博士导师，感谢北京大学、北京大学政府管理学院、南昌大学社会科学处、南昌大学公共管理学院领导的支持和所有帮助过我的同事们。

本著得益于江西省社会科学界联合会设立的"江西省哲学社会科学成果资助出版项目"的大力支持才得以顺利付梓，并有幸入选《江西省

哲学社会科学成果文库》。对此，谨表示诚挚谢意。同时，也由衷感谢社
会科学文献出版社编辑为本著出版所付出的辛勤劳动。

韩　艺

2014 年 5 月 26 日于南昌大学文法楼潜心阁

图书在版编目（CIP）数据

公共能量场：地方政府环境决策短视的治理之道/韩艺著.
—北京：社会科学文献出版社，2014.12
（江西省哲学社会科学成果文库）
ISBN 978 - 7 - 5097 - 6645 - 3

Ⅰ.①公… Ⅱ.①韩… Ⅲ.①地方政府－环境决策－研究－
中国 Ⅳ.①X－012

中国版本图书馆 CIP 数据核字（2014）第 237090 号

· 江西省哲学社会科学成果文库 ·
公共能量场：地方政府环境决策短视的治理之道

著　者/韩　艺

出 版 人/谢寿光
项目统筹/王　绯　周　琼
责任编辑/李　响

出　　版/社会科学文献出版社·社会政法分社（010）59367156
　　　　　地址：北京市北三环中路甲 29 号院华龙大厦　邮编：100029
　　　　　网址：www.ssap.com.cn
发　　行/市场营销中心（010）59367081　59367090
　　　　　读者服务中心（010）59367028
印　　装/三河市尚艺印装有限公司

规　　格/开本：787mm × 1092mm　1/16
　　　　　印张：24.5　字数：389 千字
版　　次/2014 年 12 月第 1 版　2014 年 12 月第 1 次印刷
书　　号/ISBN 978 - 7 - 5097 - 6645 - 3
定　　价/98.00 元